人工智能工程进阶系列

TensorFlow全栈开发工程实践

做一个全智全能算法工程师

王艳铭◎著

· 北京 ·

内 容 提 要

本书共分为 8 章，主要内容包括与人工智能相关的数学知识，Python 语言所特有的语法和技巧，Docker 模型透明无缝地发布的实现，业界优秀的 Git 代码版本管理工具，模型开发环境的配置，高级人工智能开发工程师常用的 IDE 开发工具，经典神经网络模型的剖析和分解，RPC 远程调用的实现，训练样本的序化组织结构 TFRecord，模型的训练、保存和封装发布，模型训练的 GPU 配置和机制策略的部署，模型从训练到发布的完整示例等。

本书适合有计算机专业和数学专业背景的初、中级开发者阅读，以便快速掌握和驾驭人工智能全栈技术，也适合作为在职人工智能模型开发人员查询时使用的手册级工具用书，还适合作为中职学校、高等院校及培训机构计算机人工智能和大数据等相关专业的教学用书。

图书在版编目（CIP）数据

TensorFlow全栈开发工程实践 ： 做一个全智全能算法工程师 / 王艳铭著. -- 北京 ： 中国水利水电出版社, 2023.8

ISBN 978-7-5226-1595-0

Ⅰ. ①T… Ⅱ. ①王… Ⅲ. ①人工智能－算法 Ⅳ. ①TP18

中国国家版本馆CIP数据核字(2023)第115220号

丛 书 名	人工智能工程进阶系列
书　　名	TensorFlow 全栈开发工程实践——做一个全智全能算法工程师 TensorFlow QUANZHAN KAIFA GONGCHENG SHIJIAN
作　　者	王艳铭　著
出版发行	中国水利水电出版社 （北京市海淀区玉渊潭南路 1 号 D 座　100038） 网址：www.waterpub.com.cn E-mail：zhiboshangshu@163.com 电话：（010）62572966-2205/2266/2201（营销中心）
经　　售	北京科水图书销售有限公司 电话：（010）68545874、63202643 全国各地新华书店和相关出版物销售网点
排　　版	北京智博尚书文化传媒有限公司
印　　刷	河北文福旺印刷有限公司
规　　格	190mm×235mm　16 开本　24.75 印张　583 千字
版　　次	2023 年 8 月第 1 版　2023 年 8 月第 1 次印刷
印　　数	0001—3000 册
定　　价	102.00 元

序

随着人工智能技术的飞速发展，Google 在 2017 年推出的 TensorFlow1.0 以其良好的技术服务支持、热度活跃的开源社区，得到了技术需求市场的认可，并迅速占领 AI 平台的主流市场。因此也让越来越多曾经尘封多年的 AI 模型理论，经历涅槃炼狱般的砥砺孕育，终于能够重见天日。这不能简单理解为现代科技摩尔定律发展的结果，更应重点关注计算机高性能运算、海量存储设备所充分必要地呼应。特别是，云计算已经成为信息化平台组织架构核心理念时，已经从实质上消除了人工智能理论向产业化应用落地的所有障碍。所以面对更多的普通开发用户，需要一个性能优异、组织灵活，并能不断迭代推新的 AI 模型框架，可以说 TensorFlow 是应运而生。

诚然，由 TensorFlow 进行一阶到多阶的梯度下降以及可选择的误差反向传播优化算子封装，让开发者无须关心所有的底层细节，主要精力放在网络模型深度和卷积结构规划上，为初学者迫切尝试工程化应用实践，或有经验的程序员跨越理论认识上的壁垒而转向 AI 模型开发提供了绝佳的机会。但是，市场上现有关于 TensorFlow 的书籍大多是案例分类和整理，缺乏对于算法工程师实际工作场景的针对性和系统性，因而本书从基于 AI 实践的途径出发，以频繁使用的技术模块和 AI 技术多模态融合角度进行编写，而不是简单将官方白皮书文档稍加整理给抛出来，完全可以用“剑走偏锋不走寻常路”来形容，这是我强烈推荐本书的原因。

王艳铭老师是 70 后的 IT 技术人，学术作风严谨，基本功扎实。三十年来一直坚持一线技术开发工作，对软件开发项目有切身体会和经验积累，近些年在 AI 技术方面也有较高的建树。所以本书并不是简单的普通机器学习加 TensorFlow 方方面面或过程的整合，而是基于工作经验把重点放在了全栈开发，突破大多约定俗成的视角并融合了算法工程师必备的知识和技能。本书技术层次的立意点并不是更强烈的学术价值，而是呈现实用全面和通俗易懂的特色，将原本枯涩乏味而又必需的知识点进行了言简意赅而不失妙趣横生的介绍，并在各个知识环节中给出了主要

Python 示例代码，让读者在学习过程中一步一步深入理解。

需要明确指出的是，本书绝对不是用户手册类书籍，更不是机器学习系统性教材，而是将 TensorFlow 各个实用技术的精华提取出来，并将各个必须掌握的技术点快速串联，让读者尽快掌握 TensorFlow 实用能力的前三板斧。我坚信本书不仅会让专业读者受益，也会让有强烈学习 AI 技术的非专业读者在学习过程中不会半途而废或望而却步，因此本书对于专业和非专业读者都会有一定的参考和指导价值。非常期待本书能受到广大读者的认可和欢迎。

曹桂涛

2023 年 3 月

前　言

TensorFlow 是由 Google 于 2015 年正式推出的、适合所有人的、基于 Python 语言驱动的端到端构建及部署的机器学习平台。它拥有强大、全面、灵活的生态体系和各种丰富的技术社区资源，还拥有许多功能强大的第三方支持库及工具。算法工程师可以很方便地将它植入或应用到自己的算法模型项目中。在 TensorFlow 2.0 将 Keras 整合以后，即可让用户在不关注过多底层细节的同时，快速把独特算法或个性思想转换为各种 AI（Artificial Intelligence，人工智能）模型。Keras 已默认成为 TensorFlow 优秀的后端，并能与 Facebook 的 PyTorch 分庭抗礼地平分当前 AI 技术平台市场。

如果想要从事 AI 算法模型的研究或其他识别、分析和响应产生人机交互的实践应用，那么选择 TensorFlow 绝对不会让您失望。

近年来，随着信息化创新产业的发展，AI 模型框架势头迅猛，TensorFlow 版本的更新迭代速度非常快，特别是在 TensorFlow 2.0 有了 Eager 模式这样本质的飞跃以后，学习 TensorFlow 成为了很多算法从业者、科研机构和高等院校的迫切需求。

关于本书

本书共 8 章，内容涵盖人工智能模型开发的常用工具和关键技术要点，全程不是空洞的概念，不是技术实现的泛泛而谈，而是把各个知识点事无巨细地与实践应用相结合，并通过能独立运行的代码示范，帮助读者快速掌握 TensorFlow 框架的开发技巧和实用技能。本书中的示例还配有配套的教学视频和源码下载地址。

本书特点

- 本书不仅介绍了软件编程类技能，还介绍了部分与 AI 技术相关的数学原理和必要的理论知识，让 TensorFlow 框架模型开发者抛开单纯数学原理的枯燥而“知其所以然”。
- 本书将 Python 语言部分难点单独提炼出来的目的：一是避免与当前不胜枚举的 Python 语言类书籍内容的重叠；二是要强化多数初级程序员容易忽略但需重点掌握的知识点。
- 本书将所有与 AI 模型研发相关的实用技术全面而细致地展示出来，完全考虑到当前互联网技术研发公司对开发人才全栈型需要的客观事实，如 Docker 和 Git 技术。

- 本书突出 TensorFlow 2.0 与之前版本框架结构上的不同，弥补了市面上大多 AI 类相关技术书籍仅重视具体神经网络模型的展示，而不能放在整个工程背景层面展示全过程的必要技术链。

本书适用人群

- 以 AI 模型为核心的全栈开发工程师
- 数学专业向算法模型代码实现转变的从业者
- 大中专及职业院校人工智能或计算机专业的学生
- 使用 Python 语言从事 Web 开发或自动化运维向 AI 转型的技术人员
- 互联网技术公司 AI 研发技术人员

本书编者

王艳铭，计算机专业毕业，北京凌云沐雨科技有限公司创始人，拥有着 23 年 IT 行业软件开发和架构设计经验，在 C/C++、Python 语言类框架技术和 Oracle 数据库方面造诣很深。在音视频服务器和传输流 CDN 加速寻址算法方面也积累了丰富的经验。从 6 年前开始从事 AI 专题方向的研究与开发，致力于 TensorFlow 的研发和推广工作，他在 Google 的 TensorFlow Serving 架构和 RPC 协议的基础上，设计并组织了多重模型的在线迭代和动态拆分，实现了大规模算法模型复用的统一算法平台。

龚心满，中国计量大学控制科学与工程专业，硕士，擅长目标检测、语义分割、ReID 步态识别等计算机视觉技术。

齐智锋，西安电子科技大学智能科学与技术专业，硕士，曾就职中科院，现任百度科技网络有限公司图像模态高级算法工程师，擅长图像识别以及图像检索。

感谢

北京商鲲教育控股集团旗下北京鹏翔天下教育科技有限公司自 2020 年开办 AI 专业以来，在 AI 教学创新和专业建设方面发展很快，其优秀的教学师资团队针对近年来学生提出的疑难问题，对本书的组织结构和难度层次给予了客观和中肯的建议，在此表示感谢。

北京天机智成科技有限责任公司是一家以脑机融合传感、数据服务和 AIOT 为核心的人工智能企业，致力于健康监测移动化、便捷化、碎片化、随时随地化。公司技术研发团队为本书的编写提供了大力支持，在此表示感谢。

最后要感谢鞠子多年来对我生活的关心和照顾，让我能专心致力于技术研究和编写此书。

阅读服务

读者可以扫描下方“读者交流圈”二维码并加入，通过置顶链接获取本书配套视频。需要说明的是，图书内容不是视频的“逐字稿”。视频课程上已经讲得很清楚的内容，图书只会强调重点，目的是引导大家自主编程实践、探究式学习，而非“照本宣科”。

本书提供以下两种阅读服务：

（1）请扫描并关注北京凌云沐雨科技有限公司微信公众号二维码（左），获取本书相关的专题视频，或向本书编者提问。也可以将疑问发送至 wymzj@163.com 邮箱，邮件主题为“TensorFlow 全栈开发技术”即可。

（2）请扫描本书读者交流圈二维码（右）并加入，与本书其他读者一起，探讨学术问题、分享阅读感受，也可以咨询关于图书出版的相关信息。关于本书的勘误信息也会在此圈发布。

公众号

读者交流圈

编者

2023 年 3 月

目　录

第 1 章　烂熟于心的基础知识

人工智能（Artificial Intelligence，AI）技术的发展推动了其开发框架的流行，这在很大程度上得益于神经网络结构代码的简洁性、分布式深度学习算法的高效性，以及部署的便利性。以往的 AI 模型对其操作人员要求较高，只有具备较强的专业理论知识，才能驾驭那些深奥难懂的计算机代码，这令很多潜在的用户望而却步。现在只要把必要的机器学习理论烂熟于心，就能使用机器学习理论的算法实现目标。

在以 Python 为主流语言的各种机器学习库中，NumPy（Numerical Python）、SciPy、Scikit-Learn 等算法库都对机器学习理论所蕴含的科学算法进行了梳理、分组和整合。我们几乎不再需要记忆那些“高深”的数学概念和难以理解的数据处理方式，只需使用相应的库和接口调用就能快速实现目标。目前越来越多的高度集成支持库将机器学习理论的若干算法进行黑盒化和简易化，机器学习开发人员不能只满足于会编码，还要打好机器学习理论基础，具备 AI 算法工程师必须的能力。本章将重点讲解 AI 理论中涉及的数学知识，以帮助读者理解、掌握和运用 AI 涵盖的各个知识点。

1.1　快速恶补必要的数学知识

我们不宜把高等数学以课程讲解的方式搬到此处，所以，必须寻求一种让具有不同基础的人受益并理解的方式；更不想让本章内容同数学课本上的内容一样，因为本书要达到的目标是让更多的人不畏惧 AI 理论，先迈过第一道门槛。同时，另外一个问题摆在我们面前，那就是学习的起点在哪里？要具备什么样的教育程度才能听明白？因此，本书大胆提出“初中生都能看懂的高数”，也竭尽全力把复杂和高深的知识讲得通俗易懂，让大多数 AI 初学者能有一个好的学习开端并坚持下去。好在机器学习理论经历了几十年的发展，已经十分成熟、完善并产业化，需要“质疑”的内容已经离大多数人很远，暂时放下那些推理和证明，用通俗的逻辑方式去理解是最好的途径。

1.1.1　线性代数提供了一种看待世界的抽象视角

向量和矩阵是一种形式化的研究数据对象的基本概念。我们身边有大量表格化的信息，如学生成绩表、高铁发车到站时刻表、小麦种植高产区环境调查表等。对于这些信息，我们使用固化的方式来处理和分析，这些固化的方式由多个概念、推理和公式组成。在高等数学“三大篇”（线性代数、微积分、概率论）中，线性代数起着基础支撑作用，如线性岭回归、损失函数正则化和主成分分析等算法都包含很多线性代数内容。在讲解具体内容之前，需要初学者注意的是，少问为什么要这样做，多记住它们之间的关系。当用多个关系把内容串联起来后，回头看会发现当初的“为什么”已经变得很少了。下面就来一一展开。

提示：

> 一般情况下，如果把这些知识都补全后再开始学习机器学习，则需要很长时间，容易半途而废。另外，这些知识是工具而不是目的，我们的目标不是成为算法优化大师。建议读者在学习机器学习的过程中，哪里不会补哪里，这样更有目的性且效率更高。

1. 行列式

从行列式本质上来讲，它就是一个数（强调“一个”），针对这个数有特定的组织计算和观察方式，矩阵中就包括这样的数。

（1）行列式的两个标志

行列式要用双竖线||来表示，[]和()都不能表示行列式；另外，行列式的行数应等于列数。

（2）行列式的计算

$$\begin{vmatrix} a & b & c \\ d & e & f \\ g & h & i \end{vmatrix} = aei + bfg + cdh - ceg - afh - bdi$$

（3）行列式的空间意义

二行二列（二阶）行列式表示的是两个向量组成的平行四边形的面积，三行三列（三阶）行列式表示的是三个向量组成的立方体的体积。研究行列式所对应空间的意义有利于我们对行列式的理解和对抽象概念的认识。本章一开始就讲到数学推理和证明并不是本章编写的目的，所以这里并不证明和推理这一结果，但为了满足一些人的好奇心，下面就以非证明的方式进行验证。对于章节中更为复杂的结论，本书将略过该类验证，这也是初学者快速掌握 AI 理论的关键。

如图 1.1 所示，在二维坐标系中有两点 $A(1,2)$和 $B(2,1)$，它们与原点 $O(0,0)$组成一个三角形，向量对应边长为 a、b、c，h 为三角形的高。

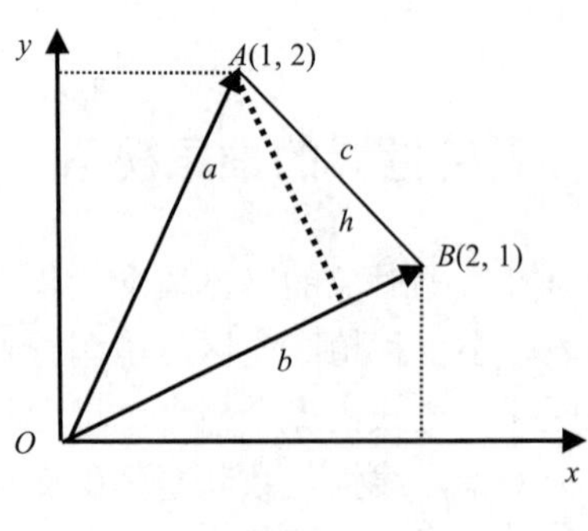

图 1.1

下面开始验证。

用行列式表示这两个点$\begin{vmatrix}2 & 1\\1 & 2\end{vmatrix}=2\times2-1\times1=3$，该平行四边形的面积为 3，即$S=bh=3$。

根据勾股定理可求得：$a=\sqrt{5}b=\sqrt{5}c=\sqrt{2}$，$h=\dfrac{3}{\sqrt{5}}$。

$$\sqrt{a^2-h^2}+\sqrt{c^2-h^2}=b$$

进而可得：

$$\sqrt{5-(\frac{3}{\sqrt{5}})^2}+\sqrt{2-(\frac{3}{\sqrt{5}})^2}=\sqrt{5}$$

若行列式超过三行三列该怎么办？我们可以通过逐层降阶的方式（余子式）进行计算，即逐层进行递归运算，而这可以通过计算机完成。

若行列式某一行或某一列全为 0，那么该行列式的计算结果等于 0。

（4）行列式的性质

行列式与它的转置行列式相等，转置符号用 T 表示。例如：

$$\begin{vmatrix}a & b & c\\d & e & f\\g & h & i\end{vmatrix}\text{转置}\begin{vmatrix}a & d & g\\b & e & h\\c & f & i\end{vmatrix}=\begin{vmatrix}a & b & c\\d & e & f\\g & h & i\end{vmatrix}^{\mathrm{T}}$$

若行列式互换两行，则行列式正负改变。例如：

$$\begin{vmatrix}a & b & c\\d & e & f\\g & h & i\end{vmatrix}=-\begin{vmatrix}d & e & f\\a & b & c\\g & h & i\end{vmatrix}$$

若行列式的某一行含公因子，则公因子可以提到行列式之外。例如：

$$\begin{vmatrix}a & b & c\\Kd & Ke & Kf\\g & h & i\end{vmatrix}=K\begin{vmatrix}a & b & c\\d & e & f\\g & h & i\end{vmatrix}$$

若行列式某一行中的每个数都可以写成两个数相加的形式，则这个行列式也可以写成两个行列式相加的形式。例如：

$$\begin{vmatrix}a & b & c\\2+d & 3+e & 4+f\\g & h & i\end{vmatrix}=\begin{vmatrix}a & b & c\\d & e & f\\g & h & i\end{vmatrix}+\begin{vmatrix}a & b & c\\2 & 3 & 4\\g & h & i\end{vmatrix}$$

✍ **试一试：**

NumPy(Numerical Python)是 Python 语言的一个扩展程序库，它支持大量的多维数组与矩阵运算，此外也针对数组运算提供大量的线性代数函数库。试定义一个矩阵并运用 np.linalg.det 方法计算行列式的值。

2. 矩阵

矩阵是本章重点研究的数据对象，可以用()或[]表示。矩阵的行数和列数不一定相等，行数和列数相等的矩阵称为**方阵**，只有方阵才有对应的行列式。

（1）矩阵初等变换

$$
\text{初等变换}\begin{cases}\text{初等行变换}\begin{cases}\text{互换两行}\\ \text{以}K(K\neq 0)\text{乘某行}\\ \text{把某行乘}K\text{后，加到另外一行}\end{cases}\\ \text{初等列变换}\begin{cases}\text{互换两列}\\ \text{以}K(K\neq 0)\text{乘某列}\\ \text{把某列乘}K\text{后，加到另外一列}\end{cases}\end{cases}
$$

（2）矩阵的秩

一个矩阵经过多次初等变换后，剩下非 0 行的行数就是这个矩阵的秩 $r(\boldsymbol{A})$。如果 n 阶方阵的秩等于 n，则该矩阵满秩。

$$
\boldsymbol{A}=\begin{bmatrix}1 & 1 & -2 & 1 & 4\\ 2 & -1 & -1 & 1 & 2\\ 4 & -6 & 2 & -2 & 4\\ 3 & 6 & -9 & 7 & 9\end{bmatrix}
$$

经过初等变换，转化为阶梯形矩阵：

$$
\begin{bmatrix}1 & 1 & -2 & 1 & 4\\ 0 & 1 & -1 & 1/3 & 2\\ 0 & 0 & 0 & 1 & -3\\ 0 & 0 & 0 & 0 & 0\end{bmatrix}
$$

因为其非 0 行为三行，所以 $r(\boldsymbol{A})=3$。

（3）单位矩阵

对角线全为 1，其他全为 0 的矩阵称为单位矩阵，通常用 $\boldsymbol{E}$ 表示。例如：

$$\boldsymbol{E}=\begin{bmatrix}1&0&0\\0&1&0\\0&0&1\end{bmatrix}$$

（4）对角矩阵

除对角线之外元素全为 0 的矩阵称为对角矩阵，通常用 $\boldsymbol{\lambda}$ 表示。例如：

$$\boldsymbol{\lambda}=\begin{bmatrix}1&0&0\\0&1&0\\0&0&1\end{bmatrix}$$

（5）矩阵相乘

$$\boldsymbol{A}\times\boldsymbol{B}=\begin{bmatrix}1&2&3\\4&5&6\end{bmatrix}\begin{bmatrix}a&d\\b&e\\c&f\end{bmatrix}=\begin{bmatrix}1a+2b+3c&1d+2e+3f\\4a+5b+6c&4d+5e+6f\end{bmatrix}$$

如果 A 为一个标量，标量与张量（向量）相对应，则可把它理解为最简单的数据形式——一个数值。

$$A\times\boldsymbol{B}=A\begin{bmatrix}a&d\\b&e\\c&f\end{bmatrix}=\begin{bmatrix}Aa&Ad\\Ab&Ae\\Ac&Af\end{bmatrix}$$

左边矩阵的列数与右边矩阵的行数相等就可以相乘，如 $(\boldsymbol{R},\boldsymbol{N})\times(\boldsymbol{N},\boldsymbol{C})=(\boldsymbol{R},\boldsymbol{C})$ 。在机器学习理论和 AI 框架平台的调用接口中有很多相乘的接口供用户使用，但由于处理对象的不同和目标不同，因此有不同的相乘方式，如点积相乘、矩阵相乘和自然相乘，读者应明确区分。

（6）矩阵可逆

若 $\boldsymbol{AB}$=$\boldsymbol{E}$ 或 $\boldsymbol{BA}$=$\boldsymbol{E}$，则称 $\boldsymbol{B}$ 是 $\boldsymbol{A}$ 的逆矩阵，表示为

$$\boldsymbol{B}=\boldsymbol{A}^{-1}\quad \boldsymbol{A}^{-1}=\frac{1}{|\boldsymbol{A}|}\times\boldsymbol{A}^{*}$$

$\boldsymbol{A}$ 必为方阵（$\boldsymbol{A}^{*}$为伴随矩阵，这里不具体介绍），但逆矩阵存在的条件是矩阵 $\boldsymbol{A}$ 的行列式不能为 0。也就是说，矩阵经过初等变换后，矩阵的秩不能小于阶数，即秩不能小于矩阵的行数。在很多数学模型中，通常要对目标数据进行矩阵是否可逆和是否有多重共线性的分析，这样就引申出了另外一个主题，即消除过拟合和降低泛化误差的正则项。

$$\text{矩阵的行列式}\begin{cases}|\boldsymbol{A}|=0\text{，称矩阵}\boldsymbol{A}\text{为奇异矩阵，矩阵不可逆（分母不能为 0）}\\|\boldsymbol{A}|\neq 0\text{，称矩阵}\boldsymbol{A}\text{为非奇异矩阵，矩阵可逆}\end{cases}$$

由此可推出另外一个重要结论：可逆矩阵就是非奇异矩阵，非奇异矩阵也是可逆矩阵。这

样读者就会对某些大数据和 AI 技术文档中经常提到的概念有一个深刻的认识。

（7）线性相关性

$$k_1\begin{pmatrix}1\\2\\3\\4\end{pmatrix}+k_2\begin{pmatrix}5\\6\\7\\8\end{pmatrix}=\begin{pmatrix}0\\0\\0\\0\end{pmatrix}$$

只有 k_1、k_2 全为 0 时等式才成立，所以 $\begin{pmatrix}1\\2\\3\\4\end{pmatrix}$ 和 $\begin{pmatrix}5\\6\\7\\8\end{pmatrix}$ 是线性无关的。

（8）解方程组

$$\begin{cases}ax_1+bx_2+cx_3+dx_4=b_1\\ex_1+fx_2+gx_3+hx_4=b_2\\ix_1+jx_2+kx_3+lx_4=b_3\\mx_1+nx_2+ox_3+px_4=b_4\end{cases}\Leftrightarrow \boldsymbol{A}\begin{bmatrix}a&b&c&d\\e&f&g&h\\i&j&k&l\\m&n&o&p\end{bmatrix}\times\begin{bmatrix}x_1\\x_2\\x_3\\x_4\end{bmatrix}=\begin{bmatrix}0\\0\\0\\0\end{bmatrix}\text{或}\begin{bmatrix}b_1\\b_2\\b_3\\b_4\end{bmatrix}$$

如果 $\boldsymbol{A}$ 为奇异矩阵，则 $\boldsymbol{A}X$=0 有无穷解，$\boldsymbol{A}X$=b 有无穷解或无解；如果 $\boldsymbol{A}$ 为非奇异矩阵，则 $\boldsymbol{A}X$=0 有且只有唯一零解，$\boldsymbol{A}X$=b 有唯一解。

可逆矩阵就是非奇异矩阵，并与矩阵对应的行列式不为 0、矩阵满秩、行列向量线性无关性充分必要。

（9）线性模型

线性模型试图训练得到一个通过属性 w 的线性组合进行预测的函数

$$f(x)=w_1x_1+w_2x_2+w_3x_3+w_4x_4+b$$

以向量形式写为

$$f(x)=w^{\mathrm{T}}x+b$$

反向推测

$$f(x_i)\simeq y_i \quad y_i\text{为样本标签值}$$

线性回归试图通过训练得到权重参数 w，使预测函数的结果值更接近样本标签值，至于值 w 如何找到，这涉及复合函数误差反向传播的知识点，后面讲微积分时会详细解释。

提示：

在很多相关书籍和文章中，截距b有时会被省略，但这不影响模型的表达和训练。其实，如果最后一个权重系数 w_n 为 1，则预测函数等价。由以上知识点可以引申出许多细节内容，但本小节的意图是提炼和梳理出一条主线，以便读者深刻记忆。

3. 矩阵的特征值和特征向量

当描述一个人时，人们学会使用“高矮胖瘦”“眉目清秀”等词汇，以便区分不同人的外貌特征，而“俩胳膊”“俩腿”则是多余的词汇描述，这些能区分的描述就相当于“特征值”和“特征向量”。

在介绍特征值和特征向量之前，我们先来学习解线性方程组。

（1）齐次方程组的通解（等号右边全为 0）

$$\begin{cases}\text{求出方程组对应矩阵的秩 } r \\ \text{判断方法}\begin{cases}\text{若 } r=n\text{，则该方程组有唯一解} \\ \text{若 } r<n\text{，则该方程组有非唯一解（非零无穷多个解）}\end{cases} \\ \text{计算 } A=n-r\text{，如果 } A \text{ 不等于0，则 } n \text{ 个未知数中有 } A \text{ 个未知数可以自由取（} A \text{ 组线性无关）}\end{cases}$$

例如，原方程组为

$$\begin{cases}x_1+x_2-x_3-x_4=0 \\ 2x_1-5x_2+3x_3-2x_4=0 \\ 7x_1-7x_2+3x_3-x_4=0\end{cases}$$

求矩阵的秩：

$$\begin{bmatrix}1 & 1 & -1 & -1 \\ 2 & -5 & 3 & 2 \\ 7 & -7 & 3 & 1\end{bmatrix} \Rightarrow \begin{bmatrix}1 & 0 & -2/7 & -3/7 \\ 0 & 1 & -5/7 & -4/7 \\ 0 & 0 & 0 & 0\end{bmatrix}$$

秩为 $4-2=2$，写出 2 个线性无关组，最简单的 x_3、x_4 分别为 $\begin{pmatrix}1 \\ 0\end{pmatrix}$、$\begin{pmatrix}0 \\ 1\end{pmatrix}$，代入原方程组，变成秩与未知数相等的方程式，并求得唯一解。这两个线性无关组并不唯一，一般会取 $\begin{pmatrix}1 \\ 0\end{pmatrix}$ 和 $\begin{pmatrix}0 \\ 1\end{pmatrix}$。

得到基础解系为 $\begin{pmatrix}\frac{2}{7} \\ \frac{5}{7} \\ 1 \\ 0\end{pmatrix}$ 和 $\begin{pmatrix}\frac{3}{7} \\ \frac{4}{7} \\ 0 \\ 1\end{pmatrix}$。

原方程组的通解为

$$\begin{pmatrix} x_1 \\ x_2 \\ x_3 \\ x_4 \end{pmatrix} = c_1 \begin{pmatrix} \frac{2}{7} \\ \frac{5}{7} \\ 1 \\ 0 \end{pmatrix} + c_2 \begin{pmatrix} \frac{3}{7} \\ \frac{4}{7} \\ 0 \\ 1 \end{pmatrix} \quad （c_1、c_2 为任意常数）$$

（2）非齐次方程组通解（等号右边不全为 0）

求出方程组等号左边对应矩阵和等号右边对应矩阵的两个秩 r_1、r_2 （后者矩阵就是前者矩阵多一列）

判断方法：
- 若 $r_1 \neq r_2$，则该方程组无解
- 若 $r_1 = r_2 = n$，则该方程组有唯一解
- 若 $r_1 = r_2 < n$，则该方程组有无穷多解

首先按齐次方程组求通解，然后求出非齐次方程组的一个特解，齐次方程的通解 + 非齐次方程的一个特解 = 非齐次方程的通解（线性无关）

例如，求基础解系和通解：

$$\begin{cases} x_1 + x_2 + x_3 - 3x_4 - x_5 = 1 \\ 3x_1 + x2_2 + x_3 + x_4 - 3x_5 = 0 \\ x_1 + 2x_3 + 2x_4 + 6x_4 = 3 \\ 5x_1 + 4x_2 + 3x_3 + 3x_4 - x_5 = 2 \end{cases}$$

秩=2 原方程组的通解为

$$\begin{pmatrix} x_1 \\ x_2 \\ x_3 \\ x_4 \\ x_5 \end{pmatrix} = c_1 \begin{pmatrix} 1 \\ -2 \\ 1 \\ 0 \\ 0 \end{pmatrix} + c_2 \begin{pmatrix} 1 \\ -2 \\ 0 \\ 1 \\ 0 \end{pmatrix} + c_3 \begin{pmatrix} 5 \\ 6 \\ 0 \\ 0 \\ -1 \end{pmatrix} + \begin{pmatrix} -2 \\ 3 \\ 0 \\ 0 \\ 0 \end{pmatrix}，c_1、c_2、c_3 为任意常数（A 组）$$

假设 $\boldsymbol{A}$ 是方阵，若有 $\boldsymbol{A\xi} = \lambda\boldsymbol{\xi}(\boldsymbol{\xi} \neq 0)$ 成立，则标量 λ 称为特征值，$\boldsymbol{\xi}$ 为与特征值对应的特征向量。由于 $(\boldsymbol{A} - \lambda\boldsymbol{E})\xi = 0$，$\xi$ 为非 0 向量（$\boldsymbol{\xi}$ 可看成待解向量 $\boldsymbol{x}$），因此 $(\boldsymbol{A} - \lambda\boldsymbol{E})$ 有非 0 解，由前述齐次方程组（右边全等于 0）解的结论，可得 $|\boldsymbol{A} - \lambda\boldsymbol{E}| = 0$。

例如，求矩阵 $\boldsymbol{A} = \begin{bmatrix} 1 & -1 & 1 \\ 2 & -2 & 2 \\ -1 & 1 & -1 \end{bmatrix}$ 的特征值和特征向量：

$$A-\lambda E=\begin{bmatrix}(1-\lambda) & -1 & 1\\ 2 & (-2-\lambda) & 2\\ -1 & 1 & (-1-\lambda)\end{bmatrix}$$

令

$$|A-\lambda E|=0\begin{vmatrix}(1-\lambda) & -1 & 1\\ 2 & (-2-\lambda) & 2\\ -1 & 1 & (-1-\lambda)\end{vmatrix}=0$$

得到

$$(\lambda-0)(\lambda-0)(\lambda+2)=0\Rightarrow \lambda_1=0，\ \lambda_2=0，\ \lambda_3=-2$$

下面求三个特征值对应的特征向量。

当 $\lambda_1=0$，$\lambda_2=0$ 时，求方程 $A\xi=0$ 的基础解系。由齐次方程的通解可知，该矩阵秩为 1，得到基础解系，c_1、c_2 取任意值。

$$\begin{pmatrix}x_1\\x_2\\x_3\end{pmatrix}=c_1\begin{pmatrix}-1\\0\\1\end{pmatrix}+c_2\begin{pmatrix}1\\1\\0\end{pmatrix}$$

当 $\lambda_3=-2$ 时，求方程 $(A+2E)\xi=0$ 的基础解系。该矩阵秩为 2，得到基础解系，c_1 取任意值。

$$\begin{pmatrix}x_1\\x_2\\x_3\end{pmatrix}=c_1\begin{pmatrix}1\\2\\-1\end{pmatrix}$$

因此三个特征值为 $\lambda_1=0$，$\lambda_2=0$，$\lambda_3=-2$ 时，对应的特征向量为 $\begin{pmatrix}-1\\0\\1\end{pmatrix}\begin{pmatrix}1\\1\\0\end{pmatrix}\begin{pmatrix}1\\2\\-1\end{pmatrix}$。

试一试：

通过 Python 用矩阵运算库 NumPy 求矩阵的逆矩阵：numpy.linalg.inv(x)，可见 NumPy 支持大量的多维数组与矩阵运算。此外也针对矩阵运算提供大量的线性代数函数库，例如：numpy.linalg.solve(a,b)函数给出了矩阵形式的线性方程的解。

4. 特征值和特征向量的意义

特征值和特征向量从几何的空间来看，就是在特征向量的方向进行特征值伸缩，或者反映了特征值在特征向量方向的变化程度。如图 1.2 和图 1.3 所示，两个箭头方向以特征向量进行旋转，以特征值进行拉伸，仅是观察角度的改变。

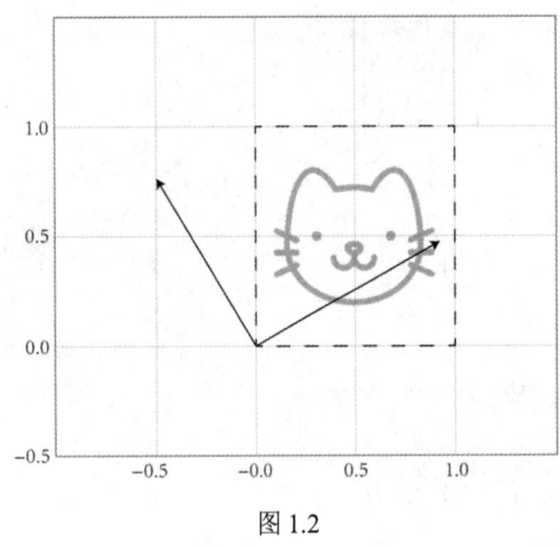

图 1.2

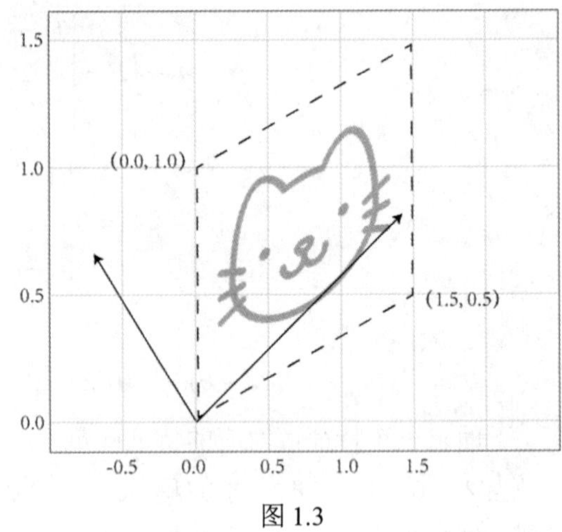

图 1.3

特征值和特征向量的推论如下（必须记住）：

1）所有特征向量构成了**最大线性无关组**。

2）所有特征向量两两正交（两个向量内积之和等于 0，可以理解为相互“垂直”）。

3）**正交矩阵**的转置等于它的逆矩阵。

4）如果 $\boldsymbol{A}$ 为方阵，则方阵为**正交矩阵**。

5）方阵特征值为 0 的个数为 $n-r$（n 行$-r$ 秩）。

6）一个矩阵的所有特征值等于该矩阵**对角线上**的所有数字之和。

7）一个矩阵的所有特征值之积等于该矩阵所对应行列式的值。

8）对角矩阵、上三角阵、下三角阵的特征值就是**对角线上**的值。

5. 矩阵对角化和相似矩阵

若 $\boldsymbol{P}^{-1}\boldsymbol{AP}=\boldsymbol{B}$，如果 $\boldsymbol{B}$ 是对角矩阵 $\boldsymbol{\Lambda}$，则称矩阵 $\boldsymbol{A}$ 相似于对角矩阵 $\boldsymbol{\Lambda}$，也称矩阵 $\boldsymbol{A}$ 可以对角化。注意，这里的 $\boldsymbol{A}$ 是特征值组成的对角矩阵，而 $\boldsymbol{P}$ 是特征向量$\boldsymbol{\xi}$组成的矩阵。将所有特征值与特征向量组合，将形成以上**矩阵的特征分解**。这是非常重要的内容，只有在这部分内容的基础上，我们才能理解奇异值矩阵分解。

将 $\boldsymbol{A\xi}=\boldsymbol{\lambda\xi}$ 换成 n 个特征值和与之对应的特征列向量的形式（正交矩阵），原来仅是一个特征值和一个对应的特征向量：

$$\boldsymbol{V}=\{\xi_1,\xi_2,\xi_3,\cdots,\xi_n\}$$

$$\boldsymbol{AV}=\{A\xi_1,A\xi_2,A\xi_3,\cdots,A\xi_n\}=\{\lambda_1\xi_1,\lambda_2\xi_2,\lambda_3\xi_3,\cdots,\lambda_n\xi_n\}=\{\xi_1,\xi_2,\xi_3,\cdots,\xi_n\}\begin{bmatrix}\lambda_1 & \cdots & 0\\ \vdots & \ddots & \vdots\\ 0 & \cdots & \lambda_n\end{bmatrix}$$

$$\Rightarrow \boldsymbol{AV} = \boldsymbol{V}\begin{bmatrix} \lambda_1 & \cdots & 0 \\ \vdots & \ddots & \vdots \\ 0 & \cdots & \lambda_n \end{bmatrix}$$

若在等式两边都左乘$\boldsymbol{V}^{-1}$，因矩阵与自己的逆矩阵相乘等于单位矩阵，故可得出以下重要结论：

$$\boldsymbol{V}^{-1}\boldsymbol{AV} = \begin{bmatrix} \lambda_1 & \cdots & 0 \\ \vdots & \ddots & \vdots \\ 0 & \cdots & \lambda_n \end{bmatrix} = \boldsymbol{\Lambda}$$

将上式的两边再分别左右乘$\boldsymbol{V}^{-1}$后有：

$$\boldsymbol{A} = \boldsymbol{V}\begin{bmatrix} \lambda_1 & \cdots & 0 \\ \vdots & \ddots & \vdots \\ 0 & \cdots & \lambda_n \end{bmatrix}\boldsymbol{V}^{-1} = \boldsymbol{V\Lambda V}^{-1}$$

将**方阵对角化**（转成对角矩阵）是一个很重要的知识点，它能将一个二次型转化为标准二次型（以后会讲到），进行耦合方程解耦时能将计算的复杂度降低。

1.1.1 小节中的示例可以按如下形式表达（对角矩阵全为特征值）：

$$\begin{bmatrix} 1 & -1 & 1 \\ 2 & -2 & 2 \\ -1 & 1 & -1 \end{bmatrix} = \begin{bmatrix} 1 & 1 & -1 \\ 2 & 1 & 0 \\ -1 & 0 & 1 \end{bmatrix}\begin{bmatrix} 2 & 0 & 0 \\ 0 & 0 & 0 \\ 0 & 0 & 0 \end{bmatrix}\begin{bmatrix} 1 & 1 & -1 \\ 2 & 1 & 0 \\ -1 & 0 & 1 \end{bmatrix}^{-1}$$

试一试：

通过 NumPy 库调用计算矩阵的特征值、特征向量。

```
import numpy as np
A = np.array([[1,-1,1],[2,-2,2],[-1,1,-1]])
print(np.linalg.eigvals(A))                    # 计算特征值
eigvals,eigvectors = np.linalg.eig(A)          # 计算特征向量
print(eigvals)
print(eigvectors)
```

输出（注意科学记数法和基础解系）：

```
[-2.00000000e+00  1.21397731e-16  -1.96192480e-16]
[-2.00000000e+00  1.21397731e-16  -1.96192480e-16]
[[-0.40824829  0.24363514  -0.77427703]
 [-0.81649658  0.79671122  -0.16270298]
 [ 0.40824829  0.55307608  0.61157405]]
```

6. 其他

下面把线性代数的关键知识点以精要的方式罗列出来。从一个 AI 算法工程师的角度来看，应强调知识点的理解性和全面性，而非重点考虑纯数学角度的学术意义上的“严谨性”，只有

这种讲述方式才能杜绝那种纯数学意义的平铺直叙。以上讲述的内容都给予了详细的验证和推理，下面将直接以接近笔记的方式把各种矩阵之间的关系、各个矩阵所具有的特性以不加推理和证明的方式呈现出来。相信有前面内容的铺垫，读者完全可以理解下面的内容。

（1）矩阵的基础知识

1）$|\boldsymbol{AB}|=|\boldsymbol{A}||\boldsymbol{B}|$（$\boldsymbol{A}$、$\boldsymbol{B}$ 为方阵）。

2）$(\boldsymbol{AB})^{\mathrm{T}}=\boldsymbol{A}^{\mathrm{T}}\boldsymbol{B}^{\mathrm{T}}$。

3）$(\boldsymbol{A}+\boldsymbol{B})^{\mathrm{T}}=\boldsymbol{B}^{\mathrm{T}}+\boldsymbol{A}^{\mathrm{T}}$。

4）$(\lambda\boldsymbol{A})^{\mathrm{T}}=\lambda\boldsymbol{A}^{\mathrm{T}}$。

5）结合律：$(\lambda\mu)\boldsymbol{A}=\lambda(\mu\boldsymbol{A}),(\lambda+\mu)\boldsymbol{A}\ =\lambda\boldsymbol{A}+\mu\boldsymbol{A}$。

6）分配律：$\lambda\left(\boldsymbol{A}+\boldsymbol{B}\right)=\lambda\boldsymbol{A}+\lambda\boldsymbol{B}$。

7）$(\boldsymbol{AB})^{n}\neq\boldsymbol{A}^{n}\boldsymbol{B}^{n}$。

8）$\boldsymbol{A}^{-n}=(\boldsymbol{A}^{-1})^{n}$。

（2）逆矩阵

1）若 $\boldsymbol{AB}$=$\boldsymbol{E}$，则称 $\boldsymbol{B}$ 是 $\boldsymbol{A}$ 的逆矩阵，记作 $\boldsymbol{B}$=$\boldsymbol{A}^{-1}$。

2）只有方阵才有逆矩阵，但不是所有的方阵都有逆矩阵。

3）$\boldsymbol{A}^{-1}=\frac{1}{|\boldsymbol{A}|}\boldsymbol{A}^{*}$，其中，$|\boldsymbol{A}|$是方阵 $\boldsymbol{A}$ 的行列式；$\boldsymbol{A}^{*}$是方阵 $\boldsymbol{A}$ 的伴随矩阵（代数余子式组成的矩阵再转置）。

4）$\boldsymbol{EA}$=$\boldsymbol{AE}$=$\boldsymbol{A}$，其中 $\boldsymbol{E}$ 为单位矩阵。

5）$\boldsymbol{AA}^{-1}=\boldsymbol{E}$，$(\boldsymbol{A}^{-1})^{\mathrm{T}}=(\boldsymbol{A}^{\mathrm{T}})^{-1}$，其中 $\boldsymbol{E}$ 为单位矩阵。

（3）初等矩阵与可逆矩阵的关系

1）单位矩阵经过一次初等变换后形成的矩阵称为初等矩阵。

2）可逆矩阵可以写成若干个初等矩阵的乘积：$|P^{-1}||P|=1$。

3）初等矩阵左乘任何一个矩阵，相当于对该矩阵进行相应的初等行变换；初等矩阵右乘任何一个矩阵，相当于对该矩阵进行相应的初等列变换。如果左右乘一个逆矩阵，就相当于进行一列的行或列变换。

4）一个矩阵无论经过多少次初等变换，初等变换后得到的新矩阵的秩与原矩阵的秩都是一样的。

5）可逆矩阵 $\boldsymbol{A}$ 的转置矩阵 $\boldsymbol{A}^{\mathrm{T}}$ 可逆，并且 $(\boldsymbol{A}^{-1})^{\mathrm{T}}=(\boldsymbol{A}^{\mathrm{T}})^{-1}$。

6）若矩阵 $\boldsymbol{A}$ 可逆，则矩阵 $\boldsymbol{A}$ 满足消去律，即若 $\boldsymbol{AB}$=$\boldsymbol{AC}$，$\boldsymbol{A}$ 为非零矩阵，那么 $\boldsymbol{B}$=$\boldsymbol{C}$ 的充分

条件是 $\boldsymbol{A}$ 可逆。

7）初等矩阵必为可逆矩阵。

（4）等价矩阵

如果矩阵 $\boldsymbol{A}$ 与矩阵 $\boldsymbol{B}$ 是同型矩阵，并且 $r(\boldsymbol{A})=r(\boldsymbol{B})$ 秩相同，则称矩阵 $\boldsymbol{A}$ 和矩阵 $\boldsymbol{B}$ 是等价矩阵，即 $\boldsymbol{A}\cong\boldsymbol{B}$。同型矩阵仅仅是行和列相同。

等价矩阵有一个充分必要条件，如果 $\boldsymbol{A}\cong\boldsymbol{B}$，则存在两个可逆矩阵 $\boldsymbol{P}$、$\boldsymbol{Q}$，使得 $\boldsymbol{PAQ}=\boldsymbol{B}$。

（5）分块矩阵

用若干横线和纵线把一个矩阵分成若干小块，每一个小块都是原矩阵的子矩阵，则可将这个原矩阵称为分块矩阵。子矩阵的行和列不一定相同。例如，矩阵的向量就是一个分块矩阵的情况。

特殊分块矩阵（对角块矩阵 $|\boldsymbol{A}|\neq 0$）的逆矩阵：

若 $\boldsymbol{A}=\begin{bmatrix}\boldsymbol{A}_1 & 0\\ 0 & \boldsymbol{A}_2\end{bmatrix}$，则 $\boldsymbol{A}^{-1}=\begin{bmatrix}\boldsymbol{A}_1^{-1} & 0\\ 0 & \boldsymbol{A}_2^{-1}\end{bmatrix}$ 为对角子矩阵的逆矩阵；$\boldsymbol{A}=\begin{bmatrix}0 & \boldsymbol{A}_1\\ \boldsymbol{A}_2 & 0\end{bmatrix}$，则 $\boldsymbol{A}^{-1}=\begin{vmatrix}0 & \boldsymbol{A}_1^{-1}\\ \boldsymbol{A}_2^{-1} & 0\end{vmatrix}$ 为反对角子矩阵的逆矩阵。

任何矩阵的 0 次幂都等于与之同阶的单位矩阵 $\boldsymbol{E}$。

（6）正交矩阵

若方阵 $\boldsymbol{A}$ 有 $\boldsymbol{A}^{\mathrm{T}}\boldsymbol{A}=\boldsymbol{A}\boldsymbol{A}^{\mathrm{T}}=\boldsymbol{E}$ 或 $\boldsymbol{A}^{\mathrm{T}}=\boldsymbol{A}^{-1}$，则 $\boldsymbol{A}$ 为正交矩阵。

1）正交矩阵任意两个行向量都是正交的，并且 $\boldsymbol{A}$ 中任意一个行向量都是单位向量（乘方之后再开方）。

2）对称矩阵的特征向量组成的矩阵为正交矩阵。若 $r=n$，则方阵 n 个特征值中没有一个为 0。

（7）相似矩阵

若 $\boldsymbol{A}$ 和 $\boldsymbol{B}$ 为 n 阶方阵，如果 $\boldsymbol{P}^{-1}\boldsymbol{AP}=\boldsymbol{B}$，则称矩阵 $\boldsymbol{A}$ 相似于矩阵 $\boldsymbol{B}$，记为 $\boldsymbol{A}\sim\boldsymbol{B}$。矩阵 $\boldsymbol{A}$、$\boldsymbol{B}$ 也是等秩的，其本质就是对一个方阵的行或列进行多次初等变换。

1）如果 $\boldsymbol{A}$、$\boldsymbol{B}$ 为相似矩阵，则 $\boldsymbol{A}$、$\boldsymbol{B}$ 有相同的特征值。

2）同一个线性变换在不同基下的矩阵的关系是相似关系。

（8）对角矩阵

对角线以外的所有数都为 0 的矩阵称为对角矩阵。如果 $\boldsymbol{P}^{-1}\boldsymbol{AP}=\boldsymbol{B}$，$\boldsymbol{B}$ 为对角矩阵，则称矩阵 $\boldsymbol{A}$ 相似于对角矩阵 $\boldsymbol{B}$，即矩阵 $\boldsymbol{A}$ 可以对角化。矩阵对角化的条件：①有互不相同的特征值；②如果含有重复的特征值，那么这些重复的特征值对应的向量会有对应数量的无关组。

（9）实对称矩阵

如果有 n 阶矩阵 A，其矩阵的元素都为实数，且矩阵 A 的转置等于其本身（$A_{ij}=A_{ji}$，i、j 为元素的脚标），则称矩阵 A 为实对称矩阵。

实对称矩阵一定可以相似于对角矩阵，实对称矩阵一定可以合同于对角矩阵。

（10）合同矩阵

如果 $\boldsymbol{P}^{\mathrm{T}}\boldsymbol{A}\boldsymbol{P}=\boldsymbol{B}$，则称矩阵 A 合同于矩阵 $\boldsymbol{B}$，记为 $\boldsymbol{A}\cong\boldsymbol{B}$。由于合同矩阵首先为等价矩阵，所以合同矩阵也是等秩的，相似矩阵与合同矩阵都具有反身性、对称性和传递性。

1）一个矩阵的所有特征值等于该矩阵对角线上的所有元素之和。

2）一个矩阵的所有特征值之积等于该矩阵所对应行列式的值。

3）对角矩阵、上三角阵、下三角阵的特征值就是对角线上的值。

4）如果一个 n 阶矩阵的每行元素之和都相等，则该元素和为 n 个特征值中的一个。

5）特征向量不是由特征值唯一决定的，相反，特征值才是被特征向量唯一决定的。

（11）正定矩阵

一个 n 阶的实对称矩阵 $\boldsymbol{M}$ 是正定的条件是：当且仅当对于所有的非零实系数向量 $\boldsymbol{z}$，都有 $\boldsymbol{z}^{\mathrm{T}}\boldsymbol{M}\boldsymbol{Z}>0$，其中 $\boldsymbol{z}^{\mathrm{T}}$ 表示 $\boldsymbol{Z}$ 的转置。

1）若矩阵 $\boldsymbol{A}$ 为对称矩阵，并且矩阵 $\boldsymbol{A}$ 的所有特征值都大于 0，则矩阵 $\boldsymbol{A}$ 为正定矩阵。

2）若矩阵 $\boldsymbol{A}$ 为对称矩阵，并且矩阵 $\boldsymbol{A}$ 的所有顺序主子式都大于 0，则矩阵 $\boldsymbol{A}$ 为正定矩阵。

3）若矩阵 $\boldsymbol{A}$ 为对称矩阵，并且矩阵 $\boldsymbol{A}$ 与单位矩阵 $\boldsymbol{E}$ 合同，则矩阵 $\boldsymbol{A}$ 为正定矩阵。

4）若矩阵 $\boldsymbol{A}$ 为对称矩阵，并且矩阵 $\boldsymbol{A}$ 可表示为 $\boldsymbol{A}=\boldsymbol{C}^{\mathrm{T}}\boldsymbol{C}$，$\boldsymbol{C}$ 为逆矩阵，则矩阵 $\boldsymbol{A}$ 为正定矩阵。

5）若矩阵 $\boldsymbol{A}$ 为正定矩阵，则所有与矩阵 $\boldsymbol{A}$ 合同的矩阵都是正定矩阵。

提示：

对于正定矩阵的定义，上面这句是非常专业和学术的表达，其实对我们大多算法和模型工程师来讲，理解并能判断什么情况下矩阵为正定性就足够了。

之所以在这里提到比较晦涩的正定矩阵的概念，其主要原因是在 AI 算法基础理论中，号称 AI 基础理论基石四大门派之一的支持向量机（SVM）会用到这一情形。AI 算法的核心就是数据“分离”而具有可判定，那实际情况不能直接具有这样的属性，那我们就通过技术处理让数据具有分离的属性，其方法之一就是通过使用恰当的核函数来替代内积，可以隐式地将非线性的训练数据映射到高维空间，而不增加可调参数的个数。其核函数方法就是要保证矩阵有正定性。

（12）半正定矩阵与二次型

二次型是每项均由“常数×变量×变量”组成的多项式，并且为二次多项式。在 AI 理论中，二次型与正定矩阵有一定的关系。例如，(x, y)可以表达成更高维的空间(x^2,xy,y^2)的条件要求。

下面来看一个三元二次型：

$$f(x_1,x_2,x_3)=x_1^2+2x_1x_2+4x_1x_3+2x_2^2+6x_2x_3+x_3^2$$

此二次型对应的矩阵如下，中心的 2 就是$2x_2^2$的系数，其他项也很容易推出（注意，它必然是一个对称矩阵）。

$$\downarrow y\begin{bmatrix}1 & 1 & 2\\ 1 & 2 & 3\\ 2 & 3 & 1\end{bmatrix}\to x$$

用这个矩阵乘法表示二次型：

$$\begin{pmatrix}x_1 & x_2 & x_3\end{pmatrix}\begin{bmatrix}1 & 1 & 2\\ 1 & 2 & 3\\ 2 & 3 & 1\end{bmatrix}\begin{pmatrix}x_1\\ x_2\\ x_3\end{pmatrix}$$

标准二次型是特殊的二次型，其特殊性体现在只含有平方项。例如，$f(x_1,x_2,x_3)=x_1^2+2x_2^2+x_3^2$，如果平方项的系数在 1、−1、0 之中取值，则它就是二次型的规范型。

1）二次型可以转为标准二次型，其转换方法包括正交变换法和配方法。这里不对其转换方法进行具体介绍，读者只需要知道一个普通的二次型（方阵）可以转换为标准二次型（对角阵）即可。

2）正定二次型是二次型，而且是特殊的二次型，其特殊性体现在当$x_1,x_2,\cdots,x_n$不全为 0 时，$f(x_1,x_2\cdots x_n)$恒大于 0。正定二次型对应的矩阵就是正定矩阵。但正定二次型不一定是标准二次型，如$f(x_1,x_2,x_3)=2x_1^2+2x_1x_3+x_2^2+3x_3^2$就不是标准二次型，但它是正定二次型。如果$f(x_1,x_2,\cdots,x_n)$恒大于等于 0，它就是半正定矩阵。

3）如果存在一个矩阵 $\boldsymbol{A}$，使 $\boldsymbol{A}^{-1}\boldsymbol{M}\boldsymbol{A}$ 的结果为对角矩阵，则称矩阵 $\boldsymbol{A}$ 将矩阵 $\boldsymbol{M}$ 对角化。对于一个矩阵来说，不一定存在将其对角化的矩阵。但是，对于任意一个 $n\times n$ 矩阵，如果存在 n 个线性不相关的特征向量，则该矩阵可被对角化。

扩展：

在支持向量机（support vector machine，SVM）理论中，根据 Mercer 定理，任何半正定的函数都可以作为核函数。半正定的函数$f(x_i,x_j)$的定义如下：拥有训练数据集合$(x_1,x_j,\cdots,x_n)$，定义一个矩阵的元素 $a_{i,j}=f(x_i,x_j)$，该矩阵是 $n\times n$ 的，如果该矩阵是半正定的，那么$f(x_i,x_j)$称为半正定的函数。Mercer 定理是核函数的必要条件，如高斯核函数。

1.1.2　概率论用面积度量世界万物的存在

概率论在高等数学三大篇中被公认为是最难理解的一门数学学科。这是一门从直观向抽象跨越的必经之路，就像某个公司的高管要求对于待训练的数据模型，在没有训练数据前假造一部分数据进行测试一样，这一要求被算法工程师断然拒绝，算法工程师仅用一句话就可以对 AI 技术提纲挈领：机器学习学的就是样本概率分布。

1. 随机变量

简单地说，随机变量是指随机事件的数量表现。例如，在一定时期的人群中，某地域若干名亚健康成年男性中每人血压和血糖的测定值；还有一些现象并不直接表现为数量，如人口的男女性别、试验结果的阳性或阴性等。但如果规定男性为 1、女性为 0，则非数量标志也可以用数量来表示。尽管这些例子中所提到的量的具体内容各式各样，但从数学观点来看，它们表现了同一种情况，即每个变量都可以随机地取得不同的数值，但在进行试验或测量之前，要预测这个变量将取得某个确定的数值则是不可能的。

随机变量按照可能取得的值，可以分为如下两种基本类型。

1）离散型：随机变量在一定区间内的取值为有限个或可数个，如某地区某年人口的出生、死亡数，某药治疗某病人的有效数、无效数等。离散型随机变量通常依据概率质量函数分类，主要分为伯努利随机变量、二项随机变量、几何随机变量和泊松随机变量。

2）连续型：随机变量在一定区间内的取值为无限个，或者数值无法一一列举出来，如某地区健康成年男性的身高值、体重值，一批传染性肝炎患者的血清转氨酶测定值等。有几个重要的连续型随机变量常常出现在概率论中，如均匀随机变量、指数随机变量、伽马随机变量和正态随机变量。

2. 全概率、先验概率和条件概率

我们习惯于用百分数或一个小于 1 的数字表达某事件发生的可能性，该数值的区间是(0,1)，即所有可能的事件概率值相加等于 1，这就是全概率的概念。如果生男孩的概率是 0.5007，那么生女孩的概率必然是 0.4993。

n 个事件环境下 $p(1)+p(2)+\cdots+p(n)=1$

在机器学习中要保证训练的样本足够多，因为要保证全概率分布的代表性。后面将介绍最大似然估计，其估计的就是全概率分布。

先验概率是指根据以往经验和分析得到事件 A 发生的概率，表示为 $p(A)$。先验概率分布是在考虑一些事件之前表达对这一数量的置信程度的概率分布。

条件概率也称后验概率，是指事件 A 在事件 B 已经发生的条件下发生的概率，表示为 $p(A|B)$。例如，家中养了一只狗，如果有人来，狗就会叫，那么狗叫后有多大的可能性是盗贼来了？

狗见人叫的概率是 80%，来盗贼的概率是 5%，那么来盗贼被狗发现的概率是 5%×80%，即 0.04，如图 1.4 所示。

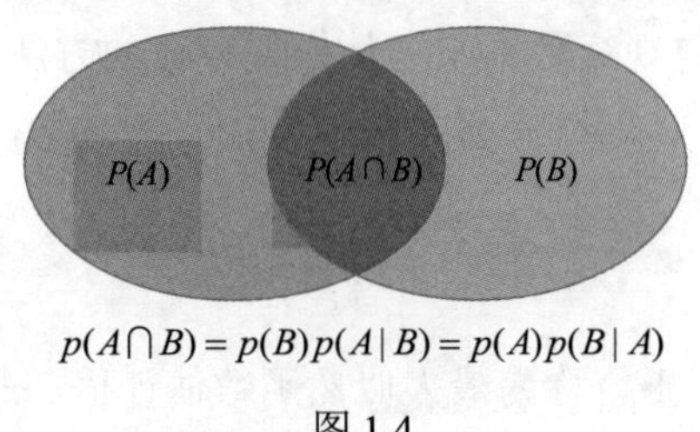

$$p(A \cap B) = p(B)p(A \mid B) = p(A)p(B \mid A)$$

图 1.4

3. 贝叶斯公式

贝叶斯公式为

$$p(A|B) = \frac{p(A)p(B \mid A)}{p(B)}$$

我们已经知道两个事件同时发生并不受谁为条件的影响，即

$$p(B)p(A \mid B) = p(A)p(B \mid A)$$

等号两边同时除以 $P(B)$，即把 $P(B)$移到等号右边，就可得到贝叶斯公式。前面举的例子是以狗见到人为条件发生的概率，但狗并不只有见到人才会叫，它饿了或见到其他动物时也会叫，这肯定要比狗见到人就会叫的概率要高。经调查发现，狗叫的先验概率是 95%。现在从另外一个角度分析问题，即狗叫时有盗贼的可能性有多高呢？也就是倒推或者反过来考虑会有结果：

$$p(\text{盗贼}|\text{狗叫}) = \frac{5\% \times 80\%}{95\%} \approx 4.21\%$$

所以这也是狗叫的时候，没有人会感到惊慌的原因。下面再举个例子帮助读者更好地理解贝叶斯公式。若是将人群分为吸烟人群与不吸烟人群两种。吸烟患肺癌的概率为 40%，不吸烟患肺癌的概率为 5%，吸烟人数占总人口的 30%，求肺癌患者是吸烟的人的概率？

$$p(\text{吸烟}|\text{患肺癌}) = \frac{30\% \times 40\%}{40\% \times 30\% + 5\% \times (1 - 30\%)} = 77.42\%$$

由此又可得到贝叶斯公式的另一种变形表达：

$$p(A_i|B) = \frac{p(A_i)p(B|A_i)}{\sum_{i=1}^{n} p(A_i)p(B|A_i)} \quad \text{（分母为全概率）}$$

以上即贝叶斯公式的基础知识。此外，这里还要加一个理论上的先决条件，即各个事件的发生是相互独立的，$A(A_1, A_2, \cdots, A_n)$ 事件之间的先验概率不会相互影响，有时也称之为朴素贝叶斯公式。

4. 最大似然估计

最大似然估计就是利用已知的样本结果反推最有可能(最大概率)导致这种结果的参数值。

最大似然估计是一种提供了给定观察数据来评估模型参数的方法。

离散随机样本集 $D=\{x_1,x_2,\cdots,x_n\}$，似然函数 $L(\theta)=p(D\mid\theta)=p(x_1,x_2,\cdots,x_n\mid\theta)$，即

$$L(\theta)=\prod_{i=1}^{n}p(x_i\mid\theta)$$

当 $L(\theta)$ 最大时，$\hat{\theta}(x_1,x_2,\cdots,x_n)$ 称为最大似然函数估计值。

当样本集 D 为连续随机数据时，似然函数 $L(\theta)=p(D\mid\theta)$，即

$$L(\theta)=\prod_{i=1}^{n}f(x_i\mid\theta)$$

假设要计算某趟高铁乘客中未成年人（儿童）所占的比例，但由于时间短、人数多，不可能去现场数，这时就只能用估计、推断办法来计算了。当从高铁上下来 1 个成年人和 1 个儿童时，如果估计高铁上 50%是成年人、50%是儿童，这显然不太可能；接着又发现从高铁上下来 2 个成年人，这时估计儿童占比 25%应该是比较靠谱的；继续观察后面的人数，当从高铁上再下来 6 个人，其中仅有 1 个儿童时，毫无疑问，20%应最接近实际情况中儿童所占的比例。

1）如图 1.5 所示，从容器中随机取出 8 个球，有 6 黑 2 白，估计容器中黑白球的概率。

$$\begin{aligned}
&L(\theta)=p\times p\times p\times p\times p\times p\times(1-p)\times(1-p)\\
&L(\theta)=p^6(1-p)^2\\
&\ln L(\theta)=6\ln p+2\ln(1-p)\times -1\\
&[\ln L(\theta)]'=\frac{6}{p}-\frac{2}{(1-p)}=0\\
&\hat{\theta}=p=3/4
\end{aligned}$$

$\ln L(\theta)$ 将似然函数取了对数，理由有两个：①对似然函数进行简化处理，消除指数；②获得极值的$\hat{\theta}$并不会发生改变。

$[\ln L(\theta)]'$ 对对数化的似然函数进行求导，得到黑白球的概率是 0.75。

2）如图 1.6 所示，从容器中随机取出 8 个球（多项分布），进行 N 次，估计容器中黑红白球的概率。

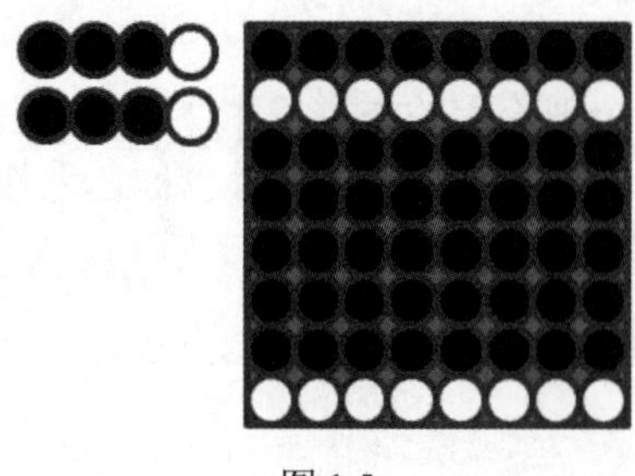
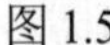

图 1.5

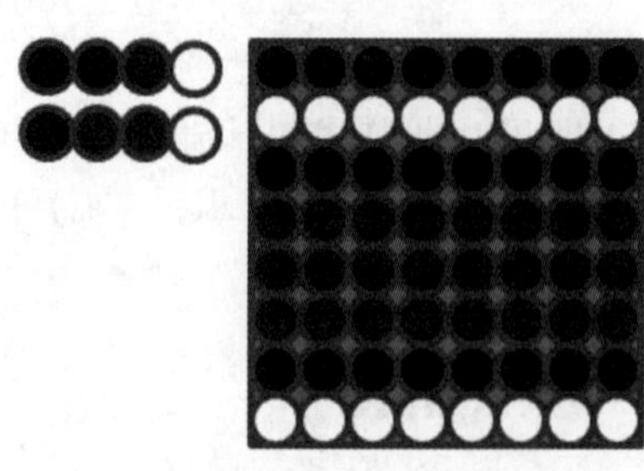

图 1.6

$$P(x = x_1, x_2, x_3) = \prod \frac{n!}{(x_1!x_2!x_3!)} p_{白}x_1 p_{红}x_2 p_{黑}x_3$$

$$\hat{\theta} = (p_{白}, p_{红}, p_{黑})$$

3）连续正态分布样本：

$$L(\mu, \sigma^2) = \prod_{i=1}^{N} \frac{1}{\sqrt{2\pi\sigma}} e^{\frac{(x_i-\mu)^2}{2\sigma^2}} = (2\pi\sigma^2)^{-\frac{n}{2}} e^{\frac{1}{2\sigma^2}\sum_{i=1}^{n}(x_i-\mu)^2}$$

$$\begin{cases} \mu^* = \bar{x} = \dfrac{1}{n}\sum_{i=1}^{n} x_j \\ \sigma^{*2} = \dfrac{1}{n}\sum_{i=1}^{n}(x_j - \bar{x})^2 \end{cases}, \quad \hat{\theta} = (\sigma, \mu)$$

5. 二项分布

二项分布表示“硬币正面向上的概率为 p 时，掷硬币 n 次后正面向上的次数”。也就是说，假设硬币正面向上出现的概率为 p，硬币反面向上出现的概率为 q=1-p，独立随机变量为 $x_1, x_2, \cdots, x_n$，那么 $X = x_1 + x_2 + \cdots + x_n$ 的分布是二项分布中的一种。

如果掷 n 次硬币，有 k 次是正面向上的概率为

$$P(x = k) = C_n^k p^k q^{n-k}$$

下面简单介绍排列组合的基础知识。

如果要组织 n 支球队进行比赛，实行双循环主客场制，那么需要踢多少场次呢？其计算公式如下：

$$C_n^k = \frac{n!}{(n-k)!}$$

式中，$n! = n \times (n-1) \times (n-2) \times \cdots \times 1$。

如果有 13 支球队，那么应该踢 $\frac{13!}{(13-2)!} = 13 \times 12 = 156$（场）。

如果这 13 支球队踢单循环，即两个球队仅见面一次，那么该问题是一个组合问题，即

$$C_n^k = \frac{n!}{k!(n-k)!}$$

如果有 13 支球队，那么单循环应该踢 $\frac{13!}{2!(13-2)!} = 13 \times 12 / 2 = 78$（场）。

回到二项分布，掷 30 次硬币，有 4 次是正面向上的概率为

$$\frac{30!}{4!(30-4)!} \times 0.5^4 \times 0.5^{30-4}$$

6. 期望值

什么是期望值？

1）期望值是指人们从主观上对所要实现目标的一种估计。

2）期望值是指人们对自己的行为和努力能否导致所祈求结果的主观估计，即根据个体经验判断实现其目标可能性的大小。

3）期望值是指对某种激励效能的预测。

4）期望值是指人们对自身社会地位、角色的个人或阶层所应当具有的道德水准和人生观、价值观的一种主观愿望。

回到现实中，期望值 $E[X]$是根据随机试验在同样的机会下重复多次的结果，计算出的等同“期望”的平均值。需要注意的是，期望值并不一定等同于常识中的“期望”，期望值也许与每一个结果都不相等。换句话说，期望值是该变量输出值的平均数，其并不一定包含在变量的输出值集合里。

如果随机变量 x 为离散类型，其输出值为$x_1, x_2, \cdots, x_n$，输出值相应的概率为$p_1, p_2, \cdots, p_n$，$p_1 + p_2 + \cdots + p_n = 1$，那么期望值 $E[X]$是一个无限数列的和：

$$E[X] = \sum_i^n p_i x_i$$

如果随机变量 x 为连续随机变量，存在相应的概率密度函数 $f(x)$，则 x 的期望值为

$$E[X] = \int_{-\infty}^{\infty} x f(x) \mathrm{d}x$$

上式针对的是连续随机变量，它与离散随机变量的期望值的算法同出一辙，由于输出值是连续的，因此把求和改成了求积分。

7. 方差与标准差

方差是在概率论和统计方差衡量随机变量或一组数据时离散程度的度量。方差计算公式如下：

$$D(X) = E[\sum(X - E[X])^2]$$

标准差就是在方差的基础上开方，用于权衡变量与均值的偏离程度。标准差计算公式如下：

$$\sigma = \sqrt{D(X)} = \sqrt{\frac{1}{N}\sum_{i=1}^{N}(x_i - \mu)^2}$$

标准差与方差作用相同，但标准差是消除量纲后的结果。在大数据与 AI 技术领域，消除量纲是基本的数据处理方式，其特点如下：

1）防止计算机计算精度溢出。

2）将数据投射到可“操作”的范围内，经常会把数据映射到 0～1 之间。

3）消除量纲后，数据原有的特征或相对距离不会改变和消失，如离散数据的顺序。

8. 正态分布

前面已经多次提及概率分布和概率函数的概念，但它们只对离散型变量有意义（随机变量可以一一列举或者随机抽样测试）。要描述连续型变量，需要引出另外两个重要的概念——概率分布函数和概率密度函数。

这就回到了本小节的主题，以求面积的方式描述概率的可能性。

下面以典型的正态分布为例进行介绍，这也是应用最为广泛的一种分布。正态分布又称高斯分布，其奇妙之处是许多看似随机的事件都可以用这个算式表达出来。正态概率密度函数如图 1.7 所示。

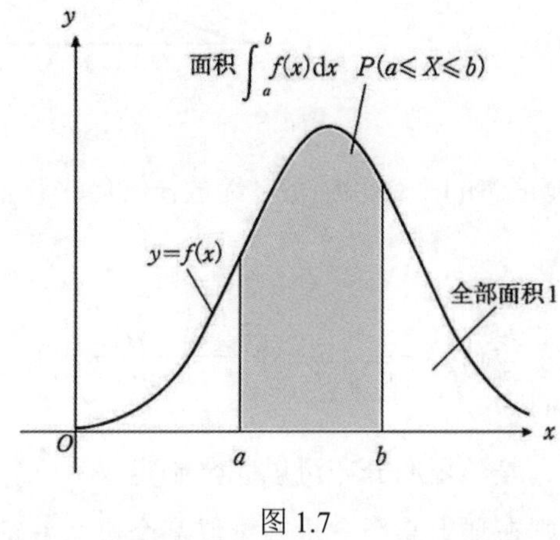

图 1.7

正态分布之所以有如此高的出现频率，理由有以下两点。

1）理论价值高：能帮助简化各类计算，降低计算结果中数学表达式的复杂度。

2）实用价值高：在实际应用中，大量结果遵从于（或近似）正态分布。

标准正态分布的概率密度函数如下：

$$f(x)=\frac{1}{\sqrt{2\pi}}\exp\left(-\frac{x^2}{2}\right)$$

下面详细介绍标准正态分布的概率密度函数（图 1.8）。

$\frac{1}{\sqrt{2\pi}}$保证了对概率密度函数积分后等于 1。求解时一般会出现两种情况：如果是概率密度函数，要求概率分布函数，则积分即可（重点在于曲线下的面积）；如果是概率分布函数，要求概率密度函数，则求导即可（重点在于曲线的变化率）。也就是说：

$$\int_{-\infty}^{\infty}\exp\left(-\frac{x^2}{2}\right)\mathrm{d}x=\sqrt{2\pi}$$

1）左右对称（$x = c$ 与 $x = -c$ 的值相同），由于有 exp 指数函数（e^x）的存在，$x\to+\infty$ 或 $x\to-\infty$ 时，$f(x)\to 0$。

2）值大于等于 0，$x = 0$ 时值最大。

3）期望值$\mu = 0$ 和方差$\sigma^2 = 1$，所以 exp()才是正态概率密度函数的核心。

正态分布的概率密度函数$f(x)$和分布函数 $F(x)$如图 1.8 所示。

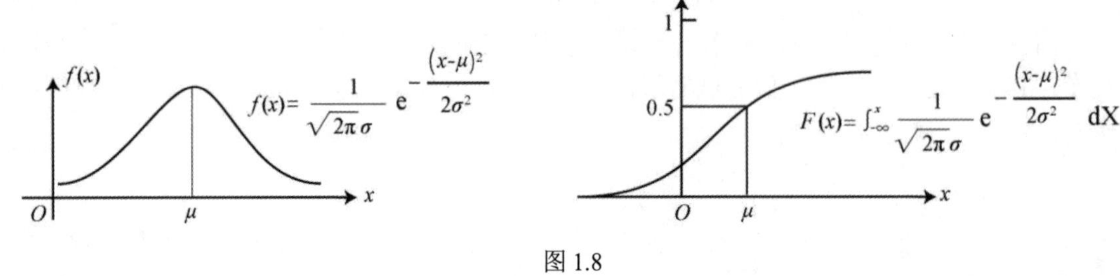

图 1.8

一般正态分布就是对标准正态的平移和缩放，缩放σ倍后平移μ，即 $X=\sigma x+\mu$，代入概率密度函数后为

$$f(x)=\frac{1}{\sqrt{2\pi\sigma^2}}\exp\left(-\frac{(x-\mu)^2}{2\sigma^2}\right)$$

1）对于特定的期望值与方差，正态分布可以完全确定。

2）如果遵从正态分布，则在加上某个常量或乘以某个不为 0 的常量后依然遵从正态分布。

3）如果 $X\sim N(\mu,\sigma^2)$，$(X-\mu)/\sigma$ 将遵从标准正态分布 $N(0,1)$。

4）X 的取值落在 $\mu\pm k\sigma$ $(k=1,2,3)$范围内的概率与 μ 和 σ 无关，仅由常量决定。

$$P(\mu+\sigma\leqslant x\leqslant\mu+\sigma)\approx 0.683$$
$$P(\mu+2\sigma\leqslant x\leqslant\mu+2\sigma)\approx 0.954$$
$$P(\mu+3\sigma\leqslant x\leqslant\mu+3\sigma)\approx 0.997$$

1.1.3 微积分运算解决了一定条件下直线到曲线的矛盾

在大量的 AI 数学模型中，通常会通过计算样本标签值与预测表达之间的差异来构建损失函数，以此来拟合模型训练预测方法的参数。曾经有人提出过一个很有价值的问题：为什么拟合的预测函数表达式都是由多项式相加构成的——最熟悉也最简捷的方式：$(x) = w_0 x_0 + w_1 x_1 + \cdots + w_n x_n$，也就是由一个个带参数因子相加来表达预测函数呢？泰靳展开式可以回答这个问题，大多数复杂的函数都可以用它来近似表达和代替，它的 n 阶导数完全刻画了泰勒展开式最重要的一个特征。

1. 函数连续、可微和可导

假设 $f(x)$ 在 x_0 的某个领域内有定义，现在固定 x_0 不动，让自变量的增量 Δx 改变，一般来说，函数值 Δy 也会发生相应的改变。函数 $f(x)$ 在 x_0 处连续，就是说当 Δx 趋于 0 时，Δy 一定也趋于 0（图 1.9）。

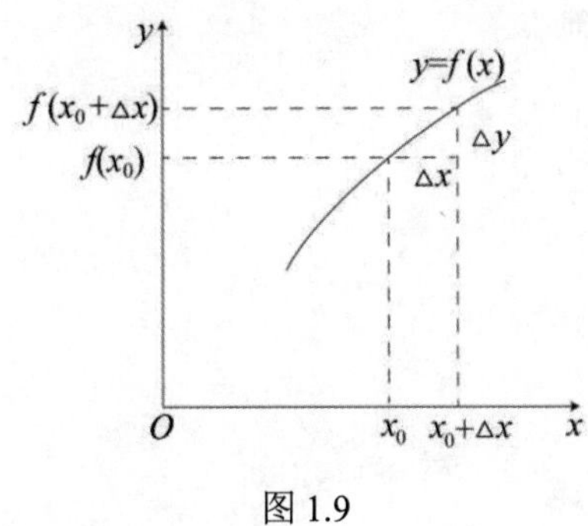

图 1.9

函数在 x_0 处连续，等价于它在 x_0 处既左连续又右连续，即

$$\lim_{x \to x_0} f(x) = f(x_0) \equiv \lim_{x \to x_0^+} f(x) = \lim_{x \to x_0^-} f(x) = f(x_0)$$

以下三种情况说明函数在 x_0 处间断：

1）$f(x)$ 在 x_0 处无定义。

2）$\lim\limits_{x \to x_0} f(x)$ 不存在。

3）$\lim\limits_{x \to x_0} f(x) = a$ 但不等于 $f(x_0)$，包括左连续与右连续不相等。

图 1.10～图 1.13 所示为几种连续函数和间断点函数。

最大值最小值定理：若 $f(x)\ \ x \in [a,b]$，则 x 在闭区间上必能取到最大值和最小值。

其中关于连续函数还有介值特性、边界特性和零值特性，有兴趣的读者可以自行学习。

设函数 $y = f(x)$ 在 x_0 的某个邻域内有定义（见图 1.4），当自变量 x 在 x_0 处有增量 Δx，$(x_0 + \Delta x)$也在该邻域内时，相应的函数取得增量 $\Delta y = f(x_0 + \Delta x) - f(x_0)$；如果 Δy 与 Δx 之比在 $\Delta x \to 0$ 时极限存在，则称函数 $y = f(x)$在 x_0 处可导，并称该极限为函数 $y = f(x)$在 x_0 处的**导数**，有时也称为曲线函数在这处的切线。

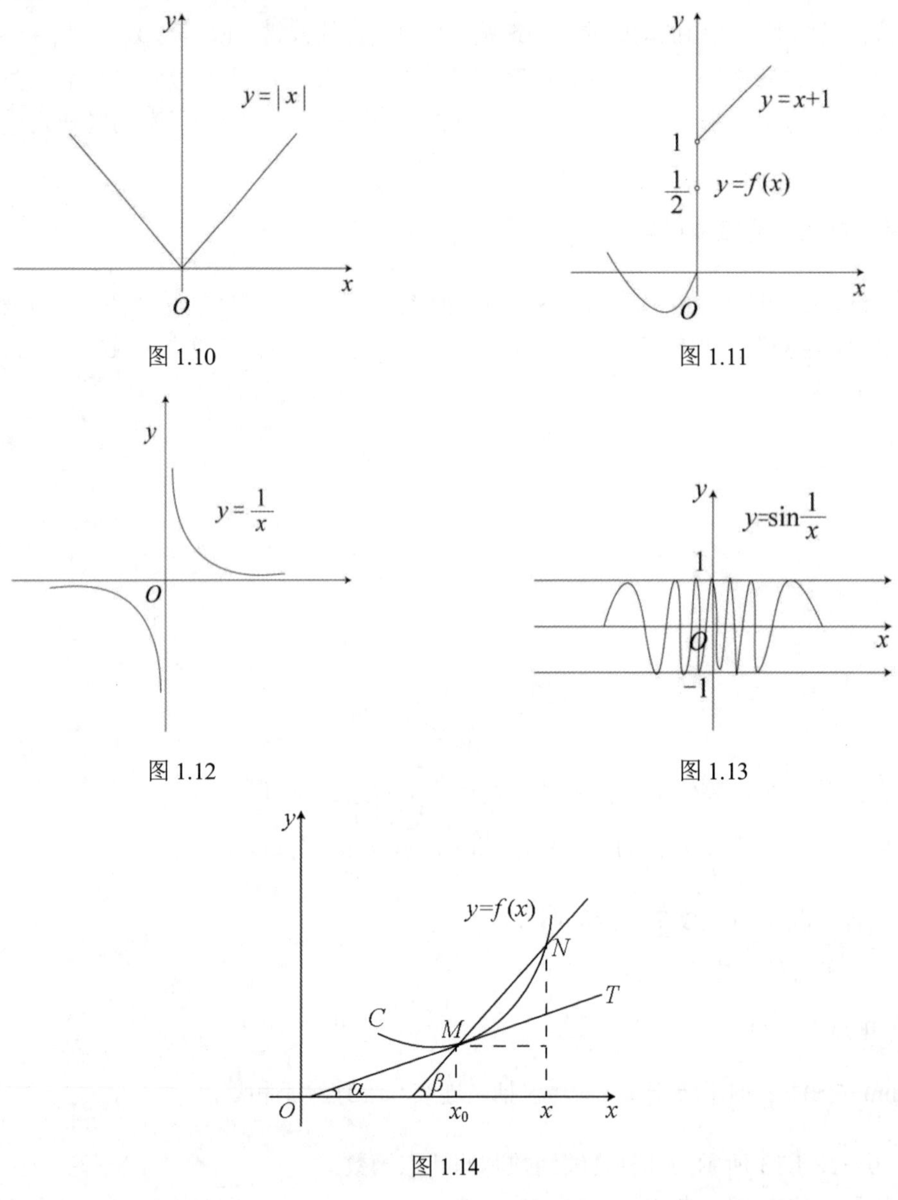

图 1.10

图 1.11

图 1.12

图 1.13

图 1.14

$$f'(x_0)=\lim_{\Delta x\to 0}\frac{\Delta y}{\Delta x}=\lim_{\Delta x\to 0}\frac{f(x_0+\Delta x)-f(x_0)}{\Delta x}=\lim_{\Delta x\to 0}\frac{f(x_0)-f(x_0-\Delta x)}{\Delta x}$$

首先判断函数在 x_0 处是否有定义，即 $f(x_0)$ 是否存在；其次判断 $f(x_0)$ 是否连续，即 $f(x_{0-})$、$f(x_{0+})$、$f(x_0)$ 三者是否相等；最后判断函数在 x_0 处的左右导数是否存在且相等，即 $f'(x_{0-})=f'(x_{0+})$。只有以上条件都满足，才说明函数在 x_0 处可导。

设函数 $y=f(x)$，若自变量在 x 处的改变量 Δx 与函数相应的改变量 Δy 有关系：$\Delta y=A\times\Delta x+o(\Delta x)$，其中 A 为不依赖 Δx 的常数，$o(\Delta x)$ 是比 Δx **高阶的无穷小**，则称函数 $f(x)$ 在 x 处可

微，并称 $A\Delta x$ 为函数 $f(x)$在 x 处的微分，记作 $\mathrm{d}y$，即 $\mathrm{d}y=A\times\Delta x$。当 $x=x_0$ 时，则记作 $\mathrm{d}y|x=x_0$。那什么叫**高阶的无穷小？**例如，$\frac{1}{10^1}$、$\frac{1}{10^2}$、$\frac{1}{10^3}$、$\frac{1}{10^4}$、…就是一个不断高阶小的序列。这里需要提一下洛必达法则，它可以判断两个无穷小或无穷大之比的**极限**是否存在。例如，$\frac{x}{x^2}$。

可微函数是指在定义域中所有点都存在导数的函数。可微函数的图象在定义域内的每一点上必存在非垂直切线，因此可微函数的图象是相对光滑的，没有间断点、尖点或任何有垂直切线的点。

一般来说，若 $(x_0,f(x_0))$ 是函数 $f(x)$ 定义域上的一点，且 $f'(x_0)$ 有定义，则称函数 $f(x)$ 在 $(x_0,f(x_0))$ 点可微。也就是说，函数 $f(x)$ 的图象在 $(x_0,f(x_0))$ 点有非垂直切线，并且该点不是间断点、尖点。

若函数 $f(x)$ 在 $(x_0,f(x_0))$ 点可微，则函数 $f(x)$ 在该点必连续，即所有可微函数在其定义域内任一点必连续。但是，一个连续函数未必可微。例如，一个有折点、尖点或垂直切线的函数可能是连续的，但在异常点不可微。

通过以上讲解可以发现，可微与可导是从不同角度表达同样的情形，但在多元函数中，每个偏导数的存在，并不能保证在该点是可微的。

2. 复合函数求导

要学习神经网络的工作原理，必须要先理解误差反向传播。误差反向传播的过程就是复合函数求导和多元函数求偏导的过程，自变量 x、y、z、…就是其中一个个的“神经元”。

$f(g(x))$ 也就是 $\frac{\mathrm{d}f(g(x))}{\mathrm{d}x}$，设 $g(x)=u$，则 $f(g(x))=f(u)$，$f(u)'=\frac{\mathrm{d}f(u)}{\mathrm{d}u}$。

复合求导链式法则如下：

$f(g(x))'=f(u)'\times g(x)'$，其中 $u=g(x)$，则有

$$\frac{\mathrm{d}f(g(x))}{\mathrm{d}x}=\frac{\mathrm{d}f(g(x))}{\mathrm{d}u}\times\frac{\mathrm{d}u}{\mathrm{d}x}$$

例如，求 $\sin(2x)'$。

先设 $2x=u$，则有

$$\sin(2x)'=\sin(u)'\times(2x)'$$
$$\sin(2x)'=2\cos(u)=2\cos(2x)$$

3. 多元函数求偏导

多元函数求偏导就是求每个自变量的变化率。以二元函数为例，如果只有一个自变量变化，

而另一个自变量固定（可看作常量），这时它就是一个一元函数，对函数求导数，就称为二元函数的偏导数，多元函数以此类推。

设函数 $z=f(x,y)$ 在点 (x_0,y_0) 的某一邻域内有定义，当 y 固定在 y_0 处，而 x 固定在 x_0 处有增量 Δx 时，相应的函数有增量：

$$f'(x_0,y_0)=\lim_{\Delta x\to 0}\frac{f(x_0+\Delta x,y_0)-f(x_0)}{\Delta x}$$

当 x 固定在 x_0 处，而 y 固定在 y_0 处有增量 Δy 时，相应的函数有增量：

$$f'(x_0,y_0)=\lim_{\Delta y\to 0}\frac{f(x_0,y_0+\Delta y)-f(y_0)}{\Delta y}$$

4. 泰勒展开式

由 x_0 导数的定义可知，当函数 $f(x)$ 在点 x_0 处可导时，在点 x_0 的邻域内恒有 $U(x_0)$：$f(x)=f(x_0)+f'(x_0)(x-x_0)+O(x-x_0)$。

因为 $o(x-x_0)$ 是一个无穷小值，所以有 $f(x)\approx f(x_0)+f'(x_0)(x-x_0)$ 。这是对函数进行局部线性化处理时常用的公式之一。从几何角度来看，它是用切线近似代替曲线。然而，这样的近似是比较粗糙的，而且只在点的附近才有近似意义。为了改善上述不足，使得近似替代更加精密，人们在柯西中值定理的基础上推导出了泰勒中值定理和泰勒展开式。

若函数 $f(x)$ 在包含 x_0 的某个开区间 (a,b) 上具有 $(n+1)$ 阶的导数，那么对于任一 $x\in(a,b)$，有

$$f(x)=\frac{f(x_0)}{0!}+\frac{f'(x_0)}{1!}(x-x_0)+\frac{f''(x_0)}{2!}(x-x_0)^2+\cdots+\frac{f^n(x_0)}{n!}(x-x_0)^n+R_n(x)$$

式中，$R_n(x)=\dfrac{f^{n+1}(\varepsilon)}{(n+1)!}(x-x_0)^{n+1}$，此处的 ε 为 x_0 与 x 之间的某个值；$f(x)$ 为 n 阶泰勒公式。

$P_n(x)=f(x_0)+f'(x_0)(x-x_0)+\cdots+\dfrac{f^n(x_0)}{n!}(x-x_0)^n$ 称为 n 次泰勒多项式。它与 $f(x)$ 的误差 $R_n(x)=\dfrac{f^{n+1}(\varepsilon)}{(n+1)!}(x-x_0)^{n+1}$ 称为 n 阶泰勒余项。

理解泰勒展开式及意义：既然导数（变化率）可以比较准确地预测曲线上邻接的下一点的大致位置，那么趋势的趋势便可以更精确地预测邻接下一点的具体位置。而趋势的趋势的趋势便可以预测这种趋势能持续到什么时候，也就是变化的变化程度，这样会一直延续下去。用一阶导数、二阶导数、三阶导数的几何意义表示。先看一阶导数，它是曲线上某点的切线的斜率，如图 1.15 所示。

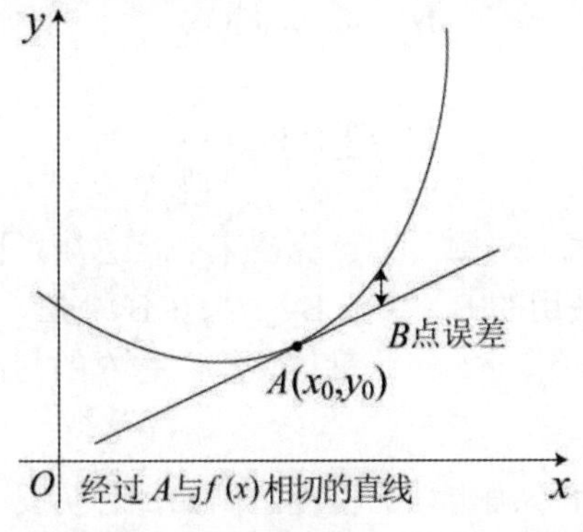

图 1.15

微积分中以直线代替曲线的误差 Δy 要比 Δx 高阶小，属于线性一阶导拟合。但是，随着区间的增大，这种用直线代替曲线带来的误差也会随之增大。

该误差虽然比 Δx 高阶小，但其是相对于 Δx 而言的，如 $\Delta x = 0.1$ 造成的误差就可能是 0.01 或更小。为了保证在给定 Δx 大小的基础上可控更精细的误差，泰勒展开式的误差项就是一个含有 $(x - x_0)$ 的 $(n+1)$ 次方高阶项。例如，误差是比 0.1 级别更低的 0.01，而当前 Δx 取值范围又限定在 0.1 数量级别。这样在给定取值范围内就需要用泰勒展开式，也就是用多项式代替函数进行拟合。

泰勒展开式的关键意义是可以把一个函数 $f(x)$ 展开成关于某一点的导数（0～n 次）的函数，这样就可以近似计算一个函数。这也是机器深度学习每个神经点都由 n 个多项式拟合的理论来源。例如：

$$\mathrm{e}^x = 1 + \frac{x}{1!} + \frac{x^2}{2!} + \frac{x^3}{3!} + \cdots (-\infty < x < \infty)$$

$$(1+x)^n = 1 + \frac{nx}{1!} + \frac{n(n-1)x^2}{2!} + \ldots$$

1.1.4　信息论的产物：交叉熵

信息论是运用概率论与数理统计的方法研究信息、信息熵、通信系统、数据传输、密码学、数据压缩等问题的应用数学学科。

1. 香农熵

1948 年，香农发表的论文《通信的数学理论》成为信息论正式诞生的标志。他在通信数学模型中清楚地提出信息的度量问题，并把哈特利的公式扩大到概率 p_i 不同的情况，得到了著名的计算信息熵 H 的公式：

$$H = -\sum_i p_i \log_2 p_i$$

$$H = \sum_i p_i \log_2 \frac{1}{p_i}$$

如果公式中使用了以 2 为底的对数，则计算出来的信息熵以比特（bit）为单位，二进制中的位。在计算机和通信中广泛使用的 B（字节 Byte）、KB、MB、GB 等单位都是从比特演化而来的。比特的出现标志着人类知道了如何计量信息量。香农的信息论为明确什么是信息量做出了决定性的贡献。

香农熵可用来度量信息量和不确定性的程度。例如，若明天下雨的概率为 80%，则明早出门时会毫不犹豫地把伞带上；但若下雨的概率为 50%，可能会非常纠结，因为下雨的不确定性很高，带雨伞毕竟是一件比较累赘的事情。概率越高确定性就越高，反之就越低，所以要找到一个递减函数并且能够相加，即 $\log_2 \frac{1}{p_i}$ 对数函数。为什么要在每一个不确定性上乘以 p_i 呢？其关键是为了加权平均，一个系统越有序，信息量就越低，反之就越高，即概率低的随机变量占的比例高，就会导致不确定性高。

例如，计算单词 TensorFlow 的熵：

$P(\text{"T"}) = 1/10 = 0.1$；$P(\text{"e"}) = 1/10 = 0.1$；$P(\text{"n"}) = 1/10 = 0.1$；$P(\text{"s"}) = 1/10 = 0.1$；

$P(\text{"r"}) = 1/10 = 0.1$；$P(\text{"F"}) = 1/10 = 0.1$；$P(\text{"l"}) = 1/10 = 0.1$；$P(\text{"o"}) = 2/10 = 0.2$；

$$P(\text{"w"}) = 1/10 = 0.1$$

$$H = -(8 \times 0.1 \log_2 0.1 + 0.2 \log_2 0.2) \approx 2.06$$

所以，当采用最优的编码方案时，TensorFlow 中的每个字符都需要占用 2 位。

2. 交叉熵

假设香农熵的其中一个概率并不是真实的概率，则每个符号所需要的编码长度会更大（不确定性高）。这正是交叉熵发挥作用的时候，它可以用另外一个不同的概率值衡量同一随机事件所需最小的信息量或不确定性，在上例中就是所需的平均最小的位数。

$$H = -\sum_i q_i \log_2 p_i$$

ASCII 会对每个符号赋予相同的概率值 p_i=1/256。对上式进行计算：

$$H = -(8 \times 0.1 \log_2 \frac{1}{256} + 0.2 \log_2 \frac{1}{256}) = 8$$

采用 ASCII 编码时，每个字符都需要占用 8 位，这与实际预期是相吻合的。

作为一个损失函数，假设 p 为所期望的输出的概率分布，其中实际值为 100%，而任何其他值为 0，则将 p 作为由预测函数计算得到的输出。当 $q = p$ 时，交叉熵取得最小值。因此，可利用交叉熵比较一个分布与另外一个分布的差距。实际模型的输出与期望值越接近，交叉熵也会越小，这正是损失函数所需要的。各个 AI 开发框架在对熵处理最小化时（p 为预测函数经过 sigmoid 激励后输出的概率），都是将 $\log_2$ 替换为 ln，这不影响逻辑的趋同，两者仅相差一个常系数。

1.2 Python 语言没有你想象的那样简单

现在 Python 已经成为应用相当广泛的主流开发语言，特别是 Python 开发的速度和易用性已经得到各个行业开发人员的认可。使用 Python 时，开发人员不用关心底层的控制，并且没有内存申请和释放、类型声明和编译模板、复杂的动态库引用、二进制编译等，所以开发人员可以将精力和时间放在功能逻辑上。随着大数据和 AI 时代的到来，以上优点使 Python 一跃成为数据处理程序开发的主导性语言，目前各种用 Python 实现的科学算法库和平台框架有上千种。

1.2.1 Python 模块的导入和引用

学习开源代码和编写代码时，我们总是会在文件头部遇到系统或自定义模块的导入与加载问题。模块的包与文件目录有何特殊之处，如 import tensorflow as tf？本小节将介绍 Python 模块的导入和加载，并将自己编写的大量代码结构化和层次化，以达到复用性、高效性和易维护的目的。

从 Python 2.6 开始，模块的名称就是由__package__.__name__来确定的，如果 package 是 None，那么模块的名称是__name__。

import module_name 是把 module_name.py 文件中的全部代码加载到内存，并赋值给与模块同名（或别名）的变量，该变量的类型是 module，调用时需要加上这个前缀。import module_name 能执行该包下的__init__.py 文件，这也是文件目录成为包的一个重要标志，即哪个当前目录有了这个__init__.py 文件，它就成为一个 package，同时会在 package_name 目录下生成一个“__init__.pyc”的伪编译文件。

from package_name|module_name import name 表示将模块的变量或方法直接导入当前文件中，相当于 C/C++中引用头文件#include *.h，但引用其变量时不加 module 前缀。__all__ = [包、模块、变量、类]通常会与 from … import …配合使用。下面介绍图 1.16 所示路径文件结构包与模块调用相关代码示例。

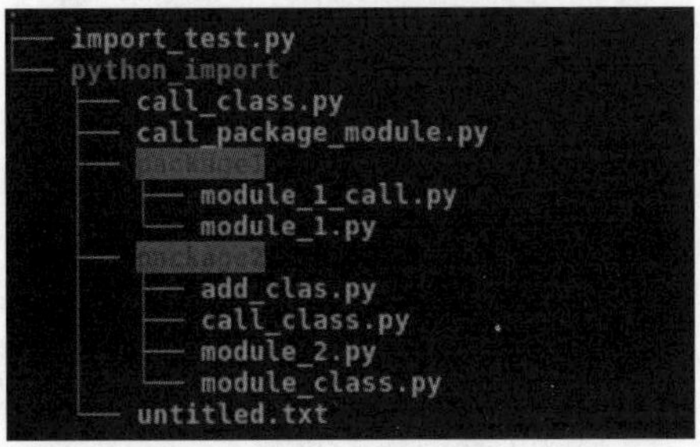

图 1.16 路径文件结构包

1. import、from 关键字

文件 module_1.py：

```
print('This is a module_1.py')
```

```
module_name ='module_1_hello'
def hello():
   print('module_1_hello')
```

文件 module_1_call.py：

```
import module_1 as md
print(md.module_name)
print(md.hello())
```

执行文件 module_1_call.py：

```
$ python module_1_call.py
```

输出：

```
This is a module_1.py
module_1_hello
module_1_hello
```

采用 from 命令，就能把 module_1.py 文件完整地加载到 from 所在的代码上下文中。

修改文件 module_1_call.py：

```
from module_1 import module_name,hello
print(module_name)
print(hello())
```

执行文件 module_1_call.py：

```
$ python module_1_call.py
```

输出：

```
This is a module_1.py
module_1_hello
module_1_hello
```

如果被调用模块不在同一级目录下，如在下一级目录，则该如何调用呢？

文件 call_package_module.py：

```
import package1.module_1 as pk
print(pk.module_name)
```

执行文件 call_package_module.py：

```
python call_package_module.py
```

输出如图 1.17 所示。

之所以出现上述问题，是因为 package1 模块仅仅是一个目录。其解决方法如下：在 package1 目录下增加一个__init__.py 文件（暂时是“空”文件），重复执行上述操作。

正常调用和输出如图 1.18 所示。

```
Traceback (most recent call last):
  File "call_package_module.py", line 1, in <module>
    import package1.module_1 as pk
ImportError: No module named package1.module_1
```

图 1.17

```
this is a package1.__init__.py
This is module_1.py
module_1 Hello
```

图 1.18

调用模块中类的示例如下。

文件 module_class.py：

```
print("This is module_class.py")
class define_class:
   def method_1(self):
      print('call method_1')
```

文件 call_class.py：

```
import module_class as mc
temp_class = mc.define_class() #实例化这个类
temp_class.method_1()
```

执行文件 call_class.py：

```
$ python call_class.py
```

输出：

```
This is module_class.py
call method_1
```

用复用方式调用模块中类的示例如下。

文件 package2/class_clas.py：

```
def method_2(output):
   print(output)
```

文件 package2/module_class.py：

```
from . import add_clas                    #也可以写成 from add_clas，但不如前者“专业”
print("This is module_class.py")
class define_class:
   def method_1(self):<-4
      print('call method_1')
   method_2 = add_clas.method_2     #类中引用声明第三方方法
```

文件 package2/call_class.py：

```
import module_class as mc
temp_class = mc. define_class()
temp_class.method_1()
temp_class.method_2('my call class test')
```

执行文件 call_class.py：

```
$ python call_class.py
```

输出如图 1.19 所示。

```
Traceback (most recent call last):
  File "call_class.py", line 2, in <module>
    import module_class as mc
  File "/home/wym/tf-notebooks/performance_package_module/python_import/package2/module_class.py", line 7, in <module>
    from . import add_clas
ValueError: Attempted relative import in non-package
```

图 1.19

输出失败！代码推错说明“from .”引用空的包不合法。Python 调用模块时，在主调用 main() 所在的目录没有同级目录，所以同级目录标识符“.”是错误的。解决该问题的方法：①为 package2 目录添加一个__init__.py 文件，使之变成包；②在“.”所在目录的上一级调用。

文件 python_import/call_class.py：

```
import package2.module_class as pk
class_temp = pk.define_class()
class_temp.method_1()
class_temp.method_2('my the second function')
```

执行文件 python_import/call.class.py：

```
$ python call_class.py
```

输出：

```
This is module_call_1.py
call_method_1
my the second function
```

2. __all__关键字

前面进行了层级包下模块的调用，当面对一个庞大的开发库，甚至一个系统的开发平台时，包的层级关系规划必然复杂和冗长，但在加载模块并调用其方法时，不可能再从根部重复地逐层用“.”引出，因为 from 或 import 会引出多个路径包。

例如，繁重的形式。

```
from python_import.package1 import module_1
from python_import.package2 import module_2
from …
…
```

图 1.20 为 TensorFlow 各个模块包的组织形式，但在实际的代码编写过程中，不可能会把每个路径都明确地指示出来，因为会增加代码管理的难度。因此，需要有一种方式，使系统能以自动路由的方式完成包的搜索。

在 TensorFlow 代码中经常会看到以下形式：

```
import tensorflow as tf
```

```
tf.nn.**
tf.contrib.**
```

这就是我们要达到的目的，即省略全路径的加载。为了更好地演示说明自动路由的方式，下面再增加两个包：

```
$ cp -r package1 package3
$ cp -r package1 package4
```

从而形成图 1.21 所示的目录。

```
tensorflow/python/training/sync_replicas_optimizer.py
tensorflow/python/training/sync_replicas_optimizer.pyc
tensorflow/python/training/tensorboard_logging.py
tensorflow/python/training/tensorboard_logging.pyc
tensorflow/python/training/training.py
tensorflow/python/training/training.pyc
tensorflow/python/training/training_ops.py
tensorflow/python/training/training_ops.pyc
tensorflow/python/training/training_util.py
tensorflow/python/training/training_util.pyc
tensorflow/python/user_ops/__init__.py
tensorflow/python/user_ops/__init__.pyc
tensorflow/python/user_ops/user_ops.py
tensorflow/python/user_ops/user_ops.pyc
tensorflow/python/util/__init__.py
tensorflow/python/util/__init__.pyc
tensorflow/python/util/all_util.py
tensorflow/python/util/all_util.pyc
tensorflow/python/util/compat.py
tensorflow/python/util/compat.pyc
tensorflow/python/util/compat_internal.py
tensorflow/python/util/compat_internal.pyc
tensorflow/python/util/decorator_utils.py
tensorflow/python/util/decorator_utils.pyc
tensorflow/python/util/deprecation.py
tensorflow/python/util/deprecation.pyc
tensorflow/python/util/example_parser_configuration.py
tensorflow/python/util/example_parser_configuration.pyc
tensorflow/python/util/future_api.py
tensorflow/python/util/future_api.pyc
tensorflow/python/util/is_in_graph_mode.py
tensorflow/python/util/is_in_graph_mode.pyc
tensorflow/python/util/keyword_args.py
tensorflow/python/util/keyword_args.pyc
tensorflow/python/util/lazy_loader.py
tensorflow/python/util/lazy_loader.pyc
tensorflow/python/util/nest.py
tensorflow/python/util/nest.pyc
tensorflow/python/util/protobuf/__init__.py
tensorflow/python/util/protobuf/__init__.pyc
tensorflow/python/util/protobuf/compare.py
tensorflow/python/util/protobuf/compare.pyc
tensorflow/python/util/tf_contextlib.py
tensorflow/python/util/tf_contextlib.pyc
tensorflow/python/util/tf_decorator.py
tensorflow/python/util/tf_decorator.pyc
tensorflow/python/util/tf_export.py
tensorflow/python/util/tf_export.pyc
tensorflow/python/util/tf_inspect.py
tensorflow/python/util/tf_inspect.pyc
tensorflow/python/util/tf_should_use.py
tensorflow/python/util/tf_should_use.pyc
tensorflow/tools/__init__.py
tensorflow/tools/__init__.pyc
tensorflow/tools/dist_test/__init__.py
tensorflow/tools/dist_test/__init__.pyc
tensorflow/tools/dist_test/server/__init__.py
tensorflow/tools/dist_test/server/__init__.pyc
tensorflow/tools/dist_test/server/grpc_tensorflow_server.py
tensorflow/tools/dist_test/server/grpc_tensorflow_server.pyc
tensorflow/tools/graph_transforms/__init__.py
tensorflow/tools/graph_transforms/__init__.pyc
tensorflow/tools/pip_package/__init__.py
tensorflow/tools/pip_package/__init__.pyc
tensorflow/tools/pip_package/setup.py
tensorflow/tools/pip_package/setup.pyc
tensorflow/tools/pip_package/simple_console.py
tensorflow/tools/pip_package/simple_console.pyc
```

图 1.20

```
├── import_test.py
└── python_import
    ├── call_class.py
    ├── call_package_module.py
    ├── __init__.py
    ├── package1
    │   ├── __init__.py
    │   ├── __init__.pyc
    │   ├── module_1_call.py
    │   ├── module_1.py
    │   └── module_1.pyc
    ├── package2
    │   ├── add_clas.py
    │   ├── add_clas.pyc
    │   ├── call_class.py
    │   ├── __init__.py
    │   ├── __init__.pyc
    │   ├── module_2.py
    │   ├── module_class.py
    │   └── module_class.pyc
    ├── package3
    │   ├── __init__.py
    │   ├── __init__.pyc
    │   ├── module_1_call.py
    │   ├── module_1.py
    │   └── module_1.pyc
    ├── package4
    │   ├── __init__.py
    │   ├── __init__.pyc
    │   ├── module_1_call.py
    │   ├── module_1.py
    │   └── module_1.pyc
    └── untitled.txt
```

图 1.21

编辑 python_import/__init__.py 文件。

```
__all__ = ['package1','package2','package3','package4']
from python_import import *
```

在 package1、package2、package3、package4 下的__init__.py 中继续添加路由。例如，修改 python_import/package1/__init__.py 文件：

```
__all__ = ['module_name','hello']  #引出具体的模块、函数和变量。有的版本 module_name 前要加“.”
from module_1 import *             #上句的引出来自 module_1 模块
```

其他三个模块 package2、package3、package4 以此类推。

文件 import_test.py：

```
import python_import as pi #这是要达到的关键目的，可以理解为加载一个“根”
pi.package1.module_1.hello()
pi.package2.module_2.hello()
pi.package3.module_1.hello()
pi.package4.module_1.hello()
```

输出：

```
This is a module_1.py
This is a module_2.py
This is a module_1.py
This is a module_1.py
module_1_hello
module_2_hello
module_1_hello
module_1_hello
```

赋予“__all__”的数组可以是包、模块或类等任何一种类型，但必须在 from 所在层级的下面，即 package1、package2、package3、package4 必须在 python_import 目录下，但在最后一层肯定是导出所在模块的方法或类。请读者仔细体会在__init__.py 文件中加与不加路由“__all__”的区别。如果仅在系统库的某分支下开发，该功能就显得尤为重要。

1.2.2 Python 中那些奇怪符号的用法

本书的读者大致可以分为两类：一类是有其他语言基础的读者，特别是面向对象语言，如 C++或 Java；另一类是刚入门没有任何基础的初学者，如数学专业或工程信息专业的学生。对于刚入门的初学者，推荐参考刘瑜编著的《Python 编程从零基础到项目实践》，对 Python 的基础知识进行系统学习和实践之后再阅读本书。

1. 符号“*”和“**”的用法

符号“*”可作为运算符，也可作为函数参数，这里仅介绍其作为函数参数时的用法。*args

和 **kwargs 主要用于函数定义。*args 和**kwargs 并不是固定格式，只有“*”才是必须写的，也可以写成 *a 和 **k。

1）*args 表示任何多个无名参数，其本质上是一个元组 tuple。

2）**kwargs 表示关键字参数，其本质上是一个字典 dictionary。

```
tuple_str = ('a','b','c','d')
dict_num = {'a':1,'b':2,'c':3,'d':4,'e':5}
function(*tuple_str,**dict_num)
function('a','b','c','d', a='1', b='2',c='3',d='s',e='4')
```

输出：

```
args= ('a', 'b', 'c', 'd')
kwargs= {'a': 1, 'b': 2, 'c': 3, 'd': 4, 'e': 5}
args= ('a', 'b', 'c', 'd')
kwargs= {'a': '1', 'b': '2', 'c': '3', 'd': 's', 'e': '4'}
```

使用此类符号时需要注意顺序问题：当*args 和**kwargs 同时作为参数时，*args 必须要放在前面；如果与其他固定参数混用，则固定参数往往放在前面。例如：

```
def function(arg,*args):
    print('Hello', arg)
    for i in args:
        print("you look :", i)
function("my friend", "lake", "building")
```

输出：

```
Hello my friend
you look lake
you look building
```

如果函数的形参是固定长度，则*args 和**kwargs 也可以调用函数，类似于对元组和字典进行拆解。例如：

```
def function(data1, data2):
    print("data1:", data1)
    print("data2:", data2)
args = ("one", 1)
function(*args)                               # 对元组进行解包传入
```

输出：

```
data1: one
data2: 1
```

```
kwargs = {"data1": "one", "data2": 1}         # 字典类型中的字符串 key 必须与函数形参一致
function(**kwargs)                            # 对字典进行解包传入
```

输出：

```
data1: one
data2: 1
```

Python 3 以后，“*”有了解析包的功能，默认与一个 list 数组对齐。在此不全面展开该内容，仅举一例。

```
A , *B , C = 0, 1, 2, 3
print(A, B, C)
```

输出：

```
0 [1, 2] 3
```

Python 中有很多很实用的语法形式，这类语法具有简化方便、更易理解等优点，但其也降低了代码可读性。

2. 装饰器“@”的用法

Python 的装饰器本质上是一个 Python 函数，它可以让其他函数在不需要做任何代码变动的前提下增加额外的功能。装饰器的返回值也是一个函数对象，类似于 C/C++中回调函数指针的用法。装饰器经常用于有功能聚合需求的场景，如插入日志、性能测试、事务处理、缓存、权限校验等。装饰器是解决切片复用问题的绝好手段，如果有了装饰器，就可以提取出大量函数中与函数功能本身无关的相同代码并继续重用。简言之，装饰器的作用就是为已经存在的对象添加额外的功能。

下面用两个经典代码示例说明装饰器“@”的应用。

Flask 启动：

```
@app.route('/', methods=['GET'])
def home():
    return jsonify({'tasks': tasks})

if __name__ == '__main__':
    app.run(debug=True)
```

微信登录：

```
def oauth(method):
    def warpper(request):
        if request.session.get('user_info', None) is None:
            code = request.GET.get('code', None)
            wechat_oauth = getWeChatOAuth(request.get_raw_uri())
            url = wechat_oauth.authorize_url
            if code:
                try:
```

```
                wechat_oauth.fetch_access_token(code)
                user_info = wechat_oauth.get_user_info()
            except Exception as e:
                    print(str(e))
            else:
                request.session['user_info'] = user_info
        else:
            return redirect(url)
        return method(request)
    return wrapper
@oauth
def get_wx_user_info(request):
    user_info = request.session.get('user_info')
    return HttpResponse(str(user_info))
```

（1）为什么需要装饰器

下面看一个简单示例：

```
def foo():
    print('i am foo')
```

增加需求：

```
def foo():
    print('i am foo')
    print("foo is running")
```

假设需要继续增加 n 个这样的函数，并且后续还要对这 n 个函数都增加执行前输出日志的需求，应如何操作？下面用简洁高效的方法——减少重复代码来解决这个问题。

```
def use_logging(func):
    print("%s is running" % func.__name__)
    func()
def bar():
    print('i am bar')
#执行
use_logging(bar)
```

通过 use_logging 函数增加了输出功能，以后不管有多少函数需要增加输出，都只需修改 use_logging 函数并执行 use_logging(bar)即可。

```
def use_logging(func):
    print("%s is running" % func.__name__)
    return func                         #返回被装饰的方法并调用，否则失败

@use_logging
def bar():
    print('i am bar')
#执行
```

```
bar()
```

输出：

```
bar is running
i am bar
```

（2）装饰器的基础用法

Python 提供了“@”符号作为装饰器的语法，使用户能更方便地应用装饰函数。应用装饰函数时必须返回一个函数对象。上例相当于执行了装饰函数 use_logging 后又返回被装饰函数 bar,因此 bar()被调用时相当于执行了两个函数，等价于 **use_logging(bar)()**。

```
def use_logging(func):
    def _deco():
        print("%s is running" % func.__name__)
        func()                              # 函数 bar()
    return _deco

@use_logging
def bar():
    print('i am bar')
#执行
bar()
```

输出：

```
bar is running
i am bar
```

（3）装饰带固定参数的函数

被装饰的函数需要对内层函数传入确定数量的参数，如果参数为 a 和 b，则其等价于 use_logging(bar)(1,2)。

```
def use_logging(func):
    def _deco(a,b):
        print("%s is running" % func.__name__)
        func(a,b)
    return _deco
@use_logging
def bar(a,b):
    print('i am bar:%s'%(a+b))
#执行
bar(1,2)
```

输出：

```
bar is running
i am bar:3
```

在项目实践中，经常会有打印和读写之类的阻塞性调用，下面用装饰器实现多线程异步调用：

```
from threading import Thread
from time import sleep
def async_decor(func):
    def _deco(*args, **kwargs):
        thr = Thread(target = func, args = args, kwargs = kwargs)
        thr.start()
    return _deco
@async_decor
def A(a,b):
    sleep(4)
    print("a function",a+b)
def B(a,b):
    print("b function",a+b)

A(3,5)
B(6,7)
```

虽然 A(a,b)中调用 sleep(4)进行了阻塞，但函数 B(a，b)依然提前打印出结果。

```
b function 13
a function 8
```

（4）装饰不确定参数长度或类型的函数

符号“*”和“**”的用法同样适用于被装饰函数，装饰器函数可以有任意类型的不确定参数。

```
def use_logging(func):
    def _deco(*args,**kwargs):
        print("%s is running" % func.__name__)
        func(*args,**kwargs)
    return _deco

@use_logging
def bar(a,b):
    print('i am bar:%s'%(a+b))

@use_logging
def foo(a,b,c):
    print('i am bar:%s'%(a+b+c))
```

执行结果略。

（5）装饰器带参数

某些情况下需要让装饰器带上参数，这时就需要编写一个多层嵌套函数。

```
def use_logging(level):
```

```
    def _deco(func):
        def __deco(*args, **kwargs):
            if level == "warn":
                print("%s is running" % func.__name__)
            return func(*args, **kwargs)
        return __deco
return _deco

@use_logging(level="warn")
def bar(a,b):
    print('i am bar:%s'%(a+b))

#执行
bar(1,3)                    # 等价于 use_logging(level="warn")(bar)(1,3)
```

输出：

```
bar is running
i am bar:4
```

（6）使用 functools.wraps

使用装饰器极大地复用了代码，但其也有一个缺点，即原函数的元信息，如函数的"__doc__"和参数列表没有了。

```
def use_logging(func):
    def _deco(*args,**kwargs):
        print("%s is running" % func.__name__)
        func(*args,**kwargs)
    return _deco

@use_logging
def bar():
    print('i am bar')
    print(bar.__name__)
#执行
bar()
```

输出：

```
bar is running
i am bar
_deco
```

上例函数名变为_deco 而非 bar，使用系统装饰器 functools.wraps 可以解决该问题。

```
import functools
def use_logging(func):
    @functools.wraps(func)        #系统装饰器
    def _deco(*args,**kwargs):
```

```
        print("%s is running" % func.__name__)
        func(*args,**kwargs)
    return _deco

@use_logging
def bar():
    print('i am bar')
    print(bar.__name__)
#执行
bar()
```

输出：

```
bar is running
i am bar
bar
```

（7）实现带参数和不带参数的装饰器自适应

```
from functools import wraps
def use_logging(arg):
    if callable(arg):#判断传入的参数是不是函数，用不带参数的装饰器调用该分支
        @wraps(arg)
        def _deco(*args,**kwargs):
            print("%s is running" % arg.__name__)
            arg(*args,**kwargs)
        return _deco
    else:#用带参数的装饰器调用该分支
        def _deco(func):
            @wraps(func)
            def __deco(*args, **kwargs):
                if arg == "warn":
                    print( "warn%s is running" % func.__name__)
                return func(*args, **kwargs)
            return __deco
    return _deco
@use_logging("warn")# @use_logging
def bar():
    print('i am bar')
    print(bar.__name__)
#执行
bar()
```

输出：

```
bar is running
i am bar
bar
```

上面的代码清晰地表明自适应的机制，被装饰的函数或类仅能隐式传参给装饰器。如果装饰器函数需要显式传参，那内部就要多定义一层闭包_deco(func)函数供隐式传参。

（8）类装饰器

对于面向对象开发语言，使用类装饰器同样可以实现带参数装饰器的效果，并且通过继承来灵活地复用和扩展。

```
class loging(object):
    def __init__(self,level="warn"):
        self.level = level
    def __call__(self,func):
        def _deco(*args, **kwargs):
            if self.level == "warn":
                self.notify(func)
            return func(*args, **kwargs)
    return _deco
    def notify(self,func):
        print("%s is running" % func.__name__)

@loging(level="warn")            # 通过__call__隐式调用被装饰函数
def bar(a,b):
    print('i am bar:%s'%(a+b))
#执行
bar()
```

输出：

```
bar is running
i am bar:4
```

（9）继承类装饰器

```
class email_loging(loging): #继承上例的 loging 类
    def __init__(self, email= 'wymzj@163.com', *args, **kwargs):
        self.email = email
        super(email_loging, self).__init__(*args, **kwargs) #调用父类方法
    def notify(self,func):
        print "%s is running" % func.__name__
        print "sending email to %s" %self.email

@email_loging(level="warn")
def bar(a,b):
    print('i am bar:%s'%(a+b))
#执行
bar()
```

输出：

```
bar is running
sending email to wymzj@163.com
i am bar:4
```

（10）被装饰的类

```
def cl_log(instance=False):
    def dec(cls):
        instance = None
        def _deco(*args,**kwargs):
            nonlocal instance
            if instance is None:
                instance = cls(*args,**kwargs)
            return instance
        return _deco
    return dec
@cl_log(True)
class A:
    def __init__(self,*args,**kwargs):
        print(*args,**kwargs)
# 实例化装饰后的类
a = A("wym")
print(id(a))
b = A("lingyuntech")
print(id(b))
```

输出：

```
wym
2104578848648
2104578848648
```

cls 等同于类本身，类方法中可以通过使用 cls 来实例化一个对象。类 A 实例化两次后的内存地址完全相同，这种对类的装饰为用户提供了另外一种创建单例化类的方式。下面代码将装饰器内的闭包换成类的方式可以构建不同实例化对象。

```
def cl_log(cls):
    class dec(object):
        def __init__(self,*args,**kwargs):
            self.instance = cls(*args,**kwargs)
    return dec
@cl_log
class A:
    def __init__(self,*args,**kwargs):
        print(*args,**kwargs)
# 实例化装饰后的类
a = A("wym")
print(id(a))
```

```
b = A("lingyuntech")
print(id(b))
```

输出：

```
wym
2662741292424
lingyuntech
2662741292552
```

1.2.3 仅 Python 才有的神奇代码

组织数据样本进行各类模型训练时，数据集数据量庞大且结构复杂，虽 Python 有 list 这样的数组形成中间结果数据，但一次性消耗内存成为系统沉重的负担，如果很好地控制内存的管理，则简单 list 的方式是不可取的。TensorFlow 中的 Dataset 库能很好地解决该问题，其数据集不是一次性加载到缓冲区中，而是分批次地对庞大数据集进行处理。Python 中的 generator（生成器）的 yield 函数支撑着上述功能。下面首先以一个常见的编程题目介绍 yield 函数。

斐波那契（Fibonacci）数列是一个非常简单的递归数列，除第一个和第二个数外，其他任意一个数都可由前两个数相加得到。首先用迭代类实现斐波那契数列。

```
class Fab(object):
  def __init__(self, max):
      self.max = max
      self.n, self.a, self.b = 0, 0, 1
    def __iter__(self):    #___iter__迭代关键字
      return self
    def __next__(self):    #__next__迭代关键字
      if self.n < self.max:
         r = self.b
         self.a, self.b = self.b, self.a + self.b
         self.n = self.n + 1
         return r
      raise StopIteration()
#执行
for n in Fab(5):
   print(n)
```

输出：

```
1
1
2
3
5
```

上述代码把内存量始终控制在一个常数内。下面换另一种方式进行尝试。

```
def Fab(max):
    n, a, b = 0, 0, 1
    while n < max:
        yield b      # 使用 yield
        a, b = b, a + b
        n = n + 1
#执行
for n in Fab(5):
    print(n)
```

输出：

```
1
1
2
3
5
```

与第一种方式相比，使用 yield b 方式实现，会在保持简洁性的同时获得迭代效果。yield b 方式的工作过程如下：

```
def generate_iter():
    print("beginning period")
    while True:
        result = yield 'output'
        print("result:",result)
#执行
it = generate_iter()
print(next(it))
print(next(it))
```

输出：

```
beginning period
output
result: None
output
```

下面详解代码的运行顺序，相当于代码单步调试。

1）执行 generate_iter 函数，实例化成一个生成器 it，所以 iter 生成器函数并不会被执行（iter 是 Python 的关键字）。

2）generator 对象具有 next 方法，调用 next 方法后开始执行代码。首先执行 iter 生成器函数中的 print 方法，然后进入 while 循环。

3）程序执行 yield 关键字（可以把 yield 理解成 return），返回字符串 output 后，程序停止。这里并没有值赋给 result，此时 next(it)语句执行完毕。

4）由于生成器管理了传入的 iter，因此当再次执行 print(next(it))时，就会从刚才 next 方法停止的地方开始执行，即执行 result 的赋值操作。但因为上次赋值操作没有成功，此时 result 赋值是 None，输出就是 result:None。

5）程序继续在 while 这里执行，又一次遇到 yield 时同样返回 output，程序停止。

通过对代码运行顺序的解释说明（while、yield），可以看到生成器完成了高效简洁的迭代管理，print("beginning period")仅在第一次 next 方法出现时执行，所以此处会进行变量初始化和预设值处理。由于生成器的管理，方法中的变量都会形成缓冲管理，即中间变量不会丢失，以供下次 next 方法调用时使用，直至 while 循环结束。但如果生成器函数中有 return 关键字，则生成器直接抛出 StopIteration，迭代全部结束。

包含 yield 关键字的生成器还有 send 方法，但由于其使用得较少，因此此处不再详细讨论，读者可以自行查阅相关材料。值得一提的是，读取大文件时运用生成器迭代的方式，是生成器使用的一个典型范例。

1.2.4 Python 代码高级综合案例

Python 语言由于具有简洁性、易读性及可扩展性，因此已经成为一门很受欢迎的开发语言。本小节用一个综合性的代码案例介绍 Python 的优点。该案例具有面向对象、多线程同步等特征，其纯粹的教学语言代码没有涉及任何第三方库支持，增加了代码的可学习性和可读性。本小节代码中引用的文件和类名见表 1.1 和表 1.2。

表 1.1

文　件	内　容
base_algorithm_class.py	算法模块在线插拔模型管理
base_algorithm_module.py	拟测试算法模块，*N* 个用类封装的算法模型
base_algorithm_main.py	模块加载运行测试

表 1.2

类　名	功　能
base_algorithm_class	基础算法类接口定义，子类继承后重写接口方法
base_thread_class	基础线程类，子类继承后以独立线程运行
base_cache_class	基础缓冲池类，包括互斥对象保持线程间同步
thransfer_cache	继承 base_cache_class，并有父类的读写保护
attach_cache_thread_class	每个算法模块与一个独立的线程绑定
specific_algorithm_class	拟测试算法模块，*N* 个用类封装的算法模型
algorithm_manager_class	模块加载运行管理类（测试）
temporary_test_algorithm second_test_algorithm	封装两个模型方法类，prediction 为标准方法接口，其内部与具体的调用模型类接口衔接

该案例出于“可读”的需要，算法模型之间组织缓冲区仅用的直线方式，但稍加改造就可以将其转化为树型结构方式，使用树型结构方式组织缓冲区，就能生成可以实际应用的工程级代码。

文件 base_algorithm_class.py：

```
# -*- coding: utf-8 -*-
import threading
import time
import inspect                          #运行时检查对象
import ctypes                           #与 C 语言兼容的方法，在此保留
from base_algorithm_module import *     #与具体的算法模型代码分离，并注册导入其 ID

__auto_start__ = 1                      #模块绑定线程加载（运行）
__prohibit_start__ = 0                  #模块绑定后需要手动启动
```

模块基础类：

```
class base_algorithm_class(object):
    def __init__(self,inp,res):         #初始化两个参数
        self.result_cache = res         #模型预测结果缓冲
        self.input_cache = inp          #模型预测输入缓冲
        pass
    def algorithm_interface(self,input_corpus):#模型接口，待子类重写，所以仅有 pass
      pass
    def run_work(self):                 #运行算法模型接口
      pass
```

继承于系统线程类的基础线程类：

```
class base_thread_class(threading.Thread):
def __init__(self,input_class,auto_flag=__prohibit_start__):
    threading.Thread.__init__(self)
    if isinstance(input_class,base_algorithm_class)\             #判断算法是否为标准类型
         or isinstance(input_class,algorithm_manager_class):     #判断算法是否为指定类型
        self.run_class = input_class
    else:
        raise RuntimeError(                                      #不是预期类型就抛出异常
                'Passing the algorithm type is incorrect or common basic class.')
    if auto_flag == __auto_start__:
        self.start()                                 #由于__init__(self)，因此该类有启动接口 start
    pass
def run(self):
    while True:
        self.run_class.run_work()
        time.sleep(0.01)
    pass
def __async_raise(self,tid, exctype):                #通过线程 ID 进行管理
```

```
    tid = ctypes.c_long(tid)
    if not inspect.isclass(exctype):              #判断运行类型
        exctype = type(exctype)
        res = ctypes.pythonapi.PyThreadState_SetAsyncExc(tid,ctypes.py_object(exctype))
        if res == 0:
            raise ValueError("invalid thread id")
        elif res != 1:                            #强行停止
            ctypes.pythonapi.PyThreadState_SetAsyncExc(tid, None)
            raise SystemError("PyThreadState_SetAsyncExc failed")

def stop_thread(self,thread):                     #调用自身类接口停止线程
    self.__async_raise(thread.ident, SystemExit)
```

基于生产消费模式缓冲类：

```
class base_cache_class(object):
def __init__(self,mutex):
    self.cache = []
    if type(mutex) == type(threading.Lock()):     #传入同步互斥对象锁
        self.mutex = mutex
    else:
        raise RuntimeError("passing the lock parameter is incorrect.")
    pass
def push_cache(self,element):                     #向缓冲区投入数据
    if self.mutex.acquire(1):
        self.cache.append(element)
        self.mutex.release()
    pass
def get_cache(self):                              #获得缓冲区数据
    if self.mutex.acquire(1):
        if len(self.cache) > 0:
            elem = self.cache.pop()
        self.mutex.release()
        return elem
    pass
def get_index_cache(self,index):                  #通过索引获得缓冲数据
    if self.mutex.acquire(1):
        if len(self.cache) > 0:
            elem = self.cache[index]
        self.mutex.release()
        return elem
def get_cache_len(self):                          #获得缓冲区长度
    if self.mutex.acquire(1):
        cache_len = len(self.cache)
        self.mutex.release()
        return cache_len
def get_whole_cache(self):                        #获得整个缓冲区数据
```

```
    if self.mutex.acquire(1):
        cache = []
        if len(self.cache) > 0:
            cache = self.cache
            self.cache = []
        self.mutex.release()
        return cache

def input_batch_cache(self,batch_cache=[]):         #扩展缓冲区数据
    if self.mutex.acquire(1):
        self.cache.extend(batch_cache)
        self.mutex.release()
    pass

def __getitem__(self,index):                        #通过索引获得缓冲数据
    return self.cache[index]

def delete_item_cache(self,obj):                    #从缓冲中移除对象成员
    if self.mutex.acquire(1):
        self.cache.remove(obj)
        self.mutex.release()
    pass

def insert_item_cache(self,index,obj):              #在指定的索引位置插入对象
    if self.mutex.acquire(1):
       self.cache.insert(index,obj)
        self.mutex.release()
    return obj
    pass
```

在不同的缓冲区之间转移数据：

```
class thransfer_cache(base_cache_class):
def __init__(self,mutex):
    base_cache_class.__init__(self,mutex)
    pass

def thransfer_from(self,from_cache):
    self.input_batch_cache(from_cache.get_whole_cache())
    pass
```

将具体的算法模块与线程绑定：

```
class attach_cache_thread_class(base_thread_class):
def __init__(self,input_algorithm_,algorithm_name = 'None'):
    base_thread_class.__init__(self,input_algorithm_,auto_flag=__prohibit_start__)
    self.algorithm_name = algorithm_name
```

制定算法模块，接口标准化：

```
class specific_algorithm_class(base_algorithm_class):
def __init__(self,
            input_algorithm,
            input_c,
            result_c,
            resource_index = 0,                              #输入模型 ID
            ):
    base_algorithm_class.__init__(self,input_c,result_c)
    self.algorithm_model = input_algorithm
    self.resource_index = resource_index
    pass
def run_work(self):                                          #驱动算法模型运行
    #fix  code
    if self.input_cache.get_cache_len() > 0:
        input_ = self.input_cache.get_whole_cache()
        result_predict = self.algorithm_model.prediction(
                    input_ ,self.resource_index)             #模型预测调用
        re = thransfer_cache(threading.Lock())
        re.input_batch_cache(result_predict)
        self.result_cache.thransfer_from(re)                 #预测结果向结果缓冲转移
    pass
```

算法管理类设计：

```
class algorithm_manager_class(base_thread_class):
def __init__(self):
    base_thread_class.__init__(self,self,__prohibit_start__)
    self.__algorithm_list = base_cache_class(threading.Lock()) #算法模型队列
    pass
def __append_obj(self,obj):                                    #尾部追加算法模型
    self.__algorithm_list.push_cache(obj)
    pass
def __get_index_obj(self,index):                               #获得具体算法模型
    return self.__algorithm_list.get_index_cache(index)

def __launch_whole_algorithm(self):
    len = self.__algorithm_list.get_cache_len()
    for index in range(len):
        item = self.__get_index_obj(index)
        if isinstance(item,base_thread_class):
            if 0 == __prohibit_start__:
                item.start()
                pass
    self.start()                                               #算法模型队列管理线程启动
    pass
```

```
def delete_algorithm_item(self,algorithm_type='None',force = True):#清除队列某一个
    for index in range(self.__algorithm_list.get_cache_len()):
        if self.__algorithm_list[index].algorithm_name == algorithm_type:
                if force:
                    self.__algorithm_list[index].stop_thread(self.__algorithm_
list[index])
            else:
                while True and force == False:
                    in_len =
                    self.__algorithm_list[index].run_class.input_cache.get_cache_len()
                    out_len =
                    self.__algorithm_list[index].run_class.result_cache.get_cache_len()
                    if in_len == 0 and out_len == 0:
                        self.__algorithm_list[index].stop_thread(
                                                self.__algorithm_list[index])
                        break
            temporary_cache =
                    self.__algorithm_list[index].run_class.input_cache.get_whole_cache()
            temporary_cache = []
            temporary_cache = self.__algorithm_list[index].run_ class.result_cache.get_whole_cache()
            temporary_cache = []
            self.__algorithm_list.delete_item_cache(self.__algorithm_list[index])
            return algorithm_type
    return None

def insert_algorithm_item(self,index,algorithm_type,filter_iter):    #某位置插入新模型
    run_new_item = self.__algorithm_list.insert_item_cache(
            index,self.__create_fectory(algorithm_type,filter_iter))
    run_new_item.start()
    pass

def detect_algorithm_list(self):                                      #获得模型 ID 列表
    return[[x.algorithm_name,x.run_class.resource_index]
        for x in self.__algorithm_list]
def run_work(self):                                                #管理线程驱动模型的数据
    for index in range(self.__algorithm_list.get_cache_len() - 1):
        self.__algorithm_list[index+1].run_class.input_cache.thransfer_from(
                self.__algorithm_list[index].run_class.result_cache)

def input_corpus_predict(self,corpus):                                #向源头算法模型投入数据
    if self.__algorithm_list.get_cache_len() > 0:
        self.__algorithm_list[0].run_class.input_cache.input_batch_cache(corpus)
    else:
        raise RuntimeError('error: algorithm list is empty.')
```

```
def __create_fectory(self,model_type,resource_index):              #以工厂模式创建模型单元
    if model_type == 'TWO_CLASSIFY':
        return attach_cache_thread_class(
                    input_algorithm_ = specific_algorithm_class(
                    input_algorithm=temporary_test_algorithm(),         #❶
                input_c=thransfer_cache(mutex=threading.Lock()),
                result_c=thransfer_cache(mutex=threading.Lock()),
                resource_index=resource_index),algorithm_name=model_type)
        pass
    if model_type == 'ENTITY_FIND':
        return attach_cache_thread_class(
                input_algorithm_ = specific_algorithm_class(
                input_algorithm=second_test_algorithm(),                #❷
                input_c=thransfer_cache(mutex=threading.Lock()),
                result_c=thransfer_cache(mutex=threading.Lock()),
                resource_index=resource_index),algorithm_name=model_type)

def run_manager(self,type_list = [], filter_index = []):            #整个引擎平台的驱动
    try:
        type_len = len(type_list)
        filter_len = len(filter_index)
        assert type_len == filter_len
        for (type_iter,index_iter) in zip(type_list,filter_index):
            self.__append_obj(self.__create_fectory(type_iter,index_iter))
            self.__launch_whole_algorithm()
            return 1
    except:
        return 0
    finally:
        pass

def result_corpus_predict(self):                                  #最终预测结果值
    if self.__algorithm_list.get_cache_len() > 0:
        return self.__algorithm_list[self.__algorithm_list.get_cache_len()-1
              ].run_class.result_cache.get_whole_cache()
        pass
    else:
        return []
```

文件 base_algorithm_module.py：

```
class temporary_test_algorithm:                              #算法模型❶
    def prediction(self,obj,filter_tag=-1):                 #调用具体算法接口
        return_str = []
        for str in obj:
            return_str.append(str+' + TWO_CLASSIFY')        #测试逻辑，拼接字符串
    return return_str
```

```
class second_test_algorithm:                              #算法模型❷
    def prediction(self,obj,filter_tag=-1):               #调用具体算法接口
        return_str = []
        for str in obj:
            return_str.append(str+' + ENTITY_FIND')
        return return_str
```

以下代码为整个平台引擎的调用和测试：

```
from base_algorithm_class import *

if __name__ == '__main__':
    specify_algorithm_manager = algorithm_manager_class()  #算法模型管理引擎实例化
    specify_algorithm_manager.run_manager(                 #同时加载三个模型
            ['TWO_CLASSIFY','ENTITY_FIND','TWO_CLASSIFY'],[0,0,0])
    specify_algorithm_manager.input_corpus_predict(
            ['to what can our life  on the earth could be likened','I love wiseweb'])
    print(specify_algorithm_manager.detect_algorithm_list())

    time.sleep(1)
    print(specify_algorithm_manager.result_corpus_predict())

    time.sleep(1)
    print(specify_algorithm_manager.insert_algorithm_item(0,'ENTITY_FIND',0)) #插入一个模型

    time.sleep(1)
    print(specify_algorithm_manager.detect_algorithm_list())
    specify_algorithm_manager.input_corpus_predict(                              #投入语料数据
          ['to what can our life  on the earth could be likened','I love webside'])

    time.sleep(1)
    print(specify_algorithm_manager.result_corpus_predict())

    print(specify_algorithm_manager.delete_algorithm_item('TWO_CLASSIFY')) #删除某一模型
    specify_algorithm_manager.input_corpus_predict(
            ['to what can our life on the earth could be likened','I love wiseweb'])
        print(specify_algorithm_manager.detect_algorithm_list())

        time.sleep(1)
        print(specify_algorithm_manager.result_corpus_predict())

        specify_algorithm_manager.input_corpus_predict(
            ['to what can our life  on the earth could be likened','I love webside'])

        time.sleep(1)
    print(specify_algorithm_manager.result_corpus_predict())
```

类 base_cache_class 中重写内置方法 def __getitem__(self,index)的作用是该类实例化以后，也能用下标索引获得数据。例如，instance_cache_class[3]相当于 C++中的运算符重载。以上设计模式的运用必须建立在面向对象语言的三大特性——封装性、继承性和多态性的技术基础上，请读者务必掌握。

1.3 选择 TensorFlow 1.X 还是 2.X 的理由

TensorFlow 由谷歌公司（Google）于 2015 年 11 月正式向公众开源，它汲取了其前身——DistBelief 在创建和使用过程中积累多年的经验和教训。TensorFlow 的设计目标是保证灵活性、高效性、良好的可扩展性及可移植性。任何形式和大小的计算机，从智能手机到大型计算集群，都可以运行 TensorFlow。TensorFlow 中包含可即刻训练好的模型产品化的轻量级软件，有效地消除了重新实现模型的需求。TensorFlow 拥抱创新，鼓励开源的社区参与，拥有一家大公司的支持、引导，并保持一定的稳定性。TensorFlow 功能强大，不仅适合个人使用，还适合各种规模的公司使用（无论是初创公司，还是大型公司）。

1.3.1 TensorFlow 概述

1. 代码开源性

TensorFlow 最初是作为 Google 的内部机器学习工具而创建的，但在 2015 年 11 月，它的一个实现被开源，所采用的开源协议为 Apache 2.0。作为开源软件，任何人都可以自由地下载、修改和使用其代码（http://github.com/tensorflow/）。开源工程师可对其代码添加新功能或进行改进，并揭示在未来版本中计划实施的修改。由于 TensorFlow 深受广大开发者欢迎，因此每天都会得到来自 Google 和第三方开发者的改进。TensorFlow 有两个版本的开发安装包，其中 Nightly 版本是源码更新非常活跃的一个版本，TensorFlow 还为此搭建了一个自动构建版本的平台。

2. 数值计算库

TensorFlow 官网中并未将 TensorFlow 称为一个“机器学习库”，而是使用了更为广泛的短语“数值计算”。虽然 TensorFlow 中的确包含一个模仿了具有单行建模功能的机器学习库 Scikit-Learn 的名为“学习”的包，但 TensorFlow 的主要目的并不是提供现成的机器学习解决方案，而是提供了一个可使用户用数学方法从零开始定义模型的函数和类的广泛套件。这使得具有一定技术背景的用户可以迅速而直观地创建自定义的、具有较高灵活性的模型。

3. 数据流图

TensorFlow 的计算模型是有向图，其每个节点都代表一个函数或计算，而连接方向则代表数值、矩阵或张量，如图 1.22 所示。

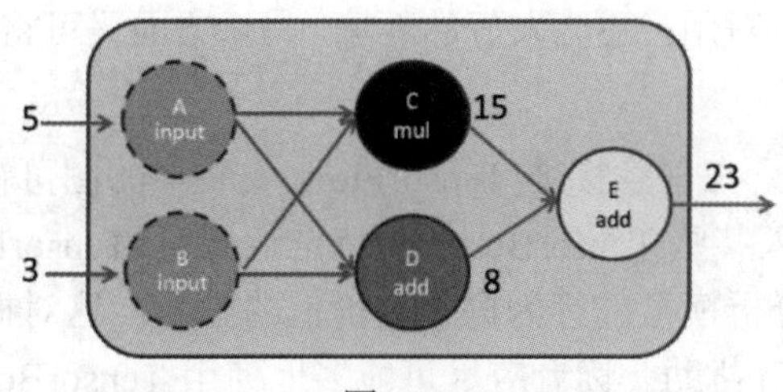

图 1.22

数据流图极为有用，其原因如下：首先，许多常见的机器学习模型，如神经网络，其本身就是以有向图的形式表达的，采用数据流图无疑会使机器学习实践者的实践更为自然。其次，通过将计算分解为一些小的、容易微分的环节，TensorFlow 能够自动计算任意节点关于其他节点对其自身的输出产生影响的导数。计算任何节点的层数或梯度的能力对于搭建机器学习模型至关重要。最后，通过计算的分解，将计算分布在多个 CPU、GPU 及其他计算设备上会更加容易，即可以将完整的、较大的数据流图分解为一些较小的计算图，并让每台计算设备负责一个独立的计算子图。

诚然，数据流图是 TensorFlow 1.X 的经典之作，它能站在整个架构的高度帮助开发工程师提出预见性设计以及灵活的组合或聚合，特别是在迁移训练上有着非常重要的意义。但同时，它的弊端也会突显出来，其中技术生态圈成为其发展的一大诟病。2019 年，TensorFlow 被以 Facebook 为代表的 PyTorch 所追赶，适应编程习惯的差异性导致其用户量一度不敢与 PyTorch 的用户量相比较，幸好 TensorFlow 2.X 的实质性改变扭转了这一颓势。深挖其中的原因，主要有两点：第一，大多数开发语言（框架）会有边缘运行所见即所得的直观结果和立即评估，有利于代码的即兴发挥和灵活调试，这符合大多机器学习开发工程师的习惯；第二，由于迁移学习技术实现已经成为机器学习发展的重要环节和特有功能，并且各大公司都给予了独立的解决方案，因此数据流图的优点显得无足轻重。作为市场化的商业应用平台，机器学习库何去何从只能由市场和用量数据决定。

4. 分布式

TensorFlow 的设计目标之一是在多台计算机及单机多 CPU、单机多 GPU 的环境下具有良好的可伸缩性。虽然 TensorFlow 最初的开源实现在发布时并不具有分布式功能，但自 8.0 版本之后，分布式运行已经成为 TensorFlow 内置库的一部分。虽然该最初版本的分布式 API 比较臃肿，但其功能极其强大。大多数其他机器学习库并不具备这种功能，尤其值得注意的是，TensorFlow 与特定集群管理器（如 Kubernates）的本地兼容性正在逐渐改善。

5. 软件套件

TensorFlow 是用于定义机器学习模型、数据集训练模型，并将模型导出供后续使用的 API。

虽然实际的计算需要使用 C++编写，但主要的 API 均可通过 Python 访问。这使数据科学家和工程师一方面可利用 Python 中对用户更为友好的环境，另一方面又可将实际计算交给高效的、经过编译的 C++代码。

TensorBoard 是一个包含在任意标准 TensorFlow 安装中的图可视化软件，如图 1.23 所示。当用户在 TensorFlow 中引入某些 TensorBoard 的特定运算时，TensorBoard 可读取由 TensorFlow 计算图导出的文件，并对分析模型的行为提供有价值的参考。这对概括统计量、分析训练过程及调试 TensorFlow 代码极有帮助。读者应尽可能多地使用 TensorBoard，能为使用 TensorFlow 增添趣味性，并带来较高的生产效率。

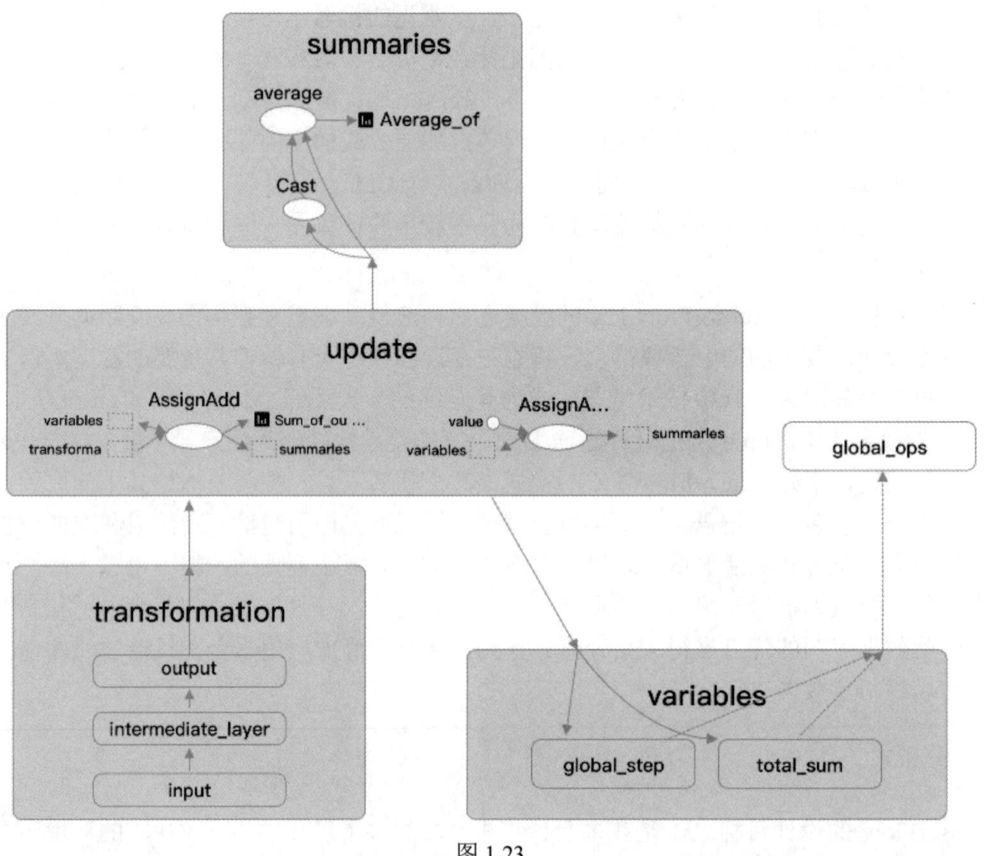

图 1.23

TensorFlow Serving 是一个可为部署预训练的 TensorFlow 模型带来便利的软件。利用内置的 TensorFlow 函数，用户可将自己的模型导出到由 TensorFlow Serving 在本地读取的文件中。之后，它会启动一个简单的高性能服务器。该服务器可接收输入数据，并将之送入预训练的模型，同时将模型的输出结果返回。此外，TensorFlow Serving 还可以在旧模型和新模型之间无缝切换，而不会给最终用户带来任何停机时间。虽然 TensorFlow Serving 可能是 TensorFlow 生态系统中认可度最低的组成，但它也确实成为 TensorFlow 有别于其他竞争者的主要因素。将 TensorFlow Serving

纳入生产环境可避免用户重新实现自己的模型，即只需使用 TensorFlow 导出的文件即可。

1.3.2　TensorFlow 1.X 与 TensorFlow 2.X 的区别

TensorFlow 2.0 是由社区驱动的，这说明 Google 研发团队想要的是一个既灵活又强大、且易于使用的平台。TensorFlow 2.0 就为开发人员、企业和研究人员提供了这样一个全面的工具生态系统，希望推动并构建最先进的机器学习和可扩展的深度学习驱动的应用程序。

为确保高版本 TensorFlow 2.X 支持低版本 TensorFlow 1.X 的代码，升级脚本中加入了 compat.v1 模块，此模块将以等效的 tf.compat.v1.*引用代替表单 tf.*的调用。建议用户手动检查此类替代方案，并尽快将其迁移至 tf.*命名空间（代替 tf.compat.v1.*命名空间）中的新 API，即用 TensorFlow 2.X 下的 tf.*修改脚本。TensorFlow 2.X 兼容 TensorFlow 1.X 的方案如图 1.24 所示。

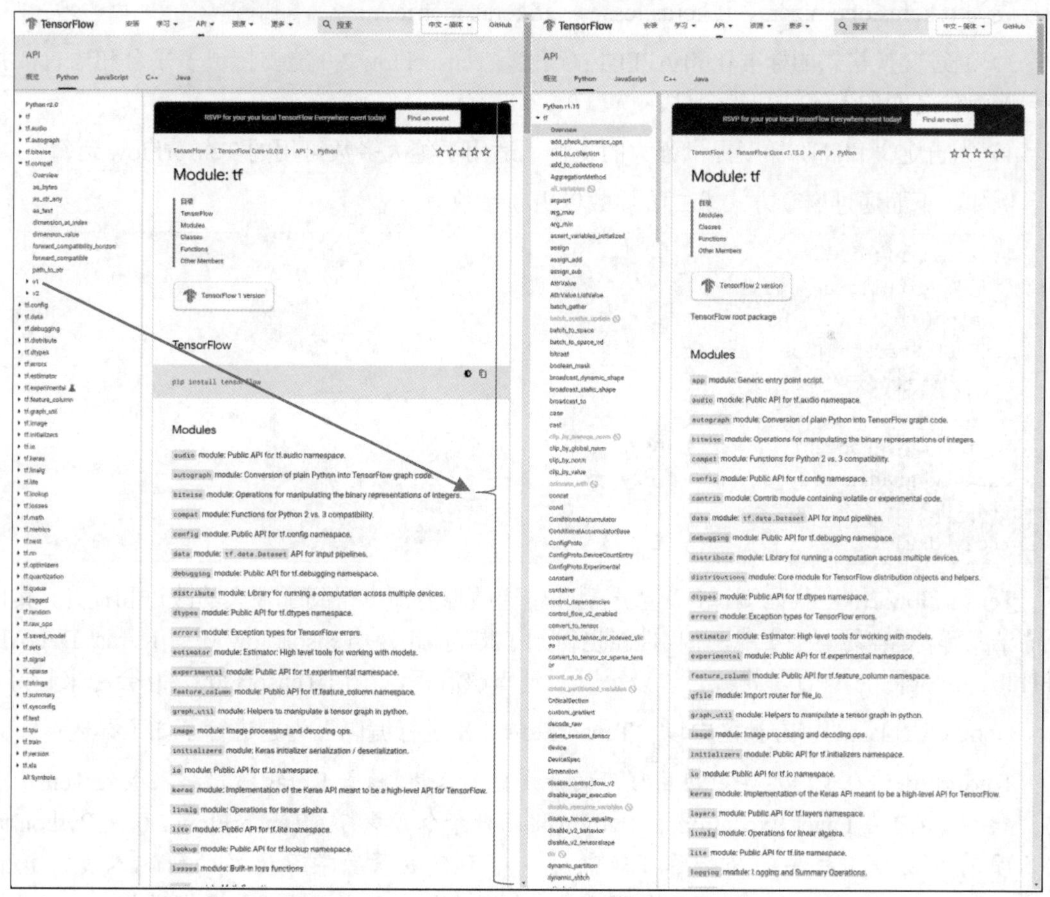

图 1.24

如果工程代码为 TensorFlow 1.X，而运行环境为 TensorFlow 2.X，使用下面两行代码就能解决问题：

```
import tensorflow.compat.v1 as tf
tf.disable_v2_behavior()
```

由于 tf.contrib.*的丰富造成不稳定和实验性致命 TensorFlow 欠缺结构化安全，在 TensorFlow 2.X 中已经彻底将 tf.contrib.*全部空间下的 API 移除并分解到其他各个模块中（主要分解在 tf.nn 和 tf.keras.layers 中）。但在某些较早的 TensorFlow 模型代码或学习教程中，tf.contrib.*仍因“好用”而被广泛使用，本书建议最好不用该空间下的 API。

TensorFlow 2.X 相对于 TensorFlow 1.X 的优势如下。

1）Eager Execution 将成为核心功能。在 TensorFlow 2.0 中，Eager Execution 是默认的，不需要启用。TensorFlow 支持 Eager Execution 和 Graph Mode 并用，同时具有两者的优点。

2）代码风格以 Keras 为主，很多函数（如 optimizers、losses、metrics 等）会统合到 Keras 中，成为 tf.keras.optimizers、tf.keras.losses、tf.keras.metrics。

3）通过交换格式的标准化和 API 的一致性，TensorFlow 2.0 能支持更多平台和语言，并改善一些组件之间的兼容性和耦合性。

4）为自定义和高阶梯度提供强大的支持，适用于绝大多数可用的 TensorFlow 运算。

例如，下面通过嵌套方式求二阶导数以更新参数值。

```
x = tf.constant(5.0)
with tf.GradientTape() as g:
    g.watch(x)
    with tf.GradientTape() as gg:
        gg.watch(x)
        y = x * x
    dy_dx = gg.gradient(y, x)  # dy_dx = 2 * x
d2y_dx2 = g.gradient(dy_dx, x)  # d2y_dx2 = 2
print(dy_dx)
print(d2y_dx2)
```

TensorFlow 2.0 在代码调试、变量声明和传递数据方面也得到了很大的改进和提升，其代码更简洁易懂，更容易上手实践，并且性能也得到了提高。此外，TensorFlow 还有 Keras、DataAPI、TFHub、Google 的 TPU 等资源，以及公开设计审核流程，相信 TensorFlow 2.0 会越来越好。

Google 在自己的官方社区中以“TensorFlow 2.X 进行编码”为题进行了如下描述：

TensorFlow 2.0 使深度学习应用程序的开发更加容易。随着 Keras 被严格集成到 TensorFlow 中，默认情况下、Eager Execution 和 Python 化函数命令式执行，TensorFlow 2.0 使 Python 的开发人员对开发应用程序的经验尽可能熟悉。对于突破深度学习边界的研究人员，我们在 TensorFlow 的基础 API 上投入了大量资金：我们现在导出了内部使用的所有操作，并为变量和检查点等关键概念提供了可继承的接口。这允许用户构建 TensorFlow 的内部结构，而不必重构 TensorFlow。

为了能够在各种运行时上运行模型，包括云系统、网络系统、浏览器系统、js 系统、移动系统和嵌入式系统，我们已经对已保存的模型文件格式进行了标准化。这允许用户使用 TensorFlow 运行并部署模型，然后在带有 TensorFlow Lite 的移动和嵌入式系统上使用，并使用 TensorFlow.js 在浏览器或 Node.js 中对模型进行训练和运行。

对于高性能的培训场景，用户可以使用分发策略 API 以最小的代码更改分发训练，并获得良好的开箱即用性能。它支持使用 Keras 的 Model.fit 进行分布式训练，还支持自定义训练循环。多 GPU 支持现在是可用的，用户可以在这里了解更多关于在 Google 云上使用 GPU 的信息。云 TPU 的支持将在未来的发布中到来。查看分布式训练指南，了解更多细节。

TensorFlow 2.0 在 GPU 上提供了许多性能改进。TensorFlow 2.0 使用 Volta 和 Turing GPU 的混合精度提供了多达三倍的更快的训练性能，其中有几行代码，如在 ResNet-50 和 BERT 中使用。TensorFlow 2.0 与 Tensor RT 紧密集成，并使用改进的 API 在 Google 云上的 NVIDIAT4 云 GPU 推理中提供更好的可用性和高性能。

“NVIDIAGPU 和系统上的机器学习允许开发人员解决几年前似乎不可能解决的问题。” NVIDIA 加速计算软件产品管理的高级主管卡里・布里斯基说。TensorFlow 2.0 包含许多伟大的 GPU 加速功能，我们迫不及待地想看到社区使用这些更新的工具创建惊人的人工智能应用程序。

在 TensorFlow 建立模型时，有效访问训练和验证数据至关重要。我们引入了 TensorFlow 数据集，并提供了对大量包含各种数据类型的数据集，如图像、文本、视频等的标准接口。

虽然传统的基于会话的编程模型仍然被维护，但我们建议使用具有 Eager Execution 的常规 Python 开发。tf 函数修饰器可以将代码转换为图形，这些图形可以远程执行、序列化和优化性能。这是对自动绘图的补充，它可以将常规的 Python 控制流直接转换为 TensorFlow 控制流。

当然，如果用户已经使用了 TensorFlow 1.X 且正在寻找一个到 TensorFlow 2.0 的迁移指南，我们已经在这里发布了一个。TensorFlow 2.0 版本还包括一个自动转换脚本，以帮助用户启动。

我们已经与 Google 内部和 TensorFlow 社区的许多用户进行技术合作，以更好测试 TensorFlow 2.0 特性，并对反馈信息感到兴奋。例如，Google 新闻团队在 TensorFlow 2.0 中推出了一个基于 Bert 的语言理解模型，它显著改进了故事报道。TensorFlow 2.0 提供了易于使用的 API，具有快速实现新思想的灵活性。模型培训和服务无缝地集成到现有的基础设施中。

此外，深度学习不仅适用于 Python 开发人员使用 TensorFlow.js，训练和推理可供 Java 脚本开发人员使用，我们继续投资于 Swift 作为一种语言，用于使用 SWIFT 构建 TensorFlow 库的模型。

这里有很多需要解包的地方，所以为了提供帮助，我们在 TensorFlow 2.0 中创建了一个如何有效处理所有新问题的方便指南。为了让 TensorFlow 2.0 更容易启动，我们在这里发布了几个常用深度模型的参考实现，使用 TensorFlow 2.0 API。

此外，要了解如何使用 TensorFlow 2.0 构建应用程序，请查看我们与 deeplearning.ai 和 Udacity 一起创建的在线课程。

要快速启动，请尝试 Google 云的深度学习 VM Images——无须设置，预先配置的虚拟机可以帮助用户构建 TensorFlow 2.0 深度学习项目。

1.3.3　TensorFlow 1.X 和 TensorFlow 2.X 的手写数字识别

手写数字识别是常见的图像识别任务，即计算机通过手写体图片识别图片中的手写数字。与印刷字体不同的是，不同人的手写体大小和风格迥异，造成计算机对手写识别任务的识别困难。手写数字识别由于其有限的类别（0～9 共 10 个数字），因此，成为相对简单的手写识别任务。MNIST 是美国加利福尼亚大学机器学习中心提供的数字手写体数据库，由于平台的图像大小仅为 28×28，所以其常被用来做简易神经网络教学级试验，如图 1.25 所示。

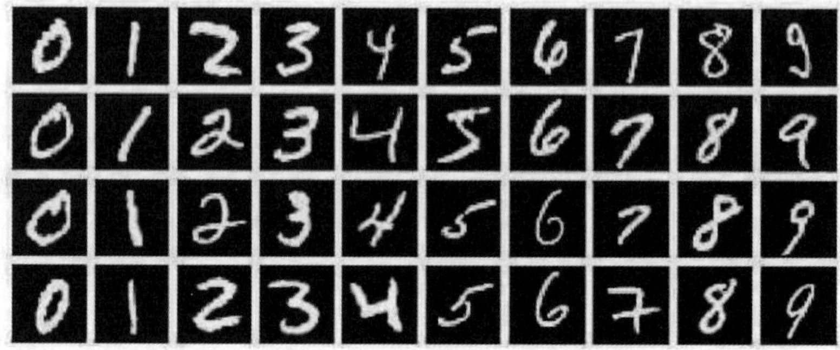

图 1.25

1. 手写交叉熵版本（图 1.26）

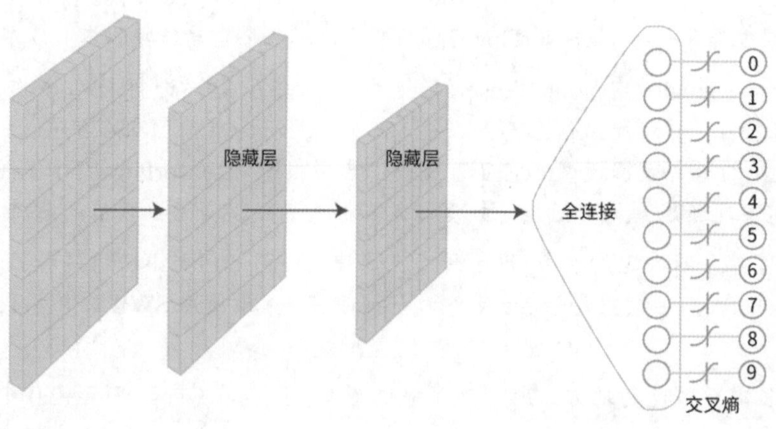

图 1.26

```
import tensorflow as tf
import numpy as np
```

```
from tensorflow.examples.tutorials.mnist import input_data
mnist = input_data.read_data_sets("MNIST_data/", one_hot=True)

learning_rate = 0.2                                           # 学习率
epochs = 10                                                   # 训练 10 次的样本
batch_size = 100                                              # 每批训练的样本数

x = tf.placeholder(tf.float32, [None, 784])                   # 为训练集的特征提供占位符
y = tf.placeholder(tf.float32, [None, 10])                    # 为训练集的标签提供占位符

W1 = tf.Variable(tf.random_normal([784,300],stddev=0.03),name='W1')  # 初始化隐藏层的 W1 参数
b1 = tf.Variable(tf.random_normal([300]),name='b1')           # 初始化隐藏层的 b1 参数
W2 = tf.Variable(tf.random_normal([300,10],stddev=0.03), name='W2')  #初始化全连接层的 W1 参数
b2 = tf.Variable(tf.random_normal([10]),name='b2')            # 初始化全连接层的 b1 参数

hidden_out = tf.add(tf.matmul(x,W1),b1)                   # 定义隐藏层的第一步运算
hidden_out = tf.nn.relu(hidden_out)                       # 定义隐藏层经过激活函数后的运算
y_ = tf.nn.softmax(tf.add(tf.matmul(hidden_out, W2), b2)) # 定义全连接层的输出运算
y_clipped = tf.clip_by_value(y_,1e-10,0.9999999)
cross_entropy = -tf.reduce_mean(tf.reduce_sum(y * tf.log(y_clipped) +
    (1 - y) * tf.log(1 - y_clipped), axis=1))             # 自己写交叉熵

optimizer = tf.train.GradientDescentOptimizer(learning_rate=learning_rate).minimize (cross_entropy)
init = tf.global_variables_initializer()                  # 初始化所有参数
correct_prediction = tf.equal(tf.argmax(y, 1), tf.argmax(y_, 1))
accuracy = tf.reduce_mean(tf.cast(correct_prediction, tf.float32))
with tf.Session() as sess:
    sess.run(init)
    total_batch = int(len(mnist.train.labels)/batch_size)  # 计算每个 epoch 要迭代几次
    for epoch in range(epochs):
        avg_cost = 0
        for i in range(total_batch):
            batch_x, batch_y = mnist.train.next_batch(batch_size=batch_size)
            _,c = sess.run([optimizer, cross_entropy],feed_dict={x: batch_x, y: batch_y})
            avg_cost += c/total_batch
            print("Epoch:", (epoch + 1),"cost = ", "{:.3f}".format(avg_cost))
        sess.run(accuracy, feed_dict={x: mnist.test.images, y: mnist.test.labels})
```

介绍该示例之前，首先讲一个晋代书法家王献之自小跟从父亲王羲之学写字的故事。

年少时，王献之请求父亲传授习字的秘诀。王羲之没有正面回答，而是指着院里的 18 口水缸说："秘诀就在这些水缸中，你把这些水缸中的水写完就知道了。"

王献之虽心中不服，他认为自己年龄虽小，字却写得很不错了，但仍决心再练基本功，以求得到父亲的夸奖。他天天模仿父亲的字体，练习横、竖、点、撇、捺，足足练习了两年，才

把自己写的字拿给父亲看。父亲看后笑而不语，母亲在一旁说："有点像铁画。"接着王献之又练了两年各种各样的钩，然后给父亲看，父亲还是不言不语，母亲说："有点像银钩了。"王献之这才开始练习书写完整的字，这样足足又练了四年，才把写的字捧给父亲看。王羲之看后，在儿子写的"大"字下面加了一点，成了"太"字，因为他嫌儿子写的"大"字结构上紧下松。母亲看了王献之写的字后叹了口气说："我儿练字三千日，只有这一点像你父亲写的！"王献之听了，这才彻底服气。从此，他更加下功夫练习写字了。

王羲之看到儿子用功练字，心里非常高兴。一天，他悄悄走到正在练字的儿子背后，猛地拔他执握在手中的笔，然而没有拔动，于是他赞扬儿子说："此儿后当复有大名。"王羲之知道儿子写字时有了手劲，这才开始悉心培养他。后来，王献之真的写字用完了这 18 口水缸中的水，与他的父亲一样成了著名的书法家。由此可见苦练基本功的重要性。

TensorFlow 2.0 以后，代码变得越来越简洁，但这并不意味着学习的难度开始降低；相反，高度封装的接口对于初学者来说并不是好事，因为初学者已经看不到其中的"横、竖、点、撇、捺"。所以，TensorFlow 2.0 以后依然保留了 TensorFlow 1.0 版本，即保留了一个 AI 框架朴实的传统。该代码保留了"原汁原味"的基于对数概率回归判断模型内部工作原理，甚至交叉熵和激活函数也抽丝剥茧地写了出来，这是打好基础学习的典范。抓住一个模型的核心的关键是找出数据流动过程中 NumPy 或 Tensor 类型的 shape 的不同变换结果，这也是看懂其他模型的关键。图像大小为 28×28=784，batch_size=100，所以模型训练集的数据结构是[100,784]，[None,784]中的 None 就是留给 batch_size 来决定的。与第一层的[784,300]相乘，我们知道矩阵相乘必须左边的列数与右边的行数相等，以上符合该原则就会得到一个[100,300]的第一层输出矩阵。需要注意的是，300 是用户自由选择的，它会影响损失函数拟合的速度和模型的泛化误差（这里可理解为准确率）。这里并不把某个层特意称为"隐藏层"或"连接层"，这对于初学者来说容易在以后的学习中"对号入座"，不利于深入学习和领会。根据输出的结果，截距值 b 是一个[300]的值就不难理解，把它当成对 300 个特征值进行微调和修正，所以必须也是 300。第二层是[300,10]，10 是必须保证的，因为它要和 label 值进行汇合，以达到比对的作用。最后将得到的结果[100,10]送入激活层，经过与交叉熵处理的损失函数迭代，达到训练 w_1、b_1、w_2、b_2 四个参数的目的。

可能有读者要问，不使用激活函数可以吗？不可以！如果不激活就没有"明显"的特征，没有激活函数，分再多的神经网络层也没有意义。另外，lablel 必须用独热编码表达（one_hot=True），这是一类稀疏数据，如 0000100、0001000，这样某一位为 1，其他位都是 0 的数据类型表达方式。那么，其是否可用位置数 5、4 来代替？其实可以这样代替表达，但真实运算中还是要转换成独热编码，因为只有独热编码才能消除数据间的相关性。如果用高等数学的知识来说明，它就是一组正交基，这也是对 label 标签值的必然要求。

2. 直接调用交叉熵版本（见图 1.27）

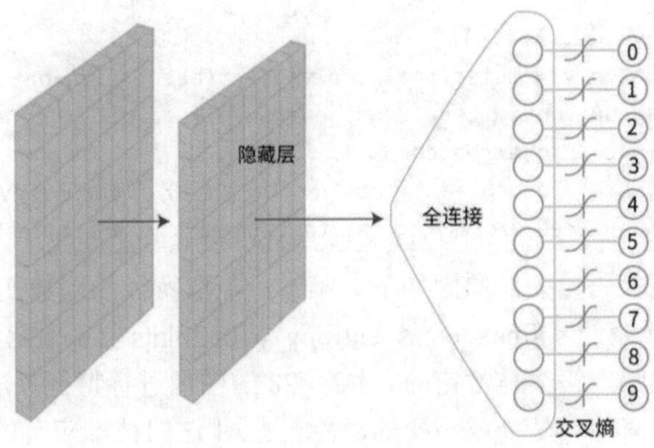

图 1.27

```
import tensorflow as tf
import numpy as np

from tensorflow.examples.tutorials.mnist import input_data
mnist = input_data.read_data_sets("MNIST_data/", one_hot=True)

learning_rate = 0.2   # 学习率
epochs = 10           # 训练 10 次所有的样本
batch_size = 100      # 每批训练的样本数

x = tf.placeholder(tf.float32, [None, 784])      # 为训练集的特征提供占位符
y = tf.placeholder(tf.float32, [None, 10])       # 为训练集的标签提供占位符

W = tf.Variable(tf.random_normal([784, 10], stddev=0.03), name='W')# 初始化隐藏层的 W 参数
b = tf.Variable(tf.random_normal([10]), name='b')     # 初始化隐藏层的 b 参数

prediction=tf.matmul(x,W)+b
cross_entropy = tf.reduce_mean(tf.nn.sofmax_cross_entropy_with_logits(
labels=y,logits=prediction))                       # 交叉熵之后的损失

optimizer  =  tf.train.GradientDescentOptimizer(learning_rate=learning_rate).minimize(cross_
entropy)
init = tf.global_variables_initializer()           # 初始化所有参数
correct_prediction = tf.equal(tf.argmax(y, 1), tf.argmax(tf.nn.softmax(prediction),1))
accuracy = tf.reduce_mean(tf.cast(correct_prediction, tf.float32))
with tf.Session() as sess:
    sess.run(init)
```

```
    total_batch = int(len(mnist.train.labels)/batch_size)  # 计算每个 epoch 要迭代几次
    for epoch in range(epochs):
        avg_cost = 0
        for i in range(total_batch):
            batch_x, batch_y = mnist.train.next_batch(batch_size=batch_size)
            _,c = sess.run([optimizer, cross_entropy],feed_dict={x: batch_x, y: batch_y})
            avg_cost += c / total_batch
            print("Epoch:", (epoch + 1),"cost = ", "{:.3f}".format(avg_cost))
        sess.run(accuracy, feed_dict={x: mnist.test.images, y: mnist.test.labels})
```

这段代码较之前述代码量少，原因如下：第一，抓取特征的层数变少；第二，直接调用了 TensorFlow 的 API 交叉熵的 sofmax_cross_entropy_with_logits 接口。读者可能会有疑问，少了一层计算结果还能准确吗？答案是肯定的。对 28×28 的图像进行特征抓取，仅用一层就足够了。所以说机器学习模型没有什么是一成不变的，这才是 AI 这门技术应有的魅力和挑战，也是很多人感悟“算法容易，调参难”的原因。

3. TensorFlow 2.0 版本手写数字识别代码（见图 1.28）

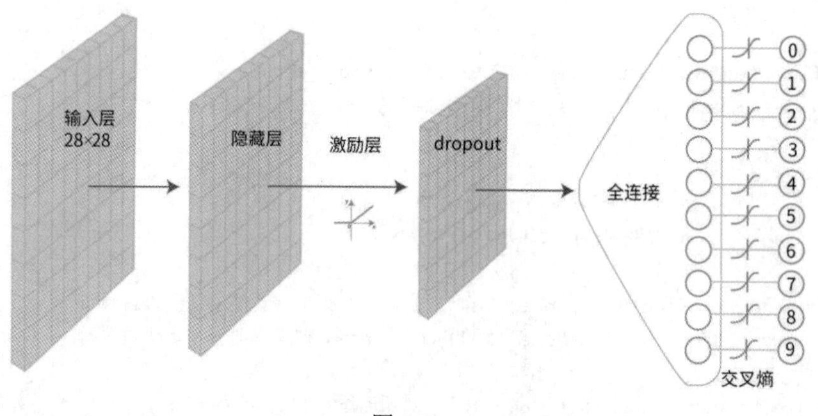

图 1.28

```
import tensorflow as tf
mnist = tf.keras.datasets.mnist

(x_train, y_train),(x_test, y_test) = mnist.load_data()
x_train, x_test = x_train / 255.0, x_test / 255.0

model = tf.keras.models.Sequential([
    tf.keras.layers.Flatten(input_shape=(28, 28)),
    tf.keras.layers.Dense(128, activation='relu'),
    tf.keras.layers.Dropout(0.2),
    tf.keras.layers.Dense(10, activation='softmax')])
```

```
model.compile(optimizer='adam',loss='sparse_categorical_crossentropy', metrics= ['accuracy'])

model.fit(x_train, y_train, epochs=5)
model.evaluate(x_test, y_test)
```

通过以上完整代码示例可以看出，TensorFlow 2.X 版本至少存在以下特征：

1）无须 placeholder、initializer 和 feed，可以直接将 NumPy 作为输入，本例使用了 TensorFlow 2.X 系统 Keras 演示模型样本数据集；

2）可以立即执行 Operation，即所见即所得，输入训练图像数据，立即输出卷积结果，并将结果转换为 NumPy。

3）不需要先利用 Operation 定义静态图，然后到与数据流图绑定的 Session 中执行静态图模型；另外，驱动 Operation 的结果不需要通过 sess.run 和 feed 后置装载数据，极大地方便了代码调试。

本 章 小 结

本章力图用通俗易懂的方式介绍相关数学知识和 Python 语言，虽可能有失学术上的严谨和深度，但根据编者多年的从业经历，只有使用最形象最恰当的示例才能快速让读者理解问题的层次和方向的准确性。本章介绍了软件工程师能听懂的数学知识，并提炼了程序员需要掌握的知识体系。如果读者的数学基础好，则可以直接跳过 1.1 节。对于有精力、有基础的读者，推荐学习日本平冈和幸著、复旦大学陈筱烟译的《程序员的数学》这套书，以作为本书必要的数学补充。此外，周志华的《机器学习》也能作为读者夯实 AI 理论的一把利器。本章并没有把与 AI 技术相关的数学知识全部罗列和详细展开，如函数的二次规划问题、鞍点极值分析等。

Python 是一门简单易学的编程语言，尤其适用于科学计算、大数据和 AI 领域的研究和开发。在 AI 和大数据等前沿技术的引领下，Python 日益体现出强大的生命力。编者多年前有过从事 C/C++开发的经历，当深入 Python 学习时，无不为它的快捷易用而叹为观止。开发人员不用关心内存管理和系统底层的问题，可把注意力全部集中在算法本身的逻辑上，这就是 Python 有巨大的人气氛围的关键所在。如果读者有其他语言的基础，对于 Python 的特殊之处，只需稍加学习就可以快速掌握，而不用再阅读有关 Python 的教科书。本章没有把 Python 的关键要点全部展示出来，如对面向对象的继承性、封装性和多态性。但在后面的章节中，通过示例可以充分体现这些知识点，希望读者能细心体会和总结。反过来说，即使读者是一个编程“小白”，通过本章的学习，也可以对模型代码边学边体会，从而放弃没有必要的系统学习，以掌握 Python 语言的特点和整体结构，因为读者不用担心代码中每个“字符串”代表的究竟是对象、变量，还是指针、函数。

关于 TensorFlow AI 框架，读者不要浅显地追问是不是 2.X 比 1.X 好。作为一个优秀的开发工程师，更应关注版本之间的变化。对于初学者来说，编者认为学习 1.X 版本很重要。

第 2 章　模型工程化必备的技能

在技术体系庞大且多专业合作的时代，团队成员之间的沟通变得困难和复杂，处理方式和思路也很难统一，而且这两方面通常也很浪费时间。因此，我们需要使用一种工具降低沟通复杂度，而且能辅助制作更强健的软件。除了解决沟通之外，还需要一次性的小型容器技术进行生产环境的相对隔离，同时在部署新版本时，也便于更换旧版本模型使用的整个环境。采用这种方式，模型不会依赖任何之前版本遗留的构建产物，部署新版本时也不会为了调试而在本地文件系统中做大的改动，这就是可移植性。

上述问题的解决可以让模型和基于交互协议的服务弹性伸缩能力更好，也更可靠。存储应用的容器实例数量可以根据需求增减，这对前端远程访问的待机时间影响非常小。但这种相对隔离的容器不是万能的，对于容器来说，宿主机和容器共用同一内核。这意味着容器能使用的系统资源更少，并且必须基于相同的底层操作系统。所以，基于容器的技术，我们需要一个外围层次更高的大型分布式集群管理系统，以实现资源管理的自动化和资源利用的最大化。

2.1　模型转换为云服务的桥梁：Docker

本节会反复提到几个概念，以作为本章学习之前的铺垫。另外，本节讨论的 Docker 版本为 Community Edition 版本，示例命令或脚本都以 Ubuntu 64 位为运行环境，如果为 CentOS 操作系统，可参考相关资料稍加调整。

1）Docker 客户端：用于控制多数 Docker 工作流程及与远程 Docker 服务器通信。

2）Docker 服务器：用于启动 Docker 服务器进程，构建和启动服务器。

3）Docker 映像：包含一个或多个文件系统层，以及表明运行 Docker 化应用需要哪些文件的重要元数据。一个 Docker 可以复制到多个宿主中，映像通常有一个名称和一个标签，标签一般用于标识映像的版本。

4）Docker 容器：Docker 容器是以 Docker 映像实例化的 Linux 容器。特定的容器只能出现一次，但使用同一个映像可以轻松创建多个容器。

5）基元宿主机：精心制作的小型操作系统的映像，如 CoreOS，支撑容器托管和原子升级。

2.1.1　映像、容器和隔离

1. 安装 Docker 客户端

Docker 有两个版本：CE（Community Edition，社区版本）和 EE（Enterprise Edition，企业版本）。由于大多数人使用的是 CE 版本，因此本小节以该版本为基础进行介绍。尽管如此，但 EE 版本在用法上与 CE 版本并没有太大差异。另外，考虑到本书各章节的实用性，以及本书并非讲解某一专题性技术书籍，所以暂时忽略其他（如 Microsoft Windows 和 macOS 等）操作系统，仅以 Ubuntu Linux 64 为基调进行展开。

1）检查是否安装过 Docker 引擎，删除已有的旧版本或容器。

```
$ sudo apt-get remove docker docker-engine docker.io containerd runc
$ sudo apt-get updata
```

apt-get update 是同步/etc/apt/sources.list 和/etc/apt/sources.list.d 中列出的源的索引，这样才能获取到最新的软件包。update 只更新 apt 的资源列表，如果要对操作系统的具体软件包执行更新，需使用 upgrade。

2）添加 Docker CE 所需的软件依赖和 apt 仓库，这样才能获取并安装 Docker 相关的包，并且确保相关的包有正确的签名。

```
$sudo apt-get install apt-transport-https ca-certificates curl gnupg-agent \
software-properties-common
$ curl -fsSL https://mirrors.ustc.edu.cn/docker-ce/linux/ubuntu/gpg | sudo apt-key add -
```

3）在 Personal Package Archives（个人软件包档案）中添加稳定版 repository，一旦软件有更新，通过 sudo apt-get upgrade 命令就可以直接升级到新版本。

```
$ sudo add-apt-repository "deb [arch=amd64] \
https://download.docker.com/docker-ce/linux/ubuntu/ $(lsb_release -cs) stable"
```

4）更新版本。

```
$ sudo apt-get update
```

5）下载安装。

```
$ sudo apt-get install docker-ce
```

设置好仓库后，安装 Docker，如果没有看到错误消息，则说明已经安装成功。

2. 安装 Docker 服务端

Docker 服务端与客户端是两个独立的进程，其中服务端用于管理 Docker 的多数操作，Ubuntu 的当前版本中使用 systemd（http://dwz.cn/12boGE）管理系统中的进程。执行以下命令，设置在每次引导系统时启动 Docker 服务器，如图 2.1 所示。

```
$ sudo systemctl enable docker
```

手动启动 Docker 服务器。

```
$ sudo systemctl start docker
```

测试安装的 Docker。

```
$ sudo docker run --rm -ti ubuntu:latest /bin/bash
```

这条语句需要读者记住以下要点：

1）docker run：一个依靠映像创建容器并启动容器的过程，读者必须清楚此刻的对象和时间点。docker run 相当于现时执行了两条语句——docker create 和 docker start。

2）-rm：启动后自动清理数据（退出）。

3）-ti：进行交互式操作，分配一个伪 TTY。

4）/bin/bash：内核交互进程。

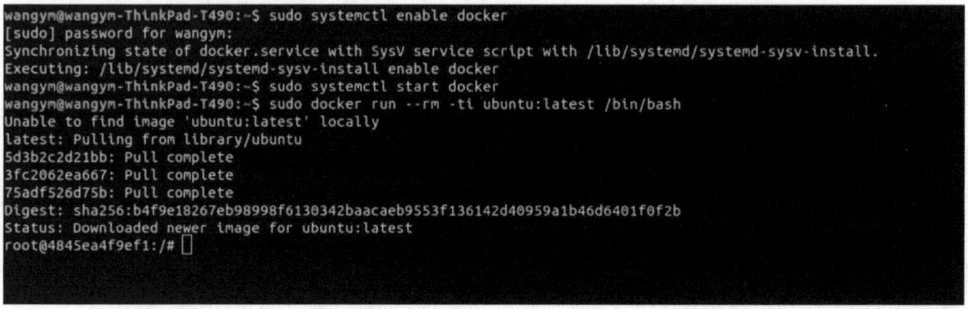

```
wangym@wangym-ThinkPad-T490:~$ sudo systemctl enable docker
[sudo] password for wangym:
Synchronizing state of docker.service with SysV service script with /lib/systemd/systemd-sysv-install.
Executing: /lib/systemd/systemd-sysv-install enable docker
wangym@wangym-ThinkPad-T490:~$ sudo systemctl start docker
wangym@wangym-ThinkPad-T490:~$ sudo docker run --rm -ti ubuntu:latest /bin/bash
Unable to find image 'ubuntu:latest' locally
latest: Pulling from library/ubuntu
5d3b2c2d21bb: Pull complete
3fc2062ea667: Pull complete
75adf526d75b: Pull complete
Digest: sha256:b4f9e18267eb98998f6130342baacaeb9553f136142d40959a1b46d6401f0f2b
Status: Downloaded newer image for ubuntu:latest
root@4845ea4f9ef1:/#
```

图 2.1

有读者可能会误以为 Docker 也是一种类似于 VMware 和 KVM 的虚拟机，但这类系统需要在虚拟层上运行完整的 Linux 内核和操作系统，各个虚拟机都单独运行一份操作系统内核，内核运行在硬件的虚拟层之上，有实际的内存管理空间；而容器是以映像为模板运行起来的独立进程，有自成一体的执行环境，所有容器共用宿主系统内核，且容器之间是相互隔离的。简言之，容器仅是进程间层面的资源隔离，这种轻量级的隔离大大降低了团队沟通的成本，提高了生产部署上线的效率。

3. 通过 Dockerfile 文件创建映像

使 TensorBoard 运行在独立环境的 TensorFlow 平台容器中，创建的 Dockerfile 通常包括以下内容：

```
FROM ubuntu:latest
LABEL "maintainer"= "wymzj@163.com"
USER root
ENV AP   /runpath
```

```
ENV  SAVE  / runpath / improved_graph
RUN apt-get -y update
RUN apt-get install -y python3.pip python3-dev
RUN apt-get install tensorflow==2.2.0
ADD ./*.py $AP/
WORKDIR $AP
CMD ["python3", "DataGraph.py"]
```

以上这些指令是控制构建映像的方式。Dockerfile 中的每一行代码都会新建一个映像层，并由 Docker 进行存储。

FROM ubuntu:latest 指令用于加载基础映像，即容器要运行的基础环境（注意，为映像和容器设置标注的方式是一个或一组键值对，这样可方便搜索和识别 Docker 的映像或容器）。在实际的运行过程中，通常会直接加载一个 Ubuntu+Python+TensorFlow 的环境映像而省去上面多行命令的映像层，由此我们可以理解为以上代码是在手工创建一个 TensorFlow 环境。后面会给出直接加载官方 TensorFlow 映像的示例，并验证环境的内容与预期的是否相符。出于教学演示的目的，latest 写成了最新版本的来源，但实际生产环境中最好指定具体的版本号。

```
USER root
```

USER root 指令表示 Docker 在容器中以 root 身份运行所有进程。出于安全的考虑，在真实的生产环境中，容器的运行最好不能有更多的特权。

```
ENV AP  /runpath
ENV  SAVE  /runpath/improved_graph
```

上述指令表示设置环境变量仅容器内的运行进程使用。

```
RUN apt-get -y update
RUN apt-get install -y python3.pip python3-dev
RUN pip3 install tensorflow==2.2.0
```

RUN 指令可以执行 shell 的部分命令，如创建文件结构、安装所需运行的开发环境依赖。

```
ADD ./*.py $AP/
```

ADD 指令表示将模型代码文件复制到容器相应的目录中。Dockerfile 文件中还有一个 COPY 命令，可以认为 ADD 是增强版的 COPY，支持将远程 URL 的资源加入镜像的文件系统，但它们指示的宿主机目录都必须在映像的上下文件中。例如，如果将./path/*写成/wangym/runpath/*，系统就会报出“源路径文件不能具体指定”之类的错误，所以读者务必注意此要求。

```
CMD [“python3”,“DataGraph.py”]
```

上述指令表示驱动进程文件，执行目标进程。对于 Dockerfile 文件的编排，要本着先静后动的原则顺序展开，即把最基础，最稳定的命令行放在前面，而把每次构造都会有相应变化的指令放到后面，这样一旦构建时发生了变化，只会对有变化的映像层进行重新构造，不变化的层则直接加载。这里再次强调，每一行命令都对应一个映像层。如果要将下面三行命令合为一个映像层，则需要用“&&”符号进行连接。

```
RUN apt-get -y update
RUN apt-get install -y python3.pip python3-dev
RUN apt-get install tensorflow==2.2.0
```

改写为：

```
RUN apt-get-y update && \
    apt-get install -y python3.pip python3-dev && \
        apt-get install tensorflow==2.2.0
```

将TensorFlow代码DataGraph.py复制到与Dockerfile文件同级的目录中。文件DataGraph.py的内容在后面章节会有详细讲解，这里不再具体介绍。

```
import tensorflow.compat.v1 as tf              #Tensorflow 2.2 版本兼容运行 TensorFlow 1.X
tf.disable_v2_behavior()

graph = tf.Graph()
with graph.as_default():
    with tf.name_scope("variables"):
        global_step = tf.Variable(0, dtype=tf.int32,
        trainable=False, name="global_step")
        total_output = tf.Variable(0.0, dtype=tf.float32,
        trainable=False, name="total_output")
    with tf.name_scope("transformation"):
        with tf.name_scope("input"):
            a = tf.placeholder(tf.float32, shape=[None], name="input_paceholder_a")
        with tf.name_scope("intermediate_layer"):
            b = tf.reduce_prod(a, name="product_b")
            c = tf.reduce_sum(a, name="sum_c")
        with tf.name_scope("output"):
            output = tf.add(b, c, name="output")
    with tf.name_scope("update"):
        update_total = total_output.assign_add(output)
        increment_step = global_step.assign_add(1)
        with tf.name_scope("summaries"):
            avg = tf.div(update_total, tf.cast(increment_step, tf.float32),
            name="average")
            tf.summary.scalar('Output', output)
            tf.summary.scalar('Average of outputs over time', avg)
        with tf.name_scope("global_ops"):
            init = tf.global_variables_initializer()
            merged_summaries = tf.summary.merge_all()
sess = tf.Session(graph=graph)
writer = tf.summary.FileWriter('./improved_graph', graph)  # 导出数据流图
sess.run(init)
def run_graph(input_tensor):
```

```
    feed_dict = {a: input_tensor}_,step, summary = sess.run([output, increment_step,
        merged_summaries], feed_dict=feed_dict)
    writer.add_summary(summary, global_step=step)

run_graph([2, 8])
writer.flush()
writer.close()
sess.close()
```

下面开始构建 TensorFlow 映像，输出的每一步均与 Dockerfile 文件中的每个指令一一对应，而且每一步都是在前一步的基础上新建一个映像层。

```
$ sudo docker build -t wangym/docker-TensorFlow-datagraph:latest .
```

wangym 是编者的 Ubuntu 系统的用户名，Docker 已经支持了很多操作系统原生的密令管理体系，wangym 部分命令的原意是指镜像的一个仓库，如果想把映像上传到真正的仓库中，用户必须与操作系统登录信息一致。运行后代码，会有每条命令对应的映像层 ID 输出和映像状态如图 2.2 所示。注意，最后的“.”表示 Dockerfile 文件所在目录，此例是当前目录。

```
wangym@wangym-ThinkPad-T490:~/runpath/image_datagraph$ vim Dockerfile
wangym@wangym-ThinkPad-T490:~/runpath/image_datagraph$ sudo docker build -t wangym/docker-datagraph:latest /hom
e/wangym/runpath/image_datagraph
Sending build context to Docker daemon  4.608kB
Step 1/11 : FROM ubuntu:latest
 ---> 4dd97cefde62
Step 2/11 : LABEL "maintainer"="wymzj@163.com"
 ---> Using cache
 ---> 36dfe6f1895e
Step 3/11 : USER root
 ---> Using cache
 ---> bcd3b8d99a23
Step 4/11 : ENV AP /runpath
 ---> Using cache
 ---> 0cb16421bda7
Step 5/11 : ENV SAVE /runpath/improved_graph
 ---> Using cache
 ---> 17c901e6de21
Step 6/11 : RUN apt-get -y update
 ---> Using cache
 ---> 13a827e7e1f1
Step 7/11 : RUN apt-get -y install python3-pip python3-dev
 ---> Using cache
 ---> 9943ae6d13ea
Step 8/11 : RUN pip3 install tensorflow==2.2.0
 ---> Using cache
 ---> b594dc4e058e
Step 9/11 : ADD ./*.py $AP/
 ---> Using cache
 ---> 3b3a22414dd8
Step 10/11 : WORKDIR $AP
 ---> Using cache
 ---> a033a3453f35
Step 11/11 : CMD ["python3","DataGraph.py"]
 ---> Running in 0e99da475edf
Removing intermediate container 0e99da475edf
 ---> de202d9aacbd
Successfully built de202d9aacbd
Successfully tagged wangym/docker-datagraph:latest
wangym@wangym-ThinkPad-T490:~/runpath/image_datagraph$ sudo docker images
REPOSITORY                 TAG       IMAGE ID       CREATED          SIZE
wangym/docker-datagraph    latest    de202d9aacbd   14 seconds ago   2.7GB
<none>                     <none>    f5642f5b6439   20 minutes ago   2.7GB
wangym/docker-node-hello   latest    3ab2e69de88b   2 days ago       928MB
hello-world                latest    d1165f221234   2 weeks ago      13.3kB
ubuntu                     latest    4dd97cefde62   2 weeks ago      72.9MB
tensorflow/tensorflow      1.15.0    f41e06396ff3   17 months ago    2.35GB
node                       11.11.0   9ff38e3a6d9d   2 years ago      904MB
```

图 2.2

创建 wangym/docker-datagraph 映像成功，映像的 ID 为 02d9aacbd。如果构建的映像文件是首次执行，则输出信息会比较多，再次运行仅输出每条命令对应的映像层及 ID。

观察映像的创建（见图 2.3）：

```
$ sudo docker run --rm -ti 02d9aacbd /bin/bash
```

```
wangym@wangym-ThinkPad-T490:~/runpath/image_datagraph$ sudo docker run --rm -ti de202d9aacbd /bin/bash
root@be2407336d58:/runpath# ls
DataGraph.py
root@be2407336d58:/runpath# python3
Python 3.8.5 (default, Jan 27 2021, 15:41:15)
[GCC 9.3.0] on linux
Type "help", "copyright", "credits" or "license" for more information.
>>> import tensorflow as tf
>>> tf.__version__
'2.2.0'
>>> exit()
root@be2407336d58:/runpath# exit
exit
```

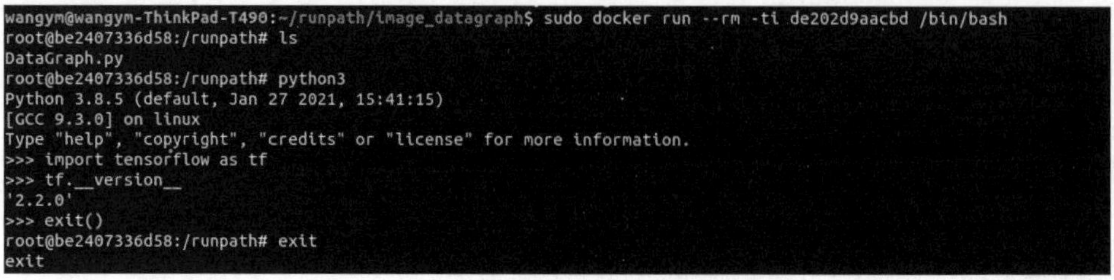

图 2.3

这里读者要清楚了解 docker run 的两个过程。通过对每一个映像 ID 所构建运行的 shell 进行观察，可以发现每一层的变化和环境的不同。如果对正在运行的容器执行 shell 就不适用，我们知道 docker run 的两个过程，它都要启动一个新的容器，这时要使用 docker exec 命令。

常用的 Docker 命令如下：

```
$ sudo docker ps [-a]  查看所有容器
$ sudo docker images   查看所有映像
$ sudo docker rmi <image ID>删除某个映像，有对应的容器，要提前停止和删除
$ sudo docker rm -f <container ID> 删除某个容器，参数-f 为强制删除
$ sudo docker rm $(docker images -a  --filter ‘exited!=0’)
```

仅删除参数 exited!=0（退出值不为 0）的容器，这条命令非常实用，在开发调试过程中，经常会产生大量垃圾容器，它们往往是意外退出的。

```
$ sudo docker system prune  删除所有的映像和容器，参数-a 为仅删除不用的映像
```

通过容器运行映像：

```
$ sudo docker run –d wangym/docker-TensorFlow-datagraph:latest
```

如果没有报错信息，则说明 TensorFlow 代码在容器中正常运行，可以通过执行 sudo docker ps 命令进行确认。其中，参数-d 表示在后台运行。

运行成功后，继续以最后层的映像 ID 进行观察，发现并没有我们所期望创建的 improved_graph 及下面的文件。这是因为每次 docker run 都是新建一个容器，所以并没有运行结果。改用 docker exec 命令进入，由输出结果可以看出该容器已经不再运行，说明容器中的进程运行完后已经退出。观察容器，STATUS 列已经显示 Exited(0)，如图 2.4 所示。

上面所创建的映像是在 Ubuntu 基础映像的基础上一层层构建出个人运行环境和应用映像，如果想采用更方便、更直接的方式，则可用 TensorFlow 基础公用映像创建运行环境。由于 TensorFlow 公用映像有近 3GB 的容量，因此建议先将该映像 pull 到本地。执行下面的语句：

```
$ sudo docker pull tensorflow/tensorflow:1.15.0
```

```
wangym@wangym-ThinkPad-T490:~/runpath/image_datagraph$ sudo docker run -d wangym/docker-datagraph:latest
c0143eb14efe8803d01acf95f1324f98f3edff7de39d5b6af2f4e08b0d391212
wangym@wangym-ThinkPad-T490:~/runpath/image_datagraph$ sudo docker run --rm -ti de202d9aacbd /bin/bash
root@b118cf5cd1e7:/runpath# ls
DataGraph.py
root@b118cf5cd1e7:/runpath# exit
exit
wangym@wangym-ThinkPad-T490:~/runpath/image_datagraph$ sudo docker ps -a
CONTAINER ID   IMAGE                            COMMAND                  CREATED              STATUS
               PORTS     NAMES
c0143eb14efe   wangym/docker-datagraph:latest   "python3 DataGraph.py"   About a minute ago   Exited (0) About
a minute ago             peaceful_shockley
15cc9adfa708   9943ae6d13ea                     "/bin/sh -c 'pip3 in…"   2 hours ago          Exited (1) 2 hour
s ago                    sad_raman
48271b03e135   9943ae6d13ea                     "/bin/sh -c 'pip3 in…"   2 hours ago          Exited (1) 2 hour
s ago                    beautiful_fermi
c48fb2cbbee0   9943ae6d13ea                     "/bin/sh -c 'pip3 in…"   2 hours ago          Exited (1) 2 hour
s ago                    cranky_dijkstra
e120ccee317c   9943ae6d13ea                     "/bin/sh -c 'pip3 in…"   2 hours ago          Exited (1) 2 hour
s ago                    eloquent_roentgen
d76d00524459   9943ae6d13ea                     "/bin/sh -c 'pip3 in…"   2 hours ago          Exited (1) 2 hour
s ago                    boring_murdock
b503da2dca3e   9943ae6d13ea                     "/bin/sh -c 'pip3 in…"   2 hours ago          Exited (1) 2 hour
s ago                    nostalgic_driscoll
eefb949334c4   9943ae6d13ea                     "/bin/sh -c 'pip3 in…"   2 hours ago          Exited (1) 2 hour
s ago                    heuristic_rosalind
202b2a982763   9943ae6d13ea                     "/bin/sh -c 'pip3 in…"   2 hours ago          Exited (1) 2 hour
s ago                    quizzical_snyder
6f6145e6e730   9943ae6d13ea                     "/bin/sh -c 'pip3 in…"   2 hours ago          Exited (1) 2 hour
s ago                    admiring_bhaskara
d0d634f4428a   hello-world                      "/hello"                 3 days ago           Exited (0) 3 days
 ago                     stoic_kilby
wangym@wangym-ThinkPad-T490:~/runpath/image_datagraph$ sudo docker exec -t -i c0143eb14efe /bin/bash
Error response from daemon: Container c0143eb14efe8803d01acf95f1324f98f3edff7de39d5b6af2f4e08b0d391212 is not r
unning
wangym@wangym-ThinkPad-T490:~/runpath/image_datagraph$
```

图 2.4

该映像到本地之后（下载的映像比较庞大，如有中断，可以确保网络流畅后多次尝试），将

```
FROM ubuntu:latest
```

改为

```
FROM tensorflow/tensorflow:1.15.0
```

并剔除对 Python 和 TensorFlow 安装相关的命令行，如图 2.5 所示。

```
wangym@wangym-ThinkPad-T490:~$ sudo docker images
[sudo] password for wangym:
REPOSITORY                 TAG       IMAGE ID       CREATED         SIZE
wangym/docker-node-hello   latest    3ab2e69de88b   20 hours ago    928MB
hello-world                latest    d1165f221234   13 days ago     13.3kB
ubuntu                     latest    4dd97cefde62   2 weeks ago     72.9MB
tensorflow/tensorflow      1.15.0    f41e06396ff3   17 months ago   2.35GB
node                       11.11.0   9ff38e3a6d9d   2 years ago     904MB
wangym@wangym-ThinkPad-T490:~$ sudo docker run --rm -ti f41e06396ff3 /bin/bash

WARNING: You are running this container as root, which can cause new files in
mounted volumes to be created as the root user on your host machine.

To avoid this, run the container by specifying your user's userid:

$ docker run -u $(id -u):$(id -g) args...

root@b592d08d652a:/# uname -a
Linux b592d08d652a 4.15.0-137-generic #141-Ubuntu SMP Fri Feb 19 13:46:27 UTC 2021 x86_64 x86_64 x86_64 GNU/Lin
ux
root@b592d08d652a:/# python
Python 2.7.15+ (default, Oct  7 2019, 17:39:04)
[GCC 7.4.0] on linux2
Type "help", "copyright", "credits" or "license" for more information.
>>>
```

图 2.5

2.1.2 Docker Compose

过去在开发过程中，为了管理多个生产环境，通常会编写一个庞大的 shell 脚本支持管理和协调，以确保以一致的方式构建和运行容器。但对于大多数开发者来说，这是一个沉重的负担。

为了解决这个问题，Docker 公司内置了一个工具 Docker Compose，它能够较为快捷地解决生产架构中多个任务的协调问题和最大程度地防止出错，并且不需要设置复杂的运行环境。本小节将在 2.1.1 小节的基础上创建一个映像和相应的容器，但该容器仅提供 TensorBoard 使用的模型流图。此外，还需要一项重要的功能，即启动 TensorBoard 的 Web 功能，将创建的数据模型以友好的界面进行分享。

按图 2.6 所示目录及文件增加一个 TensorBoard 内嵌的 Web 服务，以与上面的映像容器交互配合，形成完整的体系性功能支持。

```
wangym@wangym-ThinkPad-T490:~/runpath$ tree

├── docker-compose.yaml
├── image_datagraph
│   ├── DataGraph.py
│   └── Dockerfile
├── image_tensorboard
│   └── Dockerfile
└── improved_graph
```

图 2.6

创建映像文件 Dockerfile：

```
FROM tensorflow/tensorflow:1.15.0
LABEL "maintainer"="wymzj@163.com"
USER root
ENV AP  /runpath
ENV  SAVE  /runpath/improved_graph
WORKDIR $AP
CMD ["tensorboard", "--logdir=improved_graph"]
```

执行创建映像：

```
$ sudo docker build -t wangym/docker-tensorboard:latest .
```

创建 docker-compose.yaml 或 docker-compose.yml：

```
version: '2'
services:
   datagraph:
      image: wangym/docker-datagraph:latest
      volumes:
        - "./improved_graph:/runpath/improved_graph"
      networks:
```

```
        - mynet
    tensorboard:
        image: wangym/docker-tensorboard:latest
        restart: unless-stopped
        volumes:
          - "./improved_graph:/runpath/improved_graph"
        depends_on:
          - datagraph
      expose:
          - "6000"
        ports:
          - 6006:6006
        networks:
          - mynet

networks:
    mynet:
        driver: bridge
        version: "2"
```

对 yaml 文件进行编辑应考虑版本对应问题，就像使用 Python 等编程语言一样，也存在版本对应问题，所以要保持版本与编辑命令的一致性。

余下的内容分成两个部分，即 services 和 networks：

```
networks:
    mynet:
        driver:brigdge
```

以上定义了一个 mynet 网络，该网络是以网桥驱动方式创建的，即 Docker 容器与宿主机之间的网络栈桥接方式贯通。

```
images: wangym/docker-tensorboard:latest
```

定义构建或下载映像标签，并运行，相当于 docker run。

```
restart:unless-stopped [always]
```

设置 docker 以什么方式启动，一般会设置成非手工启动方式。

```
volumes:
    - "./improved_graph:/runpath/improved_graph"
```

把本地目录挂载到容器中形成映射，其中冒号左边是本地目录，右边是容器路径。该功能非常重要，尽管容器是短暂的行为，但一系列体系性的服务往往需要外部持久数据的支撑，所以容器状态和记录数据的持久化就是“引流”到本地容器以外。

```
depens_on:
    - datagraph
```

depens_on 定义启动该容器运行之前必须先运行哪个容器，通常 docker-compose 只负责确保容器正在运行，但不保证容器处于健康状态。

```
expose:
    - "6000"
```

使 TensorBoard 容器对其他容器开放的端口不会开放给宿主机。在此例中，并没有发挥作用。

```
ports:
    - 6006:6006
```

由于 TensorBoard 默认的访问端口为 6006，因此将 6006 端口释放给宿主机供外部访问。其也可以写成 1234:6006，即外部访问 1234 端口。

```
networks:
    mynet:
```

将容器放到哪个网络中去，这里是放到上一层设定的 mynet 网络中。

在 yaml 文件中配置了一系列服务，通知 compose 要做的所有事件和启动内容，以及相互之间的配置方式。配置完成开始执行 docker compose 相关的命令，并确保位于 docker-compose.yaml 文件所在目录的同级。

执行命令确认配置文件 yaml 没有问题，否则指出错误所在位置（见图 2.7）。

```
$ sudo docker-compose config
```

```
wangym@wangym-ThinkPad-T490:~/runpath$ sudo docker-compose config
networks:
  mynet:
    driver: bridge
services:
  datagraph:
    image: wangym/docker-datagraph:latest
    networks:
      mynet: null
    volumes:
    - /home/wangym/runpath/improved_graph:/runpath/improved_graph:rw
  tensorboard:
    depends_on:
    - datagraph
    expose:
    - '6000'
    image: wangym/docker-tensorboard:latest
    networks:
      mynet: null
    ports:
    - 6006:6006/tcp
    restart: unless-stopped
    volumes:
    - /home/wangym/runpath/improved_graph:/runpath/improved_graph:rw
version: '2.0'

wangym@wangym-ThinkPad-T490:~/runpath$ 
```

图 2.7

如果出现问题，系统会有清晰的提示。编者在编写 docker-compose.yaml 文件时也经过了多次修改，直至检查正确后才格式化输出（见图 2.8）。

构建容器，执行命令（见图 2.9）。

```
$ sudo docker-compose build
```

```
wangym@wangym-ThinkPad-T490:~/runpath$ docker-compose config
    : yaml.scanner.ScannerError: mapping values are not allowed here
  in "./docker-compose.yaml", line 2, column 9
wangym@wangym-ThinkPad-T490:~/runpath$ vim docker-compose.yaml
wangym@wangym-ThinkPad-T490:~/runpath$ docker-compose config
    : In file './docker-compose.yaml', network 'mynet' must be a mapping not a string.
wangym@wangym-ThinkPad-T490:~/runpath$ vim docker-compose.yaml
wangym@wangym-ThinkPad-T490:~/runpath$ vim docker-compose.yaml
wangym@wangym-ThinkPad-T490:~/runpath$ docker-compose config
    : The Compose file './docker-compose.yaml' is invalid because:
Unsupported config option for services.tensorboard: 'depens_on'
wangym@wangym-ThinkPad-T490:~/runpath$ vim docker-compose.yaml
wangym@wangym-ThinkPad-T490:~/runpath$ docker-compose config
networks:
  mynet:
    driver: brigdge
services:
  datagraph:
    image: wangym/docker-datagraph:latest
    networks:
      botnet: null
    volumes:
    - improved_graph
  tensorboard:
    depends_on:
    - datagraph
    expose:
    - '6000'
    image: wangym/docker-tensorboard:latest
    networks:
      mynet: null
    ports:
    - 6006:6006/tcp
    volumes:
    - improved_graph
version: '2.0'
```

图 2.8

构建容器，执行命令（见图 2.9）：

```
wangym@wangym-ThinkPad-T490:~/runpath$ sudo docker-compose build
datagraph uses an image, skipping
tensorboard uses an image, skipping
```

图 2.9

后台整体启动（见图 2.10）：

```
$ sudo docker-compose up -d
```

```
wangym@wangym-ThinkPad-T490:~/runpath$ sudo docker-compose up -d
Creating runpath_datagraph_1 ...
Creating runpath_datagraph_1 ... done
Creating runpath_tensorboard_1 ...
Creating runpath_tensorboard_1 ... done
wangym@wangym-ThinkPad-T490:~/runpath$
```

图 2.10

在浏览器地址栏中输入 http://127.0.0.1:6006，能看到运行容器所承载应用 TensorBoard 的结果，如图 2.11 所示。

查看所有容器联动服务的日志：

```
$ sudo docker-compose logs
```

回到有关算法统一平台的话题上来，Docker 的优势之一是对底层硬件和操作系统做了抽象处理，不受特定的宿主机或环境的限制。这给分布式架构设计带来了革命性的飞跃，可使 Docker 分发的无状态应用高效弹性地分发到多个不同位置上，其构成不仅是横向分离，而且纵向业务流松耦合连接功能形成体系化业务（见图 2.12）。通过目前对 Docker 的理解和学习，我们完全有能力将之扩展到更实用的业务上，算法模块经过训练后生成模型文件序化单元，而外层用 TensorFlow Serving 这样的服务所支持的协议与算法单元对接，由此形成的机制可以简单易行地部署到云端上。

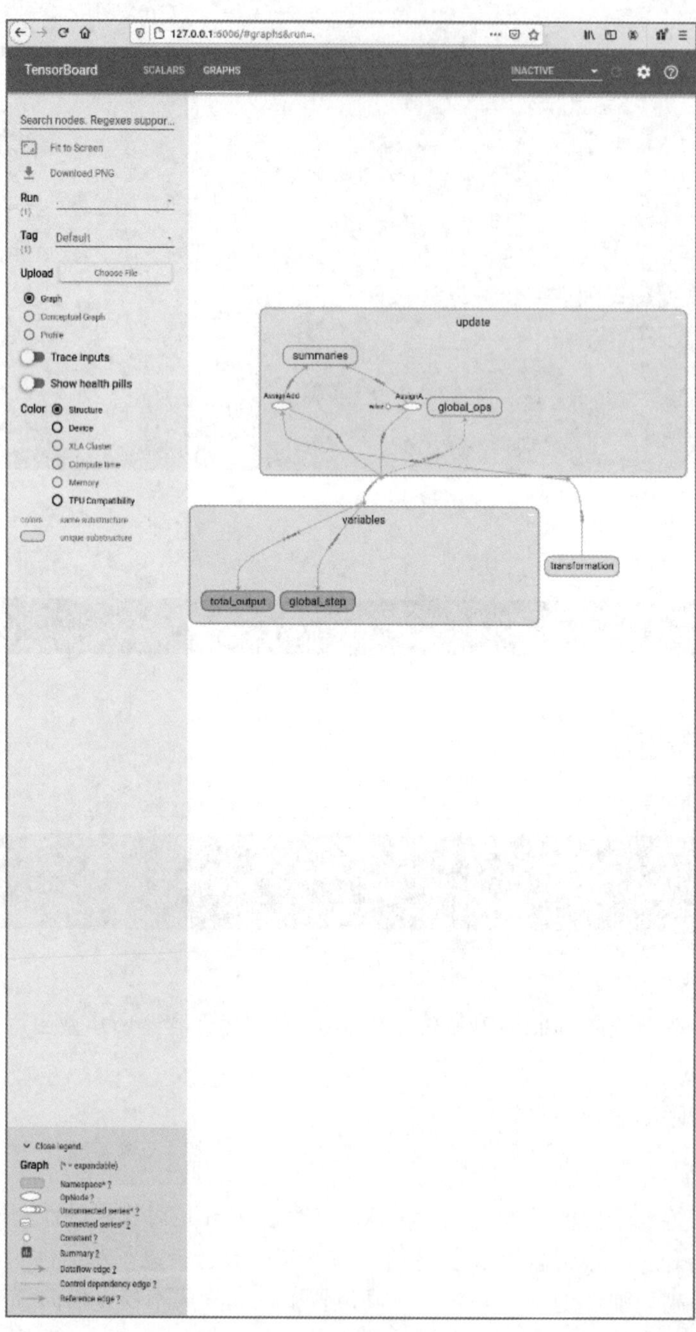

图 2.11

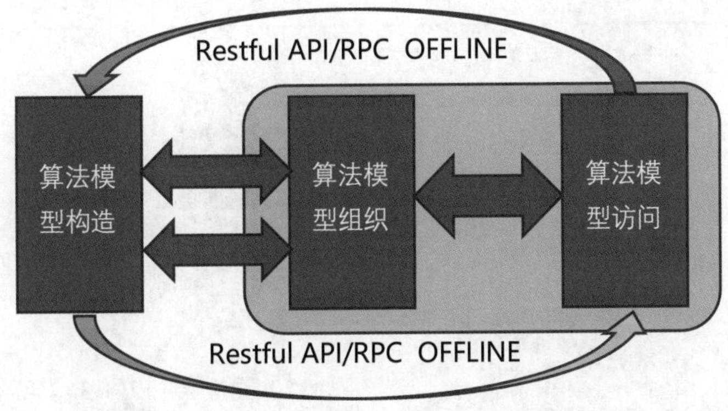

图 2.12

注意：

上面忽略了需要重点说明的 build 命令，该命令主要用来设置构建映像目录。如果没有该目录，Docker Compose 就无法构建该映像，而必须通过下载并启动指定标签的 Docker 映像。因为上例在过去的步骤中成功创建了映像，所以没有该命令行。

2.1.3　大规模使用 Docker

1. Docker Swarm 适用于中小企业

实践证明，Docker 非常适合部署到云平台，因为云平台能充分发挥容器可弹性伸缩的优势，不需要用户花费太多精力。目前，即便不使用 Linux 操作系统的云服务提供商也在不断寻找支持 Docker 的方式，如 Windows 和 SmartOS。

Swarm（https://docs.docker.com/engine/swarm）模式最大的优势是不需要额外安装任何插件，Docker 自身就带有多个调试程序的插件。Docker Swarm 的核心思想是通过 Docker 客户端工具提供统一的接口，它不仅支持单个 Docker 守护进程，也支持一个集群。Swarm 的主要作用是通过 Docker 提供的工具管理集群资源。它支持以不同的策略把容器分配给主机，而且内置基本的服务发现功能，但这些功能无法胜任复杂的方案。所以，Docker 又内置了对 Kubernetes 的支持，这才不与 Swarm 产生矛盾以致受到影响。关于广受欢迎的 Kubernetes，会在后面章节中详细介绍。

Swarm 集群中可以有一个或多个管理机，用作 Docker 集群的中央管理枢纽（见图 2.13）。最好为其配置奇数个管理机，一次只让一个管理机起领衔作用。下面介绍搭建一个 Swarm 集群的步骤。准备三台以上内核为 Linux 的服务器，服务器之间能通过网络通信，各个服务器中都运行最新版本的 Docker CE。

指定 Swarm 管理机的 IP 地址，返回的令牌在把其他节点纳入集群时需要使用。该令牌初始化后可以通过 docker swarm join-token -quiet worker 查寻。

```
$ sudo docker swarm init --advertise-addr 172.17.4.1
```

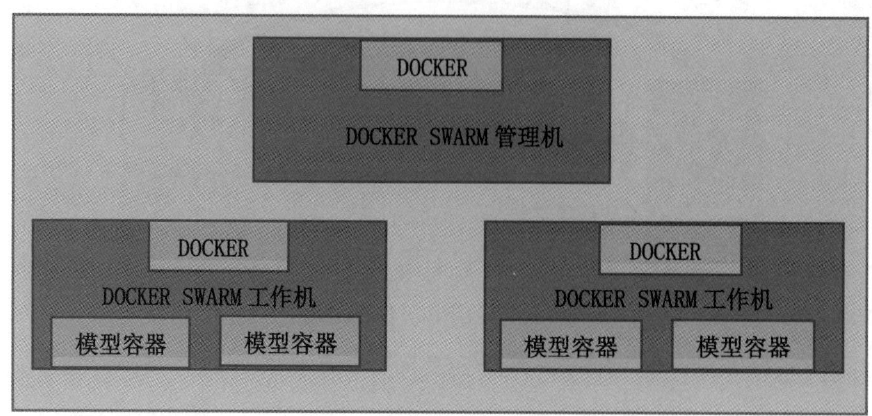

图 2.13

为了生产环境中弹性伸缩的需要，登录不同主机将其他服务器作为工作机添加到这个 Swarm 集群中。

```
$ sudo docker swarm join --token SWMTKN-…
```

运行以下命令查询集群各个激活的节点，但是只有一个标记为 leader。

```
$ sudo docker -H 172.17.4.1 node ls
```

创建一个默认网络供服务使用。

```
$ sudo docker -H 172.17.4.1 network create –driver=overlay default-net
```

以上步骤仅创建了一个没有任何业务的空置基础环境。下面在集群中启动服务并实现部署。

启动 TensorBoard 的映像：

```
$ sudo docker -H service create --name TensorBoard -p 81:80 --replicas 2 wanym/docker-tensorBoard:latest
```

目录，我们实现了一个服务分发的完整指令，可以用 Web 浏览器访问以上各个节点的 IP 地址，如果一切正常，就可以看到正常的 TensorBoard 页面。读者可能会有疑问，Docker Swarm 为什么没有用 docker-compose？这是因为目前 Swarm 模式还不能支持 docker-compose 方式，不符合我们最初的目标：一个命令行就能达到目的。

执行下面观察容器服务的命令，Swarm 模式在各个节点之间建立一个路由网格，并自动把流量转发给能接收请求的容器。路由网格把上面命令中指定的开放端口映射到三个节点上，任何一个节点上的对应端口都有可能被请求命中，交给 Web 应用服务处理。由此可见，各个节点之间的通信协议并不是由底层来完成的，而是由应用层协议 HTTP 来沟通或传递的。

```
$ sudo docker -H 172.17.4.1 service ps TensorBoard
```

在实际应用中，不仅需要启动服务，还要视情况实现弹性伸缩服务（注意，service create 中的 replicas 参数表示复制的个数）。不需要再次部署，而只需一个命令就可以实现弹性伸缩服务，如果想要按倍数增加实例数，如从 2 个变为 4 个，则可执行下面的命令。

```
$ sudo docker -H 172.17.4.1 service scale -detach=false TensorBoard=4
```

下面给出若干个运维实践中经常使用的命令，后面跟的参数请读者参考官方网站给出的明确解释，形成高效低成本的运维环境体系。

```
service update
service inspect
service rollback
service rm
```

2. Kubernetes 云部署框架的明珠

自 2014 年 DockerCon 发布以来，Kubernetes 迅速发展，目前已成为全世界应用较为广泛和流行的容器平台。2017 年，Docker 公司宣布 Docker Engine 即将支持 Kubernetes。支持 Docker 客户端使用同一套工具即可同时支持 Swarm 和 Kubernetes，这进一步增加了 Kubernetes 在 Docker 部署上的吸引力。

但是，Docker 对 Kubernetes 的支持还需完善。与 Linux 一样，Kubernetes 也有很多版本，其应用程度也各不相同。Kubernetes 得到广泛应用的原因是其优秀的工具很多。例如，Minikube 使用一个二进制安装包就能在本地安装和管理一整套发行版本。Minikube 是一个完整的 Kubernetes 发行版，在计算机的虚拟机中，仅有一个实例运行就能管理集群。在某种程序上，Minikube 与 docker-compose 很像，可以在本地架起整个应用栈。但是，Minikube 比 docker-compose 更进了一步，它提供了所有可在生产系统环境中使用的 API，这样就可以在本地设备中使用接近生产系统的环境运行 Kubernetes。

2.2　Git 版本管理系统

Git 是一款免费、开源的分布式版本控制系统，它最早由 Linus Torvalds 创建，用于管理 Linux 内核开发，现在已经成为分布式版本控制系统的主流工具。作为分布式版本控制系统的领军者，Git 拥有许多简易但功能强大的操作，如果程序开发工程师或算法工程师不能充分掌握代码的历史记录和版本库的管理，就很难将自己融入一个高效、强大的开发团队中，甚至无法保证项目产品周期性提升和具有长期生命力发展的底蕴。更重要的是，通过 Git 版本管理，可以有效地辨析问题出现时间、地点以及问题之间的区别，也不用担心自己的开发会影响其他开发团队成员的推进进度。由于本地库和公用库机制的设计和隔离，即使开发团队中某成员出现重大问题，也不会影响其他成员。

2.2.1 安装 Git

1. 在 Ubuntu 环境下安装

安装 Git 的步骤会因操作系统或版本的不同而有很大的区别。Git 是很多包的集合，本书依据的版本是 12.04 以上组织体系，所以读者在学习 Git 版本管理时要注意名称概念的针对性。如果读者需要将一个项目从 Arch、CVS 或 SVN 转变为 Git，或者从 Git 转向其他版本管理系统，则还需要安装 git-arch、git-cvs、git-svn 等相对应的包。

虽然 Git 给出了在图形界面支持或在浏览器上操作项目库的版本信息，但编者并不建议使用这种方式，作为一个与代码打交道的工程师来说，以命令行执行并输出明确信息的方式才是正道。下面在 Ubuntu 环境下以 root 身份来安装 Git 中重要的包。

```
$ sudo apt-get install git
```

将 Git 安装到系统之后，进入 Git 并执行以下命令，可以查看版本信息。

```
$ git -version
```

要注意自己安装的版本与团队其他成员使用的版本的一致性。如果从源代码中重新构建最新的版本，可能会因增加了学习部署的难度而消耗一些没有必要的精力，但并不反对有能力的读者通过代码构建自己的 Git。Git 命令的几种格式如下。

一条命令和相关参数的注入。例如：

```
$ git commit -a -m '提交信息'
```

将主命令和从命令结合使用，并配合各自命令的参数，注意观察命令参数“--”与命令参数“-”的不同和变化。例如，用下面命令在存储库中打包：

```
$ git --git-dir=project.git repack -d
```

例如，下面两条命令等价，该命令提供了一条日志消息。

```
$ git commit -m "Fixed a python file."
$ git commit --m= "Fixed a python file."
```

有时，可以用连续的裸“--”符号分割一系列参数，如控制参数与被操作的参数。

```
$ git diff -w master origin -- tools/Makefile
```

2. 在 Windows 环境下安装 Git

如果读者使用的是 SVN 版本管理平台，则应优先安装 Cygwin 版本中的 Git。特别是当需要同时与 SVN 进行操作交互时，Cygwin 是不二之选。从 Cygwin 官网（http://cygwin.com）下载安装文件 setup.exe。如图 2.14 所示，单击“下一步”按钮，就能顺利完成默认安装。

选择有效的下载链接源，如图 2.15 所示。当然，读者也可以自己添加可靠的下载链接。

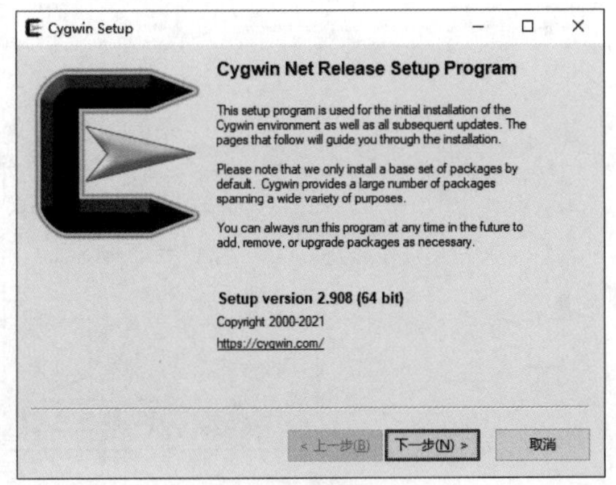

图 2.14

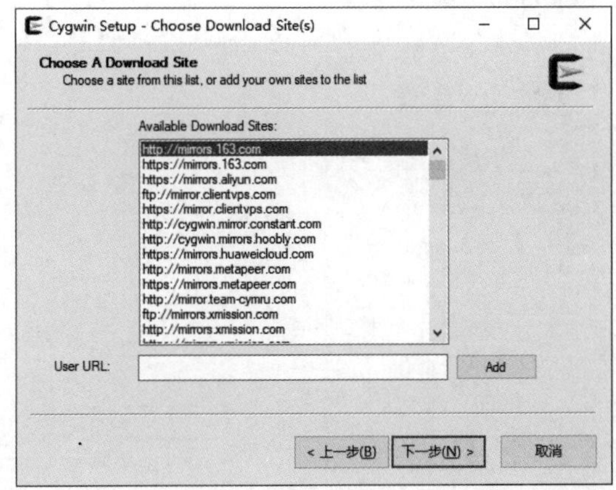

图 2.15

安装包列表如图 2.16 所示。Git 包在 Devel 类别下。下面就以大多数用户选择的默认设置进行安装，但务必要有 git、gitweb、git-gui、gitk、git-email、git-svn 几个选项，并且将 skip 改成适合需求的版本。安装流程如图 2.17 和图 2.18 所示。

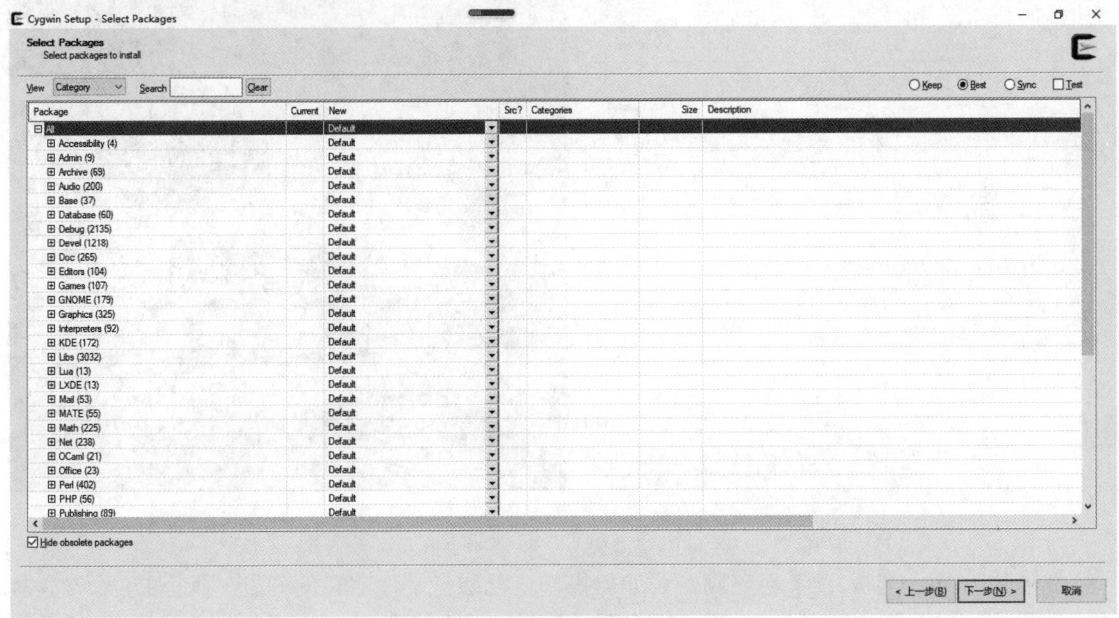

图 2.16

单击“完成”按钮，完成 Cygwin 的安装，如图 2.19 所示。

此时在桌面上会生成一个 Cygwin 图标，双击图标，打开 bash 命令窗口（见图 2.20），在这个窗口中可以进行本章所有的练习。

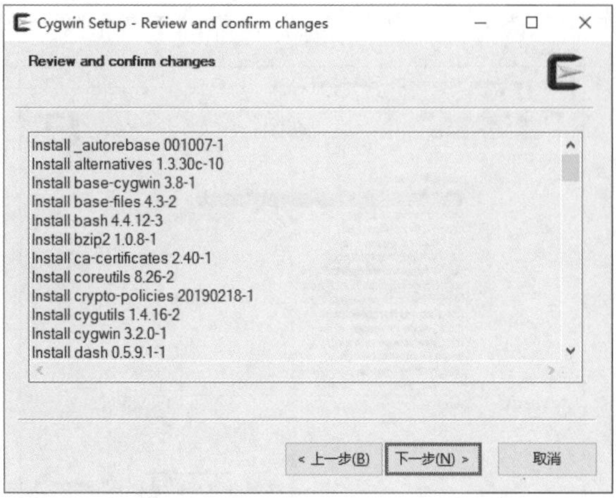

图 2.17

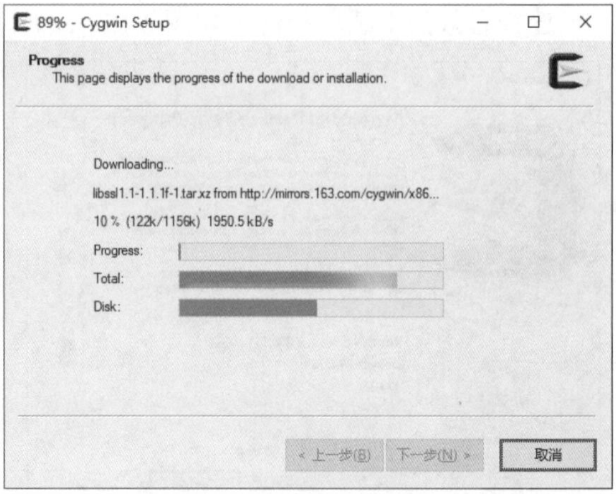

图 2.18

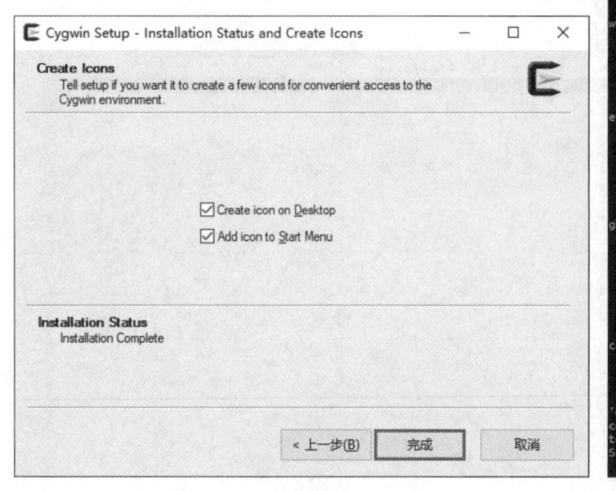

图 2.19

图 2.20

在使用 Cygwin 时，读者会遇到一个如何操作自己磁盘文件路径的问题。执行 DF 命令，从执行结果中可以看到物理磁盘与 Cygwin 环境中对应“文件系统”的关系，如/cygdirve/d 就是物理盘符 D，如图 2.21 所示。

另外，为了访问远程版本库，与团队异地成员共享项目代码资源，需要实现 Cygwin 与远端服务器的连接，即 SSH 隧道贯通。在 Cygwin 端安装和配置 SSH 客户端，并在 Windows 控制面板的服务管理中启动相应的服务 cygsshd。具体设置和启动项如图 2.22 和图 2.23 所示。

```
/cygdrive/d
wym@DESKTOP-MMFPBOT ~
$ ls
tensorflow

wym@DESKTOP-MMFPBOT ~
$ DF
Filesystem     1K-blocks      Used Available Use% Mounted on
C:/cygwin64    124374012 65698360  58675652  53% /
D:             125017084 24178812 100838272  20% /cygdrive/d

wym@DESKTOP-MMFPBOT ~
$ cd /cygdrive/d

wym@DESKTOP-MMFPBOT /cygdrive/d
$ ls -l
total 12
dr-xr-x---+ 1 wym            None          0 Dec 15  2019 '$RECYCLE.BIN'
drwxrwx---+ 1 wym            None          0 Apr 27 09:18  2021-4-5
drwxrwx---+ 1 Administrators None          0 Apr  6 08:39  2345Downloads
drwxrwx---+ 1 Administrators None          0 Apr 25 17:07  Download
drwxrwx---+ 1 wym            None          0 Apr  6 08:41  HYLiteResources
drwxrwx---+ 1 Administrators None          0 Apr 27 09:11  QQMusicCache
drwxr-x---  1 Unknown+User   Unknown+Group 0 Dec 23  2019 'System Volume Information'
drwxrwx---+ 1 wym            None          0 Apr 25 17:23  VS2019qyb_26992
drwx---rwx+ 1 wym            None          0 Aug 14  2020  X230
drwxrwx---+ 1 Administrators None          0 Jan  4  2020 'Youku Files'
drwxrwx---+ 1 wym            None          0 Apr 19 15:34  cc1fd226384f07f269d99687cd50d1e6
drwxrwx---+ 1 wym            None          0 Apr  6 20:03  人员名单

wym@DESKTOP-MMFPBOT /cygdrive/d
$
```

图 2.21

```
~/project-origin
wym@DESKTOP-MMFPBOT ~
$ ls
project-origin  tensorflow

wym@DESKTOP-MMFPBOT ~
$ cd project-origin/

wym@DESKTOP-MMFPBOT ~/project-origin
$ ssh-host-config

*** Info: Generating missing SSH host keys
*** Query: Overwrite existing /etc/ssh_config file? (yes/no) yes
*** Info: Creating default /etc/ssh_config file
*** Query: Overwrite existing /etc/sshd_config file? (yes/no) yes
*** Info: Creating default /etc/sshd_config file

*** Info: StrictModes is set to 'yes' by default.
*** Info: This is the recommended setting, but it requires that the POSIX
*** Info: permissions of the user's home directory, the user's .ssh
*** Info: directory, and the user's ssh key files are tight so that
*** Info: only the user has write permissions.
*** Info: On the other hand, StrictModes don't work well with default
*** Info: Windows permissions of a home directory mounted with the
*** Info: 'noacl' option, and they don't work at all if the home
*** Info: directory is on a FAT or FAT32 partition.
*** Query: Should StrictModes be used? (yes/no) no
*** Info: Updating /etc/sshd_config file

*** Query: Do you want to install sshd as a service?
*** Query: (Say "no" if it is already installed as a service) (yes/no) yes
*** Query: Enter the value of CYGWIN for the daemon: [] ntsec

*** Info: The sshd service has been installed under the LocalSystem
*** Info: account (also known as SYSTEM). To start the service now, call
*** Info: `net start cygsshd' or `cygrunsrv -S cygsshd'.  Otherwise, it
*** Info: will start automatically after the next reboot.

*** Info: Host configuration finished. Have fun!

wym@DESKTOP-MMFPBOT ~/project-origin
$ |
```

图 2.22

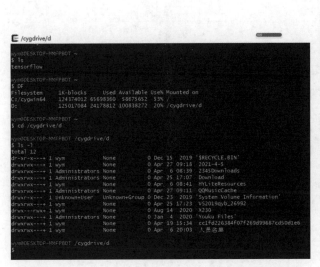

在 bash 命令窗口中输入 ssh-host-config，并按询问进行相应回答（Yes 或 No）。注意，为了保证正常的安装和配置，请以管理员身份运行 Cygwin，否则会失败。启动成功后，可以用 ssh root@<ip>命令进行测试，其中 root 为服务端的用户，而非 Windows 本地用户。当提示输入密码时，应输入服务器的登录密码。

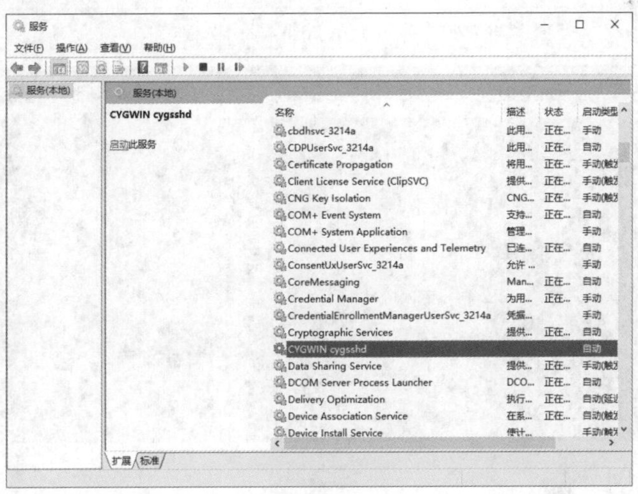

图 2.23

2.2.2　搭建代码数据仓库

建立 Git 版本库的方法有两种：第一种，从头开始创建；第二种，用现有的内容进行填充，或者复制一个已有的版本库。下面介绍第一种方法。

```
$ sudo mkdir ~/tensorflow_git
```

新建一个目录，作为库文件存放目录。

```
$ sudo vim ~/tensorflow/datagraph.py
$ cd ~/tensorflow_git
$ git init
```

初始化~/tensorflow_git 目录为 Git 版本库。该版本库所在目录为库顶层隐藏工作目录，名称为.git。Git 会把所有修订的信息放在唯一的顶层目录.git 中，存入的信息所对应的数据文件的内容和意义将在后面章节详细讲述。

虽然已经通过 Vim 编辑器把 datagraph.py 生成了一个新文件，但该文件并没有纳入 Git 管理，必须以明确的方式将该文件添加到版本库中。

```
$git add datagraph.py
```

上述命令仅让 Git 知道该文件被临时暂存，步骤是提交之前的中间步骤。通过以下命令可以查看当前工作目录的文件状态。

```
$ git status
```

该命令提示 datagraph.py 文件将在下一次提交时添加到版本库中。Git 并不只简单地记录提交的文件、所在工程目录和文件内容的实际变化，还会在每次提交时记录其他元数据，包括日志消息和变更的作者。具体的命令如下（见图 2.24）：

```
$ git commit --m= “my first git commit.” --author= “wangym”
```

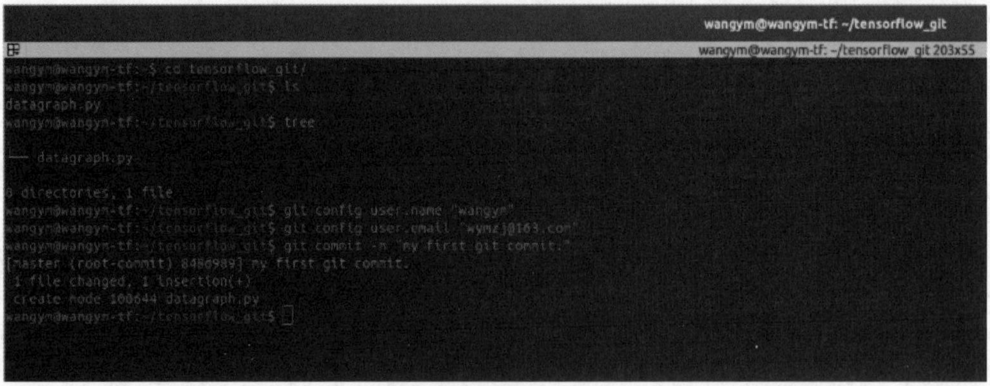

图 2.24

提交日志消息的常用方法是在交互式编辑器中编写一条完整而且详细的日志消息。为了执行 git commit 时让 Git 打开用户惯用的编辑器，需要设置环境变量 GIT_EDITOR（见图 2.25）。

```
$ export GIT_EDITOR=vim
```

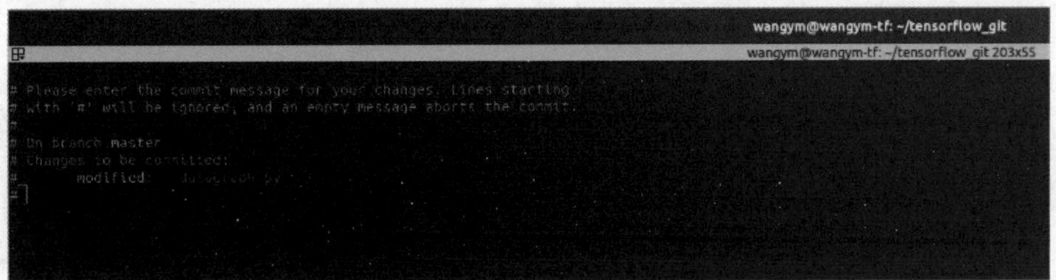

图 2.25

注意：

进入信息提交编辑器时，一般会有默认的提示信息供用户预设参考。在添加的内容前面不要有符号“#”，否则 Git 会认为用户没有提交任何信息，即使保存后退出，git commit 操作也会失败。该信息文件的编辑是一个事务提交过程的一部分。

当提交 datagraph.py 文件以后，在通过 git status 查看版本库的状态时，Git 会告诉用户当前的工作目录中已没有版本库中未知或更改过的文件。环境设置不仅仅是提交时打开交互式编辑器，还可以把经常重复的信息或标识设置成 Git 环境变量，以节省每次总要提交信息带来的枯燥。配置 Git 的方式如下：

```
$ git config user.*** “***”
```

例如：

```
$ git config user.name “wangym”
$ git config user.email “wym@163.com”
```

之后再修改已经被 Git 管理的文件时就不必再使用 add 命令了，因为它已被拉入了 Git 管理名单中，这时可以直接用 commit 命令提交。

```
$ git commit datagraph.py
```

到这里读者可能会发现一个问题，前面的提交并没有指定具体文件，而这次明确指定了，这有什么区别吗？其区别就是只有指定了具体文件才能发现和记录文件的变更。下面给出几个常用的查看命令。

查看一系列单独提交的历史。

```
$ git log
```

根据上条命令查询到的提交识别码，对某一次提交信息进行更加详细的观察。这里就有一个突出的概念要澄清，即显示的内容是否按时间排序？Git 之所以强大且流行，主要就是它有其他版本管理软件所没有的分支管理，所以该顺序要考虑分支形成的拓扑结构。更严格地说，这一顺序是提交的拓扑排列顺序。

```
$ git show
```

Git 给出了查看文件两个版本之间的差异："+"表示新增加的内容；"-"表示删除的内容，在 diff 命令后的参数前后顺序会影响"+"和"-"表达的不同。注意比较两个提交版本的写法，一般情况下，只要给出前六位字符串（十六进制散列值）即可匹配识别其版本，如图 2.26 所示。

```
$ git diff 848d98 ac43ec
```

图 2.26

注意：

用户在初始化 git init 一处本地的版本库后，一般情况下会立即配置好 git config user.*等信息，这样就能保证用户在提交 git commit 时不会总被系统提问或拒绝。

从版本库中删除一个文件与添加一个文件的操作类似。

```
$ git rm datagraph_back.py
$ git commit -m “remote file datagraph_back.py”
```

删除版本库中的文件。

要重命名版本库中某一个已被管理的文件，可使用如下命令（见图 2.27）：

```
$ git mv datagraph.py datagraph_second.py
$ git commit -m “origin to back”
```

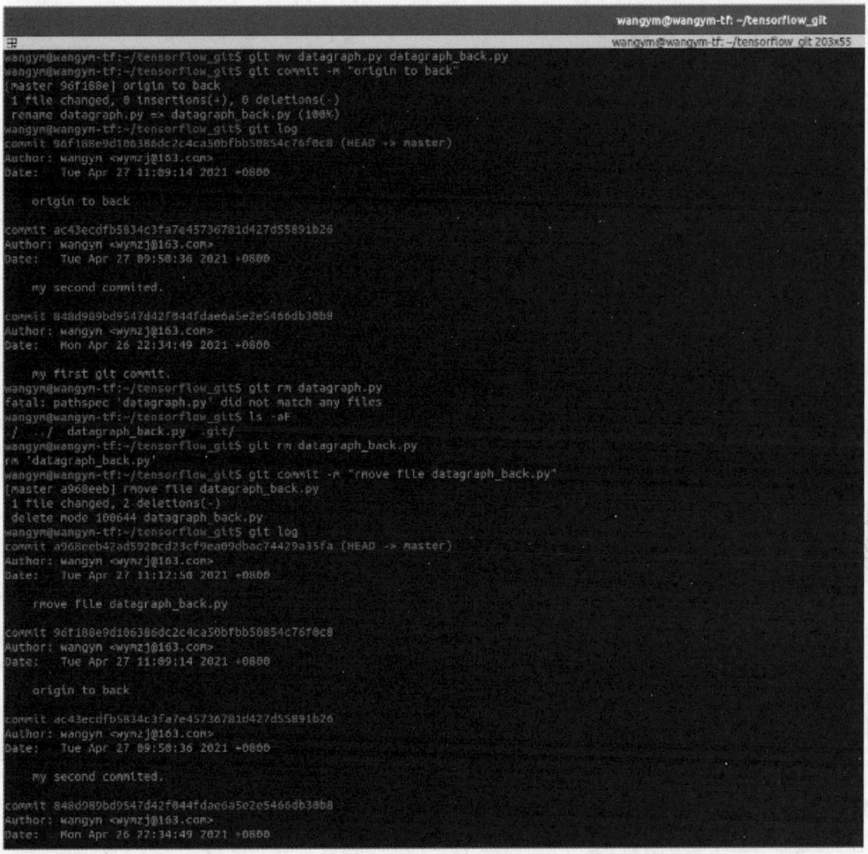

图 2.27

还可以通过复制一个已经建立的版本库来创建另外一个新的版本库。

```
$ git clone tensorflow_git tensorflow_second
```

输出结果如图 2.28 所示。

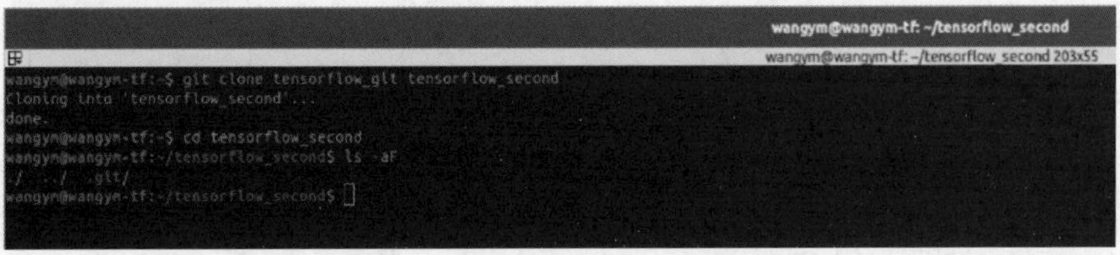

图 2.28

通过以上一些简单的命令和对 Git 文件管理的基本操作，读者应对 Git 有了一个整体和全面的认识。下面将从构建视图的对象模型和管理区域的角度对 Git 进行介绍，Git 版本管理系统在开发者本地有三个管理层次：最初文件所在目录为工作目录层，上面 git add 的索引缓冲层，以及提交 git commit 时会把文件、目录树和分支等信息交给版本库层（对象库）进行记录及管理。这里暂且不考虑分支问题，仅认为有且只有一个 master 分支。然后分别介绍初始化文件、编辑文件、处理不一致，以及提交到版本库这四种情况，以展示其后台完整系统的工作机制。

1. 初始化文件

当在工作目录中创建 file1 和 file2 文件之后，git init、git add 和 git commit 三个层的视图如图 2.29 所示。

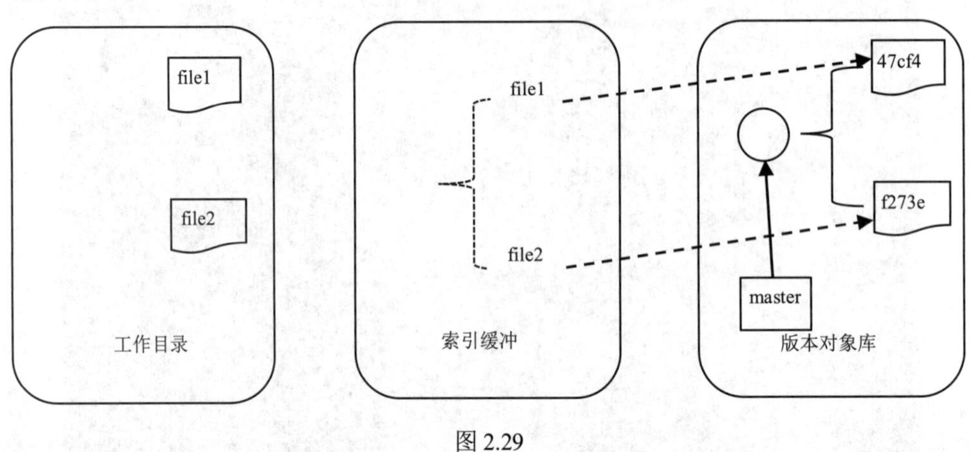

图 2.29

从图 2.29 中不难发现，建立了一个隐藏的顶层目录.git 对应的版本对象库，并且在其中生成了一个默认的 master 分支和提交点（○）及与索引缓冲区一致的目录树对象（{）。特别要注意的是，索引缓冲区并没有文件的 blob 对象，而仅有一个虚拟的目录树对象，这也能解释为什么只有使用 git add 后才能跟踪文件。同时也能看出，blob 对象是数据结构的“底端”，它什么也不指向或引用，而且只能被目录树对象引用。

2. 编辑文件

编辑文件 file1，执行 git add 命令，如图 2.30 所示。

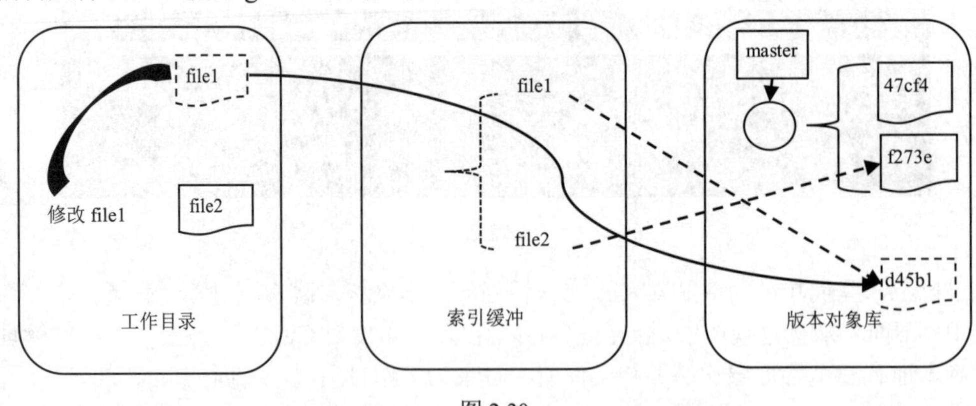

图 2.30

图 2.30 中的视图表达了两个重要信息：

1）根据修改的内容重新计算出一个散列值 d45b1，把该 ID 保存到版本对象库中。

2）在索引缓冲区中，将 file1 中的路径名更新为新计算出的散列值，即指向新的 blob 对象（更新后的 file 文件）。

3. 处理不一致

图 2.31 中的索引缓冲区与版本对象库出现了不一致，下面进行 git commit 操作。

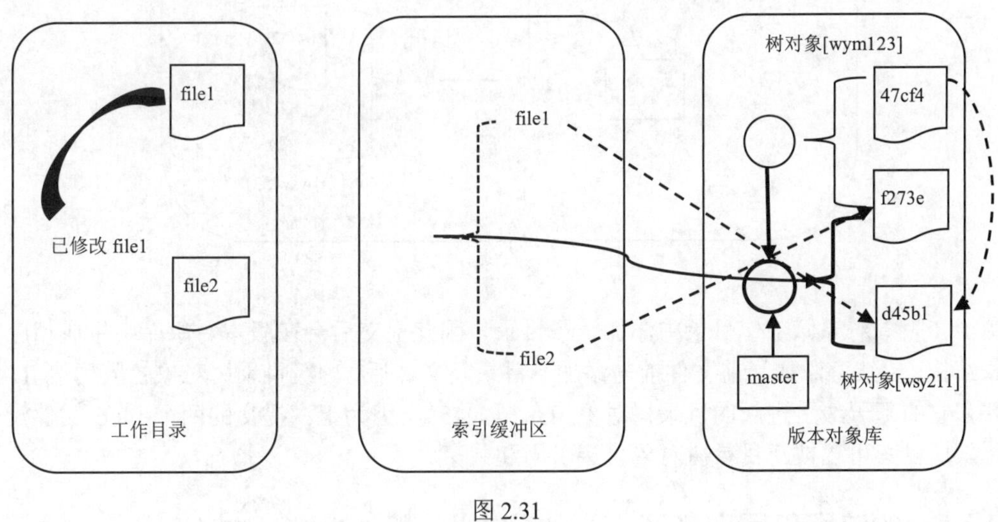

图 2.31

图 2.31 中心视图表达了三个重要信息：

1）把索引缓冲区中的虚拟树目录对象在版本对象库中转换成一个真实的树目录对象，即图 2.31 中的版本对象库层中的“{”粗黑体部分。

2）创建新的提交对象，file1 的散列值由 47cf4 变为 d45b1。

3）更新 master 分支，三个区中的信息实现了完全一致，没有任何脏数据。

通过对图 2.29～图 2.31 的介绍，想必读者心中的疑惑也得以一一解开，这为下面进一步的讲解提供了理解的基础。

4. 提交到版本库

在图 2.31 所示的工作目录中添加一个新的子目录，并在该子目录中创建一个文件，如图 2.32 所示（工作目录层和索引缓冲层）。执行 git add 和 git commit 命令，重点观察版本对象库是如何进行组织和管理的。

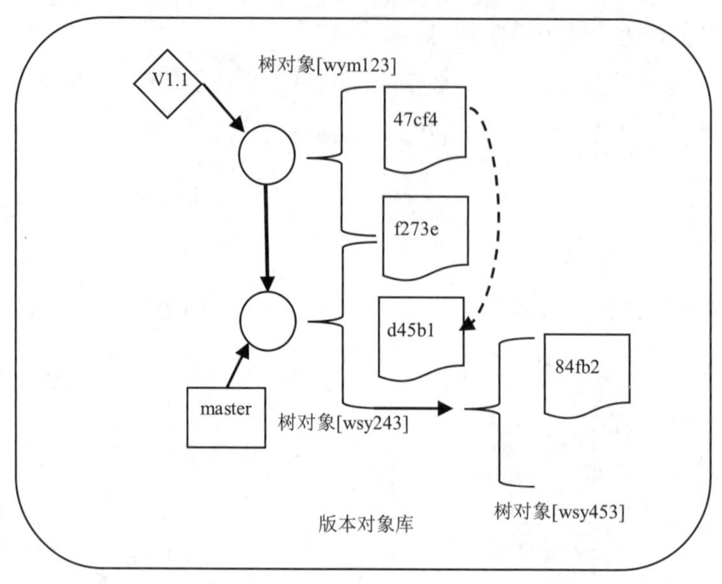

图 2.32

由于在版本对象库工作目录中添加了子目录，因此提交后会在版本对象库中生成相应的目录对象结构，要注意添加当前文件前与添加子目录及文件后，项级目录树对象的散列值 ID 的变化，并在它的下一级引进新的目录树对象 ID：wsy453。因为上次提交的两个 blob 文件没有任何变化，所以其可以被新目录树对象直接引用和共享。

2.2.3 Git 的流行仅因为多了一个“分支”

Git 对象类型中，文件的每个版本都表示为一个块（blob），blob 是“二进制大对象”，可将其视为一个黑盒。一个 blob 对应保存一个文件数据，但不包括任何关于该文件的元数据，甚至没有文件名。为了检索到这个文件块的 Git 会根据文件的内容计算每一个文件的散列码。了解加密技术的读者应该知道，散列值会与文件内容一一对应，即可以通过该文件的 blob 计算出来，所以文件任何微小的改动都会改变散列码。所以，每个版本在提交后，散列码都必须对每个文件的完整副本进行计算，而不会只计算差异或文件的一部分。但这也不是绝对的，如果修改的文件仅有一行，再做一个完整副本效率太低了，也会浪费大量空间，Git 对此给出了一个机制，即打包文件（pack file）机制。

存储一个完整文件版本 + 构建差异 = 其他版本

构建差异的过程就是一个打包并存储的过程。Git 的这个打包非常巧妙，其完全以内容为导向，而并不在意构建差异与一个完整文件的对应关系，其核心思想是把非常相似的部分进行压缩。其底层一系列的定位和匹配都由 Git 算法来解决。在这里不用深究其原理，Git 版本就是代码工程开发的一个工具，了解即可。

Git 在工作目录和版本对象库之间加设了一层索引（index）用来暂存修改，在工作目录中编辑，在索引中积累当前修改，然后把索引中累积的修改作为一次性的变更进行提交。读者完全可以把 Git 的索引看作一组预期的修改，即在没有提交前，用户所做的添加、删除、移动或者重复编辑文件的操作都以索引方式记录。用户可以通过 git status 和 git diff --cached 命令来查询索引的状态和两组不同的已经暂存文件的差异。这里有一个细节需要注意，git diff --cached 和 git diff 命令可查询不同的区域集合，要么在缓冲区，要么在版本对象库，如果所有文件都被修改且都进入存储缓冲区并准备提交，则 git diff --cached 是满的，而 git diff 什么也查不到，如图 2.33 所示。

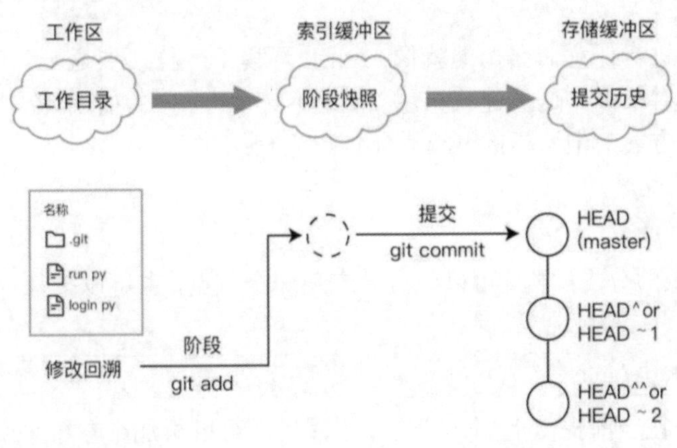

图 2.33

Git 中有一类易被忽略的文件，即使它在工作目录中出现，Git 也会忽略它而不去跟踪。在开发过程中，用户经常会写一些临时文件、个人备忘录和 Word 文档等，特别是有些语言需要二进制编译，会生成中间预编译文件和可执行或动态库文件。为了让 Git 忽略目录中的文件，只需将该文件添加到一个特殊的文件.gitignore 中即可。

```
$ touch main.o
$ git status
$ echo main.o > .gitignore      #用 Vim 编辑器直接手工写入
```

当再次使用 status 命令观察时，会发现该文件的状态为未追踪的文件。生成.gitignore 文件后，它和其他代码文件的性质是一样的，即使它对 Git 有特殊意义。

为了向分支这个概念靠近，下面将继续介绍一些必要的概念。目录树（tree）对象代表一层层目录信息，记录 blob 块散列码、路径和文件的元数据。元数据概念在信息数据科学中应用广泛，它其实是一个广义的概念，就是对存储数据的特点形成的摘要、ID 和位置等。在计算机的数据组织结构中，无论何时都不会放弃用引用和递归实现资源的复用，所以目录树中的每个节点都可以指向其他树或子树。

在官方的解释中，分支是一种在项目开发中启动一条单独的开发线的基本方法。分支是从一种统一的、原始的状态中分离出来的，开发能在多个方向上同行进行。下面用一个实际的示例解释这一概念。在开发团队中，有一个成员的效率很高，代码迭代速度非常快，为了不让团队其他成员拖后腿，该成员就必须把自己现在或曾经的一个节点暴露给其他成员，而自己在一个新的独立分支中“踽踽独行”。对这一问题继续引申，公用性基础节点必然会分离出多个节点，从而形成多个针对不同行业或应用领域的版本。分而必合、合而必分是 Git 分支技术的必然结果，所以也可将多个分支合并形成一个新分支。总而言之，分支技术是 Git 独秀于其他版本管理软件的关键所在。

1. 命名分支

尽管可以对分支进行任意命名，但就像在 shell 环境下一样，要避开某些关键字符。Git 中有特殊意义的关键字有很多，这里建议只用 26 个英文字母和数字来命名。可以使用斜杠“/”创建一个分层的命名方案，但这样的分支名不能以斜杠结尾。

2. 创建分支

Git 支持任意复杂的分支结构，可以任意分支某一个节点，也可以把任意节点分成多个不同的分支。

```
$ git branch tensorflow/gpu
```

使用 branch 命令在当前提交上创建分支，当然后面可以再加个参数来明确指定分支。

```
$ git branch tensorflow/gpu wangym
```

3. 列出分支

下面的命令能直接列出版本对象库中所有的分支名。在输出的分支列表中，用“*”号标识的分支为当前已经 checkout 到工作目录中的分支。

```
$ git branch
```

4. 查看分支

要想更加详细地查看分支，可以使用下面的命令，按时间以反序的形式列出与分支高度相关的提交。参数-r、-a 基本与列出分支的命令一致。

```
$ git show-branch [branch_name]
```

参数 branch_name 可以使用“*”通配符代替任意字符串。show-branch 命令的输出通常被一行破折号分成上、下两部分。其中，上部分列出分支名，每行的分支名用方括号括起来；下部分表示每个分支中的提交结构。下面对输出信息的各种符号进行简要说明。

当 git show-branch 命令输出之后，“!”“*”“+”“-”用于修饰每行的输出，其中“!”

“*”与当前分支有关：

1）“*”代表 HEAD 所指的分支。

2）其他分支则标识为“!”。

这两个符号比较特殊，即“!”和“*”有缩进区别，这是因为“!”和“*”不仅要标识本行是否为“当前分支”，而且要标识每列以指示下部分提交节点。

1）“!”标识一列，即输出中只要在第一列有符号的都是在指示 master 分支。

2）“*”标识的列中，只要输出中有符号的，都表示在指示该分支。

之所以要标识每列，是因为要为输出的下部分的每个提交节点提供对准的位置，所以说输出的上部分与下部分是相互联系的。来看下部分示意标识的表达，只要对多个分支进行多次提交和合并，不难发现其中的规律。如果读者还没有搞懂，建议先将后面内容学习完后再实践，再回头观察分支的输出。但读者要先有这样一个认识：有时某一个提交会干预到多个分支。

1）“+”：表示所在分支包含此行所标识的提交。

2）“ ”（空格）：表示所在分支不包含此行所标识的提交。

3）“-”：表示所在分支是经过合并得到的，而所在行的内容是合并的基本信息。

4）“*”：表示如果需要在某列标识“+”，并且此列为当前分支所在列，则将“+”转变为“*”。

在对分支有了初步认识之后，下面介绍两个重要的概念或关键字——HEAD 和 master。

HEAD 是 Git 当前正在工作的分支名字，其本质是一个指向提交对象的可变指针。可以通过下面的命令切换到其他分支上，如下面将要提到的 master 分支：

```
$ git checkout new_branch
```

master 是 Git 的默认分支名字。在多次提交操作之后，其实已经有一个指向最后提交对象的 master 分支。其本质上也是指向提交对象的可变指针，在执行 git init 命令时会默认创建。实际上，master 也可以算作一个关键字，因为它是可以改变的。

对于初学者来说，master 和 HEAD 有何区别呢？master 更强调分支线路，而 HEAD 更倾向于所在分支的头。下面举例进行说明。

在执行 git init 命令，且仅有一条分支时，master 和 HEAD 都同时指向最后一次提交，如图 2.34 所示。

此时可以分出一个新的分支 new_branch，用 git checkout new_branch 命令切换到新的分支，会发现 HEAD 指向了当前新分支 new_branch，如图 2.35 所示。

在 new_branch 上修改一个文件并提交后，再次切换至 master 分支并查看修改的文件时，会发现文件并没有任何变化。由此可见，使用 Git 工具时，开发代码人员要时刻清醒地知道当前节点和默认节点。

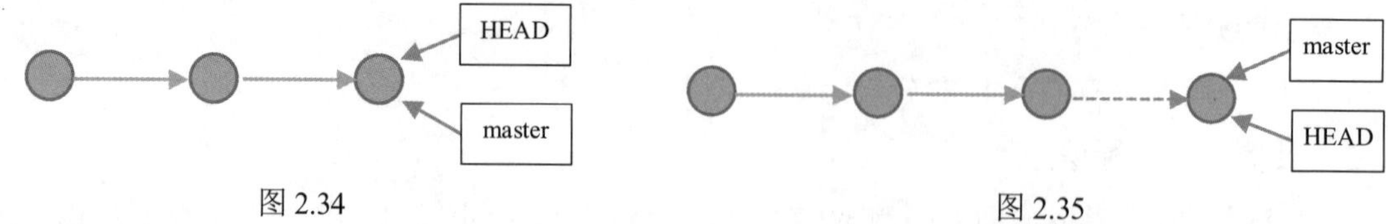

图 2.34　　　　图 2.35

了解了分支的基本机制后，下面就可引出另一个问题，HEAD 和 master 每次提交时总是自动向前，但在某些操作时，有必要对过去的提交，或者说对父节点进行观察、调整和删除。下面介绍几个独特的 Git 相对提交名的表示方式。

1）“^”：代表父提交。当一个提交有多个父提交时，可以在“^”后面跟上一个数字，如“HEAD^3”第 3 个父提交（从 HEAD 计数）。“^”相当于“^1”。

2）～<n>：相当于连续的<n>个“^”，后面在提到撤销提交时会给出相应的操作示例。

checkout 命令只会移动 HEAD 指针，而 reset 命令会改变 HEAD 的引用值。引用值是指向 Git 对象库中对象的散列值，通常指向提交对象。

5. 分支合并

Git 是一个分布式版本控制系统，它允许不同地域或团队的成员独立进行代码的修改和创作，而且能在任何时候对多个开发人员的内容进行合并变更，这一切都无须中心版本库。继续上一个示例，可以发现切换到 master 分支时并没有看到文件的修改。下面对其进行合并：

```
$ git merge new_branch
```

如图 2.36 所示，将 new_branch 分支与默认分支 master 进行了合并，合并后的 new_branch 分支继续存在，可以继续成为另外一个开发的分支。但也有另外一种情况，即把某个分支删除，如 new_branch 分支：

```
$ git branch -d new_branch
```

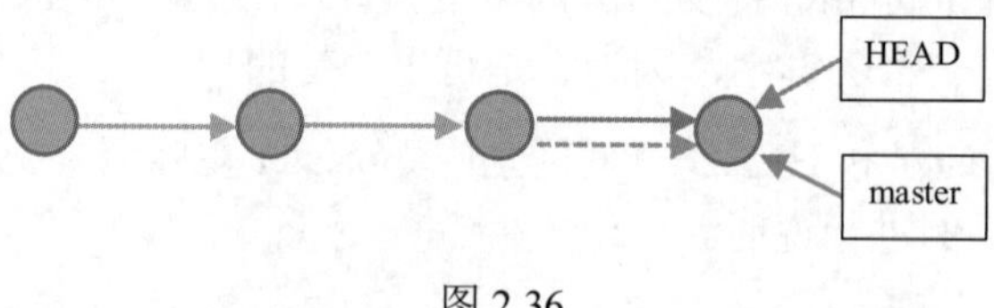

图 2.36

在项目开发中合并代码司空见惯，开发人员经常会对同一行代码或同一位置做不同的修改，而非单纯的增加或删除。这时就要解决冲突代码的合并问题。在上例中，如果合并前在 master 分支上进行了相同位置的修改，那么合并时会报告错误信息“Automatic merge failed; fix conflicts and then commit the result”。也就是说，当两个版本有冲突时是不能自动合并的，只能修改冲突后再提交结果。下面使用 git diff 命令观察这两个版本冲突的程度。

改变的内容在<<<<<<<和=======之间，替代的内容在=======和>>>>>>>之间。

在整合差异的过程中，使用额外的“+”号或“-”号可表达相对于最终版本的来自多个源的变化。意思是将合并的版本相较多个需要合并的版本，其内容是多出来的还是缺少的部分。此时，我们已经发现在 master 分支上需要合并的文件内容按 git diff 内容进行了“修改”，将该文件内容重新整理成令用户满意的内容后，再次加入索引缓冲区并最终提交（这个修改的文件并没有被 Git 所跟踪），完成分支的合并如图 2.37 所示。在合并之前，通常会有很多合并的方案供用户选择，这里就不详细展开了，请读者在实践中多加体会和理解。

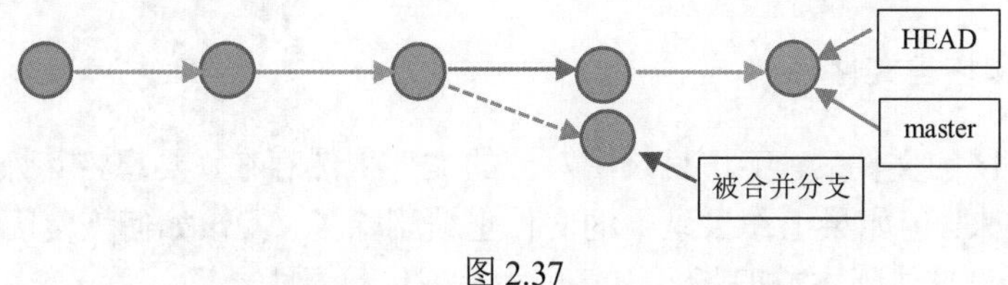

图 2.37

2.2.4　删除文件、文件重命名、去除提交和恢复文件

在一个团队的整合开发过程中，每个成员都会经常调整自己的方案并反复修改自己的思路。在 Git 版本控制体系中，删除文件、去除某一次不让人满意的提交，以及在工作目录中误删除文件后想要恢复文件是程序员和项目管理人员常用的几项功能。要注意这几项功能在 Git 版本控制系统中的联动机制、智能性和易用性。下面一起来深入理解和运用 Git 的常用功能。

1. 删除文件

git rm 命令的相关特性和机制如下：

1）git rm 命令是与 git add 命令逆向的操作。

2）git rm 命令可以同时从索引缓冲区和工作目录中删除文件，如果加上-cached 参数，则仅从索引缓冲区中删除，即会把工作目录中的文件标记为未追踪的。本书并不推荐这种操作，因为用户可能会忘记这个文件是不是再被追踪的，容易造成“备份”功能的损失。

3）git rm 命令可以删除索引缓冲区和工作目录中的文件，但并不意味着还会删除该文件在版本对象库中的历史记录和完整信息。

4）git rm 命令删除文件的前提是工作目录中的文件与索引缓冲区中的文件必须匹配。如果加上参数-f，将会忽略该匹配而强制删除，所以读者在使用时要慎重。

2. 文件重命名

关于文件重命名，可以将其理解为先执行 rm 命令后执行 add 命令的一系列操作。Git 使用如下命令进行文件重命名操作：

```
$ git mv file_old file_new
```

文件重命名命令与 git rm 和 git add 命令一样需要使用 commit 进行提交。另外，可以通过 git log file_new 命令或 git log --follow file_new 命令回溯该文件的整个历史记录。

此时，读者可能会担心原来的文件名称是否还存在，或者会考虑文件存储的效率问题。例如，更改一个包含庞大文件的目录，难道 Git 会重新复制一份另存吗？不会的，更改文件其实就是对树目录对象的调整，树目录对象保留着文件的衍生和继承关系，而文件本身仅是一个 blob 所标签的散列值。

3. 去除提交和恢复文件

删除索引缓冲区的文件后，工作目录中对应的文件依然存在，要想将其恢复，只需执行 add 命令再把它添加回来。但如果工作目录中的文件也被删除了，又该如何恢复呢？Git 最擅长的事就是恢复文件，即将当前版本或旧版本恢复到本地工作目录中。

git checkout 命令不仅可以切换分支（加参数-b 也能新建一个分支），而且能恢复文件的某个版本。

```
$ git checkout HEAD -- filename
```

其中，参数 HEAD 表示在 HEAD 指向的提交节点中（版本库）恢复某个文件，注意“--”两边都是用空格作为分隔符。如果在工作目录中有相同的文件，执行该命令依然会覆盖对应的工作文件，即不会影响刚刚新建的文件。上面的命令不加 HEAD 可以吗？可以！但只能用索引缓冲区中的文件对工作目录中的文件进行覆盖，而非版本对象库中的文件。

现在回到一个更有意义的主题，当发现一次提交是错误的或想恢复到过去的某次提交时，希望有一种更为有效的方式能解决这类问题。在刚接触 Git 时，因为对 HEAD 的功能认识不够，所以并未觉得 HEAD 有多神奇，直到看到 Git 能通过 HEAD 还原某次提交时，才明白 Git 的强大和 HEAD 的绝妙。

```
$ git reset soft|mixed|hard HEAD^<n>/～<n>
```

例如，git reset --hard HEAD^2 表示以 HEAD 为起点退回两个提交前的版本。

在说明这项操作前，先来看下面三个区对应的部分主要命令的示意图，这能帮助读者理解 reset 命令，在图 2.38 中，要注意 repository 中的内容与 reset 节点的内容的区别，后者在这里是指以往的提交节点（回滚点）。

1）hard：重置位置的同时，会直接将工作目录、索引缓冲暂存区及版本对象库重置成目标 reset 提交节点的内容，所以最终效果等同于清空索引缓冲区和工作目录。如果 hard 后面跟着的参数是分支名称，则会把默认分支和 HEAD 指向新的分支 hard 通常适用情况如下。

要放弃目前本地的所有改变时，即删除所有添加到索引缓冲区和工作区的文件时，可以执行 git reset -hard HEAD 命令强制恢复 Git 管理的文件夹的内容及状态。

确认删除目标节点后的所有提交，目标节点到原节点之间的提交存在问题。

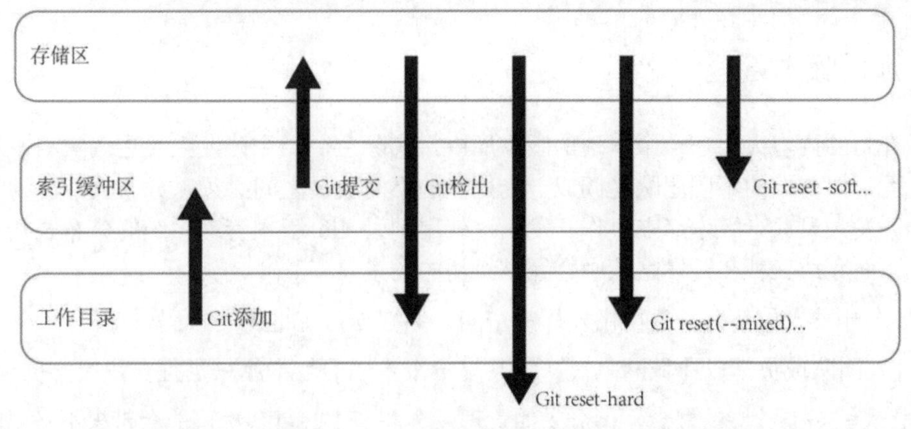

图 2.38

2）soft：重置位置的同时，会保留工作目录和索引缓冲区中的内容，只让版本库中的内容和 reset 目标节点保持一致，即工作目录中的内容不变，索引缓冲区原有的内容也不变，只是原节点和 Reset 节点之间的所有差异都会放到索引缓冲区中。

soft 通常适用的情况：如果想合并当前节点与 reset 目标节点之间频繁的提交，并且是不重要的提交记录，这时要把这些提交整合成一个提交时，可以考虑使用 soft 提交合并。

3）mixed（默认）：重置位置的同时，只保留工作目录中的内容，但会将索引索引缓冲区和版本库中的内容更改成和 reset 目标节点一致，即原节点和 reset 节点之间的所有差异都会放到工作目录中。mixed 默认通常适用的情况如下。

①使用 reset --mixed 后，可以直接执行 git add 命令，将改变的文件内容加到索引缓冲区中；再执行 git commit 命令，将索引缓冲区中的内容提交至版本对象库中，从而达到合并节点的效果。

②如果要移除所有索引缓冲区中准备要提交的文件索引，可以执行 git reset HEAD 命令删除所有已列入索引缓冲区的待提交文件（Unstage），即要用 add 把不该加入的文件加到索引缓冲区时，就可以使用该命令参数。

③提交某些错误代码，或没有必要提交的文件也被提交，或不想修改错误后再提交，可以回退到某个正确的提交点，而且所有原节点与 reset 节点之间的差异都会返回至工作目录。

注意：

在 Git 中，差异既可以是两个目录树对象的差异，也可以是工作区与索引缓冲区之间的差异，还可以是索引缓冲区与版本库的差异，甚至可以是任意两次提交的差异。这些差异都可以通过 git diff 命令及相应参数查询到。Git 系统有了这些进行比较差异的机制，才能很好地保证对各个区的目录树、文件的不同状态及其内容变动进行有效的管理。git diff 的内容非常庞杂，本书中不详细展开介绍，读者也不必深究。

2.2.5 远程版本管理

前面介绍的内容大都在一个本地的版本库中，实际上，一个开发人员也确实与本地的版本库进行交互，但开发的不同团队之间或一个团队的不同成员之间必须以分布式特性为条件，通过与其他开发人员共享版本库来协作开发。这就用到了 Git 版本管理系统的分布式共享分离特性技术。下面介绍三种在开发团队中会经常经历的场景。

1）每个开发人员都有自己自由发挥的空间，并独立自主地编写代码或文档。

2）开发团队成员都以广域网隔离方式共享一个本地的版本库来进行自我提交控制的开发。

3）虽然有 Git 分支的概念，但分支的管理及合并产生的复杂性可能会带来不必要的成本付出。因此，开发人员往往将独立的开发线分离成一个单独的版本库，选择适当的时机再进行合并。

1. 裸版本库

在 Git 体系中，一个版本库要么是开发版本库，要么是裸版本库。前面所讲的各种技术和操作方式都是在开发版本库中进行的，这也是大多数开发人员首先必须面对的局面和环境。裸版本库在远程版本库中的重要性和不同之处如下：

1）在开发团队及各个成员之间，可以将项目分享成为协作开发的远程版本库。

2）裸版本库没有工作目录，仅有.git 目录的内容，即不能进行提交操作。

3）开发成员可以在裸版本库中进行克隆、抓取、推送更新等操作。

2. 克隆版本库

git clone 命令可以创建一个新的 Git 版本库，这是基于本地或某远端网络的原始版本库而言的。克隆操作并不会复制原始版本库中所有的内容，如远程追踪分支。当使用 git clone 命令时，原始版本库中 refs/heads/下的本地开发分支会成为新的克隆版本库中 refs/remotes/下的远程追踪分支。原始版本库中的 refs/remotes/分支不会被复制，不会被复制的还包括原始版本库中的配置文件和引用日志等。如果原始版本库也是克隆出来的，则原始版本库的“父亲”称为上游版本库。

3. 远程版本库

从严格意义上讲，远程版本库不一定在云端或不同机器上，这并不是判断标准。远程版本库的特征如下：

1）交换文件的版本库为远程版本库，也就意味着工作区和索引缓冲区的操作与它无关。

2）使用远程版本库和远程追踪分支引用另外一个版本库，有助于版本库与本地开发版本库建立连接。

3）远程版本库是本地开发版本库远程追踪分支名的基本组成部分。

4）使用 git remote 命令创建、删除、更新和查看远程版本库。

所有引入的远程版本库都记录在.git/config 文件中，可以使用 git config 命令查看。该配置用于协调用户的版本库与其他版本库的关系。下面介绍创建几种远程版本库时使用的 Git URL 形式，注意默认的端口为 9418。代码如下。

```
git remote add origin user@somesite.com:group/project.git
git remote add origin user@172.16.2.100:group/project.git
git remote add origin http://github.com/group/project.git
git remote add origin http://172.16.2.100/group/project.git
git remote add origin /disk/Git/group/project/
git remote add origin G:/group/project/
```

1）以 URL 形式指出其他版本库的名字，Git 支持多种形式的统一资源定位符，这些形式的定位符指定了访问协议和数据的位置或地址。其中，包含 Git 原生协议，即 Git 内部用来传输数据的自定义协议。

2）refspec 用于指定一个引用分支如何从一个版本库的命名空间映射到其他版本库的命名空间。

格式：+refs/heads/*:refs/remotes/remote/*

其中，“+”表示不会在传输过程中进行正常的安全检查；“:”表示其前面是源（本地版本库），后面是目标（远程版本库）；“*”表示确保所有分支都会传输。

与远程版本库相关的 Git 命令如下。

1）git clone：克隆远程版本库。

2）git fetch：从远程版本库中抓取对象及相关的元数据。

3）git pull：包含 fetch 操作，并会将合并部分保存到相应的本地分支中进行修改。

4）git push：将对象及其相关的元数据传输到远程版本库中。

5）git ls-remote：显示一个给定的远程版本库的引用列表，从中可查出远程版本库的更新信息。

对于 refspec 格式，在使用 git push 命令时，如果没有指定远程版本库，就默认使用 origin，即在创建远程版本库中的 origin 版本库。如果没有使用 refspec 格式，git push 命令可以将数据发送到与上游版本库共有的分支。下面来看一个完整的 git push 命令示例：

```
$ git push origin branch:refs/heads/branch
```

当对一个版本库进行克隆之后，克隆的版本库会自动生成一个远程版本库 origin。以下两种方式是等价的。

```
$git clone https://github.com/tensorflow/c-learn.git
```

等同于：

```
$ mkdir lingyun
$ cd lingyun
$ git init
$ git remote add origin https://github.com/tensorflow/c-learn.git
$ git pull origin master
```

4. 追踪分支

追踪分支的核心意义就是要与源版本库保持同步。

1）远程追踪分支（remote-tracking branch）与远程版本库相关联，专门用于追踪远程版本库中每个分支的变化，但不能对其进行提交或合并操作。

2）本地追踪分支（local-tracking branch）用于收集本地开发与远程追踪分支的变更。

3）任何本地的非追踪分支都可称为主题分支或开发分支。

5. 使用远程版本库的示例

前面介绍了关于远程版本库管理的基本概念，下面介绍远程版本库的应用示例。

（1）非克隆方式

```
$ cd ~/my_git
$ mkdir my_project.git
```

在服务器端创建权威版本库管理目录。注意，“.git”不是必须的，但是最好符合通用习惯写法。

```
$ cd my_project.git
$ git init --bare
```

在服务器端初始化一个根级的 git 裸版本库。

在客户端创建工作版本库和远程版本库。

```
$ mkdir ~/project-origin
$ cd project-origin/
$ git init
```

在开发团队各个成员的用户端上创建，目的是初始化一个本地版本库。

```
$ echo “import tensorflow as tf” > module.py
$ git add
$ git commit -m “load tensorflow library”
$ git remote add origin root@<server>:/~/my_git/my_project.git
```

<server>是指向服务器端的 IP 地址或域名。这里用的 IP 为 101.200.121.21。注意，Git 的默认端口号为 9418，虽然服务器的 SSH 端口为 22，但很多服务器需要手动打开 9418 端口。root

是在服务器端创建的裸版本库的用户名。

```
$ git push origin master
```

输出结果如图 2.39 所示。

```
wym@DESKTOP-MMFPBOT ~/project-origin
$  git remote add origin root@101.200.121.21:/~/my_git/my_project.git

wym@DESKTOP-MMFPBOT ~/project-origin
$ git push origin master
root@101.200.121.21's password:
Enumerating objects: 3, done.
Counting objects: 100% (3/3), done.
Writing objects: 100% (3/3), 256 bytes | 36.00 KiB/s, done.
Total 3 (delta 0), reused 0 (delta 0), pack-reused 0
To 101.200.121.21:/~/my_git/my_project.git
 * [new branch]      master -> master

wym@DESKTOP-MMFPBOT ~/project-origin
$ git log
commit 36b62491ae52e15b3d99f07219932304010161la (HEAD -> master, origin/master)
Author: "wangym" <"wymzj@163.com">
Date:   Tue Apr 27 20:38:28 2021 +0800

    load tensorflow library

wym@DESKTOP-MMFPBOT ~/project-origin
$ git remote show origin
root@101.200.121.21's password:
* remote origin
  Fetch URL: root@101.200.121.21:/~/my_git/my_project.git
  Push  URL: root@101.200.121.21:/~/my_git/my_project.git
  HEAD branch: master
  Remote branch:
    master tracked
  Local ref configured for 'git push':
    master pushes to master (up to date)

wym@DESKTOP-MMFPBOT ~/project-origin
$ 
```

图 2.39

上述代码已经将本地代码向服务器推送成功。下面再创建一个新的本地目录 project-origin-clone，并克隆服务器端的版本到本地库中，具体操作如图 2.40 所示。

```
$ cd project-origin-clone/
$ git clone root@101.200.121.21:/~/my_git/my_project.git
```

```
~/project-origin-clone/my_project/.git
wym@DESKTOP-MMFPBOT ~
$ mkdir project-origin-clone

wym@DESKTOP-MMFPBOT ~
$ cd project-origin-clone/

wym@DESKTOP-MMFPBOT ~/project-origin-clone
$ git clone root@101.200.121.21:/~/my_git/my_project.git
Cloning into 'my_project'...
root@101.200.121.21's password:
remote: Enumerating objects: 3, done.
remote: Counting objects: 100% (3/3), done.
remote: Total 3 (delta 0), reused 0 (delta 0), pack-reused 0
Receiving objects: 100% (3/3), done.

wym@DESKTOP-MMFPBOT ~/project-origin-clone
$ ls -aF
./  ../  my_project/

wym@DESKTOP-MMFPBOT ~/project-origin-clone
$ cd my_project/

wym@DESKTOP-MMFPBOT ~/project-origin-clone/my_project
$ ls -aF
./  ../  .git/  modul.py

wym@DESKTOP-MMFPBOT ~/project-origin-clone/my_project
$ cd .git

wym@DESKTOP-MMFPBOT ~/project-origin-clone/my_project/.git
$ ls -aF
./  ../  HEAD  config  description  hooks/  index  info/  logs/  objects/  packed-refs  refs/

wym@DESKTOP-MMFPBOT ~/project-origin-clone/my_project/.git
$ cat config
[core]
        repositoryformatversion = 0
        filemode = true
        bare = false
        logallrefupdates = true
        ignorecase = true
[remote "origin"]
        url = root@101.200.121.21:/~/my_git/my_project.git
        fetch = +refs/heads/*:refs/remotes/origin/*
[branch "master"]
        remote = origin
        merge = refs/heads/master

wym@DESKTOP-MMFPBOT ~/project-origin-clone/my_project/.git
$ 
```

图 2.40

（2）克隆方式

```
$ cd /root/public_html/
$ ls -aF
```

输出：

```
./  ../ foo.html .git/ index.html yes.html
```

从输出结果看出，已经有了一个通过 git init 命令创建的开发版本库。注意在该示例中开发版本库与开发版本库物理地址的分离问题，根据之前 Git URL 的命名规则可知，就是加上 git@<server>:的问题。

```
$ cd depot/
$ git clone --bare /root/public_html public_html.git
```

输出：

```
Initialized empty Git repository in /tmp/depot/public_html.git/
```

通过克隆一个裸版本库来创建一个远程版本库，以便进行版本分享。通过 ls-aF 命令查看发现，并没有自动创建出默认的 origin 远程版本库。下面根据该远程版本库创建并制作一个新的远程版本库。

```
$ cd /root/public_html/
$ cat .git/config
```

输出：

```
[core]
    repositoryformatversion = 0
    filemode = true
    bare = false
    logallrefupdates = true
```

```
$ git remote add origin /tmp/depot/public_html
$ cat .git/config
```

输出：

```
[core]
    repositoryformatversion = 0
    filemode = true
    bare = false
    logallrefupdates = true
[remote "origin"]
    url = /tmp/Depot/public_html
    fetch = +refs/heads/*:refs/remotes/origin/*
```

在远程版本库中建立新的远程追踪分支，该分支来自远程版本库的分支，其目的是完成建立 origin 远程版本库的进程。

```
$ git branch -a
```

输出：

```
* master
  newtest
  testing

$ git remote update
```

输出：

```
Fetching origin
From /tmp/Depot/public_html
 * [new branch]  master  -> origin/master
 * [new branch]  newtest -> origin/newtest
 * [new branch]  testing -> origin/testing

$ git branch -a
```

输出：

```
* master
  newtest
  testing
remotes/origin/master
remotes/origin/newtest
remotes/origin/testing
```

remotes/origin/master 为远程追踪分支，控制和跟踪远程版本 master 分支中的提交。这里需要特别说明一个知识点，如果在前面创建远程版本库（git remote add origin）的命令中加上-f 选项，将会直接生成远程追踪分支而省略此步。

完成以上操作之后，就可以在开发版本库的工作目录中进行代码的编辑及修改，并执行 git add 和 git commit 操作，上交到库分支管理。为了让所有团队成员都能看到代码的更改，分享代码开发成果，还需执行 git push 操作。

```
$ git push origin master
```

输出：

```
Counting objects: 4, done.
Delta compression using up to 4 threads.
Compressing objects: 100% (3/3), done.
Writing objects: 100% (3/3), 362 bytes, done.
Total 3 (delta 0), reused 0 (delta 0)
Unpacking objects: 100% (3/3), done.
To /tmp/depot/public_html
```

```
   b0b257c..5571b42  master -> master
```

开发往往是双向的，而且要时常观察远程版本库的代码是否已经更新，保证实时与其他团队成员同步。

```
$ cd /tmp/depot/public_html.git/
$ git show-branch
```

输出：

```
! [master] add fuzzy
* [newtest] newtest yes
! [testing] newtest yes
---
+   [master] add fuzzy
    *+ [newtest] newtest yes
    *+ [newtest^] removed test.txt
+*+ [master^] add test.txt
```

输出所表达的内容在前面的章节中已有讲述，在此不再详述。如果在不同物理机上：

```
$ git ls-remote origin
```

可以使用 git rev-parse HEAD 或 git show ID 命令展示与当前本地分支匹配的提交 ID。

在现实开发环境中，要随时增加不同的团队成员协作开发，即增加用户。为了解决这个问题，可以新建一个目录，并在该目录下重新克隆前面所创建的远程版本库。

```
$ mkdir /tmp/wsy
$ cd /tmp/wsy/
$ git clone /tmp/depot/public_html.git
```

输出：

```
Initialized empty Git repository in /tmp/wsy/public_html/.git/
```

6. 社会化编程 GitHub

Git 的普及和亲和力促进了一些关于其社区工具的发展。这些工具为数众多，而且以不同的形式和类型与开发交互形成了多样性。GitHub 在开发人员甚至非开发人员心目中占据显著地位，其首页如图 2.41 所示。

众多开发人员对于 Git 版本管理系统的认识都是从 GitHub 源码克隆版本库学习开始的，这也正是 GitHub 最基本的功能。它提供了一个能够通过 git://、https://和 git+ssh://协议与版本库进行协议交互的界面。对于开源项目，其账户是免费的，并且所有账户可以创建不限数量的公共版本库。注册账户页面如图 2.42 所示。

GitHub 有四种账户类型：免费个人账户、付费个人账户、免费组织账户和付费组织账户。免费账户的注册成功页面如图 2.43 所示。

图 2.41

图 2.42

图 2.43

GitHub 对用户进行调查后，进行必要的设置并保存，如图 2.44 所示。

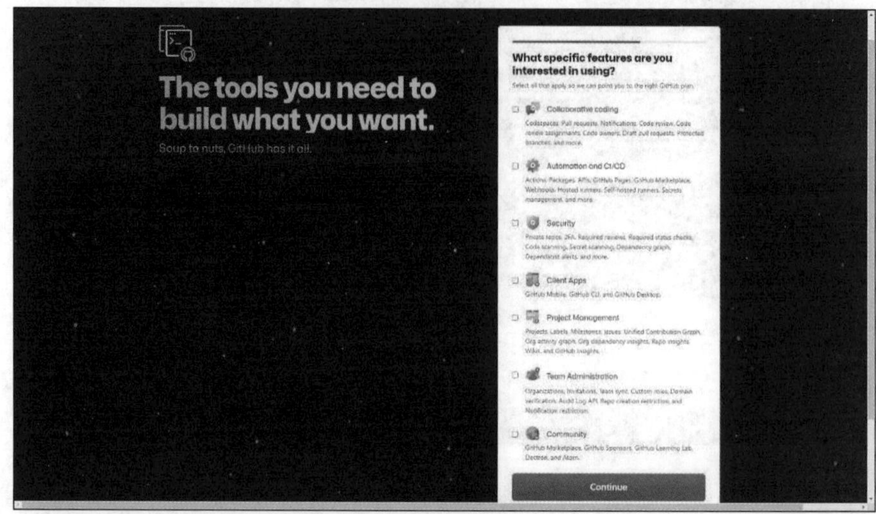

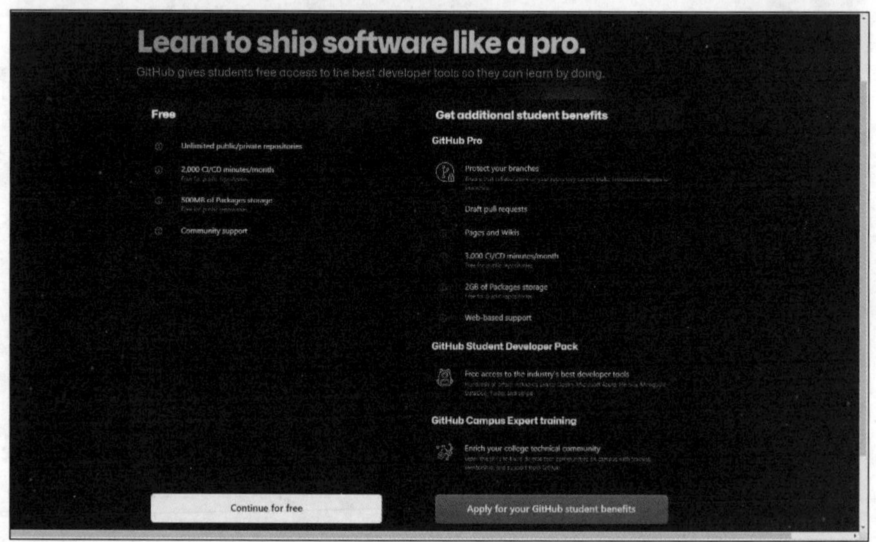

图 2.44

7. 创建 GitHub 的版本库

进入用户注册邮箱，对 GitHub 发送到用户注册邮箱的地址进行验证后，即可创建版本库，如图 2.45 所示。

用户也可以输入 http://github.com/new 以创建新的版本库。Skip this step if you're importing an existing repository 表示：如果用户在创建该版本库之前已经有一个本地版本库存在，则会直接跳过图 2.46 所示的页面。但大部分用户在没有写代码之前会先创建 GitHub 版本库，这就要按 GitHub 的流程编写 README 和.gitgnore 文件。然后用前面介绍的知识，将 GitHub 的地址和已经存在的本地版本库链接起来。

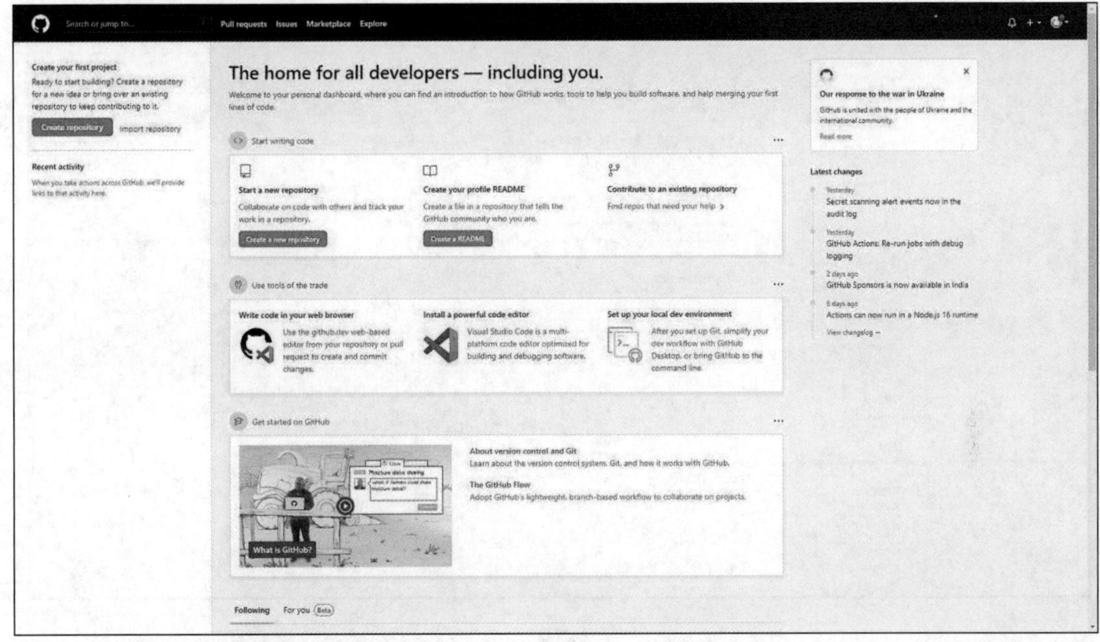

图 2.45

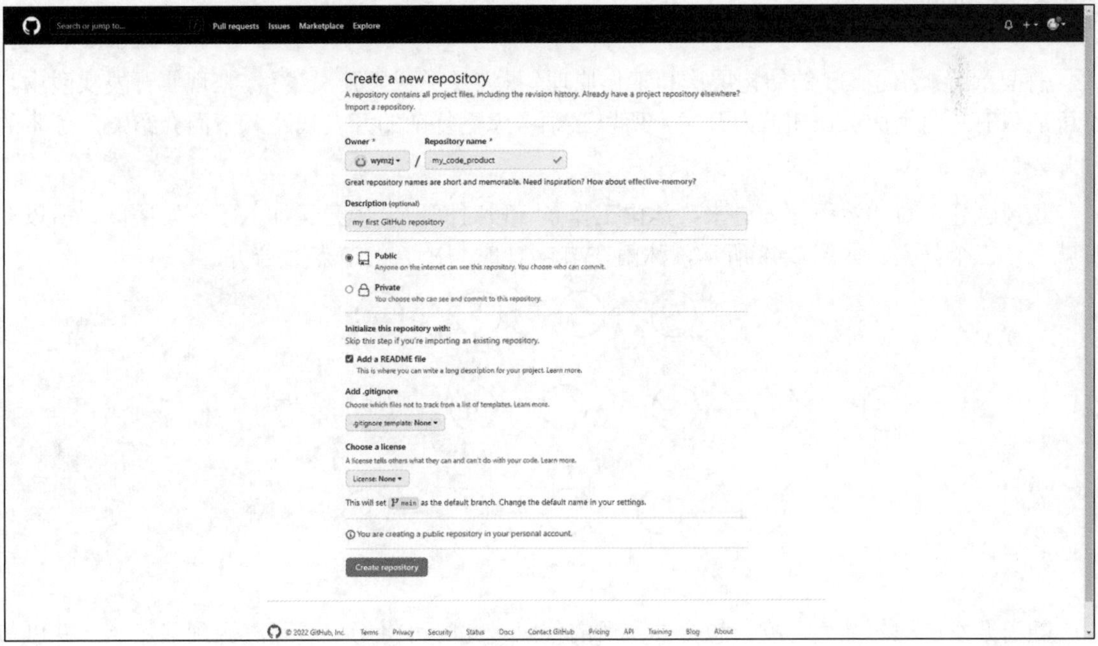

图 2.46

在使用 GitHub 作为远程版本库时，其中有一点需要注意，即访问公钥的设置问题。将生成的 key 添加到 GitHub 相应的页面 SSH keys 设置处即可解决这一问题，如图 2.47 所示。

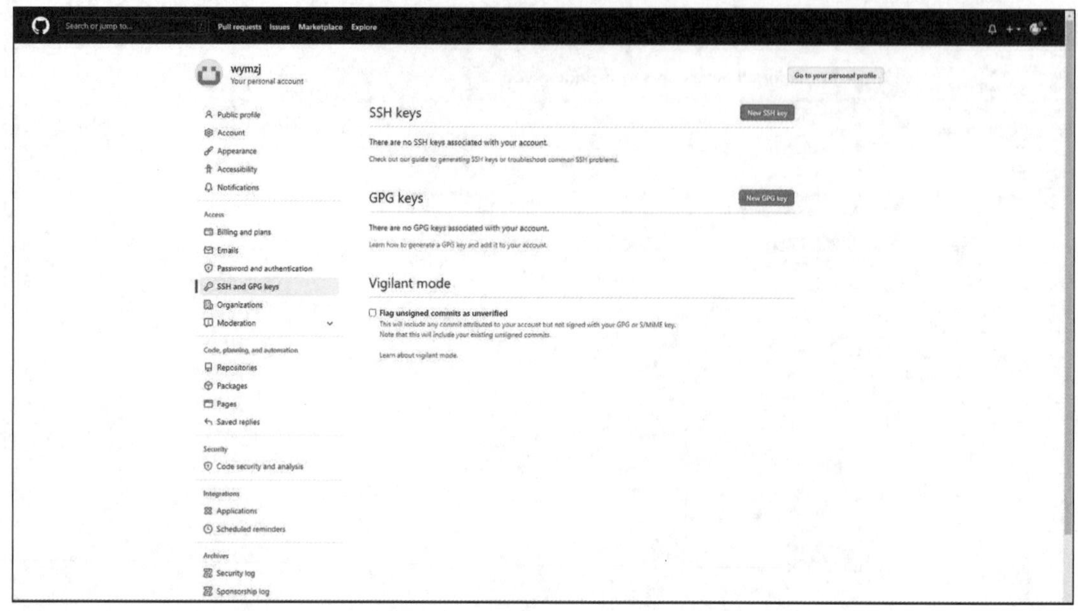

图 2.47

2.2.6 Git 版本合并容错

前面章节介绍了 Git 的结构层次和工作原理，只涉及了两条开发线路，在现实开发实践中，不可能只有一两个成员在团队中开发，所以必须考虑更复杂的开发线路。下面介绍 Git 版本的合并。

秋风创建项目，沐雨加入进来，沐雨工作了一段时间后，凌云又加入了开发团队，所以此时就有了三个分支。如图 2.48 所示，沐雨在节点 H 时与凌云的节点 E 合并。

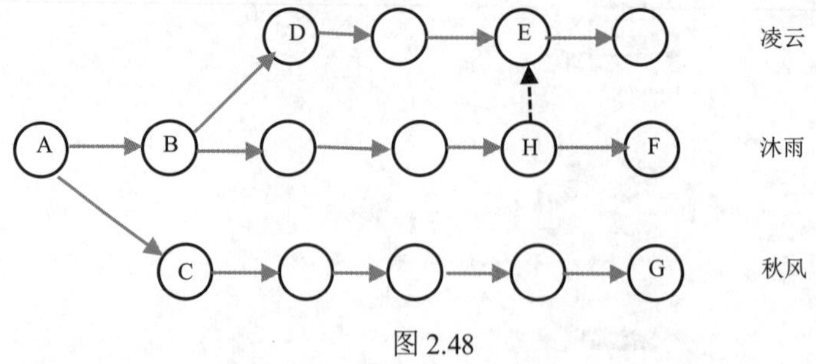

图 2.48

随着开发进程的继续，凌云想合并秋风的代码。此时可将历史线路溯源到节点 A，并以节点 A 为起点将每一步变化都整合到凌云的线路上，得到提交节点 J，如图 2.49 所示。

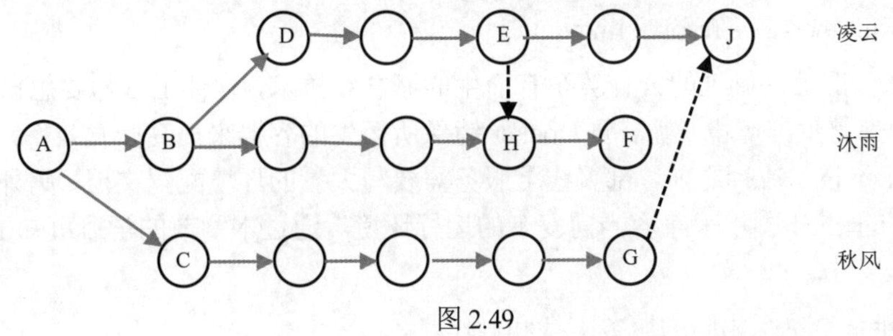

图 2.49

没过多久，沐雨要求合并秋风的代码，这时会生成一个新的合并提交节点 K。假设沐雨并不知道凌云合并过秋风的代码，因为他和秋风分开的节点是很明确的，就是在仅有的一个共享的分支节点 A 产生了分支，如图 2.50 所示。

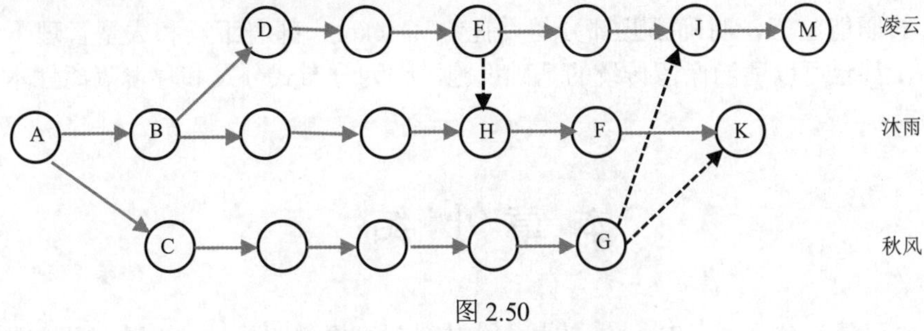

图 2.50

项目开发继续推进，凌云最近产生的新节点 M 对项目有很大的支持，于是沐雨决定合并凌云的代码（节点 M 与节点 K 之间），这时要注意以下问题：

节点 K 由两个分支合并而来，如果选择秋风这条线路进行溯源，那么节点 K 包含节点 G 点的变化，即凌云在节点 J 的变化，所以会产生合并上的冲突。

如果选择从节点 H 溯源，好像解决了上面的问题，因为节点 E 只有自己版本的变化，但在节点 M 时依然要经过节点 J，这样又会产生版本合并冲突，这就是 Git 的交叉合并问题。当各个线路都向一个方向走时，最终会形成一个闭环。但实际上，在一个开发团队中，每个成员都是主要的贡献者，交叉合并是在所难免的。

针对上面的问题，我们要有相应的策略来解决。在团队管理中这个问题可以事前规定好范围和顺序，这也是大多数团队仅围绕 master 进行提交和合并的原因。下面介绍两种解决合并冲突的机制。

（1）退化合并。退化合并既不是一种真实的提交合并，也不是真实解决冲突的关键，而是所有其他分支（HEAD）的提交都体现在了目标分支上；或者反过来，当前 HEAD 分支的提交在其他分支都有体现或完全存在。

（2）常规合并。常规合并能产生一个最终的提交，并将其添加到当前分支中。在合并两个分支的基础上有 Resolve 和 Recursive 合并，三个分支以上有 Octopus 合并。如果应用 Resolve

策略，可以写作 git merge –s resolve lingyun。

Docker 是由云服务基础上的云计算孕育而生的概念和技术，软件工程师要想自如地架设不同的开发环境和部署生产环境，就需要 Docker 镜像所衍生的容器来提高开发效率，降低团队沟通成本。在 Docker 技术流行之前，部署线上服务需要写大量的环境配置文档，另外，还要不断更换、更新大量的 shell 脚本来兼容当前复杂的运行环境。通过本章节的学习可知 Docker 部署要满足三个基本条件：

（1）必须能重复执行相同的服务支持和操作。

（2）使用特定的配置以适应特定环境的定义和要求。

（3）可执行的应用启动。

要将传统的多个系统部署成功转到现代化的生产环境 Docker 中来，必须要明确 Docker 引擎与平台之间的职能分工，明确哪些部分是委托给 Docker、部署工具和大型管理平台的，如 Mesos 或 K8S，甚至可以适当保留传统的基础设施，因为分布式分发和环境隔离性本身就具有共容与共享功能。

本 章 小 结

前面章节中已经充分展示了 Docker 的基本生态体系，更说明了 Git 的强大支持在团队管理中的重要性。Docker 究竟能给团队带来什么好处，关键要看它解决了什么问题。这些问题不仅仅是简单意义上工具使用的流程，更重要的是，如何面对庞大而无法完全信任的开发人员，将他们所做出的决定带来的风险降到最低。将 Docker 与 Git 放在同一章中，其目的就是实现更好的容错机制和处理方法，方便开发人员之间的沟通，使他们能编写和发布更健壮的软件代码工程。但这不是最终方案，需要用户更多地干预和决策来实现最佳效果。

Docker 可以实现的目标：

（1）克服不同运行环境间巨大的差异。

（2）编写运行环境，处理逻辑配置文件。

（3）高效地与运维团队沟通，让运维开发人员更多关注服务集群而不是单点运行细节。

（4）隔离和缩小不可靠的构建和部署过程。

（5）支持来自多样化版本和个性化配置的运行环境。

（6）将具有不同环境开发经验及特长的开发团队成员，整合成以目标为导向的兼容并包的技术团队。

（7）为解决和弥补体系漏洞提供最佳的途径，而不会衍生和纠缠其他模块。

Docker 作为向运维人员流转的中间产物，能更好地降低运维团队与开发团队的技术交流成本，这种成本不仅限于文档的说明和流转、对消除技术格局差异的理解和执行，更现实的意义在于团队成员责任和目标的绑定，并能控制和强壮整个体系的迭代与维护。Docker 把应用所需要的全部依赖打包到一个便于分享和分离的配置文档来构建和产出映像。其他团队不用理解其内含和编译的静态环境，仅关心它的输入与输出即可。

在很多开发公司中，笔者发现有相当多的公司并未意识到或不重视 Docker 流程所体现的技术商业价值。Docker 的强大之处就体现在工作流程的技术化现实意义，它可应用于整体研发周期内，并成为管理的核心和要点，从构思到完成需求的过程都能发挥巨大的作用。与其他辅助开发工具不同，Docker 对开发运维流程中的每一步都有质的提高。Docker 看似复杂的过程，其内涵在于简化部署构建产物，简化 Linux 系统中所需要的一切，让 Docker 开发用户成为运维人员最受欢迎的人。首先，所有的环境都打包成一个包含丰富运行环境的映像文件；其次，开发者能在本地实现自动化的验证和测试；最后，简化应用的安装和配置环境，使 Docker 也能轻而易举地在同一个服务器中运行上线交付物项目应用。

随着 Openstack 和 K8S 成为当今云服务与云计算主体框架性技术支撑，Docker 大型集群所提供的资源为其成为可能。容器在软件的所有组件和底层操作系统之间搭建起了一个非常强大的抽象构建层。开发团队无须像以前那样为多数应用定制适合的物理机和虚拟机，而是可以部署 Docker 宿主机集群，让动态部署和弹性分配更加容易和流畅。

之所以将 Git 版本管理技术编入本书，不仅仅因为其本身的技术意义和广泛应用，还因为它已经成为现今研发团队接纳成员的门槛和要求，特别是针对打算进入这一行业领域的新手用户。Git 是一种版本控制工具，它已经撼动了 CVS、SVN、Perforce 及 ClearCaser 的技术市场地位。这也正是它高效和高性能协作化的体现。GitHub 是十分优秀的 Web 应用，它极大地减轻了使用其他 C/S 结构版本管理工具的负担，加快了微小细节修改的流程，允许更多的开发人员参与到同一个项目中。为技术的社会性开源和支撑提供可能，使编程成为真正意义上的社会化活动。具体来说，使用 GitHub 托管版本库有以下三种模式。

（1）中心模式：需要提供本地提交，接近 SVN 版本使用策略，是一种最容易使用的方式。

（2）指挥模式：通过远程合并请求代替邮件和链接来实现协作，使合并显得更为方便易用。

（3）开源模式：能在广泛开源共享的同时，及时将错误和修改提交到库中，而保持内部的迭代和技术革新，所延伸出的裁决机制让互联网商业巨头们展现其强大的技术优势。

第 3 章　TensorFlow 的安装和配置

TensorFlow 支持 CPU，也支持 CPU+GPU，前者的环境需求简单，后者需要额外的支持。如果要安装 GPU 版本（NVIDIA 显卡），则需要额外支持 CUDA（Comput Unified Device Architecture，统一计算设备架构）计算能力 3.0 或更高版本的 NVIDIA GPU 卡。

3.1　Windows 开发环境的配置

对于 AI 模型开发者而言，在 Windows 环境下安装 TensorFlow 只是开发环境的需要，而非生产部署环境的需要。对于很多开发工程师而言，一台计算机会有多个任务需求和多个开发环境的定制，这无疑需要多个环境独立且相互分离的虚拟容器等工具的支持。所以，应在一台计算机上安装多个 Python 和 TensorFlow 版本。下面介绍一款简单易用的开发环境管理工具——Anaconda。

3.1.1　Anaconda

Anaconda 是一个开源的 Python 发行版本，包含 conda、Python 等 180 多个科学包及其依赖项。因为 Anaconda 包含大量的科学包，所以其下载文件比较大（约 531MB），如果只需要某些包，或者需要节省带宽或存储空间，也可以使用 Miniconda 这个较小的发行版。Miniconda 仅包括 conda、Python。conda 是一个开源的包、环境管理器，可以用于在同一台机器上安装不同版本的软件包及其依赖，并能够在不同的环境之间切换。

注意：

Anaconda 的官方下载网址为 https://www.anaconda.com/products/individual，Linux、macOS、Windows 均支持 Anaconda，如图 3.1 所示。

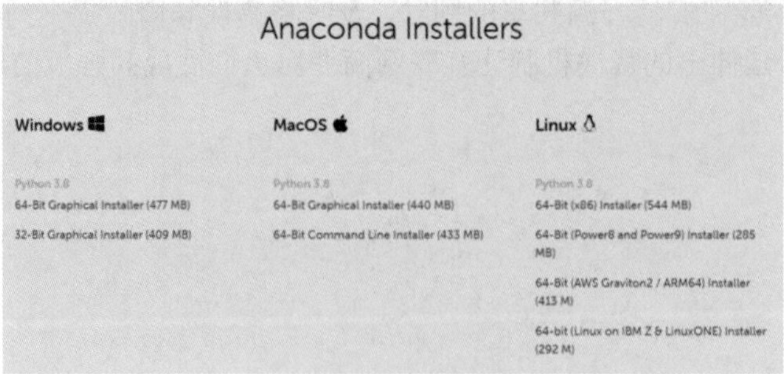

图 3.1

1. Anaconda 的下载及安装

可以从 Anaconda 官网下载安装文件 Anaconda3-2021.05-Windows-x86_64.exe，或者选择清华大学的镜像（https://mirrors.tuna.tsinghua.edu.cn/anaconda/archive）下载安装，如图 3.2 所示。

2. Anaconda 的常用命令集

在 Windows 操作系统菜单中可选择 Anaconda Prompt（Anaconda3）选项进入 Anaconda 管理（见图 3.3），在命令行中可使用 conda 的系列命令；在 Linux 中可以直接在终端输入 conda 命令。

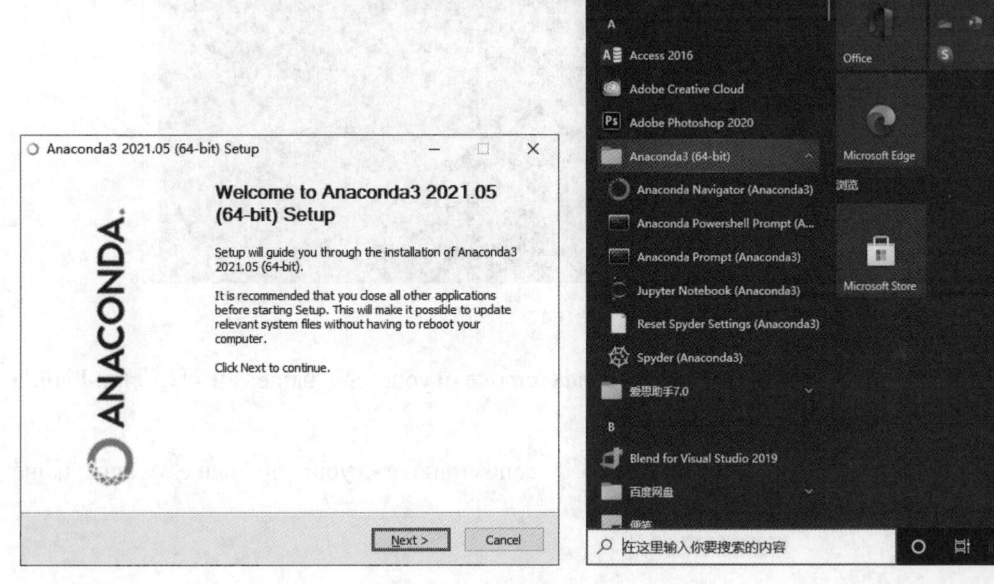

图 3.2　　　　图 3.3

使用 conda 命令可以创建新的 Python 版本环境，新的环境与原来的环境不相关，这样即可在不同应用中使用不同的 Python 版本。

创建新环境的步骤如下。

（1）安装 Anaconda。在命令行中输入 conda –v，通过输出信息检验 Anaconda 是否已经安装了 conda。

（2）conda 的常用命令：

1）conda list：查看安装了哪些包。

2）conda env list 或 conda info –e：查看当前存在哪些虚拟环境。

3）conda update conda：检查更新当前 conda。

4）conda –version：查询 conda 的版本。

5）conda –h：查询 conda 的命令。

（3）创建 Python 虚拟环境。使用 conda create -n your_env_name python=X.X（2.7、3.6 等）命令可以创建 Python 版本为 X.X，名字为 your_env_name 的虚拟环境。your_env_name 文件可以在 Anaconda 安装目录 envs 文件下找到。配置的虚拟环境如图 3.4 所示。

```
Anaconda Prompt (Anaconda3)

(base) C:\Users\ThinkPad>conda env list
# conda environments:
#
base                  *  C:\ProgramData\Anaconda3
TensorFlow1.15           C:\Users\ThinkPad\.conda\envs\TensorFlow1.15
TensorFlowGPU            C:\Users\ThinkPad\.conda\envs\TensorFlowGPU
pytorch                  C:\Users\ThinkPad\.conda\envs\pytorch


(base) C:\Users\ThinkPad>conda activate TensorFlow1.15

(TensorFlow1.15) C:\Users\ThinkPad>conda list
# packages in environment at C:\Users\ThinkPad\.conda\envs\TensorFlow1.15:
#
# Name                    Version                   Build  Channel
absl-py                   0.9.0                    pypi_0    pypi
asgiref                   3.2.7                    pypi_0    pypi
astor                     0.8.1                    pypi_0    pypi
backcall                  0.1.0                    pypi_0    pypi
ca-certificates           2020.1.1                      0
certifi                   2019.11.28               py37_0
cffi                      1.14.0                   pypi_0    pypi
chardet                   3.0.4                    pypi_0    pypi
colorama                  0.4.3                    pypi_0    pypi
cryptography              2.9.2                    pypi_0    pypi
decorator                 4.4.2                    pypi_0    pypi
django                    3.0.6                    pypi_0    pypi
django-cors-headers       3.5.0                    pypi_0    pypi
gast                      0.2.2                    pypi_0    pypi
```

图 3.4

（4）删除 Python 虚拟环境。使用命令 conda remove -n your_env_name –all 可以删除 Python 的虚拟环境，其中参数-n 也可写成--name。

（5）删除 Python 环境中的某个包。使用命令 conda remove -n your_env_name package_name 即可删除 Python 环境中的基本个包。

注意：

默认情况下只安装一些必需的包，并不会像安装 Anaconda 那样自动安装很多常用的包。要实现上面的功能，需在末尾加上 anaconda，其完整的命令是 conda create -n your_env_name python=X.X anaconda。

3.1.2　CUDA 和 cuDNN

CUDA 是显卡厂商 NVIDIA 推出的运算平台。CUDA™是一种由 NVIDIA 推出的通用并行计算架构，该架构使 GPU 能够解决复杂的计算问题。CUDA™ 包含 CUDA 指令集架构（Instruction Set Architecture，ISA）及 GPU 内部的并行计算引擎。开发人员可以使用 C 语言为 CUDA™架构编写程序，C 语言是应用较广泛的一种编程语言。由其编写出的程序可以在支持 CUDA™的处理器上以超高性能运行。

CUDA 的 SDK 中的编译器和开发平台支持 Windows、Linux 操作系统，并与 Visual Studio 2005 以后版本集成在一起。CUDA 是一个新的基础架构，该架构可以使用 GPU 解决商业、工业及科学方面的复杂计算问题。CUDA 是一个完整的 GPU 解决方案，提供了硬件的直接访问接口，而不必像传统方式一样必须依赖图形 API 接口实现 GPU 的访问。CUDA 在架构上采用了一种全新的计算体系结构，可以使用 GPU 提供的硬件资源，从而给大规模的数据计算应用提供比 CPU 还要强大的计算能力。采用 C 语言作为编程语言，提供大量的高性能计算指令开发能力，开发者通过 CUDA 能够在 GPU 强大计算能力的基础上建立起一种效率更高的密集数据计算解决方案。

表 3.1 所示为开发者需要关注的 CUDA 与 Python 的对应支持关系，以便读者了解各种版本的兼容性。

表 3.1

Compiler	CUDA/cuDNN	SIMD	Notes
VS2019 16.6	11.0.2_451.48/8.0.2.39	x86_64	Python 3.8/Compute 3.5
VS2019 16.5	10.2.89_441.22/7.6.5.32	x86_64	Python 3.7/Compute 3.0
VS2019 16.5	10.2.89_441.22/7.6.5.32	AVX2	Python 3.7/Compute 3.0,3.5,5.0,5.2,6.1,7.0,7.5
VS2019 16.4	10.2.89_441.22/7.6.5.32	x86_64	Python 3.7/Compute 3.0
VS2019 16.3	10.1.243_426.00/7.6.4.38	AVX2	Python 3.7/Compute 3.0,3.5,5.0,5.2,6.1,7.0,7.5
VS2019 16.3	10.1.243_426.00/7.6.4.38	x86_64	Python 3.7/Compute 3.0
VS2019 16.4	10.2.89_441.22/7.6.5.32	AVX2	Python 3.7/Compute 3.0,3.5,5.0,5.2,6.1,7.0,7.5

关于 CUDA、cuDNN 和 TensorFlow 的关系，读者可以参考官网对于版本的支持（见图 3.5），其中包含 NVIDIA 相关内容的链接。

下载相应的 CUDA 配置及环境要求，需要进入 https://developer.nvidia.com/cuda-toolkit-archive 页面，选择相应的版本后，页面如图 3.6 所示。

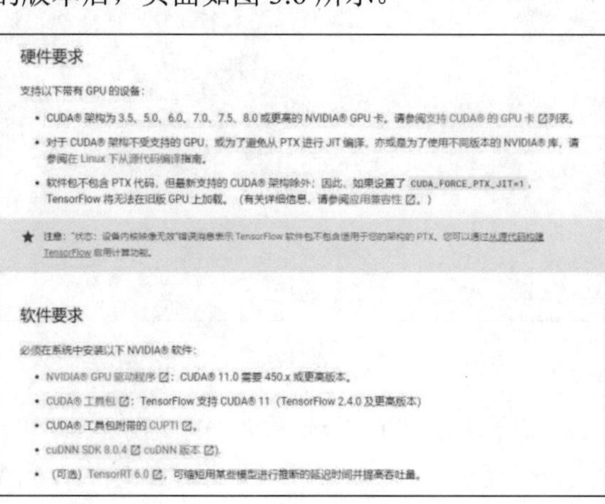

图 3.5

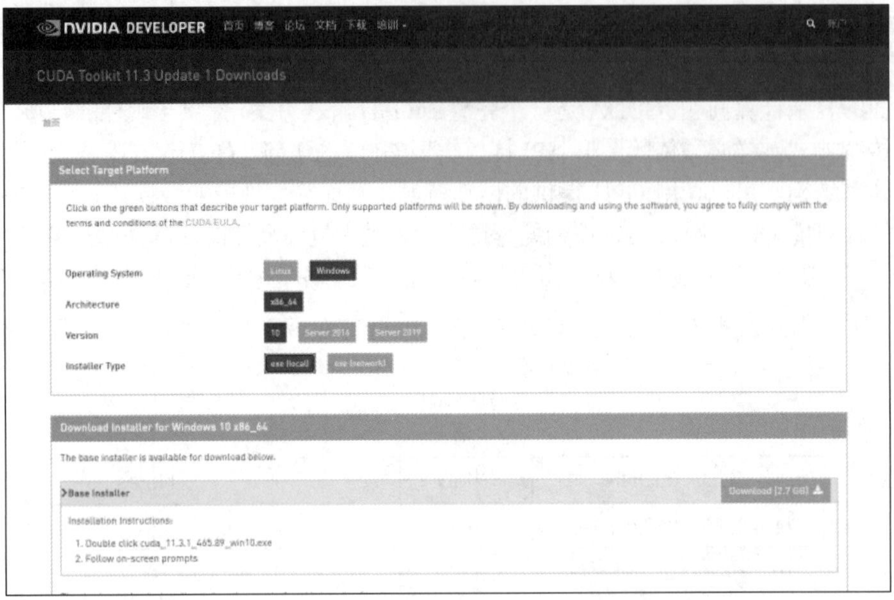

图 3.6

下载相应的 cuDNN 版本，如图 3.7 所示。

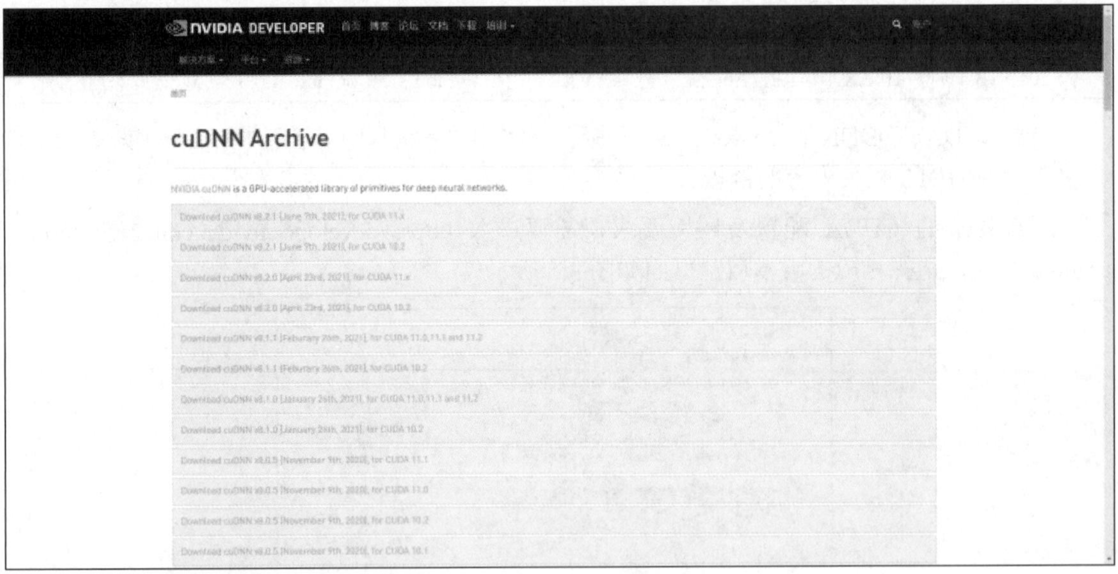

图 3.7

Anaconda 环境下有一种简单的安装 CUDA 和 cuDNN 的方法，即 Anaconda 提供了虚拟环境安装支持，但其他相关的安装包也会一并安装（下载量比较大，需要网络状态良好）。

（1）在 conda 虚拟环境中安装 CUDA。

```
conda install cudatoolkit=8.0 -c
```

（2）在 conda 虚拟环境中安装 cuDNN。

```
conda install cudnn=7.0.5 -c
```

注意 conda install 与 pip install 在虚拟环境中安装的细节，conda 版本安装用符号“=”，pip 版本安装用符号“==”。另外，要保证在安装 CUDA 和 cuDNN 之前原安装的驱动已被卸载了。

（3）在 Windows 环境中配置相关路径，如图 3.8 所示。

（4）在 conda 虚拟环境中安装 tensorflow-gpu 2.1。

```
conda install tensorflow-gpu=2.1
```

按 Y 键，系统会自动安装匹配 CUDA Toolkit、CUDNN，如图 3.9 所示。

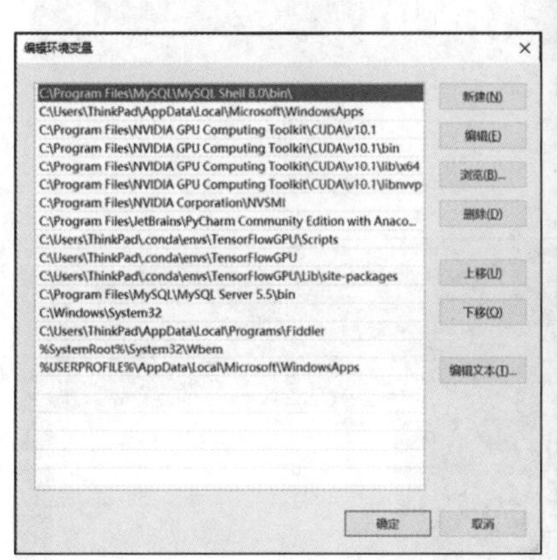

图 3.8

```
(tensorflow2) C:\Users\wym>conda install tensorflow-gpu=2.1
Collecting package metadata (repodata.json): done
Solving environment: done

## Package Plan ##
    environment location: F:\Anaconda3\envs\tensorflow2
    added / updated specs: tensorflow-gpu=2.1

The following packages will be downloaded:
    package                    |    build
    ---------------------------------------------
    cudatoolkit-10.1.243       |h74a9793_0       456.2 MB defaults
    cudnn-7.6.5                |cuda10.1_0       250.4 MB defaults
    tensorflow-2.1.0           |gpu_py36h3346743_0 4KB defaults
    tensorflow-base-2.1.0      |gpu_py36h55f5790_0 273.6MB defaults
    tensorflowgpu-2.1.0        |h0d30ee60_0       3KB defaults
    ---------------------------------------------
                               Total:       980.2MB
The following new packages will be INSTALLED:

    cudatoolkit        pkgs/main/win-64::cudatoolkit-10.1.243-h74a9793_0
    cudnn              pkgs/main/win-64::cudnn-7.6.5-cuda10.1_0
    tensorflow-gpu     pkgs/main/win-64::tensorflow-gpu-2.1.0-10d30ee6_0

The following packages will be UPDATED:

    openssl                       1.1.1g-he774522_0 --> 1.1.1g-he774522_1

The following packages will be DOWNGRADED:

_tflow_select        2.2.0-eigen -> 2.1.0-gpu
tensorflow           2.1.0-eigen_py36hdbbabfe_0 -> 2.1.0-gpu_py36h3346743_0
tensorflow-base      2.1.0-eigen_py36h4962757_0 -> 2.1.0-gpu_py36h55f5790_0

Proceed ([y]/n)? y
Downloading and Extracting Packages
Tensorflow-gpu-2.1.0 |3 KB    |##################################################| 100%
cudatoolkit-10.1.243 |457 MB  |#############                                     |  28%
```

图 3.9

这里建议最好使用下面的方式实现最简洁的安装：

```
pip install tensorflow-gpu==2.1
```

3.1.3　PyCharm

按图 3.10 所示下载 PyCharm 安装文件 pycharm-community-anaconda-2021.X.X.exe。

大多数开发人员会选择 Community 版本。Professional 和 Community 版本在支持新建工程实例化方面略有不同，如 Django 开发项目在快捷设置上的支持，但都能构建相应的工程项目而不影响任何任务的使用。

将图 3.11 中的 4 个复选框全部勾选，并单击 Next 按钮。安装完成之后，会在桌面或菜单中生成快捷图标，勾选配置项目环境是生成相应开发环境的关键。

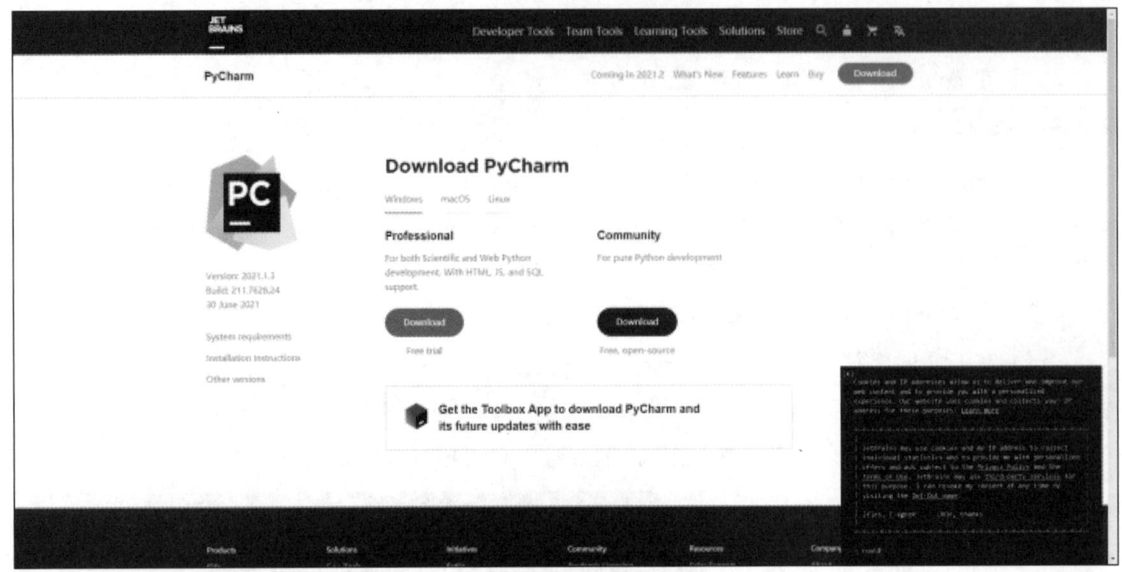

图 3.10

在图 3.12 中单击 Skip Remaining and Set Defaults 按钮。

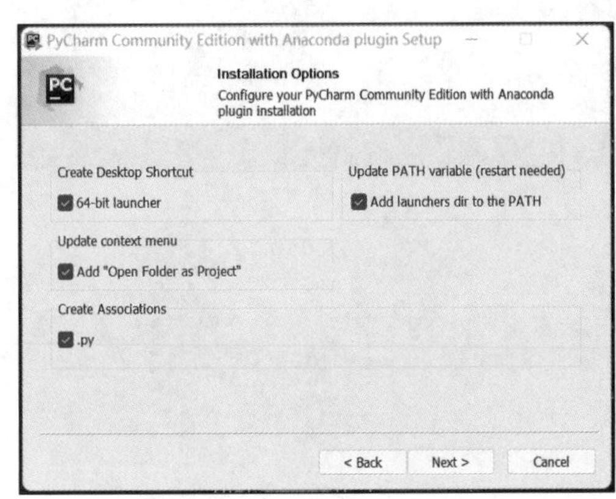

图 3.11

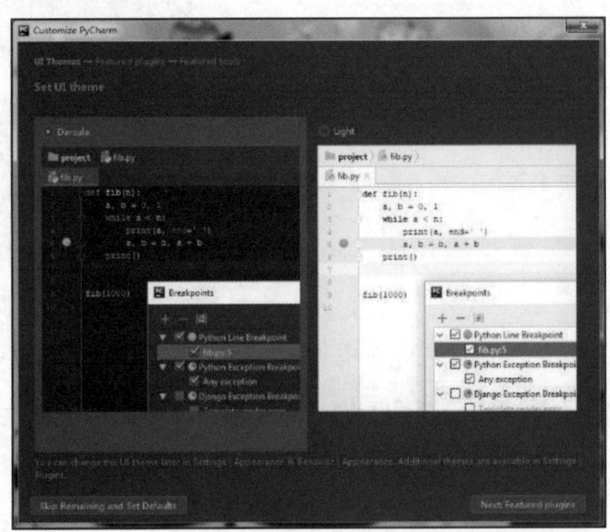

图 3.12

在图 3.13 中单击 Create New Project 按钮。PyCharm 可以为每个项目配置不同的开发环境，如使用不同的 TensorFlow 版本。

将图 3.14 中的 untitled1 改成需要的项目环境标识路径，如改成 AI。如图 3.15 所示，选中 Existing interpreter 单选按钮。

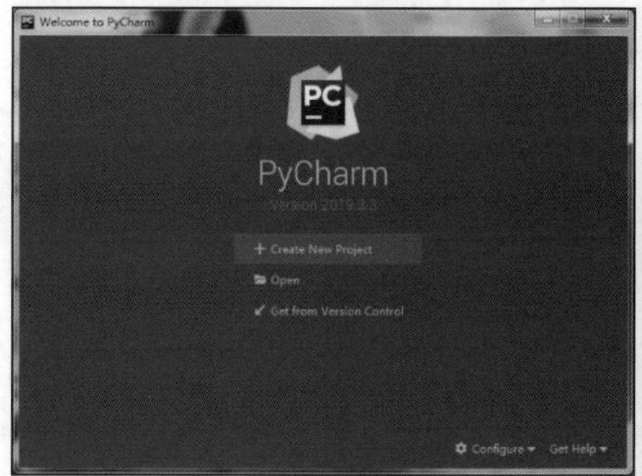

图 3.13

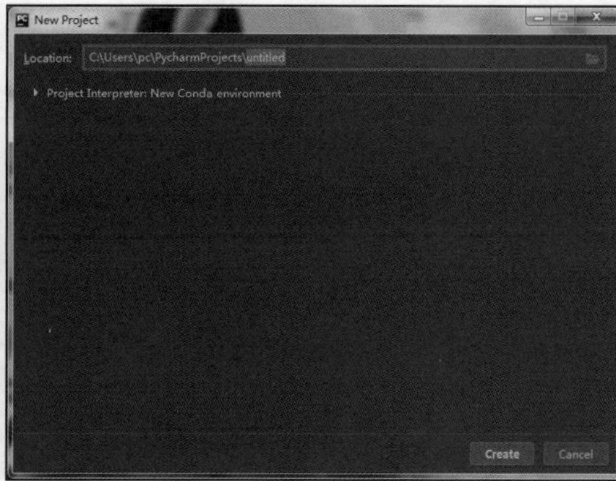

图 3.14

下拉 Interpreter 选项框进入下一个窗口，这过程可能会因寻找 conda 环境而稍“卡”几秒来填充下拉列表框。在图 3.16 的下拉列表框中选择需要的环境。注意，为保证项目环境的独立性，不要勾选 Make available to all projects 复选框。

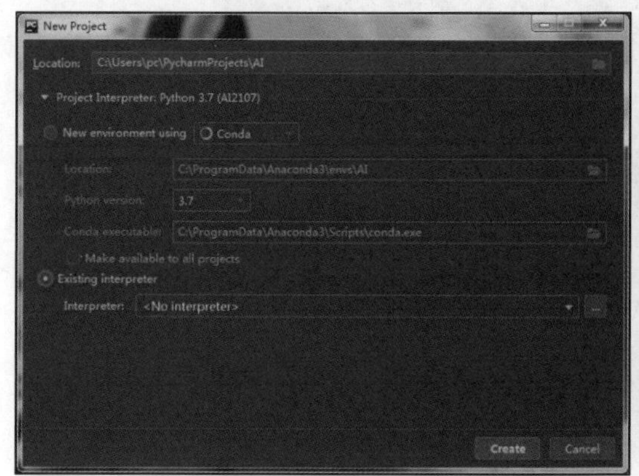

图 3.15

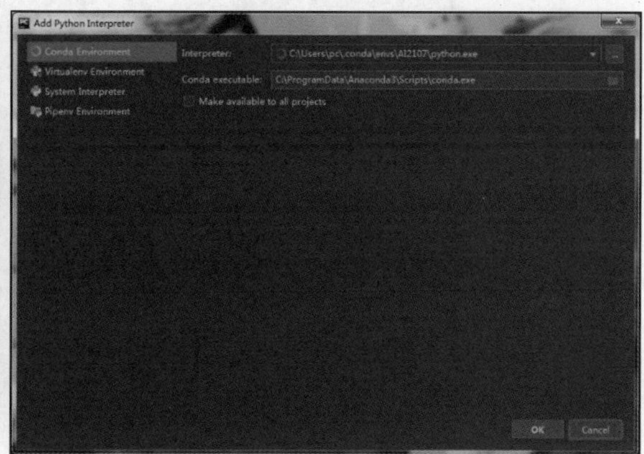

图 3.16

如图 3.17 所示，Create 按钮已经可用。单击 Create 按钮，会出现图 3.18 所示的界面。

至此，一个完整的 PyCharm 环境配置完成。

补充：

如果读者对以上讲解的内容细节仍不能理解，可以观看每个细节的讲解视频，视频分为有音版和静音版。

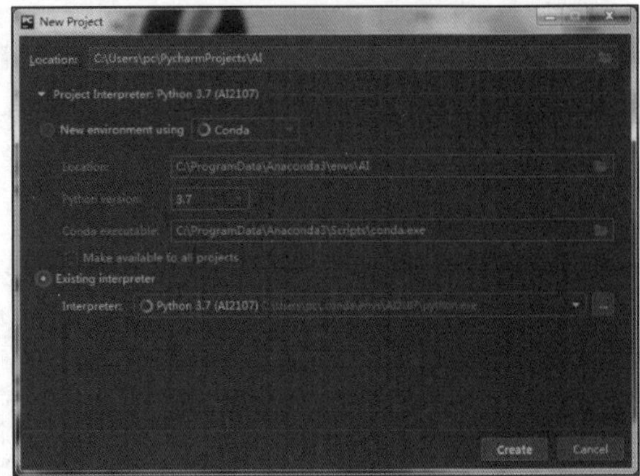

图 3.17

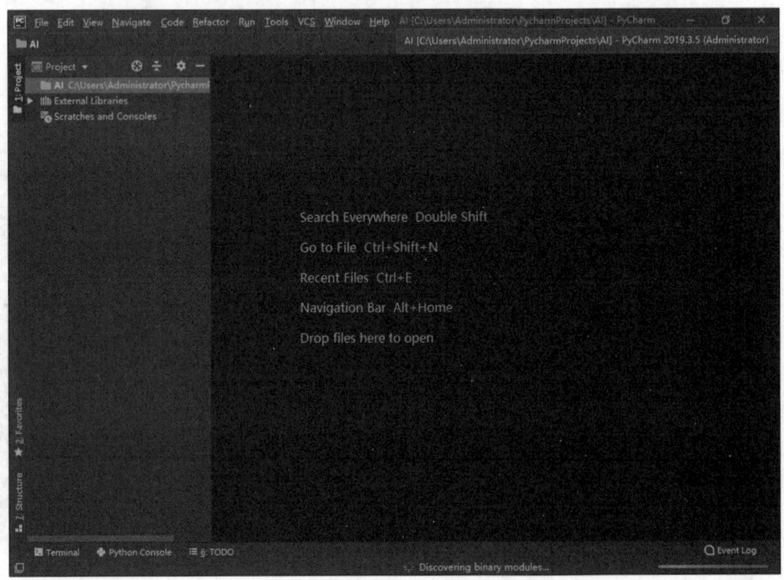

图 3.18

3.2 Linux 开发环境的配置

在 Linux 环境中，安装 TensorFlow 框架的方式有三种。

1. 使用 pip 安装 TensorFlow

（1）TensorFlow 2 软件包

1）tensorflow：支持 CPU 和 GPU 的最新稳定版（适用于 Ubuntu 和 Windows）。

2）tf-nightly：公测不稳定 build 版本。Ubuntu 和 Windows 均包含 GPU 支持。

（2）旧版 TensorFlow

对于 TensorFlow 1.X，CPU 和 GPU 软件包是分开的。

1）tensorflow==1.15：仅支持 CPU 的版本。

2）tensorflow-gpu==1.15：支持 GPU 的版本（适用于 Ubuntu 和 Windows）。

（3）Python 系统要求

若要支持 Python 3.8，需要使用 TensorFlow 2.2 或更高版本、pip 19.0 或更高版本（需要 manylinux 2010 支持）、Ubuntu 16.04 或更高版本（64 位）。

扩展：

非 Linux 环境中的版本要求：macOS 10.12.6 系列或更高版本（64 位），都使用 AMD 显卡而不支持 GPU；Windows 7 或更高版本（64 位）支持 Visual Studio 2015、2017、2019 和 Parallel Nsight 发行软件包进行 GPU 整合。树莓派 Raspbian 9.0 或更高版本，若要 GPU 支持，还需要使用支持 CUDA® 的卡。

2. 通过源代码构建 TensorFlow（需要安装 Bazel）

1）使用 Git 克隆 TensorFlow 代码库，下载 TensorFlow 源代码。

2）配置 build。

3）使用 Bazel 构建 pip 软件包。

3. 通过容器虚拟环境（通常为 Virtualenv 和 Docker）构建 TensorFlow

1）下载 TensorFlow Docker 映像到 tensorflow/tensorflow Docker Hub 代码库中。映像版本可按照表 3.2 中的格式进行标记。

表 3.2

标　记	说　明
latest	TensorFlow CPU 二进制映像的最新版本（默认版本）
nightly	TensorFlow 映像的每夜版（不稳定）
version	指定 TensorFlow 二进制映像的版本，如 2.1.0
devel	TensorFlow master 开发环境的每夜版，包含 TensorFlow 源代码
custom-op	用于开发 TF 自定义操作的特殊实验性映像

2）每个基本标记都有添加或更改功能的变体，见表 3.3。

表 3.3

标　记	说　明
tag-gpu	支持 GPU 的指定标记版本
tag-jupyter	针对 Jupyter 的指定标记版本（包含 TensorFlow 教程笔记本）

3）可以一次使用多个变体。例如，使用以下命令能将 TensorFlow 版本映像下载到计算机中：

```
docker pull tensorflow/tensorflow
docker pull tensorflow/tensorflow:devel-gpu
docker pull tensorflow/tensorflow:latest-gpu-jupyter
```

4）启动 TensorFlow Docker 容器，可使用以下命令：

```
docker run [-it] [--rm] [-p hostPort:containerPort] tensorflow/tensorflow[:tag] [command]
```

5）使用带 latest 标记的映像验证 TensorFlow 的安装效果。Docker 会在首次运行时下载新的 TensorFlow 映像。

```
docker run -it --rm tensorflow/tensorflow \
python -c "import tensorflow as tf; print(tf.reduce_sum(tf.random.normal([100, 100])))"
```

6）在配置 TensorFlow 的容器中启动 bash shell 会话。

```
docker run -it tensorflow/tensorflow bash
```

7）使用 NoteBook 版 TensorFlow 启动 Jupyter Notebook 服务器。

```
docker run -it -p 8888:8888 tensorflow/tensorflow:nightly-jupyter
```

主机网络浏览器会打开以下网址：http://127.0.0.1:8888/?token=...。

4. GPU 支持

1）使用 Docker 是在 GPU 上运行 TensorFlow 的最简单方法，因为主机只需安装 NVIDIA 驱动程序，而不必安装 NVIDIA CUDA 工具包。安装 nvidia 容器工具包可以向 Docker 添加 NVIDIA GPU 支持。nvidia-container-runtime 仅适用于 Linux。

2）检查 GPU 是否可用。

```
lspci | grep -i nvidia
```

3）验证 nvidia-docker 的安装效果。

```
docker run --gpus all --rm nvidia/cuda nvidia-smi
```

注意：

nvidia-docker v2 使用--runtime=nvidia，而不是--gpus all；nvidia-docker v1 使用 nvidia-docker 别名，而不是--runtime=nvidia 或--gpus all 命令行标记。

5. 使用支持 GPU 的映像示例

1）下载并运行支持 GPU 的 TensorFlow 映像（可能需要几分钟的时间）。

```
docker run --gpus all -it --rm tensorflow/tensorflow:latest-gpu \python -c "import tensorflow as tf;
print(tf.reduce_sum(tf.random.normal([78, 78])))"
```

2）在由 TensorFlow 配置的容器中启动 bash shell 会话。如果重复运行基于 GPU 的脚本，可以使用 docker exec 重复使用容器。

```
docker run --gpus all -it tensorflow/tensorflow bash
```

3）要在容器中运行主机上开发的 Python 程序，需要配置主机目录并更改容器的工作目录（-v 主机目录:容器目录；-w 工作目录）。

```
docker run -it --rm -v $PWD:/tmp -w /tmp tensorflow/tensorflow python ./script.py
```

4）使用最新的 TensorFlow GPU 映像在容器中启动 bash shell 会话。

```
docker run --gpus all -it tensorflow/tensorflow:latest-gpu bash
```

3.2.1　Virtualenv 和 Docker

Virtualenv 可在一台机器上创建多个独立的 Python 运行环境，VirtualenvWrapper 为 Virtualenv 提供了便利的命令行封装。也就是说，当前的项目依赖的是某一个版本，但是另一个项目依赖的是另一个版本，这样就会造成依赖冲突，而 Virtualenv 就用来解决这种问题。Virtualenv 可通过创建一个虚拟化的 Python 运行环境安装所需的依赖，不同项目之间互不干扰。

Docker 与 Virtualenv 的本质是一样的，Virtualenv 虚拟 Python 运行环境，保证系统 Python 环境的整洁；Docker 不仅可以隔离出不同的 Python 环境，而且可以虚拟不同系统运行环境的操作系统，这也是 Docker 更受欢迎且被广泛使用的原因。对于某些开发者来说，Virtualenv 比较容易上手，所以在开发测试环境中可以尝试使用。

扩展：

> Virtualenv 只是针对 Python 的隔离工具，是借助语言层面的虚拟机来实现的，通用性较差。Docker 是较底层的虚拟化技术，对于由任何语言编写的程序都会提供相应服务，其主要依赖于内核的 CGroup、Namespace、UnionFS。虚拟化可分为硬件级虚拟化（hardware-level-virtualization）和操作系统级虚拟化(os-level-virtualization)。硬件级虚拟化是运行在硬件之上的虚拟化技术，其管理软件是 hypervisor 或 virtual machine monitor，模拟的是一个完整的操作系统。硬件级虚拟化，也就是我们通常所说的基于 Hyper-V 的虚拟化技术，VMWare、Xen、VirtualBox、亚马逊 AWS 和阿里云使用的都是这种技术。操作系统级虚拟化运行在操作系统之上，它模拟的是运行在操作系统上的多个不同进程，并将其封装在一个密闭的容器中，也称为容器化技术。

1. 使用 pip 安装 Virtualenv

```
pip install virtualenv
```

2. 基本使用方法

创建一个虚拟环境：

```
mkvirtualenv project_env
```

选择一个 Python 解释器进行搭建：

```
mkvirtualenv env  --python=python2.7
```

在虚拟环境中工作：

```
workon project_env
```

另外创建一个项目，它会先创建虚拟环境，并在 $WORKON_HOME 中创建一个项目文件目录。当用户使用 workon project_env 时，会自动定位到该目录中。

```
mkvirtualenv project_env
```

使用 workon 也能退出当前所在环境，所以用户可在环境之间快速切换。

```
deactivate
```

删除虚拟环境：

```
rmvirtualenv project_env
```

3.2.2 Jupyter NoteBook

3.2.1 小节介绍了广受欢迎的 PyCharm IDE 开发工具。本小节将介绍在 AI 领域享有盛誉的 Jupyter NoteBook。

Jupyter NoteBook 将基于控制台的方法扩展到交互计算，在一个定性的新方向提供了一个基于 Web 的应用程序，适用于捕获整个计算过程：开发、文档和执行代码，以及传达结果。Jupyter NoteBook 结合了以下两个组成部分。

Web 应用程序：一种基于浏览器的工具，用于交互式编辑文档，它结合了解释性文本、数学、计算及其富媒体输出。

NoteBook 文档：在 Web 应用程序中可见的所有内容的表示，包括计算的输入和输出、解释性文本、数学、图像和对象的富媒体表示。

仅凭 Web 方式应用工具，就有其巨大的存在价值。当出席某个 AI 技术专题活动，展示模型运行结果和代码实现原理时，不可能要求主办方在本地安装开发环境；学校进行软件开发教学时不可能让成百上千的学生都拥有同一开发环境。更重要的是，这种统一维护工作需要的成本是不可低估的。Web 开发工具就能很好地解决了上述问题，其配合虚拟容器 Docker，能让技术教学和代码实践变得得心应手。另外，在前面的知识讲解中没有提到强大的 K8S，对于开发人员来说，Docker 算是边界，再扩展就是运维人员的工作职责和技术范围。

1. Jupyter NoteBook 的特点

编程时，Jupyter NoteBook 具有语法高亮、缩进、Tab 补全功能。用户可以直接通过浏览器运行代码，同时在代码块下方显示运行结果。Jupyter NoteBook 可以以富媒体格式显示计算结果，富媒体格式包括 HTML、LaTeX、PNG、SVG 等。编写说明文档或代码语句时，Jupyter NoteBook 不仅支持 Markdown 语法，还支持使用 LaTeX 编写数学性说明。文档会保存为扩展名为.ipynb 的 web based ipython 格式文件，这样不仅便于版本控制，也方便与他人共享；此外，文档还可以导出为 HTML、LaTeX、PDF、Python 等格式。

2. Jupyter NoteBook 的安装和部署

```
pip3 install jupyter
```

如果用户有任何关于 Jupyter NoteBook 命令的疑问，可以使用以下帮助命令：

```
jupyter notebook -help
```

启动 Jupyter NoteBook 时，通常为默认端口启动（8888）或指定端口启动：

```
jupyter notebook --allow-root
```

或

```
jupyter notebook -port=<port_number> --allow-root
```

其中参数--allow-root 表示 root 登录并允许运行。另外，如果不指定路径，就会以当前目录为根浏览目录，也可以指定特定目录为根浏览目录。例如（见图 3.19）：

```
jupyter notebook --allow-root /root/cannon
```

```
[root@iZ2zeg6be8przripv3qc9kZ ~]# jupyter notebook --allow-root /root/cannon
                                 Serving notebooks from local directory: /root
                                 Jupyter Notebook 6.4.0 is running at:
                                 http://localhost:8888/?token=24880a6cc110aeba207a4f2388bf84e63d40d754aeb4e6af
                                  or http://127.0.0.1:8888/?token=24880a6cc110aeba207a4f2388bf84e63d40d754aeb4e6af
                                 Use Control-C to stop this server and shut down all kernels (twice to skip confirmation).
[W 23:22:04.011 NotebookApp] No web browser found: could not locate runnable browser.


    To access the notebook, open this file in a browser:
```

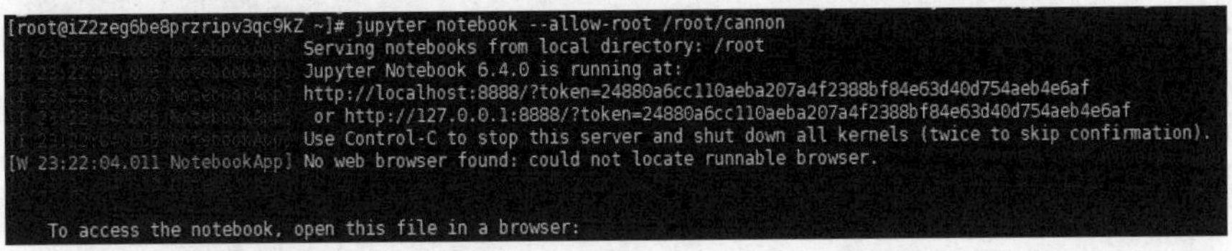

图 3.19

启动后即可在本地进入编辑页面。

这里还要解决另外一个问题，即目前的启动仅能让本地浏览器使用，还不能让所有远端用户通过 Web 访问。

生成默认配置文件：

```
jupyter notebook --generate-config
```

输出结果：

```
Writing default config to: /root/.jupyter/jupyter_notebook_config.py
```

通过 ipython 命令进入 NoteBook，如图 3.20 所示。

```
[root@iZ2zeg6be8przripv3qc9kZ ~]# ipython
Python 3.6.8 (default, Aug 24 2020, 17:57:11)
Type 'copyright', 'credits' or 'license' for more information
IPython 7.16.1 -- An enhanced Interactive Python. Type '?' for help.

In [1]: from notebook.auth import passwd

In [2]: passwd()
Enter password:
Verify password:
Out[2]: 'argon2:$argon2id$v=19$m=10240,t=10,p=8$dMB6M9UyOlTceJ4s303LHw$643TC3+0qgr0oo9EORgL2Q'

In [3]:
```

图 3.20

用 Vim 打开配置文件：

```
vim /root/.jupyter/jupyter_notebook_config.py
```

编辑以下选项，重启 Jupyter NoteBook 服务：

```
c.NotebookApp.allow_remote_access = True
c.NotebookApp.ip = '0.0.0.0'
c.NotebookApp.open_browser = False
c.NotebookApp.password                                                              =
'argon2:$argon2id$v=19$m=10240,t=10,p=8$dMB6M9UyOlTceJ4s303LHw$643TC3+0qgr0oo9EORgL2Q'
c.NotebookApp.port = 8888
c.NotebookApp.allow_root = True
```

3. Jupyter NoteBook 的常用功能

再次重启 Jupyter NoteBook 后，在远端 Web 访问并输入前面设置的密码，结果如图 3.21 所示。

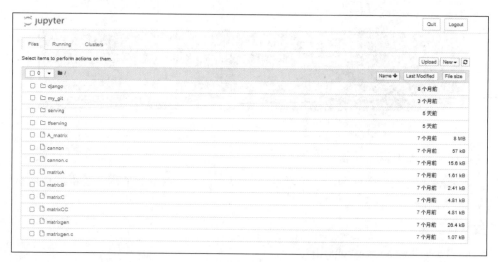

图 3.21

在 New 下拉菜单中选择 Python 3，创建 Python 代码编辑页面，如图 3.22 所示。

在每个 cell（单元格）中至少输入一行代码，每个 cell 之间也会共享环境变量，通常会在一个 cell 中编辑整个代码文件。选中不同的 cell（In[n]）后，单击“运行”按钮，在运行过程中单击“停止”按钮，可以停止运行。此外，还可以单击“重置”按钮，该操作不仅可以停止运行代码，而且会清除上次运行生成的会话变量，重新进入清零状态，如图 3.23 所示。

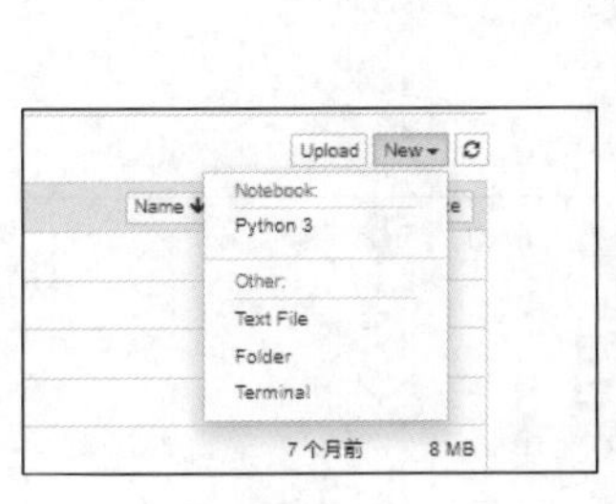

图 3.22

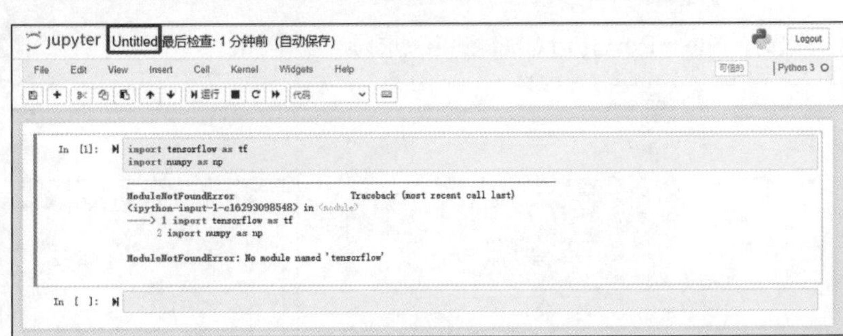

图 3.23

创建的文件名默认为 Untitled，双击名称可以重新编辑文件名。例如，将文件重命名为 my_doc，则在该目录下会生成 my_doc.ipynb 文件。其他三个选项介绍如下：

1）Text File：表示新建一个文本文件。

2）Folder：表示新建一个文件夹。

3）Terminal：表示在浏览器中新建一个用户终端，相当于 Linux 的 bash，如图 3.24 所示。

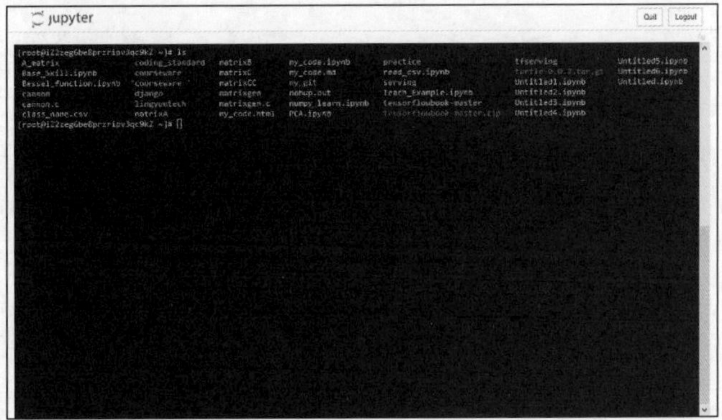

图 3.24

Jupyter NoteBook 的操作菜单和 ToolBar（工具栏）如图 3.25 所示。

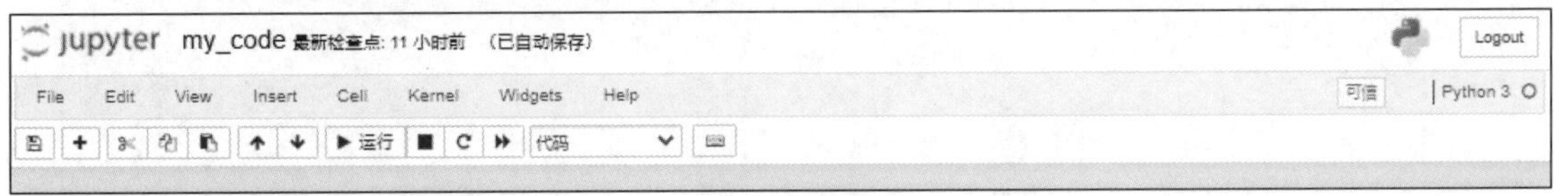

图 3.25

在图 3.25 中，单击 按钮，可重启内核，但不重新运行代码；单击 按钮，不仅可重启内核，而且会重新运行代码。

如图 3.26 所示，选择 File→Download as 选项，可以将选中的 cell 单元格下载及转换成各种格式，不用担心.ipynb 文档的共享问题。

选择 File→Revert to Checkpoint 选项，返回某一个记录点，如图 3.27 所示。

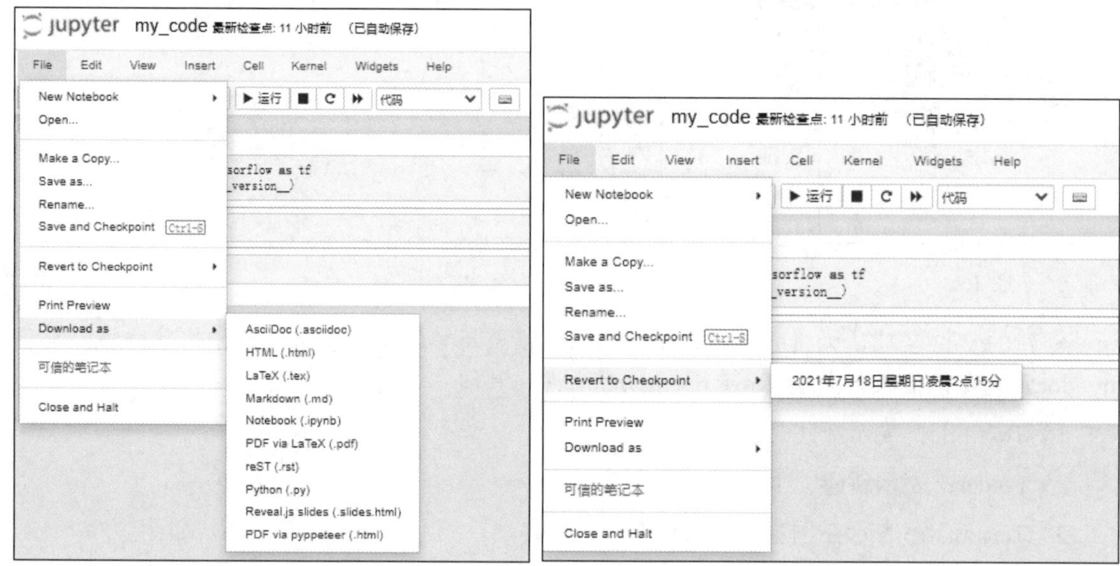

图 3.26　　　　图 3.27

cell 有四种功能：“代码”“Markdown”“原生 NBConvert”“标题”，这四种功能可以互相切换，如图 3.28 所示。“代码”用于写代码；“Markdown”用于文本编辑；“原生 NBConvert”中的文字或代码等都不会被运行；“标题”用于设置标题，该功能已经包含在 Markdown 中。四种功能的切换可以使用快捷键或工具条来实现。

可以将某一 cell 设置为 Markdown 格式，即通常所说的 md 文件。经常接触开源代码的程序员都会去 GitHub 寻找可利用的资源，很多说明文档的格式都为 md。

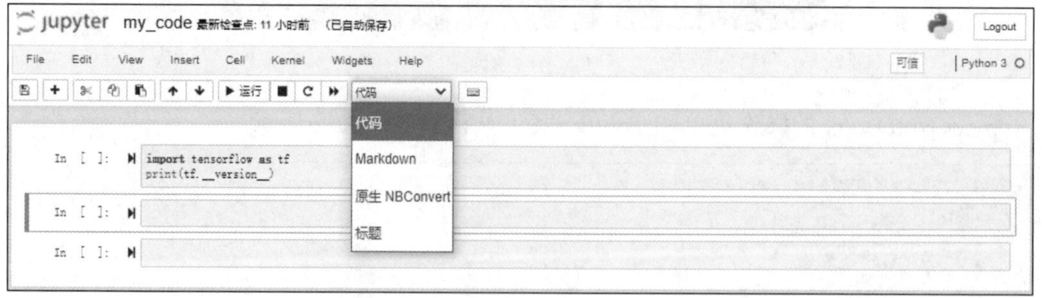

图 3.28

Markdown 是一种轻量级标记语言，其创始人为约翰·格鲁伯（John Gruber）。Markdown 允许用户使用易读易写的纯文本格式编写文档，并将其转换成有效的 XHTML（或 HTML）文档。这种语言吸收了很多在电子邮件中已有的纯文本标记的特性。

由于 Markdown 具有轻量化、易读易写的特性，并且对图片、图表、数学式都提供支持，因此许多网站都使用Markdown撰写帮助文档或在论坛上发表消息，如GitHub、Reddit、Diaspora、Stack Exchange、OpenStreetMap、SourceForge、简书等，甚至还用来撰写电子书。本书不对 md 文件的编辑方法进行详细介绍，有兴趣的读者可以寻找相关书籍和官方网站进行学习。下面的示例将代码和文档结合在一起，方便代码管理和促进团队合作，如图 3.29 所示。

对于 NBConvert 格式及相互转换方式，高级技术开发者或程序员在建立和推广自己的技术网站、论坛和博文时，NBConverb 生成和转换工具成为干净整洁提供 Web 素材的利器。读者可以到相关官网了解具体信息。

```
jupyter nbconvert my_code.ipynb --to 'html'
```

上述命令将 ipynb 代码转换成了 HTML 格式，执行后的显示页面图 3.30 所示。

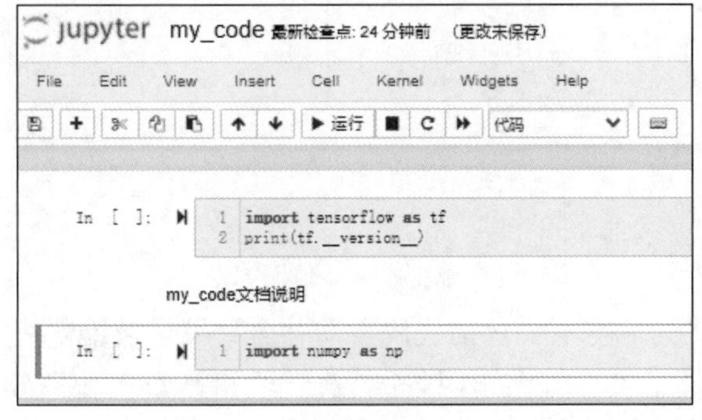

图 3.29

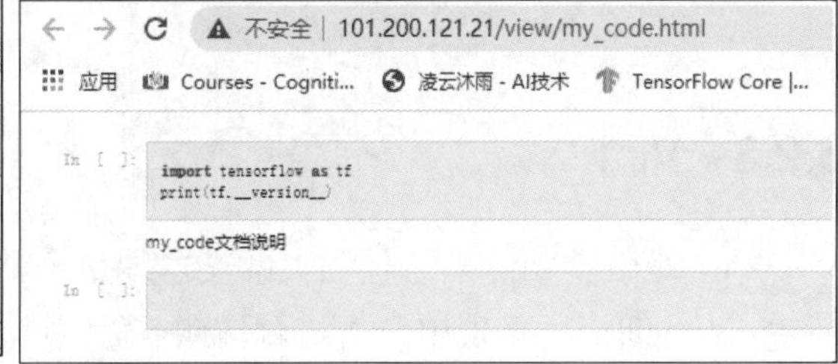

图 3.30

后面的格式字符标签('html')可以是['asciidoc','custom','html','latex','markdown', 'notebook','pdf', 'python','rst','script','slides','webpdf']中的任何一个。

“代码”中常见的三类提示符及含义如下：

1）In[ ]：程序未运行。

2）In[num]：程序运行后。

3）In[*]：程序正在运行。

常用快捷键（见图 3.31）可提高代码开发效率，其功能与 C/S 结构的 IDE 工具一样强大。

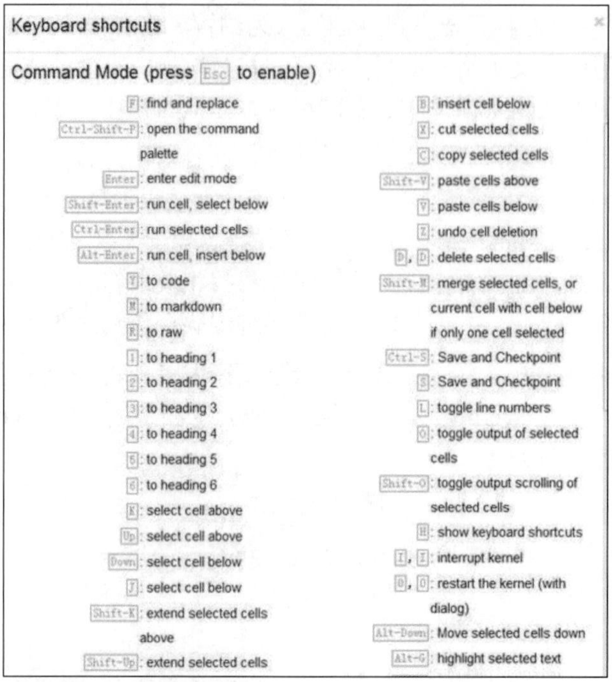

Keyboard shortcuts

Command Mode (press Esc to enable)

F: find and replace
Ctrl-Shift-P: open the command palette
Enter: enter edit mode
Shift-Enter: run cell, select below
Ctrl-Enter: run selected cells
Alt-Enter: run cell, insert below
Y: to code
M: to markdown
R: to raw
1: to heading 1
2: to heading 2
3: to heading 3
4: to heading 4
5: to heading 5
6: to heading 6
K: select cell above
Up: select cell above
Down: select cell below
J: select cell below
Shift-K: extend selected cells above
Shift-Up: extend selected cells

B: insert cell below
X: cut selected cells
C: copy selected cells
Shift-V: paste cells above
V: paste cells below
Z: undo cell deletion
D, D: delete selected cells
Shift-M: merge selected cells, or current cell with cell below if only one cell selected
Ctrl-S: Save and Checkpoint
S: Save and Checkpoint
L: toggle line numbers
O: toggle output of selected cells
Shift-O: toggle output scrolling of selected cells
H: show keyboard shortcuts
I, I: interrupt kernel
0, 0: restart the kernel (with dialog)
Alt-Down: Move selected cells down
Alt-G: highlight selected text

图 3.31

3.2.3 Vim

Vim 是一款功能丰富且强大的文本编辑器，其功能主要包括代码自动补全、编译及错误跳转等。Vim 的特点是使用命令进行编辑，完全脱离了鼠标的操作，程序员在学习和熟练使用 Vim 时会有一定的难度。因此，本小节将介绍一些有代表性的命令功能。

1. “.”命令是 Vim 的“瑞士军刀”

Vim 有以下四种模式：

1）普通模式。按【Esc】键即可进入普通模式，即默认模式。

2）插入模式。按【i】键即可进入插入模式，这是初学者常用的编辑模式。

3）可视模式。按【V】键即可进入可视模式。

4）命令行模式。按【:】键即可进入命令行模式。

使用 Vim 解决问题时建议采用如下思路：在特定模式下，只有光标移动键不会发生本意指示的变化，其他命令键都可能会发生变化。在普通模式下，Vim 实现的任务如下。

1）删除一个字符 ⇒ 重复上一个操作 ⇒ 删除一行 ⇒ 重复上一个删除行的操作 ⇒ 撤销以上的每一步操作。

【x】⇒【.】⇒【dd】⇒【.】⇒【u】⇒【u】⇒【u】⇒【u】，其中【dd】是两个 d 键的快速连按。

2）从当前行到文档末尾处的缩进层级，在行切换的操作并不能进入撤销栈中。

【>G】键当前行到文档末尾都具备缩进功能。

【j】键切换到下一行。

【.】键重复缩进的操作，注意并不是按【j】键切换到下一行。

3）在行尾添加内容的操作，如在 C/C++语句的行尾添加分号，Vim 提供了一个专门的命令，可以把两步操作合并为一步操作。

【A;Esc】键可以拆解为三步：按【A】键将光标定位到当前行尾，并进入插入模式；按【;】键将字符加到尾部；紧接着按【Esc】键；最后按【.】键重复以上操作。

4）查找和替换字符串。

要查找某个单词或字符串，可将光标放在想要寻找的字符串上，按【*】键，此时所有同样的字符串都会高亮显示，在高亮字符之间跳转要按【N】键。按【C+W】键会将光标后的所有字符串删除，并自动进入插入模式状态，输入要替换的字符串后按【Esc】键结束插入模式状态，这时可以按【.】键，每按一次都会对当前查找的字符串进行重复替换。

通过以上几个示例可以看到，【.】键起到一个记录机的作用。Vim 有宏的概念，【.】键实际上就是一个很简单、很小的宏。我们可以模仿以上操作范式，以实现更多的类似操作。

上述查找是根据文本或代码中有某个字符进行的，如果当前没有发现想要查找的字符串该怎么办呢？例如，要查找字符串“display”，此时可以开启搜索模式，按【/】键后输入“display”，可以看到每输入一个字符都会触发一次查找高亮显示。

在命令行模式下（按【:】）键，输入“%s/display/par/g”后按【Enter】键，可把字符串“display”替换为“par”。

后面的 g 还可以改为 c、i、I 等，这些参数也可以组合在一起使用。参数说明如下。

标记 g：表示全局搜索，对每一个匹配结果进行操作。g 为默认标记，即只对第一个匹配结果进行操作。

标记 c：表示操作前需要进行确认。

标记 i：表示大小写不敏感。

标记 I：表示大小写敏感。

上述方式加上“\|”后可表达“或”。例如，将字符串“red”或“green”替换为字符串“purple”的语句为“:%s/red\|green/purple/g”；查找字符串“bar”或“for”的语句为“/bar\|for”。

对于搜索操作，最具技术含量的方式是用“\v”模式开关统一所有特殊符号的规则，以实现正则表达式搜索。在 very magic 搜索模式下，除下划线、大小写字母及数字 0～9 之外的所有字符都具有特殊含义。关于正则表达式的搜索方法和运用在本书中不具体展开讲解，但在熟练运用 Vim 之后，读者可以查阅相关材料进行学习。

2. 在 Vim 中执行外部命令

1）以普通用户启动的 Vim 保存需要 root 权限的文件。

在 Linux 操作系统中用 Vim 编辑一个文件时，按【Esc】键运行:wq 后保存退出，有时会出现如下错误：

```
E45: 'readonly' option is set (add ! to override)
```

这表明文件是只读的，按照提示，加上“!”强制保存：【:w!】，结果还会有如下错误出现：

```
"readonly-file-name" E212: Can't open file for writing
```

这是由于没有 root 权限造成的，解决办法就是嵌入执行外部命令。其方式如下：

```
:w !sudo tee %
```

关于 tee 和%参数的具体作用读者不必在此深究，但可以看出嵌入外部命令的格式为“!{cmd}”。

2）在文档中的光标处嵌入当前工作路径。

```
:r !pwd 或 :r !ls
```

3）用 shell 外部命令 cat 在文档中的光标处嵌入其他文件内容。

```
:r !cat cannon.py
```

上述代码表示将外部文件 cannon.py 中的代码嵌入当前文件光标所在位置。

3. 在 Vim 中使用无名寄存器实现删除、复制和粘贴操作

按【V】键进入可视模式，这时移动光标将选中要复制的区域。按【Y】键复制选中的内容，此时选中高亮区域消失。移动光标到将要粘贴的位置，按【P】键粘贴，并返回普通模式。如果想撤销操作，可以按【U】键。注意：任何时候按【Esc】键都能返回普通模式。

同理，当通过光标选中区域时，按【D】键可进行删除，选择合适位置并按【P】键后可对删除内容进行复制，相当于剪切操作。

扩展：

> Vim 的视图模式有以下四种。
>
> 1）v：激活面向字符的可视模式，这是最常用的模式。
>
> 2）V：激活面向行的可视模式。
>
> 3）<Ctrl-v>：激活面向列块的可视模式。
>
> 4）gv：重选上次的高亮选区。

4. 自动补全

自动补全功能会扫描当前编辑会话中的文件及所有包含文件：C/C++使用 include files，Python 使用 import,Ruby 则使用 require 及标签文件（tag files），依此创建补全列表。除了关键字外，Vim 还会通过其他方式生成补全建议列表。这里需要理解两个重要的概念：第一，获取与上下文相关度最高的补全建议；第二，从补全列表中选择正确的单词。补全命令及补全类型见表 3.4。

表 3.4

命　令	补全类型
< Ctrl-n>	普通关键字
< Ctrl -x>< Ctrl -x>	当前缓冲关键字
< Ctrl -x>< Ctrl -i>	包含文件关键字
< Ctrl -x>< Ctrl -]>	标签文件关键字
< Ctrl -x>< Ctrl -k>	字典查找
< Ctrl -x>< Ctrl -l>	整行补全
< Ctrl -x>< Ctrl -f>	文件名补全
< Ctrl -x>< Ctrl -o>	全能（Omni）补全

当至少输入一个字符时（在插入模式下），按【Ctrl-p】键会弹出图 3.32 所示的字符串；当有且只有一个字符串与之匹配时，按【Ctrl-p】键不会产生菜单，而是直接将相似或符合的代码输入编辑器中。随着输入字符的增多，补全列表会越来越精简。所以，在大多数情况下，当输入两个字符时按【Ctrl-p】键，不会让列表过大而无法选择。

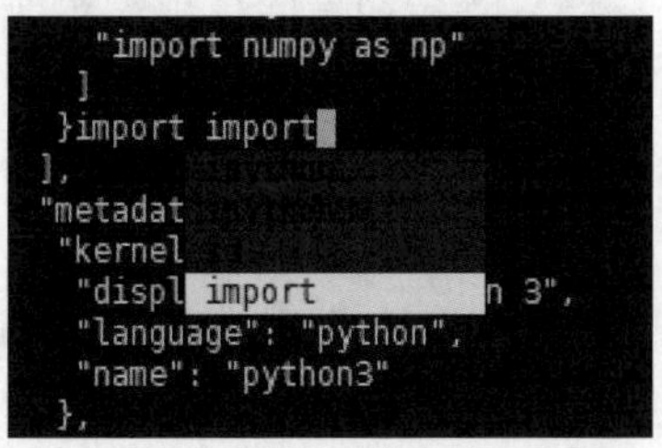

图 3.32

按【Ctrl-l】键可在选项菜单列表中增加一个筛选字符；相反，按【Ctrl-h】键可删除一个筛选字符。当没有任何选项可用时，可直接按【Ctrl-e】键。

在 Vim 的配置文件 set complete 选项中，通过增减来控制补全文件包含的口径，如默认设置为“.,w,b,u,t,i”。禁止某一个包含内容口径时就用 complete -= i 进行设置（i 代表包含文件），反之增加一个包含内容时就用 complete += k 进行设置。对每个关键字符的具体用法及解释，感兴趣的读者可以在命令模式下输入【h complete】（见图 3.33），打开查询帮助说明进行查询。

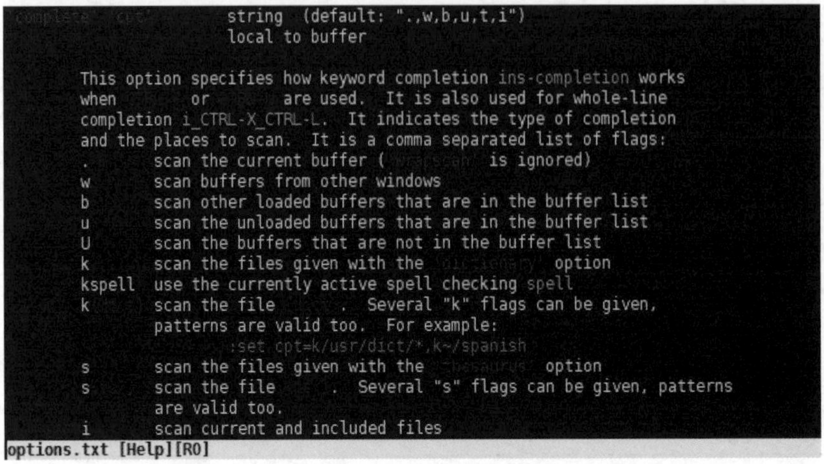

```
                    string  (default: ".,w,b,u,t,i")
                    local to buffer

        This option specifies how keyword completion ins-completion works
        when          or          are used.  It is also used for whole-line
        completion i_CTRL-X_CTRL-L.  It indicates the type of completion
        and the places to scan.  It is a comma separated list of flags:
        .       scan the current buffer (          is ignored)
        w       scan buffers from other windows
        b       scan other loaded buffers that are in the buffer list
        u       scan the unloaded buffers that are in the buffer list
        U       scan the buffers that are not in the buffer list
        k       scan the files given with the              option
        kspell  use the currently active spell checking spell
        k       scan the file          .  Several "k" flags can be given,
                patterns are valid too.  For example:
                    :set cpt=k/usr/dict/*,k~/spanish
        s       scan the files given with the             option
        s       scan the file          .  Several "s" flags can be given, patterns
                are valid too.
        i       scan current and included files
options.txt [Help][RO]
```

图 3.33

按【Ctrl-x】键和【Ctrl-o】键能触发根据上下文自动补全，即 Omni 补全方式。必须在 essential.vim 中加载以下配置行：

```
set nocompltible
filetype plugin on
```

帮助信息依然可以通过【h compl-omni-filetypes】方式进行查询。此外，还可以安装一个能为所有语言实现全能补全功能的插件。Vim 的发行版本本身就支持十几种语言，包括 HTML、CSS、JavaScript、PHP、SQL 等。

5. 在文件之间跳转

Vim 命令可以在一个文件中移动、跳转和指向，也能实现在不同的文件之间进行移动和跳转。Vim 提供了一些可以把文档中的关键字当成“锚点”的命令，从而快速地从代码的一部分跳转到另外一部分。Vim 会一直记录用户的浏览路径，沿此路径可以很容易地返回原处。

在命令模式下打开一个新文件，如【:edit my_code.html】，还可以同样的方式打开其他多个不同文件，这样就形成了一个“文件链”，按【Ctrl-o】键和【Ctrl-i】键可以在最开始的文件至最后打开的文件之间来回跳转。

在命令模式下，按【:jump】键会显示如图 3.34 所示的跳转列表，该列表中记录用户最近访问的位置。每个位置（包括文件名、列号和行号）都会被记录在一个 jump list 中，每个窗口都有一个单独的 jump list，可以记录最近 100 个访问的位置。search（搜索）、substitue（替换）和 mark（标记）等命令都被认为是一个 jump，但是在一个文件中进行滚动并不是一个 jump。再次进入命令行并输入 jump 列所示的标号，按【Enter】键后，进入该标号定位的文件处。同样，通过按【Ctrl-o】键和【Ctrl-i】键也可以在相关文件的“锚点”间来回跳转。

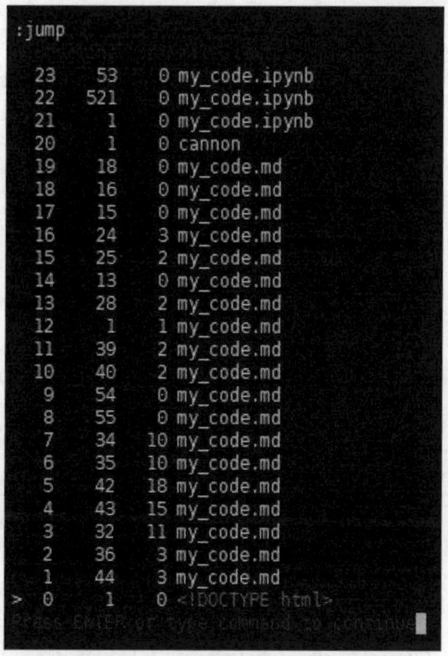

```
:jump

  23    53    0 my_code.ipynb
  22   521    0 my_code.ipynb
  21     1    0 my_code.ipynb
  20     1    0 cannon
  19    18    0 my_code.md
  18    16    0 my_code.md
  17    15    0 my_code.md
  16    24    3 my_code.md
  15    25    2 my_code.md
  14    13    0 my_code.md
  13    28    2 my_code.md
  12     1    1 my_code.md
  11    39    2 my_code.md
  10    40    2 my_code.md
   9    54    0 my_code.md
   8    55    0 my_code.md
   7    34   10 my_code.md
   6    35   10 my_code.md
   5    42   18 my_code.md
   4    43   15 my_code.md
   3    32   11 my_code.md
   2    36    3 my_code.md
   1    44    3 my_code.md
>  0     1    0 <!DOCTYPE html>
Press ENTER or type command to continue
```

图 3.34

扩展：

用 Vim 命令处理一些超大文件时会遇到卡死现象，此时用户不得不强制退出。当再次使用 Vim 命令访问该文件时，会出现提示“E325:ATTENTION”。如果不做处理，以后每次访问这个文件时该提示都会出现。此提示是 Vim 程序对文件的一种保护机制。当用 Vim 命令打开一个文件时，会自动生成一个隐藏的 swp 文件。如果 Vim 还在处理此文件，或者由于一些原因未正常退出，swp 文件就会一直存在。当用户再次用 Vim 命令打开此文件时，程序检测到有 swp 文件存在，就会提醒用户不要误操作。这时可直接将 swp 文件删除，也可根据实际情况做出其他选择。

3.3 Python 常用的科学计算和机器学习库

Python 具有算法效率高、代码可读性好和开发速度快等特点，因此成为数据科学工作者和机器学习专家的必选编程语言。Python 在数据分析和交互、探索性计算及数据可视化等方面都有非常成熟的库和活跃的社区，因此 Python 成为数据处理任务的重要工具。在数据处理、数据分析和深度学习方面，Python 拥有 NumPy、Matplotlib、Pandas、Python Scipy、Scikit-Learn 等一系列非常优秀的库和工具的支持，使数据分析工作者可以轻松地完成复杂的任务。

3.3.1 NumPy

1. 什么是 NumPy

NumPy 是 Python 的一种开源的数值计算扩展。NumPy 可以用来存储和处理大型矩阵，比

Python 自身的嵌套列表 list 结构要高效得多；其结构也可以用来表示矩阵（matrix），不仅支持大量的维度数组与矩阵运算，而且针对数组运算提供了大量的数学函数库。

NumPy 具有以下功能特性：

1）一个强大的 N 维数组对象 Array。

2）比较成熟的广播函数库。

3）用于整合 C/C++和 FORTRAN 代码的工具包。

4）实用的线性代数、傅里叶变换和随机数生成函数。NumPy 和稀疏矩阵运算包 SciPy 配合使用会更加方便。

NumPy 专为进行严格的数字处理而产生。很多大型金融公司以及一些核心的科学计算组织都会使用 NumPy，如美国国家航空航天局（National Aeronautics and Space Administration，NASA）用其处理一些本来使用 C++、FORTRAN 或 Matlab 等所做的任务。

NumPy 的前身为 Numeric，最早由微软的吉姆·胡古宁（Jim Hugunin）与其他协作者共同开发。2005 年特拉维斯·奥利芬特（Travis Oliphant）在 Numeric 中结合了另一个同样意义的程序库 Numarray 的特色，并加入了其他扩展而开发了 NumPy。NumPy 为开放源代码，并且由许多志愿协作者共同维护开发。

2. NumPy 广播

广播（Broadcast）是 NumPy 对不同形状（shape）的数组进行数值计算的方式，对数组的算术运算通常在相应的元素上进行。

如果两个数组 a 和 b 形状相同，即满足 a.shape==b.shape，那么 a×b 的结果是数组 a 与 b 的对应位相乘。这要求维数相同且各维度的长度也相同。

```
import numpy as np
a = np.array([1,2,3,4])
b = np.array([5,6,7,8])
print (a * b)
```

输出结果：

```
[5  12  21 32]
```

当运算中的两个数组的形状不同时，NumPy 将自动触发广播机制。例如：

```
import numpy as np
 a = np.array([[ 0, 0, 0],
              [10,10,10],
              [20,20,20],
              [30,30,30]])
b = np.array([1,2,3])
print(a + b)
```

输出结果：

```
[[ 1  2  3]
 [11 12 13]
 [21 22 23]
 [31 32 33]]
```

图 3.35 展示了不等维数组之间的运算。

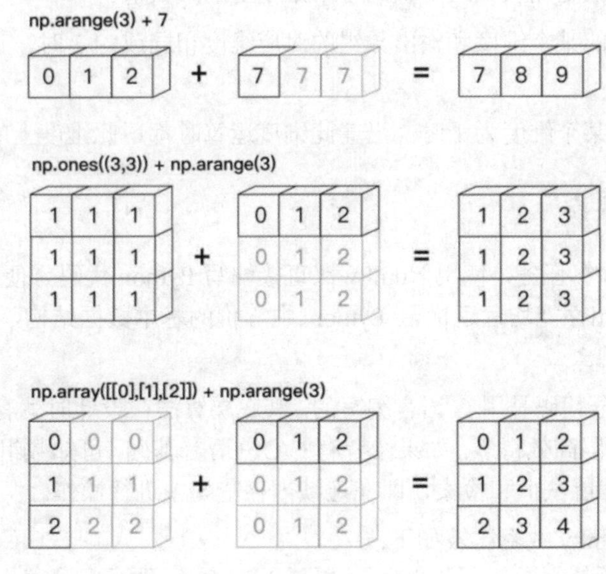
np.arange(3) + 7
np.ones((3,3)) + np.arange(3)
np.array([[0],[1],[2]]) + np.arange(3)

图 3.35

4×3 的二维数组与长为 3 的一维数组相加，等效于把数组 b 在二维上重复 4 次再运算。

```
import numpy as np
a = np.array([[ 0, 0, 0],
              [10,10,10],
              [20,20,20],
              [30,30,30]])
b = np.array([1,2,3])
bb = np.tile(b,(4,1))
print(bb)
print(a + bb)
```

其输出与上一示例的结果相同：

```
[[1 2 3]
 [1 2 3]
 [1 2 3]
 [1 2 3]]
[[ 1  2  3]
 [11 12 13]
```

```
 [21 22 23]
 [31 32 33]]
```

广播的规则如下：

1）所有输入数组都向其中形状最长的数组看齐，形状中维度不足的部分都可在前面加一个维度。

2）输出数组的形状是输入数组形状的各个维度上的最大值。

3）如果输入数组的某个维度和输出数组的对应维度相同或为 1 时，该数组能够用来计算，否则会出错。

4）当输入数组的某个维度为 1 时，沿着此维度运算时都用此维度上的第一组值。

3. NumPy 的优点

对于同样的数值计算任务，使用 NumPy 比直接编写 Python 代码方便得多，NumPy 中的数组存储效率和输入/输出性能均远远优于 Python 中等价的基本数据结构，并且能够提升的性能与数组中的元素成比例。

NumPy 中的大部分代码是用 C 语言编写的，其底层算法在设计时就有着优异的性能，这使 NumPy 比纯 Python 代码高效得多。如果读者有 C/C++语言基础，可知数组是内存连续的空间，直接用地址指针偏移就能获值和检索，即在连续内存空间中进行操作。

Python 循环和 NumPy 效率比较如下：

```
from time import clock
import numpy as np
from math import sin,cos

t = [i * 0.0001 for i in range(10000000)]
start_time = clock()
for i, item in enumerate(t):
    t[i] = sin(item)
    t[i] = cos(item)
print('python took time:', clock() - start_time)

t = [i * 0.0001 for i in range(10000000)]
start_time = clock()
t = np.array(t)
np.sin(t,t)
np.cos(t,t)
print('numpy took time:', clock() - start_time)
```

输出结果：

```
python took time: 3.618022999999999
```

```
numpy took time: 0.8032629999999994
```

从输出结果可以看出，耗时差距很明显。

4. 矩阵相乘运算

矩阵相乘在科学运算模型中是使用最频繁的操作（Operations，OP）节点运算，如果读者熟悉线性代数中的各种相乘，如矩阵与矩阵、矩阵与向量、矩阵与标量、内积相乘，以及不同形矩阵相乘等，则很容易理解这里介绍的矩阵相乘运算。

```
import numpy as np
a = [[1, 3], [8, 5]]
b = [[3, 2], [5, 9]]
a = np.array(a)
b = np.array(b)
```

数组乘法：

```
print(np.dot(a, b))
print("-"*20)
# 对于一维数组，np.dot()就是按位相乘再相加，结果是一个数，也就是点积<a,b>，又称内积
print(np.dot(a[0], b[0])) # 也就是 np.dot([1,3],[3,2])
print("-"*20)
```

矩阵按位相乘：

```
print(a * b)
print("-"*20)
print(np.multiply(a, b))
```

输出结果：

```
[[18 29]
[49 61]]
--------------------
9
--------------------
[[ 3  6]
 [40 45]]
--------------------
[[ 3  6]
 [40 45]]
```

图 3.36 展示了两个矩阵输入与输出的位置，可以看出矩阵 $\boldsymbol{A}$ 的列数必须等于矩阵 $\boldsymbol{B}$ 的行数。对于输出的矩阵的行列，由矩阵 $\boldsymbol{A}$ 的行确定输出行，矩阵 $\boldsymbol{B}$ 的列确定输出列。

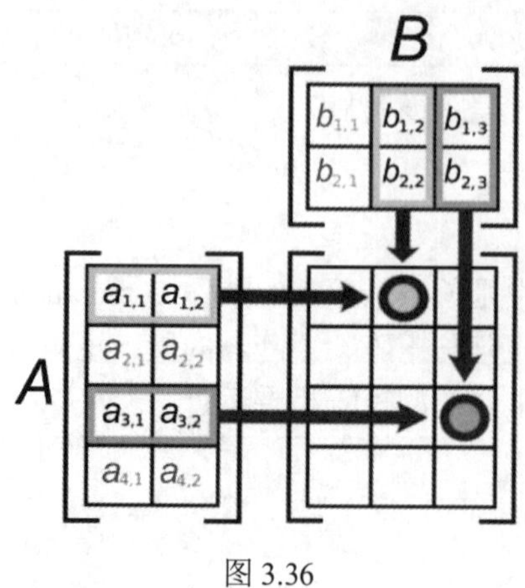

图 3.36

5. GPU 后端的 NumPy 接口——MinPy

MinPy 的目标是为用户提供一个高性能且灵活的深度学习平台。通过 NumPy 代码可自动获得以下内容：

1）具有 GPU 支持的 OP 将在 GPU 上运行。

2）对 CPU 上的 NumPy 缺省操作的优雅回退。

3）采用自动梯度方式计算梯度。

4）无缝支持 MXNet 符号编程。

MXNet 是一个“混合”框架，旨在提供符号风格和命令风格，并将选择权留给用户。虽然 MXNet 有一个极好的符号编程子系统，但与其他命令框架（如 NumPy 和 PyTorch）相比，它的命令式子系统仍不够强大。一个功能完备的命令式框架注重灵活性且不会损失太多性能，并且能与 MXNet 的现有符号系统进行很好的配合。

一般情况下，MXNet 常用于数据并行计算，每个 GPU 设备上都包含计算图中所有的 OP。而 TensorFlow 是可以由用户指定 OP 位置以及与 GPU 的映射关系的。大部分情况下，一个 GPU 设备只负责某个或某几个 OP 的训练任务。

```
import numpy as np
import numpy.random as random
import time

a = random.rand(3000,2000)
b = random.rand(2000,4000)
c = random.rand(4000,3000)
begin = time.time()
for i in range(10):
    np.dot(np.dot(a,b),c)
```

```
end = time.time()
print(end-begin)
```

输出结果：

```
C:\...\.conda\envs\TensorFlowGPU\python.exe C:/.../PycharmProjects/AI/minpy_test.py
46.03698778152466

Process finished with exit code 0
```

使用 MinPy 支持的 NumPy：

```
import minpy.numpy as np
import minpy.numpy.random as random
import time

a = random.rand(3000,2000)
b = random.rand(2000,4000)
c = random.rand(4000,3000)
begin = time.time()
for i in range(10):
    np.dot(np.dot(a,b),c)
end = time.time()
print(end-begin)
```

输出结果：

```
C:\ ...\.conda\envs\TensorFlowGPU\python.exe C:/.../PycharmProjects/AI/minpy_test.py
2.4284305572509766

Process finished with exit code 0
```

通过以上的实验，同样的运算方式，耗时差距十分明显。使用 MinPy 的类似 NumPy 接口代替原 NumPy 库时要注意以下两点：

1）同一程序最好不要一部分用 NumPy，而另一部分用 MinPy，并存可能会发生不可预知的后果。

2）NumPy 库十分庞大，MinPy 各种功能模块的口径比 NumPy 要小，即 NumPy 的部分功能 MinPy 并不支持。

扩展：

OP 大多为 TensorFlow 模型数据流图的运算节点，可以将其看作神经元，一般 tensor 对象代表的张量可以作为输入的数据，并在相当程度上兼容 NumPy 中的 Ndarray 对象。

3.3.2　Matplotlib

Matplotlib 是一个用于在 Python 中创建静态、动画和交互式可视化的综合库。登录

Matplotlib 官网（https://matplotlib.org/stable/tutorials/introductory/sample_plots.html），可以看到很多不同风格的图形展示，如图 3.37 和图 3.38 所示。双击某一个图形就可以看到具体的图例讲解和示例代码，由于所有示例都为静态数据，并且可以独立运行和展示，因此便于用户进行学习。

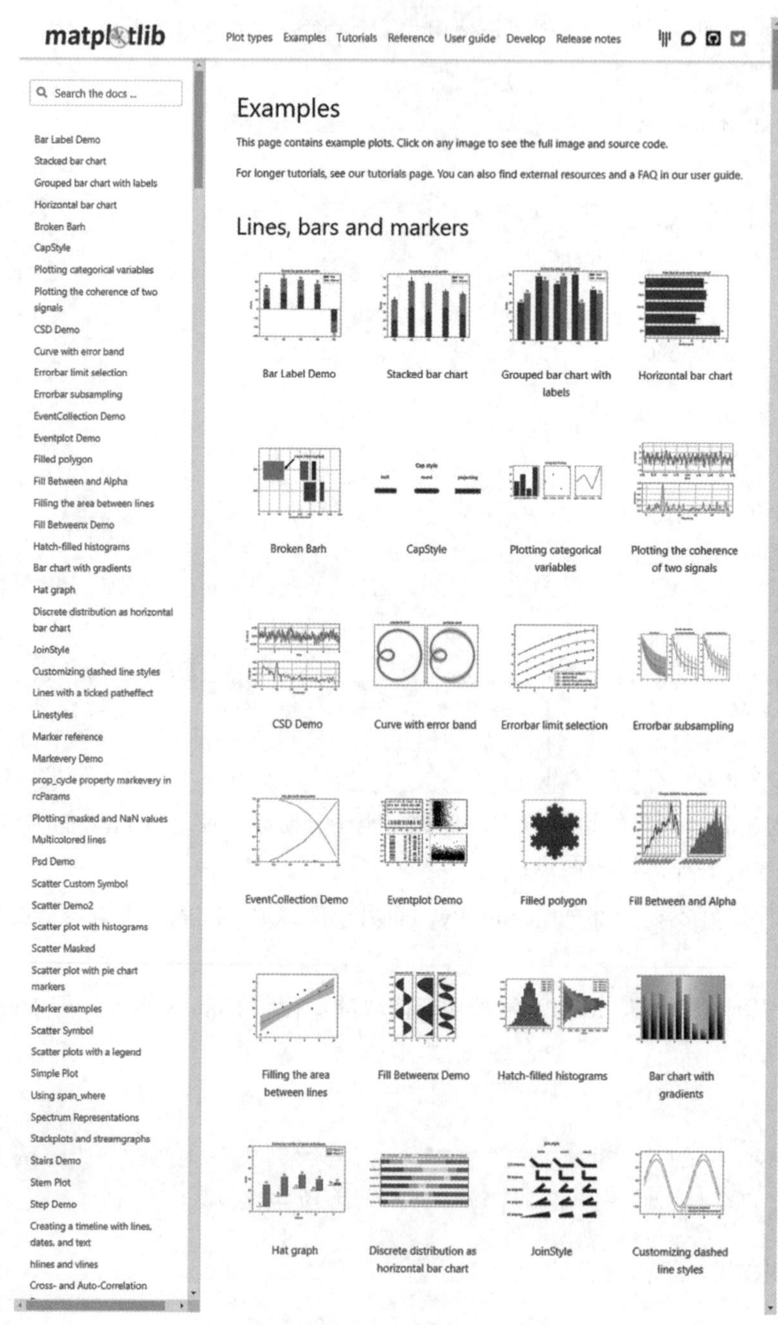

图 3.37

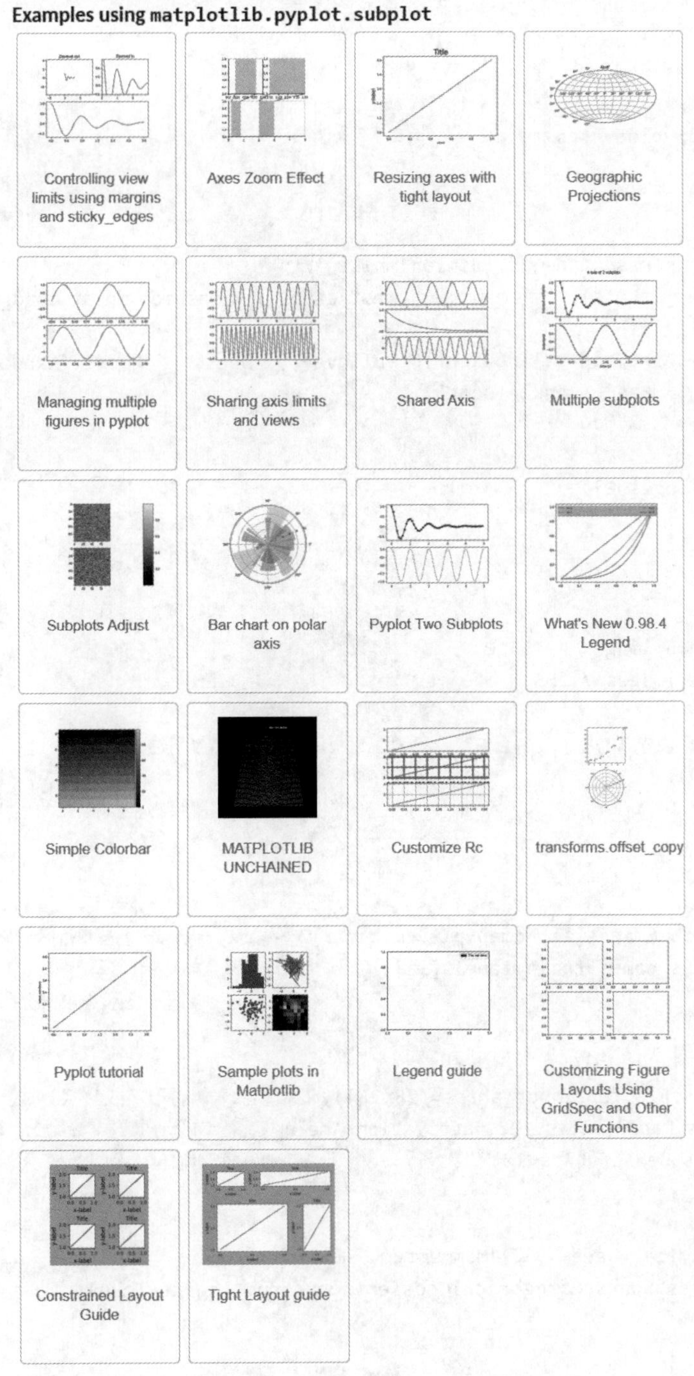

图 3.38

TensorFlow 2.0 用 Keras 实现神经网络服饰识别示例：

```
import os
#os.environ["CUDA_VISIBLE_DEVICES"]="-1"
import tensorflow as tf
import numpy as np
import matplotlib.pyplot as plt

print(tf.__version__)

fashion_mnist = tf.keras.datasets.fashion_mnist
(train_images, train_labels), (test_images, test_labels) = fashion_mnist.load_data()
#将样本数据分成训练集和测试集
class_names = ['T-shirt/top', 'Trouser', 'Pullover', 'Dress', 'Coat','Sandal',
'Shirt', 'Sneaker', 'Bag', 'Ankle boot']

plt.figure()
plt.imshow(train_images[0])
plt.colorbar()                                              #显示颜色条
plt.grid(False)                                             #图片不要网格
plt.show()

train_images = train_images / 255.0                         #色彩归一化
test_images = test_images / 255.0
#①
plt.figure(figsize=(10,10))                                 #创建一个画布
for i in range(100):
    plt.subplot(10,10,i+1)                                  #绘制多张图
    plt.xticks([])                                          #设置坐标刻度
    plt.yticks([])
    plt.grid(False)                                         #不显示坐标
    plt.imshow(train_images[i], cmap=plt.cm.binary)         #cmap 色彩映射列表
    plt.xlabel(class_names[train_labels[i]])                #X 轴设置标签
plt.show()                                                  #整体显示 100 张图

model = tf.keras.Sequential([
    tf.keras.layers.Flatten(input_shape=(28,28)),           #展平（或转换）成一维数组
    tf.keras.layers.Dense(units=128, activation='relu'),    #全连接层，有 128 个连接节点
    tf.keras.layers.Dense(units=10)                         #输出类别，与交叉熵对应
])

model.compile(optimizer='adam',   #Mommentum、RMSprop
loss=tf.keras.losses.SparseCategoricalCrossentropy(from_logits=True),
#损失函数指定了交叉熵
metrics=['accuracy'])
#fit_generator()
#train_on_batch()
model.fit(train_images, train_labels, batch_size= 64,epochs=6,verbose=1)
```

```
test_loss, test_acc = model.evaluate(test_images,  test_labels, verbose=1)
print('\nTest accuracy:', test_acc)

probability_model = tf.keras.Sequential([model,tf.keras.layers.Softmax()])
predictions = probability_model.predict(test_images)      #对检验样本进行推测
print(predictions[0])

def plot_image(i, predictions_array, true_label, img):     #注意这里的 plt 是全局的上下文
    predictions_array, true_label, img = predictions_array, true_label[i], img[i]
    plt.grid(False)
    plt.xticks([])
    plt.yticks([])
    plt.imshow(img, cmap=plt.cm.binary)
    predicted_label = np.argmax(predictions_array)
    if predicted_label == true_label:                  #如果预测正确，就显示 blue,否则显示 red
        color = 'blue'
    else:
        color = 'red'
    plt.xlabel("{} {:2.0f}% ({})".format(class_names[predicted_label],
                                100*np.max(predictions_array),     #寻找最值
                                class_names[true_label]),
                               color=color)
#②
def plot_value_array(i, predictions_array, true_label):
    predictions_array, true_label = predictions_array, true_label[i]
    plt.grid(False)
    plt.xticks(range(10))                                   #X 坐标定为 10 个刻度
    plt.yticks([])
    thisplot = plt.bar(range(10), predictions_array, color="#777777")
    plt.ylim([0, 1])                                        #限制 Y 坐标范围为 0～1
    predicted_label = np.argmax(predictions_array)
    thisplot[predicted_label].set_color('red')              #错误的预测标签显示红色
    thisplot[true_label].set_color('blue')                  #正确的预测标签显示蓝色

#绘制第一个 X 测试图像、预测标签和真实标签
#颜色为蓝色是正确的预测，颜色为红色是错误的预测
num_rows = 10
num_cols = 6
num_images = num_rows*num_cols
plt.figure(figsize=(2*2*num_cols, 2*num_rows))             #乘以 2 是为了拉开距离
for i in range(num_images):
    plt.subplot(num_rows, 2*num_cols, 2*i+1)
    plot_image(i, predictions[i], test_labels, test_images)
    plt.subplot(num_rows, 2*num_cols, 2*i+2)
    plot_value_array(i, predictions[i], test_labels)
    plt.tight_layout()
    plt.show()
```

观察和研究上述代码，通过调参和布局性尝试，可以完全掌握画布分窗、图像显示，以及甘特图的显示方法。通过与算法模型的真实融合，可以体会 Matplotlib 在模型中是如何嵌入的，以及对模型训练运行的直观评价。模型判断的图示结果如图 3.39 和图 3.40 所示。

代码①处：训练前的类别图示

图 3.39

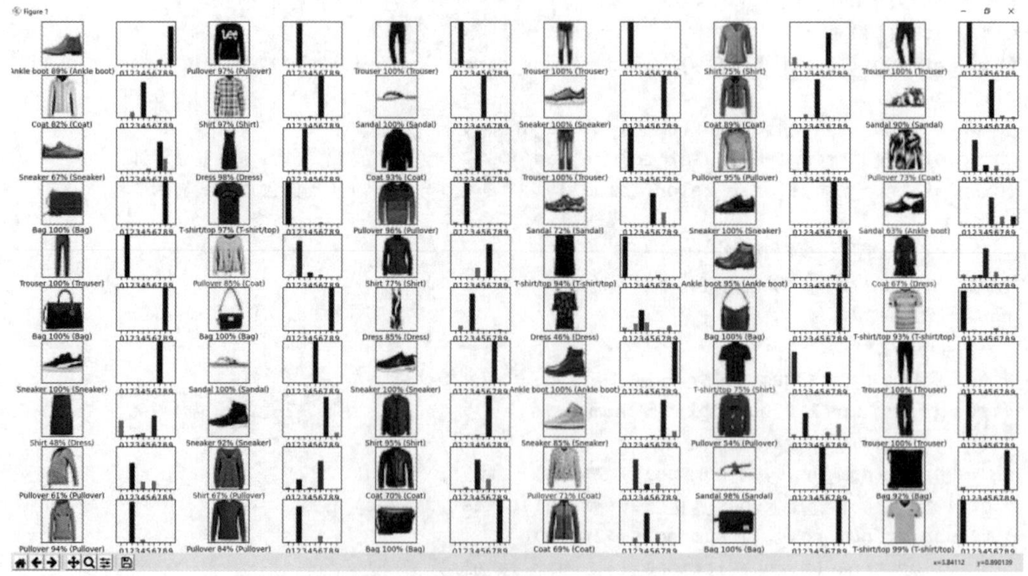

代码②处：蓝色为结果判断正确

图 3.40

3.3.3　Pandas

Pandas 是 Python 的一个数据分析包，是为解决数据分析任务而创建的。Pandas 为 Python 提供了易于使用的数据结构和数据分析工具。

Pandas 中常见的数据结构有以下几种。

1）Series：一维数组，与 NumPy 中的一维 array 类似。两者与 Python 的基本数据结构 List 也很相近。Series 如今能保存不同的数据类型，如字符串、boolean 值、数字等。

2）Time-Series：以时间为索引的 Series。

3）DataFrame：二维表格型数据结构。DataFrame 的很多功能与 R 中的 data.frame 类似，可以将 DataFrame 理解为 Series 的容器。

4）Panel：三维数组，可以理解为 DataFrame 的容器。

5）Panel4D：与 Panel 类似的四维数据容器。

6）PanelND：拥有 factory 集合，可以创建与 Panel4D 一样的、以 *N* 维命名容器的模块。

1. Series 的运用

创建 Series：

```
import numpy as np
import pandas as pd

countries = ['USA', 'Nigeria', 'France', 'Ghaha']
my_data = [100, 200, 300, 400]
my_series_01 = pd.Series(my_data, countries)
my_series_02 = pd.Series(my_data)
print(my_series_01)
pd.Series(data,index)
```

data：可以是任意数据对象，如字典、列表、numpy 数组等。注意，参数 data 不能为空。

index：data 的索引值，类似于字典的 key。参数 index 可省略，如 pd.Series(my_data)。

输出结果：

```
USA        100
Nigeria    200
France     300
Ghaha      400
dtype:     int64
```

再来看一个 Series 的重载方法：

```
my_data_02 = {'a':50, 'b':60, 'c':70, 'd':80}
```

```
my_series_03 = pd.Series(my_data_02)
print(my_series_03)
```

输出结果略。

从 Series 中获取数据，访问 Series 中的数据与访问 Python 中字典的方法相似。一种用 key 取值，另外一种用索引号取值，见下面的代码示例。

```
series_data_01 = my_series_01['USA']
print(series_data_01)
```

输出结果略。

```
series_data_02a = my_series_02[0]
series_data_02b = my_series_02[1]
print(series_data_02a)
print(series_data_02b)
```

输出结果略。

```
series_data_03 = my_series_03['a']
print(series_data_03)
```

输出结果略。

对 Series 进行算术运算是基于 index 进行的，如果 Pandas 在两个 Series 中找不到相同的 index 或 key，对应的位置就会返回一个空值 NaN。

```
compute_01a = my_series_01 - my_series_01
compute _01b = my_series_01 + my_series_01
compute _01c = my_series_01 * my_series_01
compute _01d = my_series_01 / my_series_01
print(compute _01a)
print(compute _01b)
print(compute _01c)
print(compute _01d)
```

输出结果：

```
USA         0
Nigeria     0
France      0
Ghaha       0
dtype:      int64
USA         200
Nigeria     400
France      600
Ghaha       800
dtype:      int64
USA         10000
Nigeria     40000
```

```
France        90000
Ghaha         160000
dtype:        int64
USA           1.0
Nigeria       1.0
France        1.0
Ghaha         1.0
dtype: float64
```

如果找不到匹配的 key 或 index，则不会抛出错误而输出 NaN。

```
compute _01a = my_series_01 - my_series_02
print(compute _01a)
```

输出结果：

```
0             NaN
1             NaN
2             NaN
3             NaN
France        NaN
Ghaha         NaN
Nigeria       NaN
USA           NaN
dtype: float64
```

2. DataFrame 的运用

上面每个 Series 都用了同一个 index 或 key，因此可以把 DataFrame 理解成一组采用同样索引的 Series 的集合。可以将多个 Series 构建成一个 DataFrame。

```
series_A = pd.Series(['Jon', 'Aaron', 'Todd'], index=['a', 'b', 'c'])
series_B = pd.Series(['39', '34', '32', '33'], index=['a', 'b', 'c',  'd'])
series_C = pd.Series(['US', 'China', 'US'],['a', 'b', 'c'])
df = {'Name': series_A,
      'Age': series_B,
      'Nationality': series_C
      }
DataFrame_01 = pd.DataFrame(df)
print(DataFrame_01)
```

输出结果：

```
   Name  Age Nationality
a    Jon  39          US
b  Aaron  34       China
c   Todd  32          US
d    NaN  33         NaN
```

下面用字典创建 DataFrame：

```
data = {'name': ['George', 'Ann', 'Tino', 'Charles', 'Phill'],
        'age':[40,24,31,21,23],
        'year':[2012,2012,2013,2014,2014]
        }
DataFrame_02 = pd.DataFrame(data, index=['Lagos','Dubai', 'Mumbai', 'Accra', 'Yuma'])
DataFrame_03 = pd.DataFrame(data)
print(my_DataFrame_02)
print(my_DataFrame_03)
```

输出结果：

```
          name  age  year
Lagos    George   40  2012
Dubai       Ann   24  2012
Mumbai     Tino   31  2013
Accra   Charles   21  2014
Yuma      Phill   23  2014
      name  age  year
0   George   40  2012
1      Ann   24  2012
2     Tino   31  2013
3  Charles   21  2014
4    Phill   23  2014
```

获取 DataFrame 中的列，只获取了一列就是一个 Series。可以用 type()函数确认返回值的类型。

```
df_data_01 = DataFrame_02['name']
df_data_02 = my_DataFrame_02['age']
df_data_03 = my_DataFrame_02['year']
print(df_data_01)
print(df_data_02)
print(df_data_03)
print(type(df_data_01))
```

输出结果：

```
Lagos      George
Dubai         Ann
Mumbai       Tino
Accra     Charles
Yuma        Phill
Name: name, dtype: object
Lagos     40
Dubai     24
Mumbai    31
Accra     21
```

```
Yuma      23
Name: age, dtype: int64
Lagos     2012
Dubai     2012
Mumbai    2013
Accra     2014
Yuma      2014
Name: year, dtype: int64
<class 'pandas.core.series.Series'>
```

获取多个列时，返回的是一个 DataFrame 对象。

```
df_data_04 = DataFrame_02[['name','year']]
print(df_data_04)
print(type(df_data_04))
```

输出结果：

```
           name  year
Lagos    George  2012
Dubai       Ann  2012
Mumbai     Tino  2013
Accra   Charles  2014
Yuma      Phill  2014
<class 'pandas.core.frame.DataFrame'>
```

在 DataFrame 中增加数据列的方法有两种。

1）可以先定义一个 Series，再将其放进 DataFrame 中。

```
DataFrame_02['sex'] = pd.Series(['F','M','M','F'],index=['Lagos','Dubai','Mumbai','Accra'])
print(DataFrame_02)
```

输出结果：

```
name  age  year  sex
Lagos    George  40  2012    F
Dubai       Ann  24  2012    M
Mumbai     Tino  31  2013    M
Accra   Charles  21  2014    F
Yuma      Phill  23  2014  NaN
```

2）利用现有的 Series 列数据生成新的列。

```
DataFrame_02['Birthday'] = DataFrame_02['year'] - DataFrame_02['age']
print(DataFrame_02)
```

输出结果：

```
           name  age  year  sex  Birthday
Lagos    George   40  2012    F      1972
Dubai       Ann   24  2012    M      1988
```

```
Mumbai     Tino   31  2013    M      1982
Accra   Charles   21  2014    F      1993
Yuma      Phill   23  2014  NaN      1991
```

从 DataFrame 中删除行/列的方法如下：

```
DataFrame.drop(labels=None,axis=0, index=None, columns=None, inplace=False)
```

axis=0 对应的是行 row，axis=1 对应的是列 column。inplace=False，默认该删除操作不改变原数据，而是返回一个执行删除操作后的新 Dataframe；反之，直接在原数据上进行删除修改操作。

```
print(DataFrame_02.drop('sex',axis=1))
print(DataFrame_02)
```

输出不一样的结果，第一个输出的是返回值，第二个输出的是原 DataFrame。

```
           name  age  year  Birthday
Lagos    George   40  2012      1972
Dubai       Ann   24  2012      1988
Mumbai     Tino   31  2013      1982
Accra   Charles   21  2014      1993
Yuma      Phill   23  2014      1991
           name  age  year  sex  Birthday
Lagos    George   40  2012    F      1972
Dubai       Ann   24  2012    M      1988
Mumbai     Tino   31  2013    M      1982
Accra   Charles   21  2014    F      1993
Yuma      Phill   23  2014  NaN      1991
```

如果要永久性删除某一行/列，则需要加上 inplace=True 参数。

```
print(DataFrame_02.drop('sex',axis=1, inplace=True))
print(DataFrame_02)
```

输出结果略。

要获取 DataFrame 中的一行或多行数据，需要用 loc[]（或者用 iloc[]）按标签名引用这一行，即按这行在表中的位置行数来引用。

```
print(DataFrame_02.loc['wym'])
print(DataFrame_02.iloc[0])
```

提取 DataFrame 中的某行某列的数据，如提取 wym、name 列的数据：

```
DataFrame_02.loc['wym', 'name']
```

提取 wym、wsy 行，name、Birthday 列的数据：

```
DataFrame_02.loc[['wym','wsy'],['name','Birthday']]
```

按逻辑条件进行筛选，筛选出 age 大于 30 的行和列：

```
DataFrame_02[DataFrame_02['age']>30]
```

筛选出 age 大于 30 的 name、age、sex 列：

```
DataFrame_02[DataFrame_02['age']>30][['name','age','sex']]
```

对多个条件进行筛选，可以用逻辑运算符“&”（与）和“|”（或）链接多个条件语句。筛选出 age 大于 30 且 sex=F 的所有行和列：

```
DataFrame_02[(DataFrame_02['age']>30) & (DataFrame_02['sex']=='F')]
```

输出结果如图 3.41 所示。

	name	age	year	sex	Birthday
Lagos	George	40	2012	F	1972

图 3.41

重置 DataFrame 的索引，如前面的 Series 运算，当两个不一致时，就有必要对索引进行修改。可以用 DataFrame.reset_index()把整个表的索引进行重置：

```
DataFrame_03 = pd.DataFrame(np.random.randn(5,4),['A','B','C','D','E'],['W','X','Y','Z'])
print(DataFrame_03)
```

输出结果：

```
          W          X          Y          Z
A  -1.263807  -0.499175   0.975980   0.419153
B  -1.370073  -0.426637  -0.049282  -0.158121
C   0.579065  -1.291811  -0.003074  -0.169595
D  -0.229654  -0.632938   1.426495  -1.743409
E  -1.133657  -0.484423   0.394437  -1.327675
```

该方法将把目标 DataFrame 的索引保存在一个名为 index 的列中，表格的索引变成默认的从 0 开始的数字[0,…,len(data)-1]。与 drop 方法一样，永久插入索引需要明确传入参数 inplace。

```
DataFrame_03.reset_index()
DataFrame_03.reset_index(inplace=True)
```

输出结果：

```
  index         W          X          Y          Z
0     A  0.449860  -0.271089  -0.284972  -0.922295
1     B  0.816054   1.333418   0.485665   0.342246
2     C -0.218824  -0.201764   1.791941  -1.290957
3     D -1.345890  -0.321456  -1.261445   1.974130
4     E  1.150386   0.233538   1.027836  -1.226237
```

可以用 set_index()方法设置 DataFrame 的索引值，将 DataFrame 中的某一列作为索引来用，或者用新建的 Series 完全覆盖原来的索引值。

```
DataFrame_03['ID'] = ['A1','B2','C3','D4','E5']
DataFrame_03.set_index('ID')
```

多级索引其实是一个由元组（Tuple）组成的数组，每一个元组都是独一无二的。可以从一个包含许多数组的列表中创建多级索引调用 MultiIndex.from_arrays，也可以用一个包含许多元组的数组调用 MultiIndex.from_tuples，或者用一对可迭代对象的集合构建调用 MultiIndex.from_product。

制作多级索引列表：

```
outside = ['0 Level', '0 Level', '0 Level', 'A Level', 'A Level', 'A Level']
inside = [21, 22, 23, 20, 22, 24]
```

利用 list(zip())嵌套把两个列表合并成一个每个元素都是元组的列表：

```
Index_1 = list(zip(outside, inside))
print(my_index)
```

输出结果：

```
[('0 Level',21),('0 Level',22),('0 Level',23),('A Level',20),('A Level',22),('A Level',24)]
```

生成多级索引对象, 在创建 DataFrame 时加载引入多级索引：

```
index_01 = pd.MultiIndex.from_tuples(index_01)
print(index_01)
DataFrame_04_index = pd.DataFrame(np.random.randn(6,2), index=index_01, columns=['A','B'])
print(DataFrame_04_index)
```

输出结果：

```
MultiIndex([('0 Level', 21),
            ('0 Level', 22),
            ('0 Level', 23),
            ('A Level', 20),
            ('A Level', 22),
            ('A Level', 24)],)
                    A         B
0 Level  21  -0.015311  0.469183
         22  -0.762887  0.818374
         23  -0.536816  0.071746
A Level  20   0.757287 -0.006451
         22   0.180544 -0.161745
         24  -1.834976  0.105834
```

获取多级索引中的数据时还需要用到 loc[]。先获取‘0 Level’下的数据，然后用 loc[]获取下一层 22 中的数据：

```
print(DataFrame_04_index.loc['0 Level'].loc[22])
```

为多级索引命名：

```
DataFrame_04_index.index.names = ['Levels','Num']
```

交叉选择行和列中的数据，提取所有 Levels 中 Num=22 的行：

```
print(DataFrame_04_index.xs(22,Level='Num'))
```

输出结果：

```
A    1.176111
B   -0.908018
Name: 22, dtype: float64
               A         B
Levels
0 Level  1.176111 -0.908018
A Level  0.853343 -1.650769
```

3.3.4 Python SciPy

Python SciPy 库是一组基于 NumPy 和数学算法的便捷算法库。目前，Python SciPy 库支持集成、梯度优化、特殊功能、常微分方程求解器、并行编程工具等。与 SciPy 进行的交互式会话基本上是一个数据处理和系统原型制作环境，就像 MATLAB、Octave、Scilab 或 R-lab。SciPy 是一个开源项目，根据 BSD（Berkly Software Distribution）许可发布。

SciPy 提供了用于数据处理及数据可视化的高级命令和类，从而以显示的顺序增加了交互式 Python 会话的功能。除了 SciPy 中的数学算法之外，Python 程序员还可以使用从类对象、Web 前端和数据库子例程到并行编程的所有内容，从而可以更轻松、更快速地开发复杂且专业的应用程序。由于 SciPy 是开源的，因此世界各地的开发人员都可以为附加模块的开发做出贡献，这对于 SciPy 的科学应用非常有益。

扩展：

BSD 开源协议是一个给予使用者很大自由的协议，使用者可以自由使用，既可以修改源代码，也可以将修改后的代码作为开源或者专有软件再发布。但对代码“为所欲为”的前提是当发布使用了 BSD 协议的代码，或者以 BSD 协议代码为基础二次开发自己的产品时需要满足三个条件：①如果再发布的产品中包含源代码，则在源代码中必须带有原来代码中的 BSD 协议；②如果再发布的只是二进制类库/软件，则需要在类库/软件的文档和版权声明中包含原来代码中的 BSD 协议；③不可以用开源代码的作者/机构名称和原来产品的名称进行市场推广。

1. SciPy 线性代数

SciPy 是使用 ATLAS LAPACK 和 BLAS 库构建的，具有高效的线性代数运算功能。SciPy 中的所有线性代数例程都采用一个可以转换为 2D 数组的对象，并且输出的类型也相同。下面通过示例介绍线性代数例程。

尝试求解下面的线性方程：

$$\begin{cases} x_1 + 2x_2 + 3x_3 = 7 \\ 4x_1 + x_2 + x_3 = -2 \\ 2x_1 + 4x_2 + 3x_3 = 8 \end{cases}$$

```
import numpy as np
from scipy import linalg

A = np.array([[1.,2.,3.],[4.,1.,1.],[2.,4.,3.]])
B = np.array([[7.],[-2.],[8.]])
X = linalg.solve(A,B)
print(X)
```

计算输出结果：

```
[[-1.]
 [ 1.]
 [ 2.]]
```

对计算结果进行验证：

```
A = np.array([[1.,2.,3.],[4.,1.,1.],[2.,4.,3.]])
B = np.array([[7.],[-2.],[8.]])
R = np.array([[-1.],[1.],[2.]])
print(A.dot(R)-B)
```

输出结果，说明算法库提供的线性方程求解完全正确。

```
[[0.]
 [0.]
 [0.]]
```

2. 科学特殊功能

SciPy 的特殊子软件包定义了许多数学及物理学的功能，可用功能包括艾里、贝塞尔、贝塔、椭圆、伽马、超几何、开尔文、马修、抛物柱面、球面波和曲面。下面介绍贝塞尔函数。

贝塞尔函数是具有实阶或复阶阿尔法的贝塞尔微分方程的一系列解决方案。

下面借助一个示例更好地了解它，该示例是一个固定在边缘的圆形鼓（见图 3.42）。

```
# Import special package
from scipy import special
import numpy as np
def drumhead_height(n, k, distance, angle, t):
    kth_zero = special.jn_zeros(n, k)[-1]
    return np.cos(t) * np.cos(n*angle) * special.jn(n, distance*kth_zero)
theta = np.r_[0:2*np.pi:50j]
```

```
radius = np.r_[0:1:50j]
x = np.array([r * np.cos(theta) for r in radius])
y = np.array([r * np.sin(theta) for r in radius])
z = np.array([drumhead_height(1, 1, r, theta, 0.5) for r in radius])

# Plot the results for visualization
import matplotlib.pyplot as plt
from mpl_toolkits.mplot3d import Axes3D
from matplotlib import cm
fig = plt.figure()
ax = Axes3D(fig)
ax.plot_surface(x, y, z, rstride=1, cstride=1, cmap=cm.jet)
ax.set_xlabel('X')
ax.set_ylabel('Y')
ax.set_zlabel('Z')
plt.show()
```

上面示例来自 SciPy 官网。由于该示例的专业性和特殊性，这里仅用于说明这是一个庞大的库，是用于科学应用程序开发的，并且需要像机器学习/深度学习那样处理复杂的数学运算。学习这个示例，能帮助读者了解 SciPy 软件包执行各种复杂的数学运算过程。

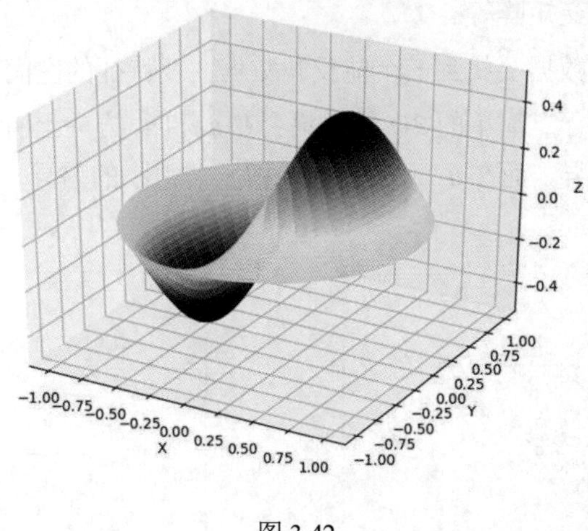

图 3.42

3.3.5 Scikit-Learn

Scikit-Learn 是针对 Python 编程语言的免费软件机器学习库。它具有各种分类、回归和聚类算法，包括支持向量机、随机森林、梯度提升、k 均值和 DBSCAN，并且旨在与 Python 数据科学计算库 NumPy 和 SciPy 配合使用。

Scikit-Learn 源于 scikits.learn，由大卫 • 库尔纳波于 2007 年作为一个 Google summer 代码项目启动。Scikit-Learn 0.20 是支持 Python 2.7 和 Python 3.4 的最后一个版本。后续版本需要

Python 3.6 或更高版本。Scikit-Learn 1.0 及更高版本需要 Python 3.7 或更高版本。

Scikit-Learn 与其他 Python 库能很好地集成在一起。Matplotlib 和 Plotly 用于绘图，NumPy 用于数组矢量化，Pandas 用于数据帧处理，SciPy 用于科学运算等。Scikit-Learn 绘图功能需要 Matplotlib 版本高于 2.2.2，部分示例需要 Scikit-image 版本不低于 0.14.5，部分示例需要 Pandas 版本不低于 0.25.0。读者在使用时要注意部分功能在 0.9.0 后终止了。

Scikit-Learn 主要由 Python 编写，广泛使用了 NumPy 中高性能的线性代数和数组运算。此外，Scikit-Learn 通过使用 Cython 编译部分核心算法来提高性能。其主要方法包括分类（Classification）、回归（Regression）、聚类（Clustering）、降维（Dimensionality reduction）、模型选择（Model selection)、预处理（Preprocessing）等。

Scikit-Learn 与许多其他 Python 库可以很好地集成在一起，如 Matplotlib、NumPy、Pandas、SciPy 等。

1. Scikit-Learn 主成分分析

主成分分析是迄今为止最流行的降维运算，可以将其理解为识别出最接近数据特征的超平面，然后将数据投影其上。主成分分析涉及的数学知识点包括矩阵可逆性、标准差、协方差、共线性、线性相关性和正交矩阵等。

在训练之前，待训练数据要找到一个能反映数据主要特征的空间又称之为超平面来降低数据集的维度。如图 3.43 所示，简单的 2D 数据集会在 u_1 和 u_2 方向上有不同的特征表现，在 u_1 上的投影保留了最大化的差异，而在 u_2 上的投影保留了非常小的差异，特征最明显、最突出的方向就是要确定的方向。

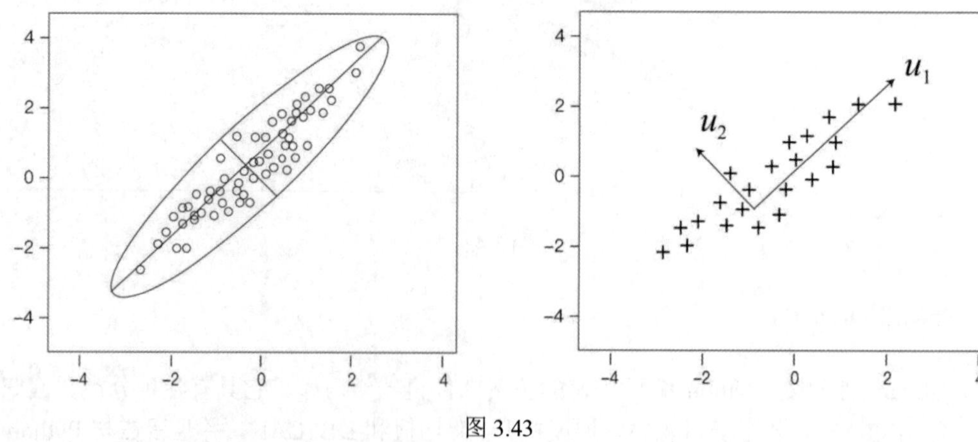

图 3.43

主成分分析的关键有以下几点：

1）保留差异性是方法论。

2）找主成分是路线。

3）低维度投影是目标。

4）方差贡献率是评价依据。

5）选择合适的维度是关键。

现共有 10000 个样本，每个样本有 3 个特征，共 4 个簇。代码实现示例如下：

```
import numpy as np
import matplotlib.pyplot as plt
from mpl_toolkits.mplot3d import Axes3D
from sklearn.datasets import make_blobs
x,y = make_blobs(n_samples=10000,n_features=3,centers=[[4,4,4], [0,0,0], [1,1,1], [2,2,1]],
    cluster_std=[0.2,0.1,0.2,0.3],random_state =9)
fig = plt.figure()
ax = Axes3D(fig, rect=[0, 0, 1, 1], elev=30, azim=10)
plt.scatter(x[:, 0], x[:, 1], x[:, 2],marker=',',c='r')
```

运行结果如图 3.44 所示。

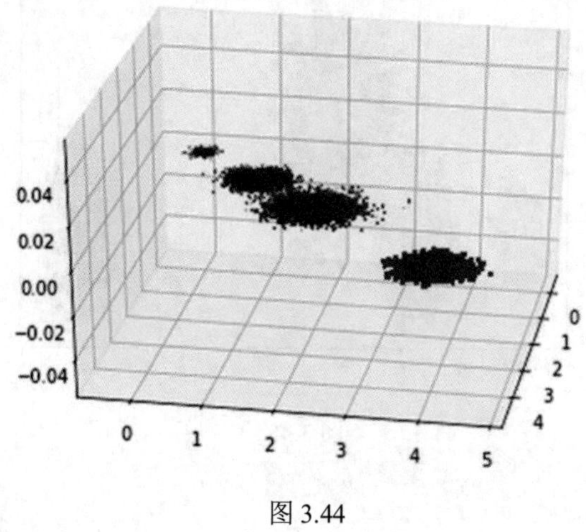

图 3.44

计算三个维度的方差：

```
from sklearn.decomposition import PCA
pca = PCA(n_components=3)
pca.fit(x)
print(pca.explained_variance_ratio_)                #方差比
print(pca.explained_variance_)                      #方差值
```

输出结果如下，可以看出第一个特征比例明显。

```
[0.96869684 0.02477315 0.00653001]
[6.55123853 0.16753935 0.04416206]
```

把三维数据降到二维数据：

```
pca = PCA(n_components=2)
pca.fit(x)
print(pca.explained_variance_ratio_)
print(pca.explained_variance_)
```

降维输出结果和预计一致（参数也可以写成 n_components=0.96，表示筛选出方差比例要超过 96%最少的维度）：

```
[0.96869684 0.02477315]
[6.55123853 0.16753935]
```

在转换后的维度观察数据分布：

```
X_new = pca.transform(x)
plt.scatter(X_new[:,0],X_new[:,1],marker=',',c='r')
plt.show()
```

降维后的数据分布如图 3.45 所示，可见降维后的方向更能表现数据的特征。

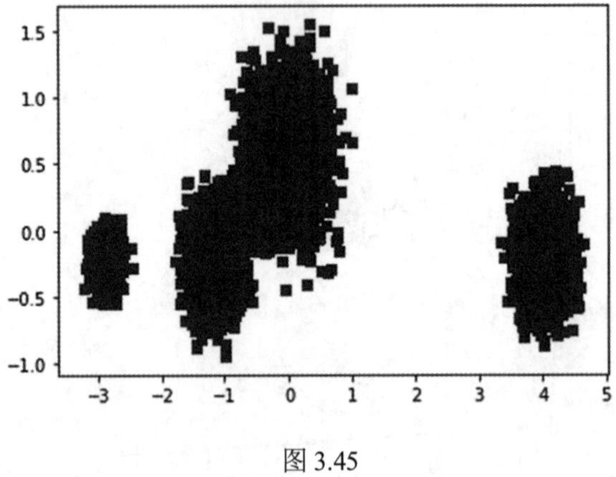

图 3.45

2. Scikit-Learn 岭回归

岭回归优化的目标是在最小二乘法的基础上进行改良，即增加一个“惩罚”项正则化因子来防止过拟合。在此重点把问题放在正则化因子的解释说明上，解释为什么正则化因子能起到防止过拟合的作用。

岭回归的优化目标如下：

$$\text{argmin}(\|xw-y\|^2+\|\alpha w\|^2)$$

在 sklearn 库中可以使用 sklearn.linear_model.Ridge 调用岭回归模型，其主要参数如下。

1）alpha：正则化因子，对应于损失函数中的α。

2）fit_intercept：表示是否计算截距。

3）solver：设置计算参数的方法，可选参数包括 auto、svd、sag。

示例数据为 CSV 格式，共 6 列 15000 行，第 6 列为标签值（温度、湿度、压力、电压、流阻系数、异常状态）。示例代码如下：

```
import numpy as np
import pandas as pd
from sklearn.linear_model import Ridge
from sklearn import model_selection
import matplotlib.pyplot as plt
from sklearn.preprocessing import PolynomialFeatures

data=np.array(pd.read_csv('lingyuntech/data.csv'))

x=data[:,1:5]
y=data[:,5]
poly =PolynomialFeatures(degree=4)
x=poly.fit_transform(x)
train_x,test_x,train_y,test_y=model_selection.train_test_split(x,
                                                              y,
                                                              test_size=0.3,
                                                              random_state=0)
ridge_linear =Ridge(alpha=1.0,fit_intercept=True)
ridge_linear.fit(train_x,train_y)
ridge_linear.score(test_x,test_y)

y_predict= ridge_linear.predict(x)

start=200
end=300
time =np.arange(start,end)
plt.plot(time,y[start:end],'b',label="real")
plt.plot(time,y_predict[start:end],'r',label='predict')
plt.legend(loc='upper left')
plt.show()
```

train_test_split()是 sklearn.model_selection 中的分离器函数，用于将数组或矩阵划分为训练集和测试集进行交叉验证。其函数样式如下：

```
x_train,x_test,y_train,y_test= train_test_split(train_data,
                                                 train_target,
                                                 test_size,
                                                 random_state,
                                                 shuffle)
```

其主要参数如下。

1）train_data：待分组的样本数据。

2）train_target：待分组的对应样本数据的标签。

3）test_size：①浮点数范围为 0～1，表示样本所占比例；②整数表示样本数据中会有多少数据记入 x_test，其余数据记入 x_train。

4）random_state：随机数种子。

5）shuffle：随机打乱模式。①shuffle=False，不打乱样本数据顺序；②shuffle =True，打乱样本数据顺序。

PolynomialFeatures(degree=4)，degree 参数可控制多项式的次数。例如，有 a、b 两个特征，那么它的二次多项式为[1,a,b,a^2,ab,b^2]，三次多项式为[1,a,b,ab,b^2,ba^2,a^3,b^3,ab^2]。为什么不直接用原样本数据[a,b]展开呢？

从图 3.46 中可以很明显看出，y 本身是二次关系，如果用线性关系去拟合，拟合效果肯定会非常差。如果读者仍不理解如何控制多项式的次数，可以补习泰勒展开式（也称泰勒级数）的相关知识。

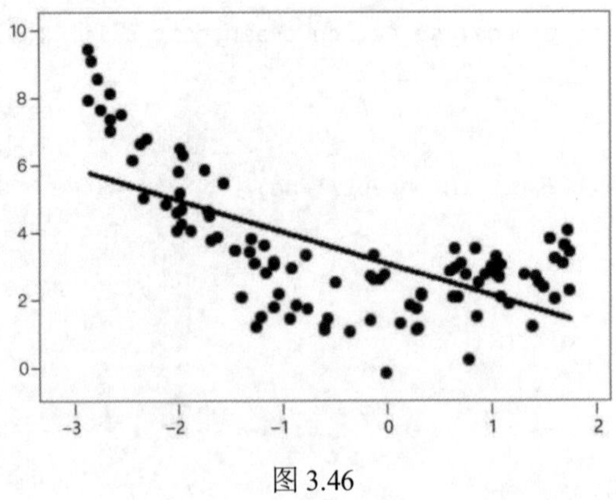

图 3.46

正则化因子为什么能防止过拟合呢？下面用最简捷、最直观的方式进行讲解。理解该问题也是掌握经典分类算法——支持向量机（Support Vector Machine，SVM）的基础。

求周长为 4 的矩形面积最大时的边长。

$$\max_{a,b} f(x) = ab \quad \text{s.t.} \quad a+b=2$$

解：$f'(x) = ab + c(a+b-2)$

$$\frac{\partial y}{\partial a} = b + c = 0 \qquad \frac{\partial y}{\partial b} = a + c = 0 \qquad \frac{\partial y}{\partial c} = a + b - 2 = 0$$

得到

$a=1 \quad b=1 \quad c=-1$

以上问题的解决使用了著名的拉格朗日乘数法（以数学家 Joseph-Louis Lagrange 命名）。在数学的最优化问题中，拉格朗日乘数法是一种寻找多元函数在其变量受到一个或多个条件约束时的极值的方法。对含 n 个变量和 k 个约束的情况，有

$$\mathcal{L}(x_1,\cdots,x_n,\alpha_1,\cdots,\alpha_k)=f(x_1,\cdots,x_n)+\sum_{i=1}^{k}\alpha_i h_i(x_1,\cdots,x_n)$$

上面的 $c(a+b-2)$ 就是上式中的 $\sum_{i=1}^{k}\alpha_i h_i(x_1,\cdots,x_n)$，这里考虑到多个约束条件的可能性，所以用符号“Σ”。后来数学家们又发现在不等的条件下（如≤），上式依然有效，这就提供了多条件约束下的极值求解方式，也是理解支持向量机的对偶问题和 KKT 条件的关键。“惩罚项”的正则化因子通常是范 1(L_1)或范 2(L_2)，范数 p 定义如下：

$$L_p=\left\|x_p\right\|=\sqrt[p]{\sum_{i=1}^{n}x_i^p},\quad x=(x_1,\cdots,x_n)$$

$\left\|x_2^2\right\|$ 是范数的乘方，即对 $x_1,\cdots,x_n$ 组成的多项式回归时进行约束。由图 3.47 可知正则化因子为什么能防止过拟合。

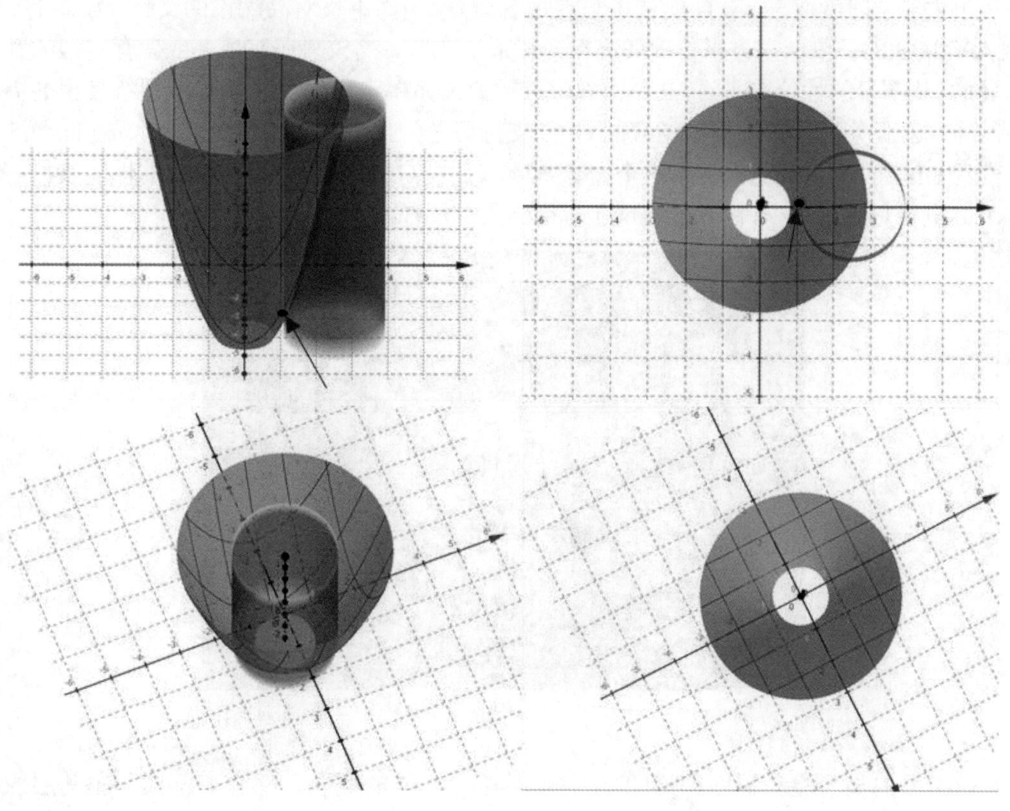

图 3.47

在图 3.47 中，约束条件是圆柱在椭圆抛物面低的侧面，两者在箭头指向的黑点处有一个法向线交合点，该点就是约束条件下的极值，可以看到该图的最小值并不是椭圆抛物面最底部的最小值，即圆圈的最大值为椭圆抛物面的最小值。$(x-a)^2+(y-b)^2=r^2$ 是圆函数，可以与 $\boldsymbol{L}_2$ 进行对比，也就是拟合回归出的参数值方差尽可能小于某个值。有了这个约束条件就能让拟合线更加光滑。还有一种情况是椭圆抛物面的最小值正好在圆的范围内，那么椭圆抛物面的最小处就是整体的最小值，约束条件并不起作用。α 是训练拟合的超参经验值，其有很多评价优劣的方法。本书不深入展开。

本 章 小 结

TensorFlow 安装中经常会有人提及源码 Bazel 编译工具的方法。在 Python 环境下，pip 安装的简捷和易用，得益于 Bazel 的强大支持。Bazel 是一个类似于 Make、Maven 和 Gradle 的开源构建和测试工具。Bazel 支持多种语言混编项目，并且可以根据不同的平台或语言（如 Linux、Ubuntu、Android 或 Java）输出不同的构建支持成果。

对于大多学习者而言，GPU 的选型只要适合就好，当然不反对高配置的支持。例如，NVIDIA TESLA V100 32G，单卡官方报价就较高，一般适合政府、高校科研院所，或者有实力的互联网公司采购。从学习的性价比来讲，RTX2060 系或 GTX 系单卡能满足大多模型训练使用的需求。另外，一些云服务提供商也提供相应的 GPU 支持服务，也是一种不错的选择。nvidia-smi 命令用于查看 GPU 的使用情况。常用这个命令判断哪几块 GPU 空闲和运行情况的性能参数。笔者 ThinkPad 电脑是独立显卡，nvidia-smi -l 查询结果如图 3.48 所示。

```
Sun Aug 15 19:35:22 2021
+-----------------------------------------------------------------------------+
| NVIDIA-SMI 471.41       Driver Version: 471.41       CUDA Version: 11.4     |
|-------------------------------+----------------------+----------------------+
| GPU  Name            TCC/WDDM | Bus-Id        Disp.A | Volatile Uncorr. ECC |
| Fan  Temp  Perf  Pwr:Usage/Cap|         Memory-Usage | GPU-Util  Compute M. |
|                               |                      |               MIG M. |
|===============================+======================+======================|
|   0  NVIDIA GeForce ... WDDM  | 00000000:3C:00.0 Off |                  N/A |
| N/A   47C    P8    N/A /  N/A |     64MiB /  2048MiB |      0%      Default |
|                               |                      |                  N/A |
+-------------------------------+----------------------+----------------------+

+-----------------------------------------------------------------------------+
| Processes:                                                                  |
|  GPU   GI   CI        PID   Type   Process name                  GPU Memory |
|        ID   ID                                                   Usage      |
|=============================================================================|
|  No running processes found                                                 |
+-----------------------------------------------------------------------------+
```

图 3.48

NVIDIA 的显卡驱动程序和 CUDA 完全是两个不同的概念，但它们都属于驱动层的技术实现。CUDA 是 NVIDIA 推出的用于本公司系列 GPU 的并行计算框架，也就是说 CUDA 只能在 NVIDIA 的 GPU 上运行，只有当要解决集束计算问题时，并且大量并行计算的时候才能充分发挥 CUDA 的作用。NVIDIA 显卡驱动和 CUDA 工具包本身是不具有强耦合关系的，也不是一一对应的关系，只不过是离线安装的 CUDA 工具包会默认携带与之匹配的最新的驱动程序。

cuDNN 是一个 SDK，是专门用于神经网络的加速包，直接与模型运行的 OP 节点相关。从目前官方发布的信息来看，cuDNN 与 CUDA 版本并不存在一一对应的关系，相反每一个版本的 CUDA 都可能有好几个版本的 cuDNN 与之对应。当然，有一个最新版本的 cuDNN 版本与 CUDA 对应更好。所以读者在安装时一定注意找到最新的版本。但还是推荐学习者使用 Anaconda 的默认 GPU 配置安装。

Scikit-Learn 与 TensorFlow 并不是两个独立的体系，Scikit-Learn 库收集了大量 AI 基础理论经典示范模块，如 SVM、PCA、决策树、集成学习和 Q-Learning 等。从监督、无监督和半监督角度，自数据集的预处理到模型的训练和评估，其基础算法处理功能的全面性和 API 的易用性不可小觑。下面代码是 Scikit-Learn 库支持向量机 SVM 为基础算法的运用。

```
import numpy as np
from sklearn import datasets
from sklearn.pipeline import Pipeline
from sklearn.preprocessing import StandardScaler
from sklearn.svm import LinearSVC

iris_data = datasets.load_iris()
x = iris_data["data"][:, (2,3)]
y = (iris_data["target"] == 2).astype( np.float64 )

svm=Pipeline(( ("scaler", StandardScaler()),("linear_svc",LinearSVC(C=1, loss="hinge")),))

svm.fit( x, y )
result = svm.predict( [[5.5, 1.7]] )
print( result )
```

在 IDE 开发工具 Pycharm 环境中安装各种第三方依赖库存，包括 TensorFlow，如图 3.49 所示。单击窗口下方的 Terminal 进入当前 Python 虚拟环境命令行区域，由于用户在安装 Anaconda 时会自动安装基础工具库，其中包括 pip 包安装工具。在网络状态好时进行各种 Python 库的安装。图 3.49 所示是 pip 安装 scikit-learn 的结果。

安装好的依赖库可以在菜单栏中选择 File->Settings->Project interpreter 选项打开，如图 3.50 所示。在窗口中能查看用户安装的所有依赖库或工具。

图 3.49

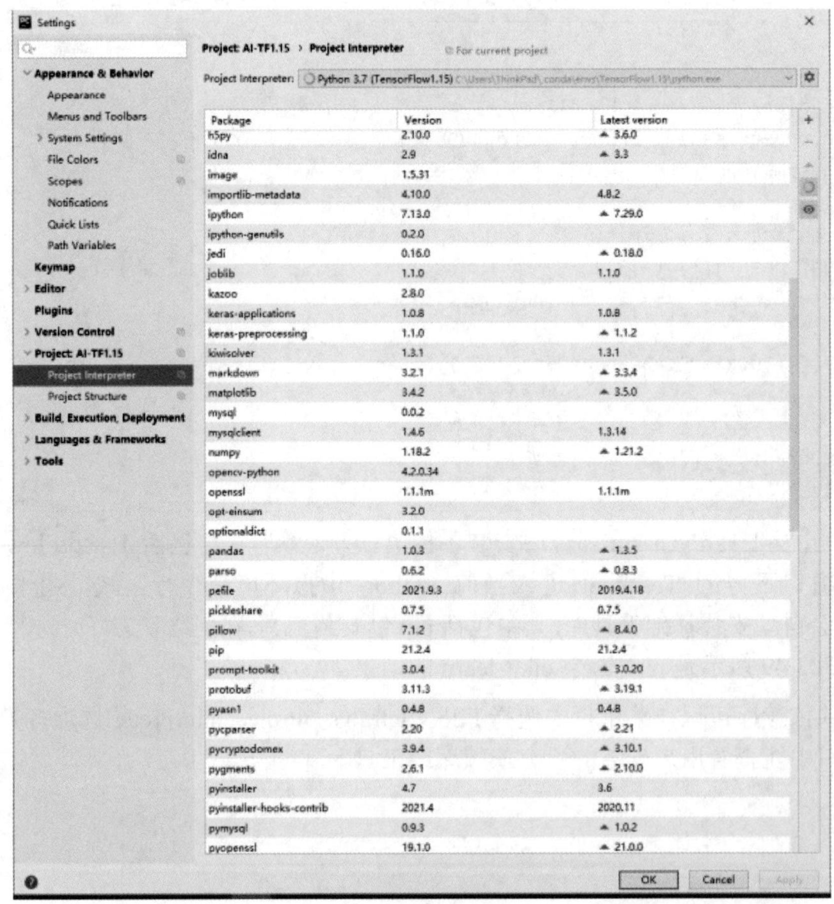
Settings
Project: AI-TF1.15 › Project Interpreter
For current project
Appearance & Behavior
Appearance
Menus and Toolbars
System Settings
File Colors
Scopes
Notifications
Quick Lists
Path Variables
Keymap
Editor
Plugins
Version Control
Project: AI-TF1.15
Project Interpreter
Project Structure
Build, Execution, Deployment
Languages & Frameworks
Tools
Project Interpreter: Python 3.7 (TensorFlow1.15)
Package Version Latest version
h5py 2.10.0 3.6.0
idna 2.9 3.3
image 1.5.31
importlib-metadata 4.10.0 4.8.2
ipython 7.13.0 7.29.0
ipython-genutils 0.2.0
jedi 0.16.0 0.18.0
joblib 1.1.0 1.1.0
kazoo 2.8.0
keras-applications 1.0.8 1.0.8
keras-preprocessing 1.1.0 1.1.2
kiwisolver 1.3.1 1.3.1
markdown 3.2.1 3.3.4
matplotlib 3.4.2 3.5.0
mysql 0.0.2
mysqlclient 1.4.6 1.3.14
numpy 1.18.2 1.21.2
opencv-python 4.2.0.34
openssl 1.1.1m 1.1.1m
opt-einsum 3.2.0
optionaldict 0.1.1
pandas 1.0.3 1.3.5
parso 0.6.2 0.8.3
pefile 2021.9.3 2019.4.18
pickleshare 0.7.5 0.7.5
pillow 7.1.2 8.4.0
pip 21.2.4 21.2.4
prompt-toolkit 3.0.4 3.0.20
protobuf 3.11.3 3.19.1
pyasn1 0.4.8 0.4.8
pycparser 2.20 2.21
pycryptodomex 3.9.4 3.10.1
pygments 2.6.1 2.10.0
pyinstaller 4.7 3.6
pyinstaller-hooks-contrib 2021.4 2020.11
pymysql 0.9.3 1.0.2
pyopenssl 19.1.0 21.0.0
OK Cancel Apply

图 3.50

下面给出常用的部分依赖库和平台安装命令，供初学者参考。

```
pip install tensorflow
pip install numpy
pip install pandas
pip install matplotlib
pip install scipy
pip install scikit-learn
pip install opencv-python
pip install jieba
pip install mysqlclient
```

其中，opencv-python 为图片或图像处理库，jieba 是中文语料分词工具，mysqlclient 可以让用户远程访问 MySQL 数据库。

第 4 章　云端部署 TensorFlow 模型

当数据集的大小超过一台物理计算机的存储与计算能力时，就有必要讨论是否构建集群。通过结合多台物理计算机的存储和计算能力构建的集群，能支撑整个系统体系，支持与客户端的交互，具有灵活、可扩展、可维护和松耦合的特点。整个系统架构处在多用户、多并发的网络上，可以达到 I/O 或带宽的负载均衡，实现分布式存储与分布式算法模型调用。对于访问者，须面对的交互算法模型永远是兼容并包的，有统一和标准的对外接口，透明操作，且无须关心是 TensorFlow 还是 Pytorch（包括模型的版本迭代训练和迁移），也不用关心是 Spark 还是 Mapreduce 逻辑返回的结果，甚至都不用知道后端实现的模型是神经网络还是一个简单的聚合或决策树。

在工程实践中，普遍的做法和惯例是服务方提供本地调用关系。前面章节已对 Python 模块的调用和引用进行了介绍。但在大型互联网公司项目部署和实施时会发现，项目系统都是由大大小小、成千上万的服务组成的，每一个服务部署在不同的机器上，由不同的团队负责。这时会遇到两个问题：

1）搭建一个新服务时需要依赖他人的服务，而要调用访问的服务都在远端。

2）其他用户或协作团队要调用新发布的服务，新服务如何发布才能更方便调用。

4.1　RPC 原理

由于各服务部署在不同操作系统的宿主机器上，服务之间的网络通信撞墙式交互过程将是首先要解决的问题，服务消费方如果每调用一个服务都要从网络层以下组织相关的代码，不仅复杂而且极易出错，因此有必要设计一个协议来实现通信的复用和任务标准化。

如果有一种方式能像调用本地服务一样调用远程服务，并且让网络通信细节对调用者透明，那么将大大提高开发效率和增强易用性。例如，服务消费方在执行实例中的方法时，实质上调用的是远端服务来驱动该实例方法。这种方式其实就是 RPC（Remote Procedure Call Protocol），其在各大互联网公司云计算中被广泛使用，如 Facebook 的 thrift、Google 的 grpc、Twitter 的 finagle 等。分布式服务器的一系列协商和访问过程都可使用这一技术来实现。下面介绍一个示例，如图 4.1 所示。

1）Client（服务消费方）以本地调用方式调用服务。

2）Client Stub（客户端存根）接收到调用后负责将方法、参数等组装成能够进行网络传输的消息体，该消息体是无参数构造函数类（结构）的序化，并附带相应成员变量值。

3）Client Stub 找到服务地址，并将消息体发送到服务端。

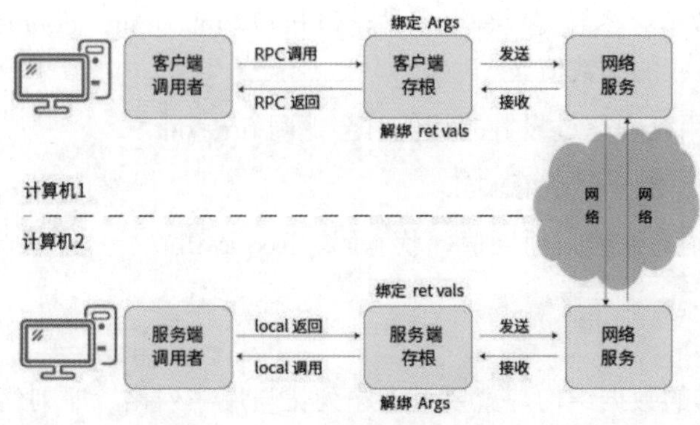

图 4.1

4）Server Stub（服务端存根）收到消息后进行解码。

5）Server Stub 根据约定解析序化类，并根据构造函数实例化该类（结构），调用本地服务处理该类（结构）。

6）本地服务运行并将结果返回给 Server Stub。

7）Server Stub 将返回结果打包成共同约定的消息体并发送至 Client。

8）Client Stub 接收到消息后进行解码。

9）Client 得到最终结果。

以上步骤中，调用端仅需要对第一步和最后一步负责，其他步骤对调用端来说都是透明的。

怎么封装通信细节才能让用户像以本地调用方式一样调用远程服务呢？对 Python 来说就是使用代理。Python 代理有两种方式：SDK 动态代理和字节码生成。

尽管用字节码生成方式实现的代理更为强大和高效，但代码维护不易，因此大部分公司实现 RPC 框架时会选择 SDK 动态代理方式。

要想用 SDK 动态代理方式实现 RPC 远程调用，首先需要在 RPCProxyClient 代理类的 invoke 方法中封装与远端服务通信的细节，服务消费方从 RPCProxyClient 获得服务提供方的接口，然后在执行消息体解析类中的方法时就会调用 invoke 方法。下面介绍对网络传输消息体的编码、解码和对象序列化。

1. 确定消息体的数据结构

invoke 方法中需要封装通信细节，而通信的第一步就是要确定客户端和服务端相互通信的消息体的数据结构。客户端的请求消息体的数据结构一般包括以下内容：

1）接口名称：网络传输接口名称（通常为一个标记），只有导出的接口才可以供远程调用。服务端能明确调用什么接口，即服务端需要确定对哪个方法类进行实例化。

2）方法名：一个接口内可能有很多方法，如果不传入方法名，服务端就不知道调用哪个方法。

3）参数类型&参数值：参数类型有很多种，如 bool、int、long、double、string、map、list，以及类（结构）和相对应的参数值。

4）超时时间：调用处理超过设置的阈值时会返回 time out。

5）RequestID：标识唯一会话请求 ID。

6）服务端返回的消息结构：返回值、状态码、RequestID。

2. 对象序列化

一旦确定了消息体的数据结构，就要考虑序列化与反序列化。序列化就是将数据结构或对象转换成二进制串的过程，即编码；反序列化是将在序列化过程中生成的二进制串转换成数据结构或对象的过程。类或结构在序列化（转换为二进制串）后可以进行流式网络传输，而反序列化则是将二进制串转换为数据结构或对象后待实例化处理。

目前，序列化的方案有很多，每种序列化方案都有其优点和缺点，它们在设计之初都有自己独特的应用场景。从 RPC 的角度来看，可根据以下三点选择序列化方案。

1）通用性：是否能支持 Map 等复杂的数据结构。

2）性能：由于 RPC 框架将被广泛采用，如果在序列化上能节省时间，则整个体系的效益将会非常可观；同理，如果在序列化上能节约内存，则可以节省网络带宽。

3）可扩展性：对互联网公司而言，业务量和业务变化激增，如果序列化协议具有良好的可扩展性，支持自动增加新的业务字段且不影响旧服务，将大大提高系统的灵活度。

目前互联网公司广泛使用 Protobuf、Thrift、Avro 等成熟的序列化解决方案搭建 RPC 框架，这都是一些经过行业认可的解决方案。

4.2 远程调用通信机制

消息体的数据结构被序列化为二进制串后，即可进行网络通信。目前有两种常用的 I/O 通信模型，一般 RPC 框架需要支持下面两种以 requestID 为基础的 I/O 模式，实现 RPC I/O 通信：

1）BIO 的每个请求任务均由一个线程进行完整执行并返回结果。

2）NIO 的每个请求任务都可分配给分工不同的多个线程来完成。

如果使用 netty，一般会用 channel.writeAndFlush()方法发送消息二进制串。该方法调用后对整个远程调用（从发出请求到接收到结果）来说是一个异步的，即对于当前线程来说，将请求发送出来后，线程即可向后执行。至于服务端的结果，是服务端处理完成后，再以消息的形式发送给客户端。于是这里出现了以下两个问题：

1）使当前线程阻塞，等结果返回后再继续执行，也就是将 Netty 异步方式进行强耦合。注意服务端并不会有对应的耦合关系，而且当前线程仅与当前会话绑定。

2）如果有多个线程同时进行远程方法调用，这时建立在客户端与服务端之间的网络层连接上会有较多双方相互发送的消息，前后顺序也可能是随机的。服务端处理完后将结果消息发送给客户端，客户端收到较多消息后，需要弄清消息和原线程调用的对应关系。

如图 4.2 所示，Thread A 和 Thread B 向服务端口先后发送请求 Request A 和 Request B，而服务端反馈 Response A、Response B 的顺序，可能与发送请求的顺序不同，所以需要一种机制，保证 Response A 传递给 Thread A，Response B 传递给 Thread B，让 RequestID“对号入座”。

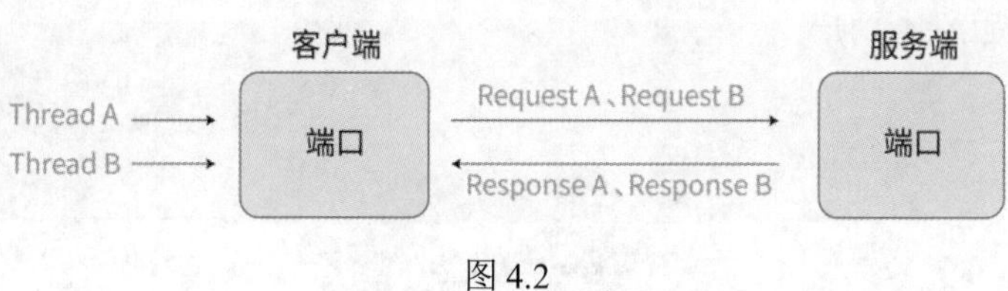

图 4.2

解决方法如下。

1）客户端线程每次通过 socket 调用一次远程接口前都会生成一个唯一的 RequestID（RequestID 必须保证在一个 socket 连接中是唯一的），一般常用 AtomicLong 从 0 开始累计数字，生成唯一 ID。

2）将处理结果的回调对象 callback 存放到全局 ConcurrentHashMap 映射表的 put(RequestID, callback)中。

3）当线程调用 channel.writeAndFlush()发送消息后，紧接着会执行 callback 的 get()方法，试图获取远程返回的结果。在 get()方法内部使用 synchronized 获取回调对象 callback 的同步锁，让当前线程处于等待结果的状态。

4）服务端接收到请求并处理后，将调用结果（必须带 RequestID）发送给客户端，客户端 socket 监听消息的线程收到消息，通过返回结果中的 RequestID，从 ConcurrentHashMap 中取得 get(RequestID)，找到 callback 对象来解除该 RequestID 对应的同步锁，最后调用 callback.notifyAll() 唤醒前面处于阻塞状态的线程。

4.2.1　发布服务

1. 为远程调用方法发布服务

要让客户端调用服务端的服务，不仅要通知调用者服务的 IP 及端口，而且要设置是自动识别还是手动识别。

手动识别不仅会对运维人员的维护工作产生巨大的成本，而且对开发人员的动态耦合性影响也非常大。例如，要实现动态负载均衡，但非要手动指向新的机器，就要通知调用者新服务器的存在和 IP 地址。在现实的互联网开发技术团队中，会直接产生运维人员与开发人员的矛盾，从而否定现有的框架。

因此，需要有一种方法能实现自动告知，即机器的增添、剔除对调用方透明，调用方不再需要代码固化服务所在地址。Hadoop 体系 ZooKeeper 中的 znode 列表就能够实现服务自动注册与状态识别，成为这种透明远程调用成功的典范。

简单来讲，ZooKeeper 可以充当一个服务注册表（service registry），让多个服务提供者形成一个集群，服务消费者通过服务注册表能获取具体的服务访问地址（IP+端口），从而访问具体的服务提供者，如图 4.3 所示。

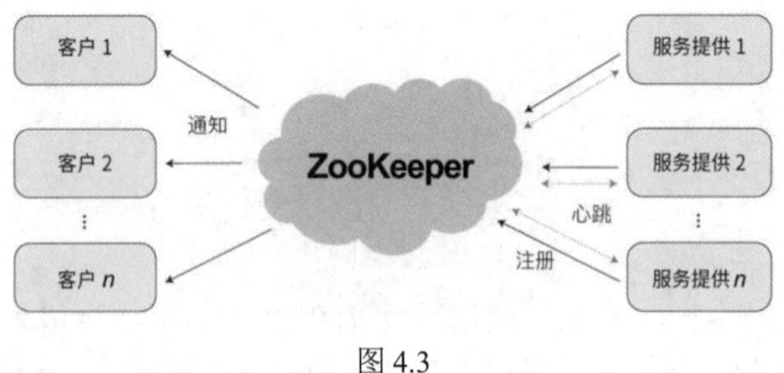

图 4.3

具体来说，ZooKeeper 就是一个分布式文件系统，每当一个服务提供者部署后都要将自己的服务注册到 ZooKeeper 的某一路径上（/{service}/{version}/{ip:port}）。例如，ZooKeeper service 部署了两台机器，ZooKeeper 就会创建两个根目录：/Service/1.0.0/101.200.121.22:50012 和 /Service/1.0.0/101.200.121.21:50024。

ZooKeeper 提供了心跳检测功能，其通过建立一个 socket 长连接定时向各个服务提供者发送一个请求，如果长期没有响应，服务中心就认为该服务提供者已经“失联”，并将其剔除。例如，如果 101.200.121.21 宕机，那么 ZooKeeper 上的路径就只剩/Service/1.0.0/101.200.121.22:50012。

服务消费者会监听相应路径（/HelloWorldService/1.0.0），一旦路径上的数据有任务变化（增加或减少），ZooKeeper 都会通知服务消费方服务提供者的地址列表已经发生了改变，从而进行更新。更为重要的是，ZooKeeper 具有容错容灾能力，可以确保服务注册表的高可用性，如 leader 选举。

2. 使用 Python 实现 ZooKeeper 集群服务

ZooKeeper 是一个分布式的、开放源码的分布式应用程序协调服务，是 Google Chubby 的开源实现，是 Hadoop 和 Hbase 的重要组件。ZooKeeper 是一个为分布式应用提供一致性服务的软件，具体提供的功能包括配置维护、域名服务、分布式同步、组服务等。ZooKeeper 支持大部分开发语言，除了某些特定的功能只支持 Java 和 C/C++。Python 通过 kazoo 可以操作

ZooKeeper。ZooKeeper 的核心技术是原子广播和数据的一致性。

要保证分布式数据的一致性，就不能不提到 Paxos 算法。Paxos 算法基本上是分布式共识的代名词，目前常用的共识算法都是基于该算法改进的，如 Fast Paxos 算法、Cheap Paxos 算法、Raft 算法、ZAB 协议等。其核心思想就是各个服务器达成共识修改共享只读变量，如果有矛盾而无法达成共识，就会采用投票方式解决。Paxos 算法的巧妙和知名度值得每一个算法工作者学习。

安装 kazoo：

```
pip install kazoo
```

可以通过 KazooClient 类直接连接 ZooKeeper，支持多个 host，端口默认为 2181。

```
from kazoo.client import KazooClient

zk = KazooClient(hosts='101.200.121.21')
zk.start()
```

下面用 create()方法创建节点。

```
def create(self, path, value=b"",acl=None, ephemeral=False,sequence=False, makepath=False):
```

1）path：节点路径，如 TensorFlow_Zookeeper/visit。

2）value：节点对应的值，注意值的类型是 bytes。

3）ephemeral：若为 True，则创建一个临时节点，session 中断后自动删除该节点，默认为 False。

4）sequence：若为 True，则会在创建的节点名后面增加 10 位数字。例如，TensorFlow_Zookeeper/visit0000000003，默认为 False。

5）makepath：若为 False 父节点，不存在时则抛出 NoNodeError；若为 True 父节点，不存在时则创建父节点，默认为 False。

创建并查看更改和删除节点的方法如下：

```
from kazoo.client import KazooClient

c_zk = KazooClient(hosts='101.200.121.21')
c_zk.start()
# 创建节点：将 makepath 设置为 True，父节点不存在就创建
c_zk.create('/TensorFlow_Zookeeper/CNN','cnn test! ',makepath=True)

# 获取某个节点下的所有子节点
node = c_zk.get_children('/TensorFlow_Zookeeper')
# 获取某个节点对应的值
value = c_zk.get('/TensorFlow_Zookeeper/NLP')

# 更改节点对应的 value
c_zk.set('/TensorFlow_Zookeeper/CNN','nlp test')

# 删除节点对应的 value
```

```
c_zk.delete('/TensorFlow_Zookeeper/CNN',recursive=False)
c_zk.stop()
```

4.2.2 使用 Python 实现 RPC 服务

根据 RPC 的调用原理，客户端存根（Client Stub）存放服务端地址信息，将客户端请求的数据信息及参数打包成网络消息，再通过网络传输发送给服务端。服务端存根（Server Stub）接收客户端发送过来的请求消息并进行解包，即反序化操作，然后调用本地服务进行处理。底层传输可以采用网络层协议 TCP 或应用层协议 HTTP。

1. 安装 gRPC 开发库环境

安装 gRPC 相关的库，grpcio-tools 主要根据 protocol buffer 定义来生成 Python 代码，其官方解释是 Protobuf code generator for gRPC。protobuf 是 Google 开发的一种序列化类或结构的编解码协议。

```
pip install grpcio grpcio-tools
```

这里要提前说明一个问题，即在后续开发运行过程中可能会报以下错误：

```
AttributeError: module 'google.protobuf.descriptor' has no attribute '_internal_create_key'
```

其根本原因是协议版本不一致，没有_internal_create_key 属性说明版本太低，解决方式就是对 protobuf 库进行升级，方法如下：

```
pip install --upgrade protobuf
```

2. 创建开发目录并组织库结构

按图 4.4 所示组织目录结构，其中除 data_pb2.py 和 data_pb2_grpc.py 为工具自动生成外，其他都必须由开发者手动创建。其中，__init__.py 的作用在 1.2.1 小节中已经讲述，其目的是把目录转换成包；在 data.proto 文件中为开发者定义调用协议接口声明，是无扩展名的 txt 文件。

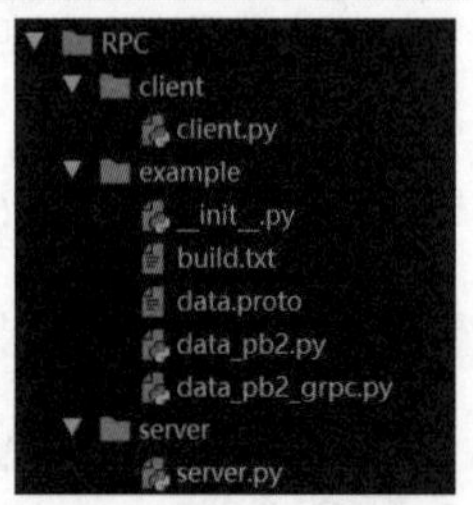

图 4.4

在 data.proto 文件中定义接口。代码如下：

```
syntax = "proto3";
service Cal {
  rpc Add(AddRequest) returns (ResultReply) {}
  rpc Multiply(MultiplyRequest) returns (ResultReply) {}
}
message AddRequest {                //加法消息接口及参数
  optional int32 number1  = 1;
  optional int32 number2  = 2;
}
message MultiplyRequest {           //乘法消息接口及参数
```

```
  optional int32 number1  = 1;
  optional int32 number2  = 2;
}
message ResultReply {
  optional int32 number = 1;
}
```

消息字段的格式如下：

```
限定修饰符(1) | 数据类型(2)| 字段名称(3) | = | 字段编码值(4) | [字段默认值(5)]
```

（1）限定修饰符

1）required：表示一个必须字段。对于发送方，在发送消息之前必须设置该字段的值；对于接收方，必须能够识别该字段的意思。如果发送消息之前发送方没有设置 required 字段，或者接收方无法识别 required 字段，都会引发编解码异常，导致消息被丢弃。

2）optional（默认选项）：表示一个可选字段。对于发送方，在发送消息时可以有选择地设置或不设置该字段的值。对于接收方，如果能够识别可选字段，就进行相应的处理；如果无法识别，就忽略该字段。消息中的其他字段正常处理。因为 optional 字段的特性，很多接口在升级版本时都会把后来添加的字段统一设置为 optional 字段，这样 Protocol Buffer 版本 2 无须升级程序也可以正常地与高版本进行通信，虽然新的字段无法识别，但可以做到平滑过渡。

3）repeated：表示该字段可以包含 0～*N* 个元素。其特性和 optional 一样，但每次都可以包含多个值，可将其看作是在传递一个数组的值。

（2）数据类型

syntax = "proto3"版本可以通过查询确定：pip show protobuf。注释可采用 C/C++和 Java 语法风格的“//”。参数类型见表 4.1。

表 4.1

类型	字节数据	UTF-8 编码	布尔值	双浮点	单浮点	共 4 字节	共 8 字节	4 字节正数	8 字节负数
Proto	bytes	string	bool	double	float	sifxed32	sfixed64	int32	sint64
Python	str	str/unicode	bool	float	float	int	long	int	long

（3）字段名称

protobuf 建议字段的命名采用以下画线分割的驼峰式，如 first_name 而非 FirstName。

字段中的“=1”和“=2”并不是赋值，而是表示参数序号。有了该值，通信双方才能互相识别对方的字段。

（4）字符编码值

对于相同的编码值，其限定修饰符和数据类型必须相同。编码值的取值范围为 $1\sim2^{32}$ (4294967296)。1900～2000 的编码值为 Google protobuf 系统的内部保留值，不建议在用户的项目中使用。protobuf 建议把经常要传递的值的字段编码设置为 1～15。

消息中字段的编码值无须连续，只要是合法的，并且在同一个消息中没有字段包含相同的编码值即可。

建议项目涉及版本升级时新增的消息字段全部使用 optional 或 repeated，尽量不使用 required。使用 required 需要全部统一升级，使用 optional 或 repeated 则可以平滑升级。

（5）字段默认值

传递数据时，对于 required 字段，如果用户没有设置值，则使用默认值传递到对端；对于 optional 字段，如果没有接收到 optional 字段，则设置为默认值。

另外，在定义参数类型时，如果知道解析时的默认值，还可定义成枚举类型和嵌套类型。

```
message searchRequest{
    string query =1;
    int32 page_number =2;
    int32 result_per_page = 3;
    enum Corpus {
      UNIVERSAL = 0;
      WEB = 1;
      IMAGES = 2;
      LOCAL = 3;
      NEWS = 4;
      PRODUCTS = 5;
      VIDED = 6;
    }
      Corpus corpus = 4;
    }

    message embed {
      string name = 1;
      int32 age = 2;
      message mem {
      float weight = 1;
      bool sex = 2
      }
      mem mem_entity = 3;
    }
```

3. 使用工具生成协议代码

完成以上准备工作后，就可以用工具生成 Python 代码。

```
python -m grpc_tools.protoc -I. --python_out=. --grpc_python_out=. ./data.proto
```

具体参数的意义可以使用 python -m grpc_tools.protoc –h 查询，输出部分帮助信息，如图 4.5 所示。“.”就是当前目录的简化表达方式，也可以直接写上其他任意路径。

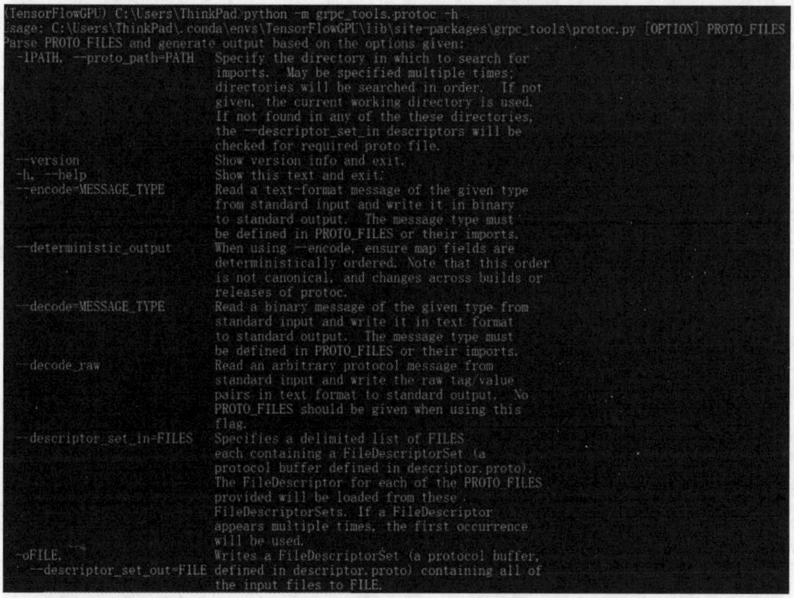

```
(TensorFlowGPU) C:\Users\ThinkPad>python -m grpc_tools.protoc -h
Usage: C:\Users\ThinkPad\.conda\envs\TensorFlowGPU\lib\site-packages\grpc_tools\protoc.py [OPTION] PROTO_FILES
Parse PROTO_FILES and generate output based on the options given:
  -IPATH, --proto_path=PATH   Specify the directory in which to search for
                              imports.  May be specified multiple times;
                              directories will be searched in order.  If not
                              given, the current working directory is used.
                              If not found in any of the these directories,
                              the --descriptor_set_in descriptors will be
                              checked for required proto file.
  --version                   Show version info and exit.
  -h, --help                  Show this text and exit.
  --encode=MESSAGE_TYPE       Read a text-format message of the given type
                              from standard input and write it in binary
                              to standard output.  The message type must
                              be defined in PROTO_FILES or their imports.
  --deterministic_output      When using --encode, ensure map fields are
                              deterministically ordered. Note that this order
                              is not canonical, and changes across builds or
                              releases of protoc.
  --decode=MESSAGE_TYPE       Read a binary message of the given type from
                              standard input and write it in text format
                              to standard output.  The message type must
                              be defined in PROTO_FILES or their imports.
  --decode_raw                Read an arbitrary protocol message from
                              standard input and write the raw tag/value
                              pairs in text format to standard output.  No
                              PROTO_FILES should be given when using this
                              flag.
  --descriptor_set_in=FILES   Specifies a delimited list of FILES
                              each containing a FileDescriptorSet (a
                              protocol buffer defined in descriptor.proto).
                              The FileDescriptor for each of the PROTO_FILES
                              provided will be loaded from these
                              FileDescriptorSets. If a FileDescriptor
                              appears multiple times, the first occurrence
                              will be used.
  -oFILE,                     Writes a FileDescriptorSet (a protocol buffer,
    --descriptor_set_out=FILE defined in descriptor.proto) containing all of
                              the input files to FILE.
```

图 4.5

通过以上工具的解析和驱动，在 example 目录（即--python_out 参数指向的目录）中会自动生成 data_pb2.py 和 data_pb2_grpc.py 两个文件，通过生成的名字可以知道为什么接口文件会有特殊的文件扩展名。

data_pb2.py 文件：

```
# -*- coding: utf-8 -*-
# Generated by the protocol buffer compiler.  DO NOT EDIT!
# source: data.proto
"""Generated protocol buffer code."""
from google.protobuf import descriptor as _descriptor
from google.protobuf import message as _message
from google.protobuf import reflection as _reflection
from google.protobuf import symbol_database as _symbol_database
# @@protoc_insertion_point(imports)

_sym_db = _symbol_database.Default()

DESCRIPTOR = _descriptor.FileDescriptor(
    name='data.proto',
    package='',
    syntax='proto3',
    serialized_options=None,
    create_key=_descriptor._internal_create_key,
    serialized_pb=b'\n\ndata.proto\"D\n\nAddRequest\x12\x11\n\x04num1\x18\x01\x01(\x05H\x00\
x88\x01\x01\x12\x11\n\x04num2\x18\x02\x01(\x05H\x01\x88\x01\x01\x42\x07\n\x05_num1B\x07\n\
```

```
x05_num2\"I\n\x0fsubtractRequest\x12\x11\n\x04num1\x18\x01\x01(\x05H\x00\x88\x01\x01\x12\x11\
n\x04num2\x18\x02\x01(\x05H\x01\x88\x01\x01\x42\x07\n\x05_num1B\x07\n\x05_num2\"-\n\
x0bResultReply\x12\x13\n\x06number\x18\x01\x01(\x05H\x00\x88\x01\x01\x42\t\n\x07_number2W\
n\x03\x43\x61l\x12\"\n\x03\x41\x64\x64\x12\x0b.AddRequest\x1a\x0c.ResultReply\"\x00\x12,\n\
x08subtract\x12\x10.subtractRequest\x1a\x0c.ResultReply\"\x00\x62\x06proto3'
)
#省略中间代码
_sym_db.RegisterServiceDescriptor(_CAL)

DESCRIPTOR.services_by_name['Cal'] = _CAL
# @@protoc_insertion_point(module_scope)
```

data_pb2_grpc.py 文件：

```
# Generated by the gRPC Python protocol compiler plugin. DO NOT EDIT!
"""Client and server classes corresponding to protobuf-defined services."""
import grpc
import data_pb2 as data__pb2

class CalStub(object):
    """Missing associated documentation comment in .proto file."""

class CalServicer(object):
    """Missing associated documentation comment in .proto file."""

def add_CalServicer_to_server(servicer, server):

 # This class is part of an EXPERIMENTAL API.
class Cal(object):
    """Missing associated documentation comment in .proto file."""

    @staticmethod
    def Add(request,
            target,
            options=(),
            channel_credentials=None,
            call_credentials=None,
            insecure=False,
            compression=None,
            wait_for_ready=None,
            timeout=None,
            metadata=None):
        return grpc.experimental.unary_unary(request, target, '/Cal/Add',
            data__pb2.AddRequest.SerializeToString,
            data__pb2.ResultReply.FromString,
            options, channel_credentials,
            insecure, call_credentials, compression, wait_for_ready, timeout, metadata)
```

通过上述两个文件的支持，就可以实现 gRPC 的调用参数实例化的方法，以及调用方和被调用服务方的相关类，及其方法。理解 RPC 的原理是关键。由于这两个文件是自动生成的，因此不会对它们进行详细的分析，但是需要了解@staticmethod 是 Python 静态成员方法的装饰器，它不包含 self 参数，也就是说，不需要将类实例化为对象就可以调用它。接下来，我们将重点关注客户端 client.py 和服务端 server.py 两处代码。

client.py 文件：

```
import os
import sys
current_fonder_path = os.path.split(os.path.realpath(__file__))[0]
protocal_path = os.path.join(current_fonder_path,"..","example")
sys.path.append(protocal_path)
import  data_pb2,data_pb2_grpc
import grpc

def run(n, m):
    channel = grpc.insecure_channel('localhost:50051') # 连接上 gRPC 服务端
    stub = data_pb2_grpc.CalStub(channel)
    response = stub.Add(data_pb2.AddRequest(number1=n, number2=m))
    print(f"{n} + {m} = {response.number}")
    response = stub.Multiply(data_pb2.MultiplyRequest(number1=n, number2=m))
    print(f"{n} * {m} = {response.number}")

if __name__ == "__main__":
    run(201, 402)
```

对于导入的上面自动生成的两个模块，它是对平级模块结构目录的引用。在前面的 1.2.1 小节中，虽然系统讲解了 Python 模块调用同层目录的直接引用和向下路由方式，但都是在同层或下级子模块实现的，并没有向上跨级调用。实现向上级模块调用的关键是使用 os 和 sys 系统级方法搜索路径指示来完成。但 example 目录加__init__.py 文件模块化还是有必要的，在此是对 Python 模块异域位置调用方法的一个补充。另外，如果是 Python2 的版本，则有更加简捷的代码：

```
import sys
sys.path.append(“..”)
from example import  data_pb2,data_pb2_grpc
```

server.py 文件：

```
from concurrent import futures
import grpc
import os
import sys
current_fonder_path = os.path.split(os.path.realpath(__file__))[0]
protocal_path = os.path.join(current_fonder_path,"..","example")
sys.path.append(protocal_path)
```

```
import  data_pb2,data_pb2_grpc

class CalServicer(data_pb2_grpc.CalServicer):
    def Add(self, request, context):
        return data_pb2.ResultReply(number=request.number1 + request.number2)

    def Multiply(self, request, context):
        return data_pb2.ResultReply(number=request.number1 * request.number2)

def serve():
    server = grpc.server(futures.ThreadPoolExecutor(max_workers=10))
    data_pb2_grpc.add_CalServicer_to_server(CalServicer(),server)
    server.add_insecure_port("[::]:50051")
    server.start()
    server.wait_for_termination()

if __name__ == '__main__':
    serve()
```

server.add_insecure_port("[::]:50051")可以设置服务端套解字，也可以设置远端的 IP 和端口，即把相应的工具生成模块和服务端代码移到远端服务器上（gRPC 协议环境必须要有）。先执行服务端再执行客户端的结果，如图 4.6 所示。

```
C:\Users\ThinkPad\.conda\envs\TensorFlowGPU\python.exe C:/Users/ThinkPad/PycharmProjects/AI/RPC/client/client.py
201 + 402 = 603
201 * 402 = 80802

Process finished with exit code 0
```

图 4.6

4.2.3 使用 JSON 实现序化和反序化

JSON（JavaScript Object Notation，JS 对象）是一种轻量级的数据交换格式，是基于 ECMAScript 的一个子集，采用完全独立于编程语言的文本格式来存储和表示数据。简洁和清晰的层次结构使 JSON 成为理想的数据交换语言。JSON 不仅易于用户阅读和编写，还易于机器解析和生成，并能有效提升网络传输效率。JSON 是 JS 对象的字符串表示法，可以使用文本表示一个 JS 对象的信息，本质上是一个字符串。

JSON 常见的用法之一是从 Web 服务器上读取 JSON 数据（作为文件或 HttpRequest），首先将 JSON 数据转换为 JavaScript 对象，然后在网页中使用。

1. 使用 messagepack 压缩传输

JSON 压缩前的数据格式：

```
{
    "data":[
            {
                "name":"wangyanming",
                "age":42
            },
            {
                "name":"wangshuyu",
                "age":21
            }
        ],
    "total":"a"
}
```

JSON 压缩后的数据格式：

```
{"data":[{"name":"wangyanming","age":42},{"name":"wangshuyu","age":21}],"total":"a"}
```

安装 msgpack-python：

```
pip install msgpack-python
```

2. 使用 packb()和 unpackb()进行序化和反序化

```
import msgpack
import json
js = '{"data":[{"name":"wangyanming","age":42},{"name":"wangshuyu","age":21}],"total":"a"}'
d = json.loads(js)
print(d)
print(type(d))
msg = msgpack.packb(d)
print(len(msg))
print(msg)

bts = msgpack.unpackb(msg)
print(type(bts))
print(bts)
```

输出如图 4.7 所示。

```
C:\Users\ThinkPad\.conda\envs\TensorFlowGPU\python.exe C:/Users/ThinkPad/PycharmProjects/AI/advertising.py
{'data': [{'name': 'wangyanming', 'age': 42}, {'name': 'wangshuyu', 'age': 21}], 'total': 'a'}
<class 'dict'>
59
b'\x82\xa4data\x92\x82\xa4name\xabwangyanming\xa3age*\x82\xa4name\xa9wangshuyu\xa3age\x15\xa5total\xa1a'
<class 'dict'>
{b'data': [{b'name': b'wangyanming', b'age': 42}, {b'name': b'wangshuyu', b'age': 21}], b'total': b'a'}

Process finished with exit code 0
```

图 4.7

3. 使用 dumps()和 loads()进行序化和反序化

```
import msgpack
import json
js = '{"data":[{"name":"wangyanming","age":42},{"name":"wangshuyu","age":21}], "total":"a"}'
d = json.loads(js)
print(d)
print(type(d))

msg = msgpack.dumps(d)
print(len(msg))
print(msg)

bts = msgpack.loads(msg)
print(type(bts))
print(bts)
```

在 data.proto 文件中增加如下消息并定义字符串字段：

```
message param {
    optional  string name = 1;
    optional  string value = 2;
    optional  string descibe = 3;
}
```

测试转换示例代码，在实际工程项目中，将以下方法加入客户端和服务端，并进行编码和解析。

```
import os
import sys
current_fonder_path = os.path.split(os.path.realpath(__file__))[0]
protocal_path = os.path.join(current_fonder_path,"..","example")
sys.path.append(protocal_path)
import data_pb2    #注意此时与 data_pb2_grpc 无关
from google.protobuf import json_format
import json

def pb_to_json(pbStringRequest):
jsonStringRequest=json_format.MessageToJson(pbStringRequest)
return jsonStringRequest

def json_to_pb(jsonStringResponse):
    pbStringResponse=json_format.Parse(json.dumps(jsonStringResponse), openrtb_pb2.param())
    return pbStringResponse
    if __name__ == '__main__':
        json_obj={'name':'wym','value':'1.74','descibe':'202107241339'}
        request=json_to_pb(json_obj)
```

```
    print(request)
    print(type(request))
    json_result = pb_to_json(request)
    print(json_result)
    print(type(json_result))
```

输出结果：

```
name: "wym"
value: "1.74"
descibe: "202107241339"

<class 'data_pb2.param'>
{
"name": "wym",
"value": "1.74",
"descibe": "202107241339"
}
<class 'str'>
Process finished with exit code 0
```

通过上面的输出结果，可以看到 google.protobuf.json_format 如何将 JSON 解析后与消息中的字段建立映射关系。可以将该代码中的方法应用于各个实践项目中。

4.3　TensorFlow Serving 发布服务

在 TensorFlow 框架中，Google 给出了一个实用的以 gRPC 协议为基础的 TensorFlow Serving 接口，它可以将模型部署到远程服务端，并将前面所讲的 gRPC 服务端及客户端存根声明等细节透明化，仅需规划好模型输入与输出即可。反之，则需考虑是用 C/S 还是 B/S 来部署、如何提供 API 接口、多个模型如何实现 GPU 的合理分配、与其他非监督模型如何共享标准化兼容接口等问题。

目前流行的深度学习框架 TensorFlow 和 PyTorch 中，PyTorch 官方没有提供易用的类似 TensorFlow 的部署方案和接口。本节将在 Python 与 gRPC 实现远程调用技术的基础上进行讲解。另外值得一提的是，像 PyTorch 或 MXNet 这样应用较为广泛的模型，也可以通过 ONNX 推理转成 TensorFlow Serving 模型，部署在 TensorFlow Serving 上。

TensorFlow Serving 是 Google 2017 推出的线上部署服务，以 C/S 架构为主。可以通过 gRPC 和 RESTfull API 相互结合的方式部署整体架构，从而实现能力平衡和前端调用的多样性和标准化。首先，TensorFlow Serving 支持模型版本控制和回滚，还可以通过构建算法模型统一平台进行多模型的统一整合管理，实现高吞吐量黑箱使用；其次，模型训练的参数保存或数据流图的序化输出文件可通过接口加载方式无缝嵌入 gRPC 服务端，实现高效衔接、透明迭代；最后，

TensorFlow 可以进行模型的训练、验证和预测，但模型完善之后的生产上线流程则变得形式多样和复杂了。早期 Google 的 TensorFlow Serving 在客户端和服务端的交互仅支持 gRPC 这种 C/S 协议。但从 TensorFlow 1.8 以后，TensorFlow Serving 为了支持客户端的多样性，也正式支持 RESTfull API 通信方式，使整个体系更加丰富和完善。

4.3.1 TensorFlow Serving 的安装

使用以下命令可更新 TensorFlow Serving 下载源：

```
sudo apt-get update
```

使用以下命令可进行 tensorflow-model-server 功能库的二进制安装：

```
sudo apt-get install tensorflow-model-server
```

在安装 TensorFlow Serving 的过程中，由于需要 SSE4 和 AVX 扩展指令集，并且过于陈旧的机器并不支持该指令，因此需要使用软件虚拟以上指令来弥补。该虚拟指令包就是 tensorflow-model-server-universal。同样可以使用 apt-get 安装。在前面的章节中已经对 Docker 强大的环境隔离性和发布的易用性进行了介绍，所以这里依然要强调 TensorFlow Serving 在 Docker 中的配置，将所有与之相关和强耦合的代码或支持库打包在一起，如 grpcio 等，从而使发布者不需要考虑未来服务器的个性化环境和给其他服务带来的不可预测的影响。Google 注意到了这个问题，并直接给出一个 Docker 镜像示例来访问标准示范级的预测模型，该模型支持图 4.8 所示的分层访问机制。

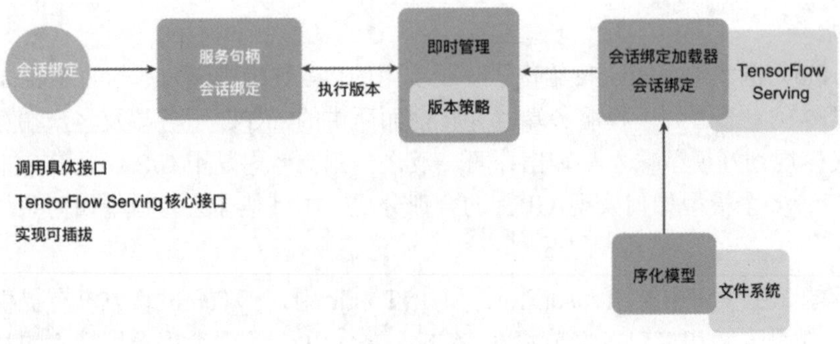

图 4.8

扩展：

update 与 upgrade 的区别：update 是下载源的元数据更新，包括有哪些包和包的版本信息，同步 /etc/apt/sourses.list 和/etc/apt/sourses.list.d 索引信息。包管理器在查询包的更新状态时能查到最新的版本信息，以便为用户提供最新版本的下载源。upgrade 是对已经安装的软件包本身进行更新升级，升级之后的版本信息就是上面的索引信息。所以在大多情况下，upgrade 之前要先执行 update。

4.3.2　TensorFlow Serving 的 Docker 环境

目前 TensorFlow Serving 有 Docker、apt-get 和源码编译三种方式，考虑实际的生产环境项目部署和简单性，这里推荐使用 Docker 方式。

下载 tensorflow/serving 的 Docker 镜像：

```
docker pull tensorflow/serving
```

这样就可以省略很多复杂的更新和安装，即省略了 apt-get 模式的安装。例如：

```
$ sudo apt-get update
$ sudo apt-get install automake
$ sudo apt-get install build-essential
$ sudo apt-get install curl
…
```

显然有了 TensorFlow Serving 的镜像，就不会因为网络或版本问题而导致环境配置失败。

```
tensorflow_model_server --port=9000 --model_name=mnist --model_base_path=/home/xxx/Serving/
model/mnist
```

Git 下载 Google 手写数字识别示例代码如下：

```
mkdir -p google/tfserving
cd google/tfserving
git clone https://github.com/tensorflow/serving
```

mnist_saved_model.py 代码如下：

```
from __future__ import print_function

import os
import sys
import tensorflow as tf
from tensorflow.python.ops import lookup_ops

import mnist_input_data

tf.compat.v1.app.flags.DEFINE_integer('training_iteration', 1000,
                                      'number of training iterations.')
tf.compat.v1.app.flags.DEFINE_integer('model_version', 1,
                                      'version number of the model.')
tf.compat.v1.app.flags.DEFINE_string('work_dir', '/tmp', 'Working directory.')
FLAGS = tf.compat.v1.app.flags.FLAGS

tf.compat.v1.disable_eager_execution()

def main(_):
    if len(sys.argv) < 2 or sys.argv[-1].startswith('-'):
```

```
        sys.exit(-1)
    if FLAGS.training_iteration <= 0:
        print('Please specify a positive value for training iteration.')
    sys.exit(-1)
    if FLAGS.model_version <= 0:
        print('Please specify a positive value for version number.')
        sys.exit(-1)

    # Train model
    # Export model
    # Build the signature_def_map.

if __name__ == '__main__':
    tf.compat.v1.app.run()
```

tf.app.run()是 TensorFlow 特有的运行方式，在运行入口函数前需要对传入的变量进行解析。传入变量的格式由下面三行代码进行定义，也可以定义成浮点类型和布尔类型。

```
tf.compat.v1.app.flags.DEFINE_integer('training_iteration', 1000, 'number of training iterations.')
tf.compat.v1.app.flags.DEFINE_integer('model_version', 1, 'version number of the model.')
tf.compat.v1.app.flags.DEFINE_string('work_dir', '/tmp', 'Working directory.')
```

上述代码中，第一行是整型训练迭代轮数，第二行是整型版本号的定义，第三行是字符串的路径定义。

```
FLAGS = tf.compat.v1.app.flags.FLAGS
```

FLAGS 可以从对应的命令行中取出参数。

main()是默认的入口函数，如果不是 main()，就必须指定具体的驱动方法。例如，定义 def call()，就要写成 tf.compat.v1.app.run(call)。

```
python tensorflow_serving/example/mnist_saved_model.py --training_iteration=1000 \ --model_
version=1 models/mnist
```

运行后会在当前目录中生成一个文件夹 1，以及 1 目录下面的*.pb 和保存训练变量目录，注意文件夹名称对应着版本序列。

运行 TensorFlow Serving 驱动手写数字模型。

```
docker run -p 8500:8500 --mount type=bind,source=$(pwd)/models/mnist,target=/models/mnist \
-e MODEL_NAME=mnist -t tensorflow/serving
```

除了参数 mount 需要单独解释以外，其他参数都可以在前面章节中找到解释。--mount 就是将镜像以外的运行模块挂载到镜像环境中，即给外部代码建立加载入口。

4.3.3 客户端远程调用 TensorFlow Serving 服务

安装 tensorflow-serving-api 的命令如下：

```
pip install tensorflow-serving-api
```

客户端访问 TensorFlow Serving 进行验证。运行下载示例 mnist_client.py。代码如下：

```
from __future__ import print_function
import sys
import threading

# This is a placeholder for a Google-internal import.
import grpc
import numpy
import tensorflow as tf
from tensorflow_serving.apis import predict_pb2
from tensorflow_serving.apis import prediction_service_pb2_grpc
import mnist_input_data

class _ResultCounter(object):
    """Counter for the prediction results."""
    def __init__(self, num_tests, concurrency):
        self._num_tests = num_tests
        self._concurrency = concurrency
        self._error = 0
        self._done = 0
        self._active = 0
        self._condition = threading.Condition()
    ……
def _create_rpc_callback(label, result_counter):
    def _callback(result_future):
    ……
    return _callback

def do_inference(hostport, work_dir, concurrency, num_tests):
    ……
    return result_counter.get_error_rate()

def main(_):
    error_rate = do_inference(FLAGS.server, FLAGS.work_dir,
                              FLAGS.concurrency, FLAGS.num_tests)
    print('\nInference error rate: %s%%' % (error_rate * 100))

if __name__ == '__main__':
    tf.compat.v1.app.run()
```

运行并指定服务地址和端口：

```
python tensorflow_serving/example/mnist_client.py --num_tests=1000 --server=127.0.0.1:8500
```

对大多数中初级开发人员来讲，本小节的重点在于 do_inference 函数的内容，其他细节不用过于关注。对该函数代码稍加修改，就可以将之变为自己需要的模型服务。另外，在一同下载的示例代码中还有 ResNet 残差网络模型的服务部署与客户端示例。对于全栈工程师来讲，非常有必要对其进行梳理并对项目进行一定的模仿和实践，从而为整个体系的云端微服务架构设计打下深厚基础。

4.3.4 TensorFlow Serving 简化版的实现

如果读者对 4.3.3 小节中 TensorFlow Serving 内容感到困惑，下面就为读者解惑。本小节将循序渐进地讲解 TensorFlow Serving 的技术要点。

1. 使用简单运算逻辑实现 TensorFlow Serving

```
import tensorflow as tf

def export():
    export_path = "model/lingyuntech/1"
    with tf.compat.v1.keras.backend.get_session() as sess:
        a = tf.Variable(100.0)
        b = tf.Variable(0.05)
        x = tf.compat.v1.placeholder(tf.float32)
        y = tf.add(tf.multiply(a, x), b)
        sess.run(tf.compat.v1.global_variables_initializer())

        builder = tf.compat.v1.saved_model.builder.SavedModelBuilder(export_path)

        inputs = tf.compat.v1.saved_model.utils.build_tensor_info(x)
        outputs = tf.compat.v1.saved_model.utils.build_tensor_info(y)
        prediction_signature = (
            tf.compat.v1.saved_model.signature_def_utils.build_signature_def(
                inputs={'input': inputs},
                outputs={'output': outputs},
             method_name=tf.compat.v1.saved_model.signature_constants.PREDICT_METHOD_NAME))
        builder.add_meta_graph_and_variables(
            sess, [tf.compat.v1.saved_model.tag_constants.SERVING],
            signature_def_map={
                "predict":prediction_signature,
tf.compat.v1.saved_model.signature_constants.DEFAULT_SERVING_SIGNATURE_DEF_KEY:
                        prediction_signature,
            },
            main_op=tf.compat.v1.tables_initializer(),
            strip_default_attrs=True)

        builder.save()
```

```
if __name__ == "__main__":
    export()

tf.compat.v1.saved_model.build_signature_def(
    inputs=None, outputs=None, method_name=None
)
```

1）build_signature_def：定义输出和输入接口协议，在构建 SaveModel 时被封装到二进制文件中。

2）inputs：将输入到 tensor 信息的原始映射标志为字符串签名，对应 saved_model.utils.build_tensor_info(x)语句。

3）outputs：将输出到 tensor 信息的原始映射标志为字符串签名，对应 saved_model.utils.build_tensor_info(y)语句。

4）method_name：在加载的服务中对应的方法名字符串。示例中使用了 tensorflow 枚举标识，但开发者也可以自定义字符串。

在构建 SignatureDef 对象时，需要指定 tensor 的名字、数据类型及形状。其实这些数据早已保存在 graph 中，指定这些信息是非常有用的，客户端不必读取整个 graph，就可以进行一些参数的检查工作。

```
add_meta_graph_and_variables(
    sess, tags, signature_def_map=None, assets_collection=None, legacy_init_op=None,
    clear_devices=False, main_op=None, strip_default_attrs=False, saver=None
)
```

add_meta_graph_and_variables 函数：将当前元数据图添加到保存模型中并保存变量。该函数假定要保存的变量已被初始化。对于给定的 SavedModelBuilder，必须只调用一次，才能保存第一个元数据图。若要添加后续的元数据图定义，必须使用 add_meta_graph()。

1）sess：用于保存元数据图和变量的 TensorFlow 会话。

2）tags：要添加到元数据图定义中的签名字符串映射。加载 SavedModelBuilder 保存文件及路径时，tf.saved_model.loader.load 方法中会用到该标识。

3）signature_def_map：要添加到元数据图定义中的签名符号映射，为字典类型。

4）assets_collection：collection 保存数据模型。collection 提供了一个全局存储机制，不会受到变量名生存空间的影响。

5）clear_devices：如果要清除默认图形上的设备信息，则将该参数设置为 True。

6）strip_default_attrs：布尔值。如果为 True，则会从节点摘要中删除默认的属性值。

通过 strip_default_attrs=True 确保向前兼容性，只有在操作集没有变化的情况下，遵循以下几个方面才能实现向前兼容性。

SavedModelBuilder 类允许用户控制在将元数据图添加到 SavedModel 软件包时，是否必须从 NodeDefs 中剥离其默认值属性。SavedModelBuilder.add_meta_graph_and_variables 和 SavedModelBuilder.add_meta_graph 方法会接收 strip_default_attrs 布尔标记控制。

如果 strip_default_attrs 为 False，则导出的 tf.MetaGraphDef 将在 tf.NodeDef 实例中具有设置默认值的属性，这样会破坏向前兼容性并出现一系列问题。

对于较旧的二进制文件模型，TensorFlow Serving 在重新加载操作中没有默认属性，但会尝试导入该模型。然而，由于无法实例化 NodeDef 中可识别的属性，因此模型重新加载无法正常进行。为了确保新添加的具有默认值的属性不会导致早期的模型版本无法加载，可以在模型生成时将 strip_default_attrs 设置为 True，以解耦 NodeDefs 中的默认值属性。这样，就可以使用较新的训练二进制文件重新生成模型，而不会出现加载问题。

通过以上示例构建 SignatureDef 和规划 meta 数据图，约定好输入/输出的别名，在保存模型时使用这些别名创建 signature，输入/输出 tensor 的具体名称就完全被隐藏，从而实现训练模型与使用模型的解耦。此外，上述示例也为我们提供了一个 TensorFlow Serving 服务端模型框架组织形式的模板，可以模仿使用。当你还没有完全理解 strip_default_attrs 的设置意义时，可以先将其设置为 True。

运行以上代码，生成如图 4.9 所示的模型文件。

在图 4.9 中，saved_model.pb 文件是序列化的张量流，包括模型的一个或多个图形定义，以及模型的元数据，如签名。variables 目录中保存图的序列化变量的文件。

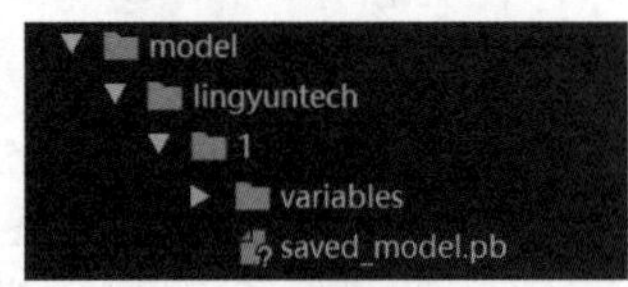

图 4.9

使用 TensorFlow Serving Docker 加载服务的代码如下：

```
docker run -t --rm -p 8501:8501 \
   -v "$(pwd)/model/lingyuntech:/models/lingyuntech" \
   -e MODEL_NAME=half_plus_ten \
   tensorflow/serving
```

扩展：

volume 与 mount 的区别：用户可以通过 docker run 的--volume/-v 或--mount 选项创建带有数据卷的容器，但这两个选项有一些微妙的差异。volume 命令的格式为[[HOST-DIR:]CONTAINER-DIR[:OPTIONS]]]。其中，如果指定 HOST-DIR，则必须是绝对路径，而且只能是目录；如果路径不存在，则会自动创建。

mount 命令的应用更宽泛一些，默认情况下，mount 可用来挂载 volume，也可用来创建 bind mount 和 tmpfs。如果不指定 type 选项，则默认为挂载 volume。volume 是一种更为灵活的数据管理方式，可以通过 docker volume 命令集来管理。创建 bind mount 的命令格式为 type=bind,source=/path/on/host,destination=/path/in/container[,...]。其中，source 必须是绝对路径（可以包含文件），并且路径必须已经存在。

从经验上来讲，volume 更安全可靠。

2. 使用 apt 方式加载 TensorFlow Serving 服务

```
tensorflow_model_server
--port=端口号
--rest_api_port=RESTful API 端口号
--model_name=模型名称
--model_base_path=绝对路径
```

本例启动服务代码如下：

```
tensorflow_model_server --port=8500 --model_name=lingyuntech --model_base_path= model/lingyuntech/
```

使用 RESTful API 访问服务，TensorFlow 从版本 1.8 开始，客户端访问就支持二进制结构序化的 RPC 协议，同时还支持适应范围更广，并对 B/S 结构更具有兼容性的、基于 URI 资源的调用方式。

```
curl -d '{"instances": [1.0,2.0,5.0]}' -X POST http://localhost:8501/v1/models/half_plus_
ten:predict
```

通常 gRPC 监听端口为 8500，RESTful API 监听端口为 8501。用户可以根据需要开启其中一个端口，或者同时开启两个端口，即同时支持两个访问服务，这也是从 TensorFlow Serving 1.8 开始具有的功能。

4.3.5　使用 gRPC 调用服务

1. gRPC 请求示例

```
from tensorflow_serving.apis import predict_pb2
from tensorflow_serving.apis import prediction_service_pb2_grpc
import grpc
import tensorflow as tf
import numpy as np

def request_server(input_data ,server_url):
    # Request.
    channel = grpc.insecure_channel(server_url)
    stub = prediction_service_pb2_grpc.PredictionServiceStub(channel)
    request = predict_pb2.PredictRequest()
    request.model_spec.name = "lingyuntech"
    request.model_spec.signature_name = "predict"
    request.inputs["item_id_hash_pos"].CopyFrom(tf.make_tensor_proto(input_data,
dtype=tf.int32))
    response = stub.Predict(request, 5.0)
    return np.asarray(response.outputs["outputs"].float_val)
if __name__ == "__main__":
    print(request_server("0.0.0.0:8500"))
```

参数说明：

server_url：传入参数是 IP 地址+端口号的套接字，如"101.200.132.203:8500"。这里有一个默认设置的选项参数 option，就是针对网络层通信发送与接收内存缓冲的设定。

例如：

```
options=[
        ('grpc.max_send_message_length', MAX_MESSAGE_LENGTH),
        ('grpc.max_receive_message_length', MAX_MESSAGE_LENGTH)
    ]
```

1）input_data：对应上一小节模型构建 x = tf.compat.v1.placeholder(tf.float32)代码行，输入图片的参数形式通常类型为 Ndarray，shape 为(高度,宽度,3)，如果成批输入 batch 形式，前面要再加一个维度：(None,高度,宽度,3)。

2）model_spec.name：与 tensorflow_model_server --model_name = "lingyuntech"对应。

3）signature_name：与 signature_def_map 中的 predict 对应。

4）stub.Predict(request, 5.0)：gRPC 调用设置为 5s 超时。

5）return：模型返回的结果数组是 numpy array。

Request 获取和处理步骤如下：

1）构造一个 request=predict_pb2.PredictRequest()。

2）组织 request 必要的参数，与导出模型相对应，如数据 tf.float32。

3）通过 prediction_service_pb2 处理上面的 request，得到 response 结果并取出 output。response 的结构如图 4.10 所示。

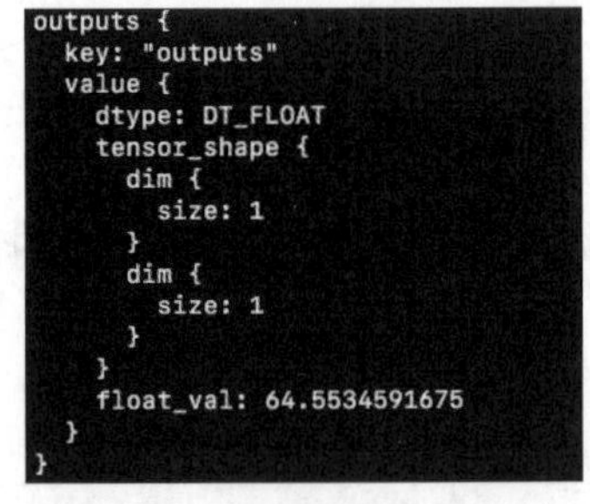

图 4.10

2. 使用 JSON 访问 gRPC 服务

参考下面的示例，用 JSON 与保存的模型进行对接。

```
from google.protobuf import json_format

def load_tensorflow_model( path, inputCol, tfInput, tfOutput, predictionCol='predicted',
        tfDropout=None, toKeepDropout=False):
    with tf.Session(graph=tf.Graph()) as sess:
        new_saver = tf.train.import_meta_graph(path + '.meta')
        split = path.split('/')
        if len(split) > 1:
            new_saver.restore(sess, tf.train.latest_checkpoint("/".join(split[:-1])))
        else:
            new_saver.restore(sess, tf.train.latest_checkpoint(split[0]))
        vs = tf.trainable_variables()
        weights = sess.run(vs)
```

```
        json_graph = json_format.MessageToJson(tf.train.export_meta_graph())
        weights = [w.tolist() for w in weights]
        json_weights = json.dumps(weights)
        return SparkAsyncDLModel( inputCol=inputCol, modelJson=json_graph, modelWeights=json_
weights, tfInput=tfInput, tfOutput=tfOutput, predictionCol=predictionCol, tfDropout=tfDropout,
toKeepDropout=toKeepDropout
 )
```

本 章 小 结

REST 与 RPC 的比较见表 4.2。

表 4.2

项　目	REST	RPC
通信协议	HTTP	TCP
性能	低	高
开发环境适用性	高	低

客户端与网关之间的协议是由当前可用选择及远程客户端的需求决定的。最常用的就是 REST（Representational State Transfer），是基于现有的网络技术而实际传输的是典型的 HTTP 协议，HTTP 是 Web 应用的标准协议。由于协议层负责传输可互操作格式的数据，这使 REST 成为异构系统之间传输数据的理想选择。

从本质上看，RPC 是基于 TCP 实现的，而 RESTful 是基于 HTTP 实现的。RESTful 自定义了语义，RESTful 的 API 的设计是面向资源的，对于同一资源的获取、传输、修改，可以使用 GET、POST、PUT 进行区分。例如，REST 可以使用 HTTP 协议的 Accept 首部来发送和接收 Protocol Buffer 编码过的数据，但不会实现 RPC 交互。这样的协议可以用普通的方式定位远程服务的资源。不改变协议，REST 可以直接兼容现有的技术，如 Web 服务和代理，资源作为请求 URI 的一部分是唯一确定的。客户端与服务端间的通信协议是可读的简单文本或是基于 XML 的文本，数据在网络传输时进行透明压缩，可在一定程度上缓解负载重的问题。

从传输速度上来看，因为 HTTP 封装的数据量更多会造成数据传输量更大，所以 RPC 的传输速度比 RESTful 更快。但 HTTP 协议是各个框架在普遍条件下，不需要知道资源来源的底层协议和数据形式如何组织，都可以使用 RESTful 利用 HTTP 网关来接收。而在远程服务内部的各模块之间，因为各协议方案由公司内部制定，所以能够解码各种数据方式也是顺理成章的事。

综合各方面的性能，合理的架构使用 TCP 传输让各服务模块之间的数据传输效率会更高。也就是说，远程网关和外界的数据传输使用 RESTful，模型服务内部的各模块之间的数据传输使用 RPC。

第 5 章　TensorFlow 基础

5.1　基本概念与框架

很多对人工智能技术有兴趣的读者都曾有过一个疑问，R 语言与 TensorFlow 是同一层面的技术吗？TensorFlow 与其他技术或语言的区别可以从两个方面来认识：第一，TensorFlow 提供数据组织、算法设计、训练实施和结果判断；第二，它是以神经网络为基础的深度学习的高性能实现。也就是说，TensorFlow 与其他科学算法库和语言的不同，主要体现在它更具有体系性、完整性和高效性。在 IT 技术群雄纷争的发展市场上，各种各样的框架、平台和计算库呈现在技术人员的面前，虽然并不一定要将它们分出高下及优劣，但是作为一个资深的技术人员，要懂得市场的引导和技术的趋向造就了其存在就必然有其合理性。

如何利用 TensorFlow 编写训练模型程序呢？TensorFlow 训练模型可通过程序反复迭代修正神经网络中的各个节点参数，从而使预测函数具有相当于拟合效果的算法实现，如图 5.1 所示。

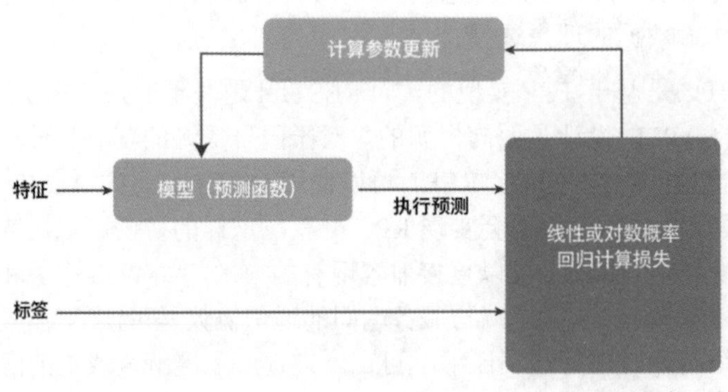

图 5.1

数据的正向传播与误差的反向传播在神经网络的数据流动中起到核心支持作用。

数据的正向传播是根据预测函数生成结果，即沿着设计的网络节点深度进行一层层的计算和特征激励，从而使其计算结果与真实标记形成误差。

误差的反向传播是通过链式法则对各个训练参数求偏导和梯度下降，从输出节点一层层反向传递回归，对每层的参数进行调整。

通过数据的正向传播与误差的反向传播，将损失函数收敛并对训练样本进行合理拟合。从整个过程来看，真实样本值与预测值的误差会越来越小，表达所需要的参数越来越接近实际最佳值。为了更好、更快地实现损失函数的收敛，可能会使用其他算法和数据处理方法。作为一个优秀的人工智能开发平台，它将训练一切细节，特别是反向误差的反向传播进行封装是其基本功能之一。

TensorFlow 也经历了不断发展和变化的过程，其从标记符号编程转向命令行编程，因为这两种模式各有各的优势，所以 TensorFlow 会一直保留前者而不会轻易摒弃。标记符号编程常被称为静态模式编程（Graph Execution），而命令行编程被称为动态模式编程（Eager Execution）。TensorFlow 1.15 终结了为静态的使命，而 TensorFlow 2.0 全面开启了动态模式之旅。

TensorFlow 的 Eager Execution 是一种命令式编程环境，可立即评估运算，而无须构建计算数据流图。这样能使开发者轻松入门 TensorFlow 并调试模型，同时减少了框架模板代码。

Eager Execution 是用于研究和实验的灵活机器学习平台，其具备以下特性。

1）直观的界面：自然地组织代码结构并使用 Python 数据结构，可以快速迭代小模型和小数据。

2）更方便的调试功能：直接调用运算以检查正在运行的模型并进行测试及更改，使用标准 Python 调试工具立即报告错误。

3）自然的控制流：使用 Python 而非计算数据流图控制流，简化了动态模型的规范。

4）支持大部分 TensorFlow 运算和 GPU 加速。

启用 Eager Execution 会改变 TensorFlow 的运算方式，运算会立即评估并将值返回 Python。tf.Tensor 对象会引用具体的值，而非指向计算图中节点的符号句柄。由于无须构建计算图并稍后会在会话中运行，因此，可以轻松使用 print()函数或调试程序检查结果，并且评估、输出和检查张量值不会中断计算梯度的流程。

Eager Execution 可以很好地配合 NumPy 使用。NumPy 类型兼容 tf.Tensor 参数。TensorFlow 的 tf.math 运算可将 Python 对象和 NumPy 数组转换为 tf.Tensor 对象。tf.Tensor.numpy 方法会以 NumPy 数组的形式返回该对象的值。例如，对矩阵相乘的实现，两个版本的区别如下。

TensorFlow 1.X：

```
import tensorflow as tf

x = [[2.]]
m = tf.matmul(x,x)
sess=tf.Session()
result=sess.run(m)
print(result)
sess.close()
```

TensorFlow 2.X：

```
import tensorflow as tf
```

```
x = [[2.]]
m = tf.matmul(x,x)
print(m)
```

这里要强调一点，对于大多数读者，特别是初学者，不要认为 TensorFlow 的 Eager Execution 可以完全代替 TensorFlow 的 Graphs Execution，从而淘汰 TensorFlow 1.X。Eager Execution 的最大优势就是所见即所得，其符合大多数开发人员的编程习惯；而 Graphs Execution 更容易进行算法模型的优化，用户在得到数据逻辑流图之后可以应用规则来简化图，也可以选择最有效的实现进行真正的计算，而且对训练模型的保存和迁移有很大的支撑，这也是在 2.X 依然保留并进一步迭代静态模型的原因。

5.1.1 TensorFlow 的基本概念

基于 TensorFlow 构造的模型用张量（tensor）表示数据，用深度计算节点（OP）搭建机器学习模型，用会话（session）或 Eager Execution 执行计算，优化数据流线上的张量参数获得模型。张量是不同维数组（列表），见表 5.1。

表 5.1 张量的维数

维　数	阶	名　字	举　例
0-D	0	标量（scalar）	s=123
1-D	1	向量（vector）	v=[1,2,3]
2-D	2	矩阵（matrix）	*m*=[[1,2,3],[4,5,6],[7,8,9]]
n-D	3	张量（tensor）	t=[[[....n 个

1. Tensor 对象

Tensor 对象中所有的元素都是单个已知的数据类型。在写 TensorFlow 程序时，操作和传递的主要对象是 Tensor。Tensor 具有以下特性。

1）单个数据类型（如 float32、int32 或字符串）。

2）一个形状，如图 5.2 所示。

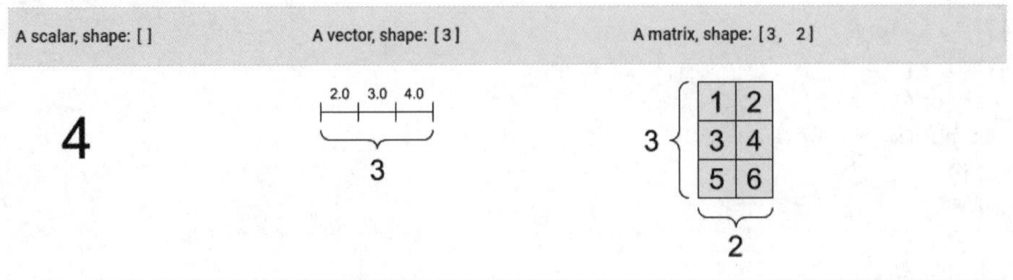

图 5.2

```
tf.Tensor(op, value_index, dtype)
```

下面举例说明 Tensor 对象。

```
import tensorflow as tf

a = tf.constant([1.0 , 2.0])    #constant()代表定义常数
b = tf.constant([3.0 , 4.0])
result = a + b                  #OP
print(result)
```

在 Graph Execution 模式下执行，仅有如下输出结果，没有具体 sess.run 执行 OP 的结果：

```
Tensor("add:0",shape=(2,),dtype=float32)
```

输出对应解释：["OP 节点名：第 0 个输出"，长度为 2 的一维数组，数据类型]，对于输入的 Tensor 对象，OP 处将显示定义 Tensor 对象的名称 name。

在 Eager Execution 模式下的执行结果：

```
tf.Tensor([4. 6.], shape=(2,), dtype=float32)
```

在 Eager Execution 执行期间，会发现张量实际上是 EagerTensor 类型。这是一个内部细节，可以访问一个有用的执行函数并返回 numpy。

```
print(type(result))
print(result.numpy())
```

执行结果：

```
<class 'tensorflow.python.framework.ops.EagerTensor'>
[4. 6.]
```

2. 在 TensorFlow 2.X 中使用 graph execution 模式

由于静态数据流图的模式不是 TensorFlow 2.X 的默认模式，因此在使用时要做到以下两点：像 TensorFlow 1.X 一样编写静态代码；以下两行代码要连在一起，不能分开。

```
import tensorflow.compat.v1 as tf
tf.disable_v2_behavior()
```

3. 在 TensorFlow 1.X 中使用 Eager Execution

在所有代码的最前端执行代码 tf.enable_eager_execution()，因为在使用张量流 API 创建或执行数据图后，无法启用 Eager Execution。通常建议在程序启动时而不是在库中调用此函数（因为大多数库无论有或没有 Eager Execution 都是可用的）。

```
tf.enable_eager_execution(config=None, device_policy=None,execution_mode=None)
```

其中，参数 execution_mode 用于设置执行时是同步模式还是异步模式，如果是异步模式，则会面临 non-ready 返回值的风险。有如下两个选项，选项 None 表示自动选择。

- tf.contrib.eager.SYNC
- tf.contrib.eager.ASYNC

5.1.2 使用 Eager Execution 进行简单线性回归训练

1. Eager Execution 模式下训练线性回归方式的探索

```
import tensorflow as tf
import numpy as np
tf.enable_eager_execution(execution_mode=tf.contrib.eager.SYNC)
print(tf.__version__)
learning_rate = 0.01
train_steps = 1000
train_X = np.linspace(-1, 1, 100)
train_Y = 2 * train_X + 6
def linear_regression(data_x, data_y):
    X = data_x
    Y_label = data_y
    w = tf.Variable(initial_value=1.0,name = "weight")
    b = tf.Variable(initial_value=1.0,name = "bias")
    Y = X*w+b)
    loss = tf.reduce_mean(tf.square(Y-Y_label))
    return loss

optimizer = tf.train.AdadeltaOptimizer(learning_rate= learning_rate)
for i in range(0, train_steps):
    optimizer.minimize((lambda: linear_regression(train_X, train_Y)))
```

提示：

在非讲解的条件下（即读者实际操作时），train_Y = 2 * train_X + 6 最好改成 train_Y = 2 * train_X + np.random.randn(*train_ X.shape)* 0.1 + 6，给样本数据增加一些噪音和抖动，以符合训练实际运行场景，train_X.shape 前面的“*”用于解包元组。

改成 TensorFlow 1.X 在 Graph Execution 模式下的组织模型，代码如下：

```
import tensorflow as tf
import numpy as np

print(tf.__version__) #1.15.0
learning_rate = 0.01
train_steps = 50000

train_X = np.linspace(-1, 1, 100)
train_Y = 2 * train_X + 2
```

```
x = tf.placeholder(tf.float32, [100]) # 占位符
y = tf.placeholder(tf.float32, [100])

X = train_X
Y_label = train_Y
w = tf.Variable(initial_value=1.0,name = "weight")
b = tf.Variable(initial_value=1.0, name = "bias")
Y = X*w+b

loss = tf.reduce_mean(tf.square(Y-Y_label))
optimizer = tf.train.AdadeltaOptimizer(learning_rate=learning_rate)
predict = optimizer.minimize(loss)

with tf.Session() as sess:
    tf.initialize_all_variables().run()
    for i in range(0, train_steps):
        sess.run(predict, feed_dict={x: X, y: Y_label})
    print(sess.run([w,b]))
```

下面这行代码为什么要用 lambda 表达式?

```
optimizer.minimize((lambda: linear_regression(train_X, train_Y)))
```

首先尝试去掉 lambda 关键字运行：

```
optimizer.minimize(linear_regression(train_X, train_Y))
```

输出结果（linear_regression 仅被调用一次）：

```
<tf.Variable 'weight:0' shape=(1, 1) dtype=float32, numpy=array([[1.667077]], dtype=float32)>
<tf.Variable 'bias:0' shape=(1,) dtype=float32, numpy=array([0.], dtype=float32)>
```

再改成如下方式尝试运行：

```
loss=linear_regression(train_X, train_Y)
optimizer.minimize(loss)
```

输出结果：

```
RuntimeError: 'loss' passed to Optimizer.compute_gradients should be a function when eager
execution is enabled.
```

以上修改说明 lambda 表达式支持迭代特性，能获得函数地址，供每次 for 循环回调。

预测函数的另一种写法如下：

```
train_X = tf.add(tf.matmul(X, w), b)
```

这时就要使 train_X 的 shape 满足上式的计算参数要求，即将 train_X、参数 w 初始化和占位符改写成如下方式：

```
train_X = np.random.random((100,1))
w = tf.Variable(tf.random_normal([1, 1]),name = "weight")
b = tf.Variable(tf.zeros([1]), name = "bias")
x = tf.placeholder(tf.float32, [train_Y.shape[0],None])
```

启用 enable_eager_execution 后，运行代码并训练数据，循环打印训练参数 w 和 b，发现参数 w 和 b 并没有达到理想的值，说明并没有实现反向误差传播的梯度下降。下面针对该问题进行修改。

2. 使用 Eager Execution 训练线性回归模型

```
import tensorflow as tf
import numpy as np

tf.enable_eager_execution(execution_mode=tf.contrib.eager.SYNC)
print(tf.__version__)
learning_rate = 0.01
train_steps = 5000

train_X = np.linspace(-1, 1, 100)
train_Y = 2 * train_X + 6
optimizer = tf.keras.optimizers.SGD(learning_rate= learning_rate)
w = tf.Variable(initial_value=1.0,name = "weight")
b = tf.Variable(initial_value=1.0, name = "bias")
def linear_regression(data_x, data_y):
    X = data_x
    Y_label = data_y
    with tf.GradientTape() as g:
        Y = X*w +b
        loss = tf.reduce_mean(tf.square(Y - Y_label))
        #loss = tf.keras.losses.MeanSquaredError()(Y_label,Y)
        gradients = g.gradient(target=loss,sources=[w,b])
        optimizer.apply_gradients(zip(gradients, [w,b]))
        print(loss)
        print(w)
        print(b)
    return loss
for i in range(0, train_steps):
    linear_regression(train_X, train_Y)
```

运行结果接近于模型预想的参数值 2 和 6：

```
tf.Tensor(1.5699243e-10, shape=(), dtype=float32)
<tf.Variable 'weight:0' shape=() dtype=float32, numpy=1.9999913>
<tf.Variable 'bias:0' shape=() dtype=float32, numpy=5.9999886>
```

修改代码后应重点关注以下几点：

1）梯度下降策略选择 keras.optimizers.SGD()方法。

2）将预测函数和损失函数放在声明梯度带 tf.GradientTape 的上下文中。

3）使用 g.gradient 函数可求出梯度。

4）使用 apply_gradients 方法将梯度值转化为对参数 w 和 b 的修改。

tf.GradientTape 是 Eager Execution 模式下计算梯度用的，而 Eager Execution 模式是 TensorFlow 2.0 的默认模式，因此 tf.GradientTape 是官方推荐的误差反向传播梯度下降用法。在 TensorFlow 1.X 静态模式下，每个静态图都有两部分，一部分是前向图，另一部分是反向图。反向图用来计算梯度，用在整个训练过程中。而 TensorFlow 2.X 默认是 Eager Execution 模式，其每行代码都顺序执行。因为失去构建数据流图的过程，所以要控制哪些 OP 及对应的参数计算梯度，此时需要一个上下文管理器（context manager）来连接需要计算梯度的函数和变量，在方便求解的同时也能提升效率。这也是上面的预测函数和损失函数必须放入梯度带的原因。下面对构建梯度带函数及参数详细说明。

```
tf.GradientTape( persistent=False, watch_accessed_variables=True)
```

1）persistent：布尔值，用来指定新创建的梯度带是否是可持续性的。其默认值为 False，表示只能调用一次 gradient 函数。

2）watch_accessed_variables：布尔值，表明是否会自动追踪任何能被训练（trainable）的变量。其默认值为 True。如果设置为 False，则表示用户需要手动指定想要追踪的变量 watch(tensor)。

参数 w 和 b 是 tf.Variable 类型，可以不放在梯度带中，否则需要添加以下两行 watch（tensor）代码，以确保 tensor 在梯度带中能被跟踪到。

```
g.watch([w])
g.watch([b])
```

如此灵活和巧妙的处理方式与 Python 是解释型脚本语言有很大的关系。

```
gradient(target,
        sources,
        output_gradients=None,
        unconnected_gradients=tf.UnconnectedGradients.NONE
        )
```

根据梯度带的上下文计算某个或某些 tensor 的梯度。

1）target：需要被微分的 tensor 或 tensor 列表，可以理解为对经过某个函数之后的值进行梯度计算。

2）sources：tensors 或 variables 列表（至少一个值），多数情况为将要拟合的参数变量。

3）output_gradients：梯度列表，每个目标的元素对应一个。其默认值为 None。

4）unconnected_gradients：可以保持 None 或 Zero，并更改目标和源未连接时将返回的值。其默认值为 None。

TensorFlow 2.X 以后把优化器移动到了 tf.keras.optimizers.SGD。本示例中 SGD 是随机梯度下降策略，收敛下降较快但会产生扰动。

```
apply_gradients(grads_and_vars,name=None)
```

把计算出的梯度更新到对应的变量，以 Python 列表形式“[梯度下降值，更改的变量]”传入。

用 zip(gradients,[w,b])方式对梯度值和参数进行整合的数据如下：

```
(<tf.Tensor: id=67374, shape=(), dtype=float32, numpy=-4.7754424e-05>, <tf.Variable 'weight:0' shape=() dtype=float32, numpy=1.9999303>)
(<tf.Tensor: id=67367, shape=(), dtype=float32, numpy=-2.2888184e-05>, <tf.Variable 'bias:0' shape=() dtype=float32, numpy=5.9999886>)
```

整合后的结果。

```
zip([-4.7754424e-05，-2.2888184e-05]，[1.9999303, 5.9999886])
```

TensorFlow 1.X 中的 tf.enable_eager_execution 函数在 TensorFlow 2.X 版本中已被删除，TensorFlow 2.X 版本中提供了关闭动态图与启用动态图两个函数。

1）关闭动态图函数：tf.compat.v1.disable_v2_behavior。

2）启用动态图函数：tf.compat.v1.enable_v2_behavior。

通过以上介绍，我们应能看到动态图应用方式的不足，在创建动态图的过程中，默认会建立一个会话（仅此一个），该会话会依赖整个进程的生命周期。但在静态图模式下，可以开启多个会话而赋予更强的耦合和整合性技巧。这充分说明动态模式之间与静态模式之间难分优劣，主要取决于使用者的习惯和目标要求。

5.1.3 估算器框架接口

估算器框架接口（Estimators API）是 TensorFlow 中的一种高级 API，提供了一整套创建训练模型。测试模型准确率，以及生成预测的方法。用户在估算器框架中开发模型，只要实现对应的预测方法即可，整体数据流图的搭建则全部交给估算器框架来做。估算器框架内部可全自动实现检查点文件的导出与恢复、保存 TensorFlow 的摘要、初始化变量、异常处理等操作。估算器框架接口是从 TensorFlow 1.3 开始引入的高级 API。

1. 估算器框架的组成

估算器框架是在 tf.layers 接口的基础上构建而成的，分为以下三个主要部分。

1）输入函数：主要由 Dataset API 接口组成。输入函数分为训练输入函数 train_inout_fn 和测试输入函数 eval_input_fn。前者主要用于接收参数，输出数据和训练数据；后者主要用于接收参数，输出验证数据和测试数据。

2）模型函数：由模型 tf.layers 接口和监控模块 tf.metrics 接口组成，主要用于实现模型训练、测试验证模型和监控显示模型状况等功能。

3）估算器：将各个部分整合在一起，控制数据在模型中的流动与变换，并控制模型的各种运算。估算器起底层基础处理的作用。

2. 估算器框架的预置模型

估算器框架除支持自定义模型外，还提供了一些封装好的常用模型，如基于线性的回归模型和分类模型（LinerRegressor、LinerClassifier）、基于深度神经网络的回归模型和分类模型（DNNRegressor、DNNClassifier）。直接使用这类模型可以节省开发人员大量的开发时间。

如图 5.3 所示，Estimators（估算器）分为 Pre-made Estimators（预定义估算器）和 Custom Estimators（自定义估算器）两大类。其中，tf.estimator.Estimators 是基类（base class），Pre-made Estimators 是基类的子类，而 Custom Estimators 则是基类的实例（instance）。

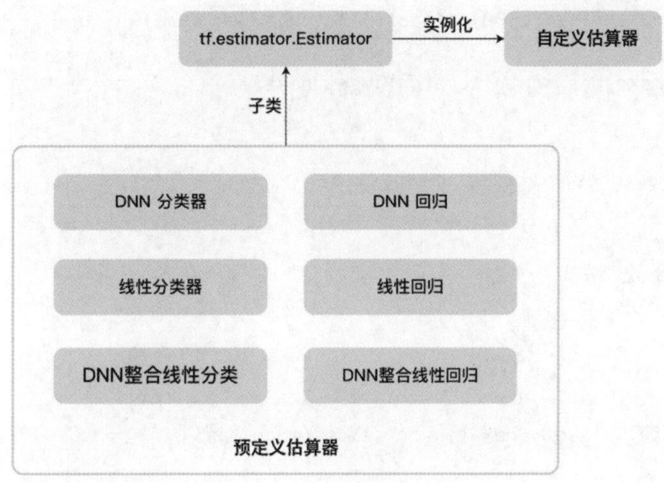

图 5.3

Pre-made Estimators 和 Custom Estimators 的差异主要在于 TensorFlow 中是否有它们可以直接使用的模型函数（model function 或 model_fn）。对于前者，TensorFlow 中已经有写好的模型函数，直接调用即可；而后者的模型函数需要自己编写。因此，虽 Pre-made Estimators 使用方便，但应用范围小，灵活性差；Custom Estimators 则正好相反。

下面分别运用 Pre-made Estimators 和 Custom Estimators 构建模型，以解决鸢尾花（Iris）的分类问题，模型架构如图 5.4 所示。

用输入函数构建一个输入管道，以生成一批特征、标签对，其中特征是字典特征（dictionary features）。

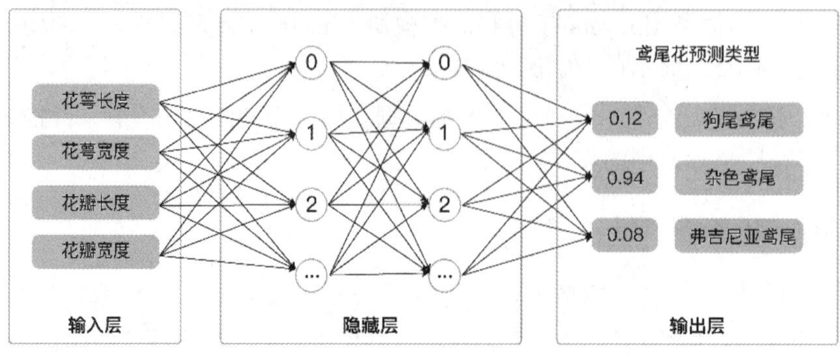

图 5.4

```
# 用于训练的输入函数
def train_input_fn(features, labels, batch_size):
    # 将输入转换为数据集
    dataset = tf.data.Dataset.from_tensor_slices((dict(features), labels))
    # 重新排列、重复、批处理
    dataset = dataset.shuffle(1000).repeat().batch(batch_size)
    # 返回管道的读取终点
    return dataset.make_one_shot_iterator().get_next()

# 用于评估或预测的输入函数
def eval_input_fn(features, labels, batch_size):
    features=dict(features)
    if labels is None:
        # 没有标签时的处理方式
        inputs = features
    else:
        inputs = (features, labels)
    # 将输入转换为数据集
    dataset = tf.data.Dataset.from_tensor_slices(inputs)
    # 批处理
    assert batch_size is not None, "batch_size must not be None"
    dataset = dataset.batch(batch_size)
```

3. 实例化估算器

Pre-made Estimators 使用 TensorFlow 中已经写好的模型函数来构建模型。鸢尾花问题是一个多分类问题，因此这里选择 tf.estimator.DNNClassifier 作为模型的 Estimators。由输入函数得到的特征是字典特征，但模型函数只能输入 value 数据，因此首先需要定义特征列。

```
# 特征列对如何使用输入进行描述
my_feature_columns = []
for key in features.keys():
    my_feature_columns.append(tf.feature_column.numeric_column(key=key))
```

```
# 构建 2 个隐藏层 DNN，分别有 10×10 个单元
classifier = tf.estimator.DNNClassifier(
        feature_columns=my_feature_columns,
        # 2 个隐藏层，每层有 10 个节点
    hidden_units=[10, 10],
    # 模型必须在 3 个类中进行选择
    n_classes=3)
    )
```

在初始化 Pre-made Estimators 时，只需将定义模型结构的超参数传给 Estimators，就会自动将其转交给模型函数。有一点需要注意，这里是分两次向模型函数传递参数的：在初始化 Estimators 时传递模型结构的超参数，在调用模型函数时传递关于任务类型和特征类型的参数，并且模型函数的参数都是固定的。

4. 训练、评估和预测

有了估算器对象之后，即可调用方法执行以下操作：

1）训练模型。

2）评估训练模型的泛化误差。

3）使用训练好的模型进行预测。

```
# 训练模型
classifier.train(
    input_fn=lambda:train_input_fn(train_x, train_y, args.batch_size),
    steps=args.train_steps)
```

```
# 评估模型
eval_result = classifier.evaluate(
    input_fn=lambda:eval_input_fn(test_x, test_y, args.batch_size))

print('\nTest set accuracy: {accuracy:0.3f}'.format(**eval_result))
```

```
# 生成模型预测结果
expected = ['Setosa', 'Versicolor', 'Virginica']
predict_x = {
    'SepalLength': [5.1, 5.9, 6.9],
    'SepalWidth': [3.3, 3.0, 3.1],
    'PetalLength': [1.7, 4.2, 5.4],
    'PetalWidth': [0.5, 1.5, 2.1],
}
predictions = classifier.predict(
    input_fn=lambda:iris_data.eval_input_fn(predict_x,batch_size=args.batch_size))
```

```
for pred_dict, expec in zip(predictions, expected):
    template = ('\nPrediction is "{}" ({:.1f}%), expected "{}"')
    class_id = pred_dict['class_ids'][0]
    probability = pred_dict['probabilities'][class_id]
    print(template.format(iris_data.SPECIES[class_id],100 * probability, expec))
```

5. 定制估算器

Custom Estimators 与 Pre-made Estimators 的主要区别就是需要自己构建模型函数。下面将主要介绍模型函数。

编写一个模型函数，其参数列表如下：

```
def my_model(
   features,       # 来自 input_fn 的成批特征
   labels,         # 来自 input_fn 的成批标签
   mode,           # tf.estimator.ModeKeys 构建的实例
   params):        # 附加超参配置项
```

如前文所述，模型函数有 4 个固定的参数，并且它们传入的时间和方法都不尽相同。其中，

1）features：模型实例化调用此函数时传入。

2）labels：模型实例化调用此函数时与 features 同时传入。

3）mode：它不能直接显式传递，而在 estimators 先实例化再调用方法时隐式传递。

4）params：初始化估算器时就必须定义，包含定义模型结构的超参数。

假设先将 Estimators 实例化：

```
classifier = tf.estimator.Estimator(...)
```

然后调用 train 方法：

```
classifier.train(input_fn=lambda: train_input_fn(FILE_TRAIN, True, 500))
```

此时参数 mode 被自动赋予 tf.estimator.ModeKeys.TRAIN 的值。同理，在调用 predict 方法和 evaluate 方法时，它们也会被赋予不同的值，具体见表 5.2。

表 5.2

方　法	值
train()	ModeKeys.TRAIN
evaluate()	ModeKeys.EVAL
predict()	ModeKeys.PREDICT

这样就可以在模型函数中通过判断参数 mode 的值确定调用的方法，也因此能够返回不同的值。DNN 有 3 个隐藏层，完整的模型函数定义如下：

```
def my_model(features, labels, mode, params):
```

```
    """DNN with three hidden layers, and dropout of 0.1 probability."""
    # 定义模型结构
    # 输入层
    net = tf.feature_column.input_layer(features, params['feature_columns'])
    # 根据 hidden_units 参数的大小决定隐藏层
    for units in params['hidden_units']:
        net = tf.layers.dense(net, units=units, activation=tf.nn.relu)
    # 输出层，计算日志数（每类 1 个）
    logits = tf.layers.dense(net, params['n_classes'], activation=None)

    # 计算预测值
    predicted_classes = tf.argmax(logits, 1)
    # 若调用 predict 方法
    if mode == tf.estimator.ModeKeys.PREDICT:
        predictions = {
            'class_ids': predicted_classes[:, tf.newaxis],
            'probabilities': tf.nn.softmax(logits),
            'logits': logits,
        }
        return tf.estimator.EstimatorSpec(mode, predictions=predictions)

    # 计算损失
    loss = tf.losses.sparse_softmax_cross_entropy(labels=labels, logits=logits)
    # 计算评估指标
    accuracy = tf.metrics.accuracy(labels=labels,
                                   predictions=predicted_classes,
                                   name='acc_op')
    metrics = {'accuracy': accuracy}
    tf.summary.scalar('accuracy', accuracy[1])
    # 若调用 evaluate 方法
    if mode == tf.estimator.ModeKeys.EVAL:
        return tf.estimator.EstimatorSpec(
            mode, loss=loss, eval_metric_ops=metrics)

    # 若调用 train 方法
    # 创建训练 OP
    assert mode == tf.estimator.ModeKeys.TRAIN

    optimizer = tf.train.AdagradOptimizer(learning_rate=0.1)
    train_op = optimizer.minimize(loss, global_step=tf.train.get_global_step())
    return tf.estimator.EstimatorSpec(mode, loss=loss, train_op=train_op)
```

初始化估算器：

```
classifier = tf.estimator.Estimator(
    model_fn = my_model,
    params={
```

```
        'feature_columns': my_feature_columns,
        # 两个隐藏层，每层有 10 个节点
        'hidden_units': [10, 10],
        # 该模型必须在 3 个类中选择
        'n_classes': 3,
    })
```

训练模型：

```
# Train the Model.
classifier.train(
    input_fn=lambda:train_input_fn(train_x, train_y, args.batch_size),
    steps=args.train_steps)
```

通常在输入函数中将重复次数设置为“无限次”，即将参数 repeat 设置为 None 或默认值。模型训练的迭代次数就是由参数 train_steps 进行控制的。

最后，由于在模型函数中定义了要对模型准确率、损失和循环迭代进行监控，因此，在终端输入以下命令，然后在浏览器中打开网址 http://localhost:6006，即可查看其变化的折线图。

```
# 运行 TensorFlow Board，用路径参数 model_dir 传递实际路径，替换 path
tensorboard --logdir=PATH
```

扩展：

> tf.layers 接口是一个与 tf-slim 接口类似的 API，该接口的设计是与神经网络中“层”的概念相匹配的。例如，在用 tf.layers 接口开发含有多个卷积层、池化层的神经网络时，会针对每一层的网络定义以 tf.layers 开头的函数，然后将这些神经网络层依次连接起来。tf.layers 接口常用于动态图模式中，而 tf-slim 接口常用于静态图模式中。

5.1.4 tf.keras 接口

tf.keras 接口是 TensorFlow 中支持 Keras 语法的高级 API，其可以将用 Keras 语法实现的代码程序移植到 TensorFlow 中运行。

Keras 是一个用 Python 编写的高级神经网络接口，是目前最通用的前端神经网络接口。基于 Keras 开发的代码可以在 TensorFlow、CNTK 和 THeano 等主流深度学习框架中直接运行。在 TensorFlow 2.X 中，用 tf.keras 接口在动态图上开发模型是官网推荐的主流方式之一，这也是少数人觉得 TensorFlow 2.X 就是 Keras 的原因。

1. TensorFlow 官网服饰图像识别示例模型

```
import tensorflow as tf

mnist = tf.keras.datasets.mnist
(train_images, train_labels), (test_images, test_labels) = mnist.load_data()
```

```
train_images = train_images / 255.0                          # 色彩归一化
test_images = test_images / 255.0

model = tf.keras.Sequential([
    tf.keras.layers.Flatten(input_shape=(28,28)),            # 展平成一维数组
    tf.keras.layers.Dense(units=128, activation='relu'),    # 全连接层，有 128 个连接节点
    tf.keras.layers.Dense(units=10)                          # 输出类别，与交叉熵对应
])

model.compile(optimizer='adam',
              loss=tf.keras.losses.SparseCategoricalCrossentropy(from_logits=True),
              metrics=['accuracy'])
model.fit(train_images, train_labels, batch_size= 64,epochs=3,verbose=1)
test_loss,test_acc = model.evaluate(test_images,test_labels, verbose=1)
print('\nTest accuracy:', test_acc)

probability_model = tf.keras.Sequential([model,tf.keras.layers.softmax()])
probability_model.save('./model_save/Mnist_classification.h5')
```

1）tf.keras.losses.SparseCategoricalCrossentropy(from_logits=True)：指定了交叉熵。

2）model.evaluate(test_images,test_labels, verbose=1)：通过测试样本对模型进行评估，得到损失值和准确率。当 verbose=2 时，每个 epoch 输出一行记录，该函数返回损失值和选定的指标值，如精度（accuracy）；当 verbose=1 时，则输出进度条记录为 0，不输出日志信息。

3）tf.keras.Sequential([model,tf.keras.layers.softmax()])：通过 softmax 函数再组织出预测函数。

4）probability_model.save('./model_save/Mnist_classification.h5')：将训练后的模型序列化后保存。

5）optimizer='adam'：梯度下降策略采用 Adam 方式。读者也可以参考学习 Mommentum 方式和 RMSprop 方式。

从样本数据训练输入到判断输出之间的数据流转（无卷积层）：[28,28]⇒[1,784]⇒[1,784]×[784,128]⇒[1,128]⇒[1,128]×[128,10]⇒[1,10]。各个层之间的关系如图 5.5 所示。

2. 修改原示例模型

在输入端增加一层卷积层，注意 filter_size 为卷积层输出的层数，即 layers_Conv2D 的参数 filter。增加卷积层后各层之间的关系如图 5.6 所示。

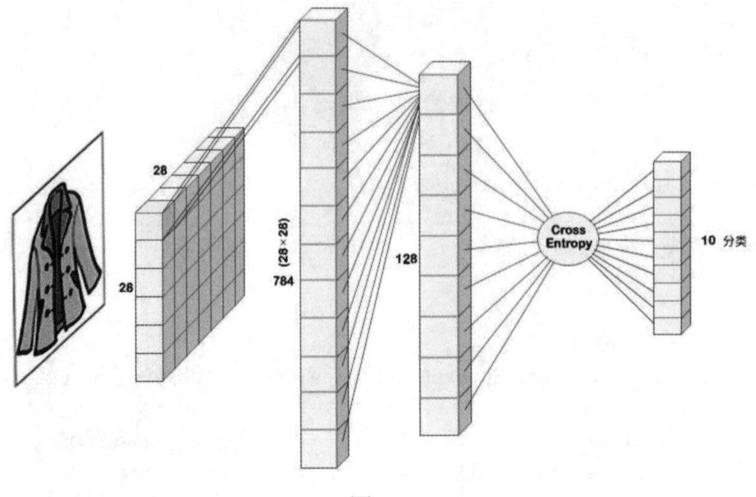

图 5.5

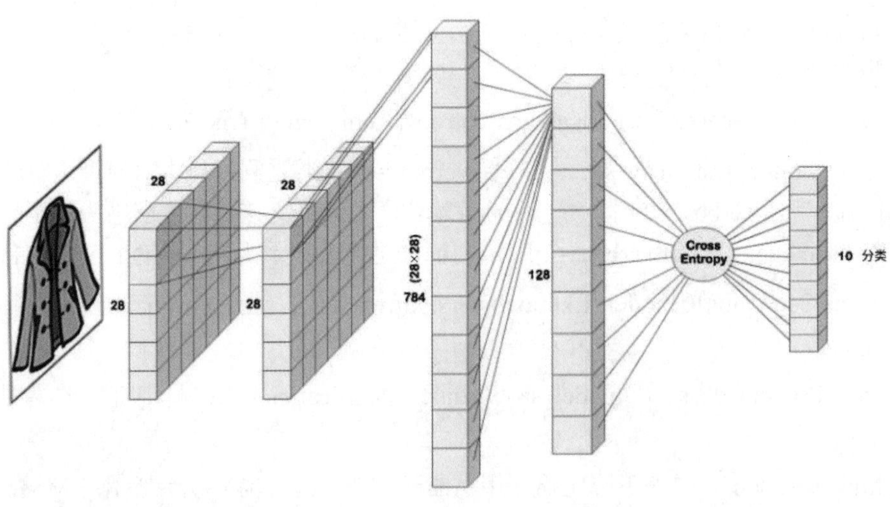

图 5.6

```
train_images_conv2 = np.expand_dims(train_images,axis=3)
test_images_conv2 = np.expand_dims(test_images,axis=3)

model = tf.keras.Sequential([
    tf.keras.layers.Conv2D(filters=1,kernel_size=(2,2),padding='same',activation='relu'),
    tf.keras.layers.Flatten(input_shape=(28,28,1)),
    tf.keras.layers.Dense(units=128, activation='relu'),    #全连接层，有 128 个连接节点
    tf.keras.layers.Dense(units=10)                         #输出类别，与交叉熵对应
])
model.compile(optimizer='adam',
              loss=tf.keras.losses.SparseCategoricalCrossentropy(from_logits=True),
              metrics=['accuracy'])
```

```
model.fit(train_images_conv2, train_labels,batch_size=64, epochs=10,verbose=1)
test_loss, test_acc = model.evaluate(test_images_conv2,  test_labels, verbose=2)
print('\nTest accuracy:', test_acc)

probability_model = tf.keras.Sequential([model,tf.keras.layers.softmax()])
predictions = probability_model.predict(test_images_conv2)
```

为模型增加一层卷积层后，从样本数据训练输入到判断输出之间的数据流转：[28,28]⇒[28,28,1]⇒[28,28,filter_size]⇒[1,784×filter_size]⇒[1,784×filter_size]×[784×fileter_size,128]⇒[1,128] ⇒[1,128] ×[128,10]⇒[1,10]。

np.expand_dims(train_images,axis=3)语句能实现与卷积层的对接，需要对样本数据增加一个色彩维度，原来的样本维度结构为（60000,28,28），转变后为（60000,28,28,1）。

3. 卷积神经网络

1）卷积神经网络（Convolutional Neural Network，CNN）主要用于计算机视觉的相关任务，但其处理对象并不局限于图像。

2）CNN 可用于任意类型数据张量（各个分量与其相关分量有序排列在多维网格中）。

3）张量中的分量为依据图像的宽和高的次序排列在一个网格中的像素。

4）CNN 是至少包含一层 tf.keras.layers.Conv2D（1.X 版本 tf.nn.conv2d）的神经网络，能将其输入与一组可配置的卷积核进行卷积运算，生成该层的输出。

5）卷积的目的是将卷积核（滤波器）应用到张量的所有点上，并通过卷积核在输入张量上滑动，以生成经过滤波处理的张量，如图 5.7 所示。

6）CNN 通常包含卷积层、非线性变化层、池化层及全连接层等。如果没有这些层，模型便很难与复杂的模式匹配，因为网络将被填充更多的特征描述信息，如图 5.8 所示。

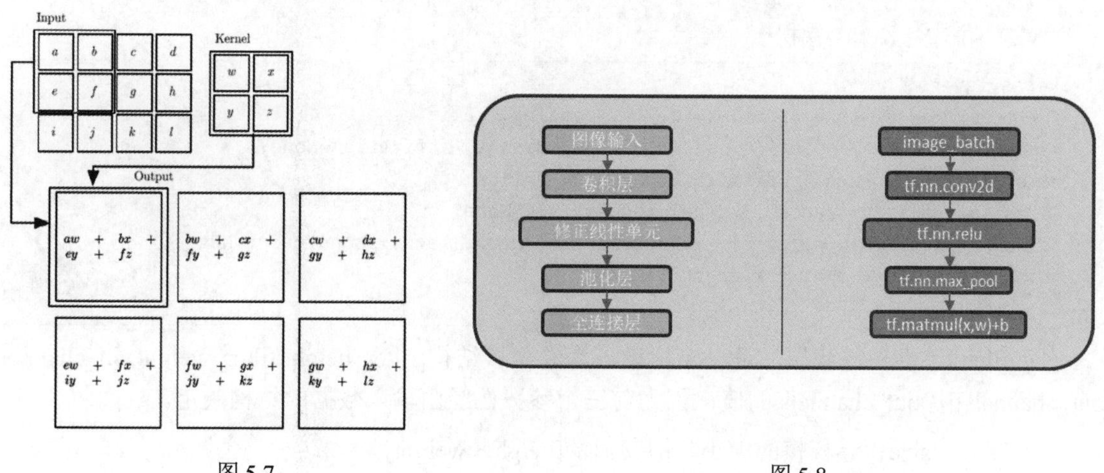

图 5.7　　图 5.8

在卷积神经网络中，成批输入图像的数据流的组织结构为[image_batch_size,image_height, image_width,image_channels]。其中，image_batch_size 为根据训练样本的总数量组织训练的每个批次，由模型本身决定。其他元素原则上由图像本身决定。image_channels 是图像通道，通常为颜色通道 RGB 值。上面语句给数据增加一个维度就是为了适合卷积的要求，通道的深度为 1，说明图像是黑白灰度图像。

4. 构建卷积层卷积核

（1）第一类自定义卷积核

```
tf.nn.conv2d(
  input, filters, strides, padding, data_format='NHWC', dilations=None,name=None
)
```

1）input：输入的要做卷积的图片，要求为一个张量。shape 为 [batch, in_height, in_weight, in_channel]，其中，batch 为图片数量；in_height 为图片高度；in_weight 为图片宽度；in_channel 为图片通道数，灰度图值为 1，彩色图值为 3 即[red,green,blue]。

2）filters：卷积核，要求是一个张量。shape 为[filter_height,filter_weight,in_channel, out_channels]，其中，filter_height 为卷积核高度；filter_weight 为卷积核宽度；in_channel 为图片通道数，要与 input 中的 in_channel 保持一致；out_channes 为卷积核数量，其决定输出的最后一个维度。

设置总卷积核时要注意以下两个有关维度设置的关键点：

1）卷积核的第三个维度要与输入训练数据的第四个维度对应，即 in_channel。

2）卷积核最后一个维度决定了该层输出最后一个维度的大小，这也是在前例中 filters=1 与 tf.keras.layers.Flatten(input_shape=(28,28,1))中最后一个维度相等的原因。tf.nn.depthwise_conv2d 核则不一定如此。

（2）第二类 Keras 卷积核

```
tf.keras.layers.Conv2D(
    filters, kernel_size, strides=(1, 1), padding='valid',
    data_format=None, dilation_rate=(1, 1), groups=1, activation=None,
    use_bias=True, kernel_initializer='glorot_uniform',
    bias_initializer='zeros', kernel_regularizer=None,
    bias_regularizer=None, activity_regularizer=None, kernel_constraint=None,
    bias_constraint=None, **kwargs
)
```

1）filters：卷积过滤层，是一个标量，为卷积核结构[filter_height,filter_weight, in_channel, out_channels]中 out_channels 的值，因为前三个参数已经由输入数据的结构决定。

2）kernel_size：卷积核的大小，即窗口的[heigh×weight]。

3）strides：卷积时在图像每一维的步长，仅与高和宽有关。strides 是一个一维的向量[1,strides,strides,1]，第一位和最后一位通常是 1。该参数使卷积核无须遍历输入的每个元素，而且可以直接跳过某些元素。

4）padding：string 类型，值为 same 或 valid，表示卷积的形式是否考虑边界。其中，same 表示考虑边界，输入与输出的尺寸相同，不足时用 0 填充；valid 则不考虑边界。通常情况下，same 表示输入的高、宽等于输出的高、宽，所以图 5.9 右下角的核的高、宽大于图像的高、宽时，就会发生错误。

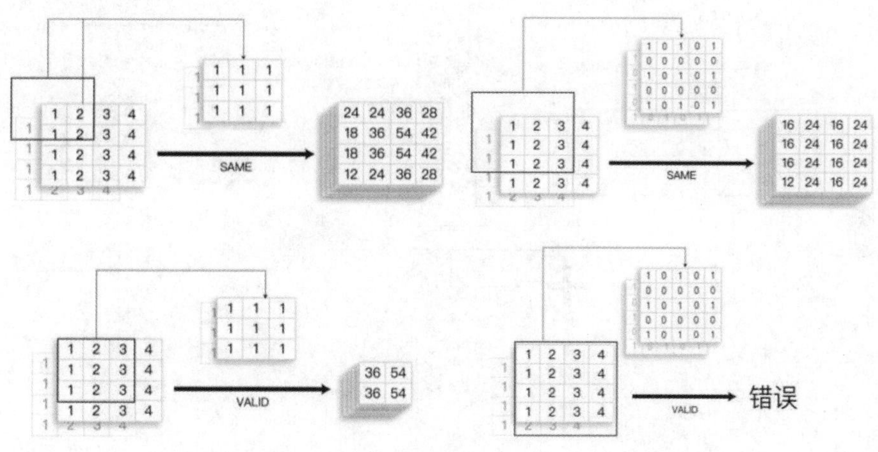

图 5.9

5）data_format：如果某些输入张量没有遵循[batch_size,height,width,channel]标准，则修改格式，如 NCHW。

卷积核可实现光通量滤波、边缘检测、锐化和增强灰度等卷积运算。经过卷积运算处理的图像效果如图 5.10 所示。

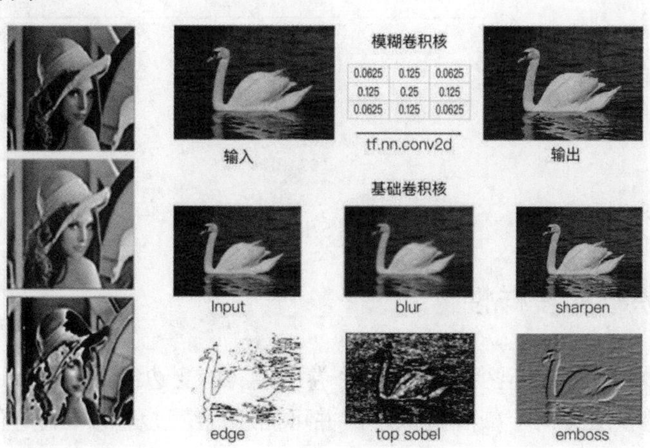

图 5.10

如何理解卷积核的多个过滤层（filter）？其核心思想就是在同一“窗口”内抓取更多不同的特征。图 5.11 中的输入数据为两层通道，这两层“窗口”会在对应过滤层（输出 1、输出 2）形成不同的卷积核和相应输出。那为什么卷积核在不同过滤层会不一样呢？这是因为模型在训练样本时，会对各个神经网络节点进行误差反向传播，从而进行修正和调整。卷积核的数量和过滤层的设置，反映了整个模型的核心思想，也是模型训练的关键。本书后面章节会有经典模型的相关学习，其核心就是基于纵向深度和横向特征，结合激励层和池化层在结构上进行组织，从中能看出其技巧性和严密性。既要保证网络模型抓到足够的特征，又要使模型在可控的范围内收敛。

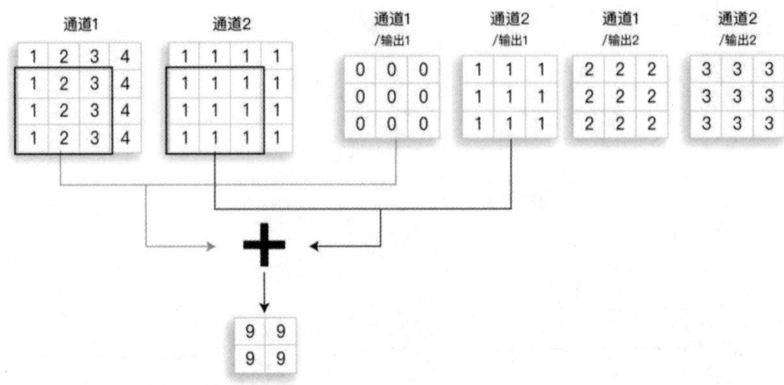

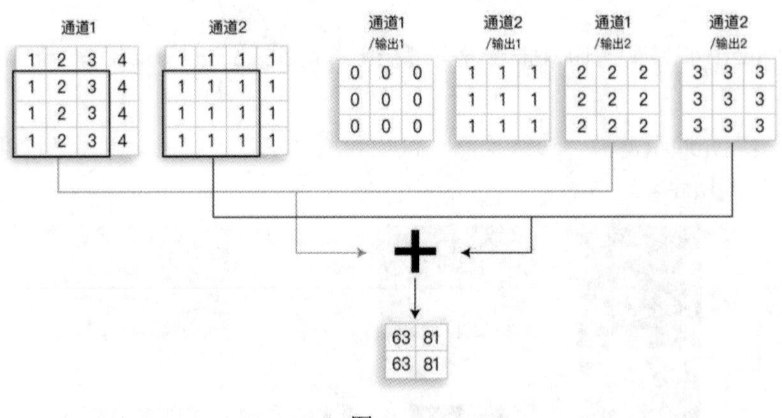

图 5.11

5.1.5 CNN 卷积核的多样性

CNN 构建一个神经网络，至少要包含一个卷积层（检测边缘），可以选用不同类型的卷积支持某个卷积层。卷积层有助于减少过拟合，并可加速训练过程和降低内存开销。

1. tf.nn.depthwise_conv2d 深度卷积

将一个卷积层的输出连接到另一个卷积层的输入时，可使用这种卷积。它的一个高级用例就是实现 Inception 架构网络。

```
tf.nn.depthwise_conv2d(input, filter, strides, padding, data_format=None, dilations=None, name=None)
```

给定一个四维输入张量（NHWC 或 NCHW 数据格式）和[filter_height、filter_width、in_channels、channel_multiplier] 一个形状的滤波核张量，其中包含一个深度为 1 的 in_channels 卷积滤波器，depthwise_conv2d 对每个输入 channel 应用不同的滤波器（将每个输入信道从一个 channel 扩展到 channel_multiplier，如图 5.12 所示），然后将结果连接在一起。该输出具有 in_channels× channel_multiplier 个通道。

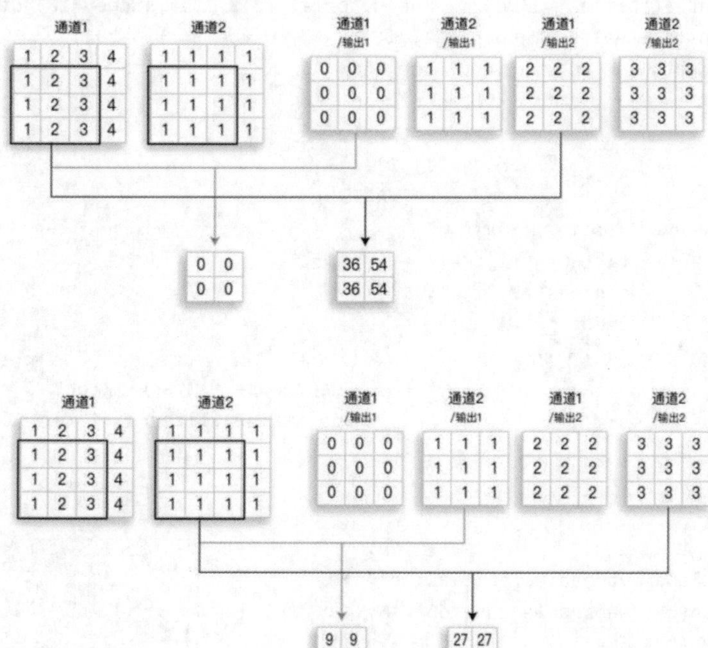

图 5.12

2. tf.nn.separable_conv2d 分离卷积

tf.nn.separable_conv2d 与 tf.nn.conv2d 类似，对于规模较大的模型，它能够在不牺牲准确率的前提下实现训练加速；对于规模较小的模型，它能够快速收敛，但准确率较低。

```
tf.nn.separable_conv2d(input, depthwise_filter, pointwise_filter, strides, padding, data_format=None,dilations=None, name=None)
```

1）depthwise_filter：用来做 depthwise_conv2d 的卷积核，即该函数对输入首先做了一个深度卷积。它的 shape 规定是[filter_height, filter_width,in_channels,channel_multiplier]。

2）pointwise_filter：用来做 pointwise 卷积的卷积核，即用 1×1 的卷积核再进行一次 tf.nn.conv2d 卷积运算，输入通道是 depthwise_conv2d 的输出通道，即 in_channels×channel_multiplier，输出通道数可以自己定义。

separable_conv2d 是一种深度卷积，它先对 channel 进行深度卷积，再混合 channel 进行点态卷积。它是维度[1,2]与 3 之间的 separable，而不是维度 1 和 2 之间的空间 separable。

仔细体会下面代码，以便理解 tf.nn.separable_conv2d 与 tf.nn.depthwise_conv2d 的关系。

```
import tensorflow as tf

img = tf.Variable(initial_value=tf.random.normal((1,4,4,2),stddev=0.1),dtype=tf.float32)
filter = tf.Variable(initial_value=tf.random.normal((3,3,2,2),stddev=10),dtype=tf.float32)
s_filter = tf.constant(value=1, shape=[1, 1, 4, 4], dtype=tf.float32)
out_img = tf.nn.depthwise_conv2d(input=img,
                                 filter=filter,
                                 strides=[1, 1, 1, 1],
                                 rate=[1, 1],
                                 padding='VALID')
out_img = tf.nn.conv2d(input=out_img,
                       filter=s_filter,
                       strides=[1, 1, 1, 1],
                       padding='VALID')
out_separable_conv2d = tf.nn.separable_conv2d(input=img,
                                              depthwise_filter=filter,
                                              pointwise_filter=s_filter,
strides=[1, 1, 1, 1],
rate=[1, 1],
padding='VALID')
with tf.Session() as sess:
    sess.run(tf.global_variables_initializer())
    print(sess.run(out_separable_conv2d))
    print(sess.run(out_img))
```

输出结果：

```
[[[[-3.2639518  -3.2639518  -3.2639518  -3.2639518 ]
   [-0.9229249  -0.9229249  -0.9229249  -0.9229249 ]]

  [[-0.51273483 -0.51273483 -0.51273483 -0.51273483]
   [ 2.955505    2.955505    2.955505    2.955505  ]]]]

[[[[-3.2639518  -3.2639518  -3.2639518  -3.2639518 ]
   [-0.9229249  -0.9229249  -0.9229249  -0.9229249 ]]
```

```
  [[-0.51273483 -0.51273483 -0.51273483 -0.51273483]
   [ 2.955505    2.955505    2.955505    2.955505  ]]]]
```

由以上代码可以看出两种方式得到的结果是一样的。

3. tf.nn.conv2d_transpose 变换卷积核

tf.nn.conv2d_transpose 将一个卷积核应用于一个新的特征图，特征图的每一部分都填充了与卷积核相同的值。当卷积核遍历新图像时，任何重叠部分都相加在一起。tf.nn.conv2d_transpose 用于可学习的升/降采样，是 conv2d 的逆操作，所以也将其称为反卷积核。

```
tf.nn.conv2d_transpose(input, filters, output_shape, strides, padding='SAME',
    data_format='NHWC',dilations=None, name=None)
```

tf.nn.conv2d_transpose 根据参数 output_shape 和 padding 计算一个 shape，然后与 input 的 shape 相比较，如果不同，则会报错。

在做变换卷积时，通常参数 input 的 shape 比参数 output_shape 要小，因此 TensorFlow 先把参数 input 填充成参数 output_shape 的大小，再按照参数 padding（通常为 0）进行填充，行和列之间的填充由参数 strides 决定，如图 5.13 所示。

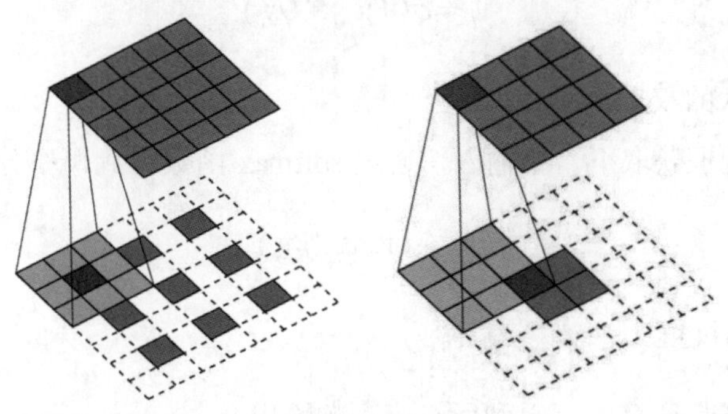

图 5.13

5.1.6　循环神经网络

CNN 就像一层层能够拟合任意函数的黑盒子，只要训练数据足够和层数合适，根据设定的输入，就能得到希望的输出，如图 5.14 所示。那么既然有了这么强大的模型，为什么还需要循环神经网络（Recurrent Neural Network，RNN）呢？这是因为其他机器学习算法没有考虑序列数据的情况。为了处理序列数据，需要在序列方向扩展神经网络，以存储每一次迭代的输出，这也是循环神经网络名称的由来。特别是在前后有一定关联性的自然语言类模型处理过程中，序列因素尤为重要。若要理解别人说的一句话，孤立地理解这句话的每个词是不够的，还需要关注这些词连接起来的整个序列特征、相关词之间的距离和关键词的频率等。例如，当处理视频时，不能只单独地分析每一帧，而要分析这些帧连接起来的整个序列。

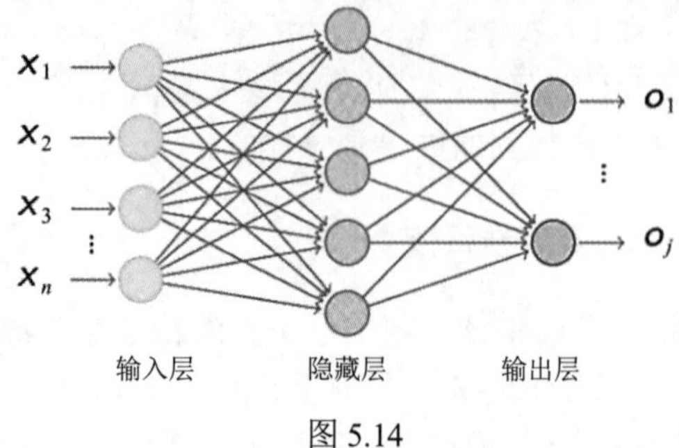

图 5.14

有序列地输入数据 $x_1, x_2, x_3, \cdots, x_n$，数据下标代表序列的某一时刻，在某一时刻的拟合公式为

$$y = \sigma(Ux)$$

式中，x 为输入；y 为输出；U 为权重；σ 为激励函数。

建立一个全连接层，把每个曾经的输入都考虑在内，表达式为

$$y_t = \sigma(Wy_{t-1} + Ux_i)$$

式中，W 为上一刻输入的权重。

在循环迭代的基础上获取下一个输入，通过 softmax 函数得到概率分布输出，表达式为

$$s_t = \text{softmax}(Vy_t)$$

式中，V 为最后输出的权重。

由以上三层循环嵌套计算，可得到所有序列的输出 $\{s_1,\ s_2,\ s_3, \cdots,\ s_n\}$。可以只考虑最后一个输出作为目标数值或目标分类。三层整合结构如图 5.15 和图 5.16 所示。

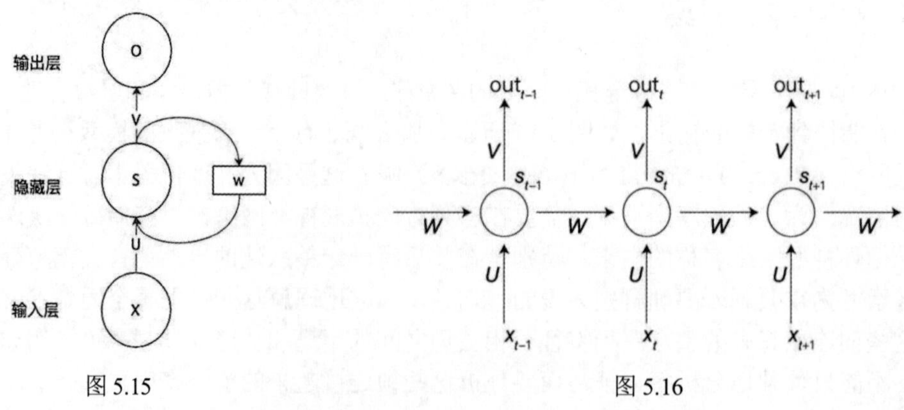

图 5.15　　图 5.16

也可以将序列输出结果作为序列反馈回模型，生成多个输出结果以预测一个序列，该方式典型的应用是 Seq2Seq 模型。其结构如图 5.17 所示。

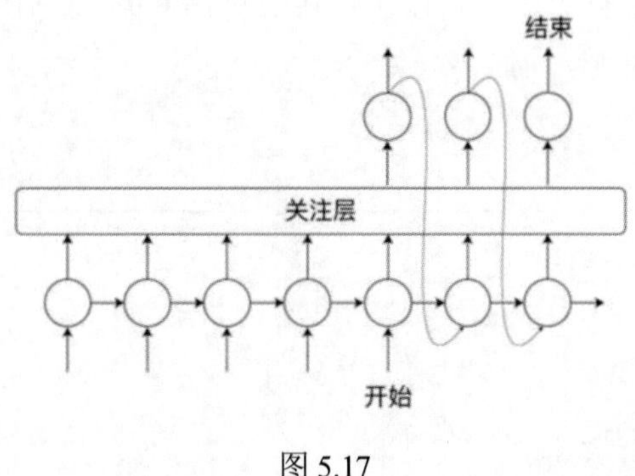

图 5.17

1. 长短期记忆

对于较长的序列，利用反向传播算法训练较长时间的依赖梯度，会出现梯度消失或梯度爆炸的问题。为此，可以运用 RNN 特有的模式长短期记忆（Long Short Term Memory，LSTM）来解决这一问题。其核心思想是引入节点的操作“门”，该“门”用于控制序列上信息的保留或继续传递，主要应用在较长的数据序列中。下面对此进行详细说明。

由于较短语料“I am a practical person.”距离近，因此很容易推测出 person，通过普通的 RNN 就可实现。如果相互依赖语料距离较远的信息时（见图 5.18），普通的 RNN 就难以做到，难以对其进行关联。

图 5.19 展示了 LSTM 与普通 RNN 的区别，从图中可以看出，LSTM 比普通 RNN 多了一对输入和输出（c_{t-1}，c_t）。

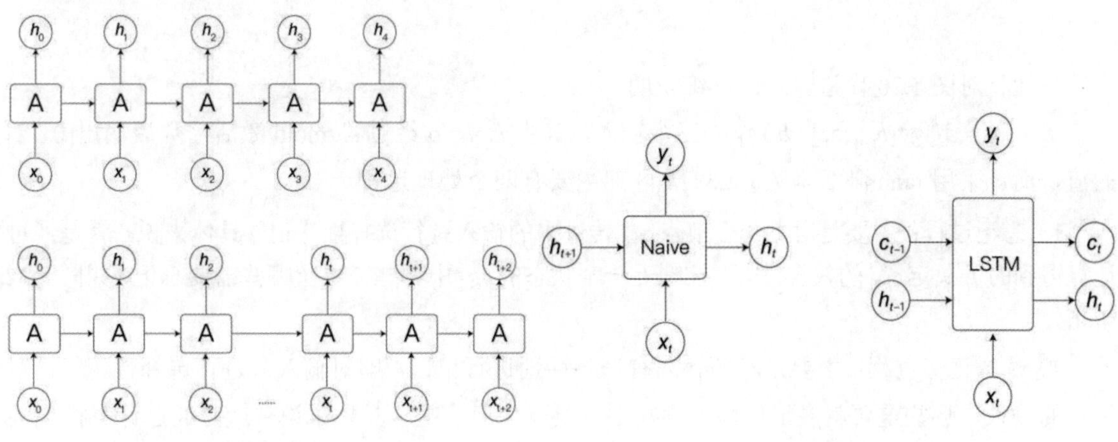

图 5.18

图 5.19

c 输入和输出之间变化较慢，其仅是在上一个 c 输入的简单相加；h 输入和输出之间变化较快，所以它们之间的差距会很明显。下面重点说明 LSTM 中 h 的输入与输出。继续以时间序的形式观察 LSTM 前后之间的输入和输出，其中包括 tanh 激活函数的数据输出和三位一体的控制门，如图 5.20 所示。

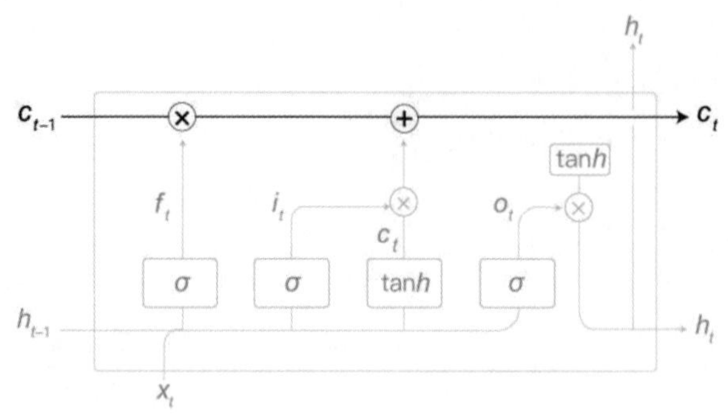

图 5.20

回到 LSTM 细节逻辑原理，在图 5.21 中可以看到，输入 x 与 h 联合后形成了四个分流，这四个分流又是如何处理的呢？⊗表示操作矩阵中对应的元素相乘，因此要求两个相乘矩阵是同型的；⊕表示进行矩阵相加。

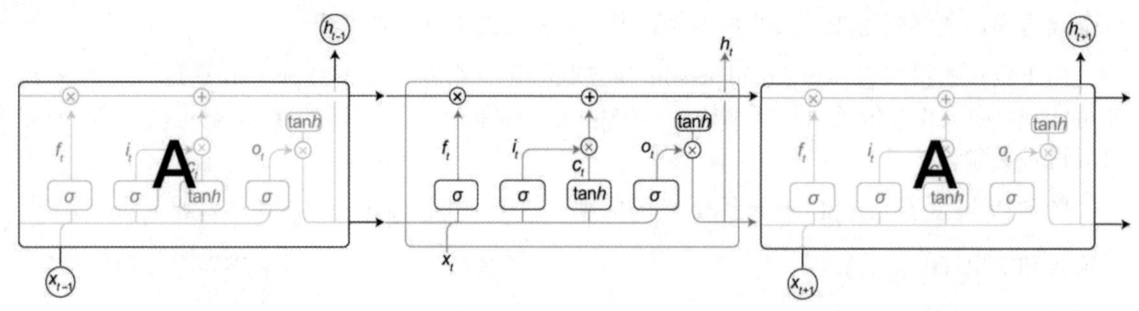

图 5.21

下面将对图 5.20 作进一步的详细说明。

$f_t, i_t, o_t = \sigma(w_i * [h_{t-1}, x_t] + b_i)$ 作为三个输入，其中 f、i、o 经过 sigmoid 激活函数后输出[0，1]的值，而 c_t 采用 tanh 激活函数。LSTM 内部主要有四个处理过程。

1）忘记过程：主要是对上一个节点 c_{t-1} 传进来的输入进行选择性忘记。具体来说，就是通过计算得到的 f_t 决定 c_{t-1} 的权重，从而控制上一个状态的 c_{t-1} 中哪些需要留哪些需要忘记，如图 5.22 所示。

2）选择记忆过程：主要是对新输入有选择性地进行记忆，即对输入 x_t 进行选择性记忆。对于新的输入，哪些重要就多记一些，哪些不重要就少记一些。具体来说，就是通过计算得到的 i_t 决定 c_t 的权重，如图 5.23 所示。

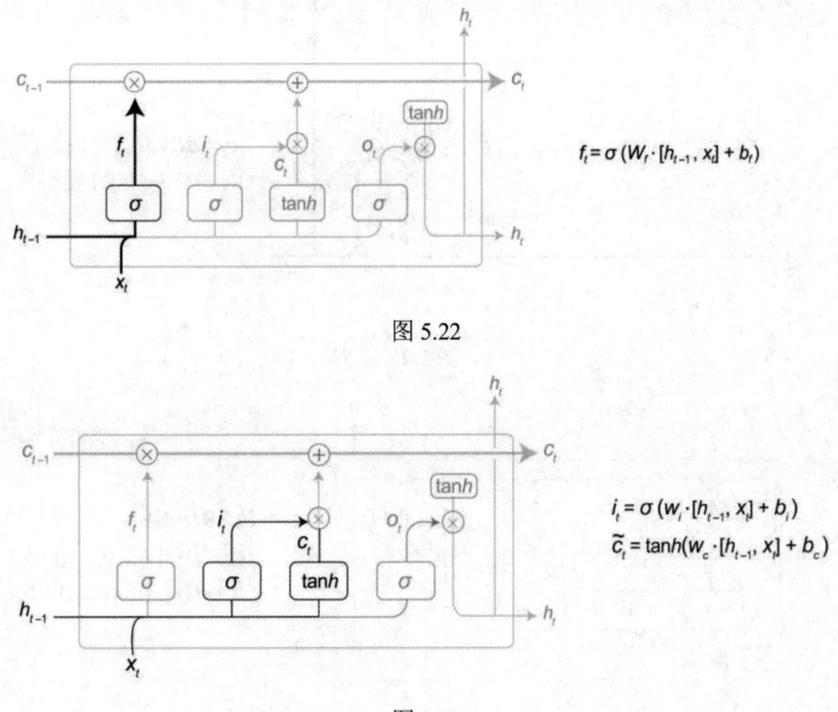

$f_t = \sigma(W_f \cdot [h_{t-1}, x_t] + b_f)$
$i_t = \sigma(w_i \cdot [h_{t-1}, x_t] + b_i)$
$\widetilde{c}_t = \tanh(w_c \cdot [h_{t-1}, x_t] + b_c)$

图 5.22

图 5.23

3）前后融合过程：将上面两步得到的结果相加，即可得到传输给下一个状态的 C_t，如图 5.24 所示。

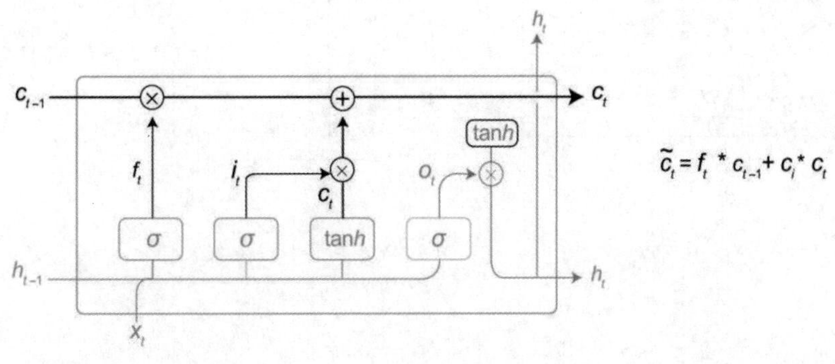

图 5.24

4）输出过程：将决定当前状态的输出，主要通过 o_t 进行控制。另外，该过程还会对上一阶段得到的 c_o 进行缩放（通过一个 tanh 激活函数进行调整）。该过程最接近普通 RNN，最终会输出 h_t，如图 5.25 所示。

值得注意的是，LSTM 的核心思想就是对过去进行选择性记忆或忘记。这一实现过程并非只有一种方式，而是有不同的版本和改良方式，如图 5.26 中的两种方式。

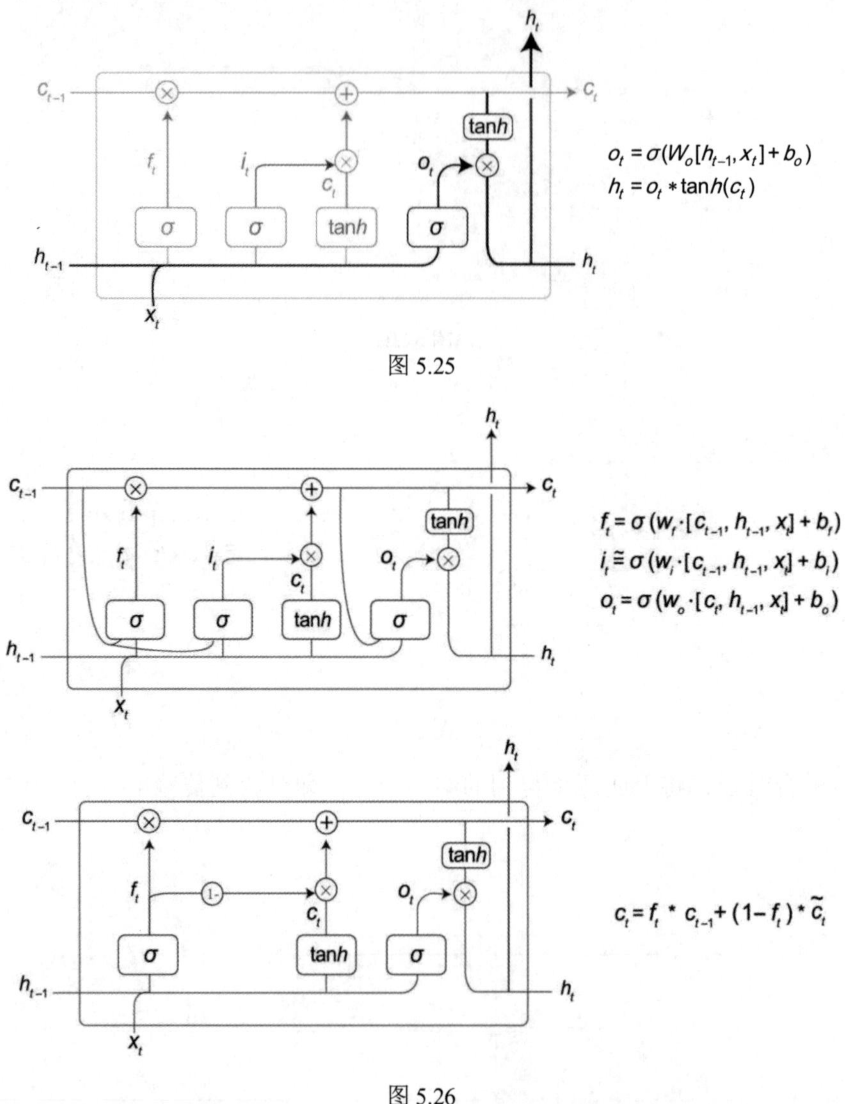

图 5.25

图 5.26

2. GRU

LSTM 因为引入了很多内容，导致参数变多，也使训练难度加大。因此，有时会使用效果与 LSTM 相当但参数更少的 GRU（Gate Recurrent Unit，门控循环单元）来构建大训练量的模型。GRU 是 RNN 的一种，是为了解决长期记忆和反向传播中的梯度等问题而提出来的。

GRU 可以看成 LSTM 的变种，其把 LSTM 中的遗忘门和输入门用更新门来替代，把 c_t 和隐状态 h_t 进行合并，并且计算当前时刻新信息的方法和 LSTM 有所不同。图 5.27 所示为 GRU 更新 h_t 的过程。

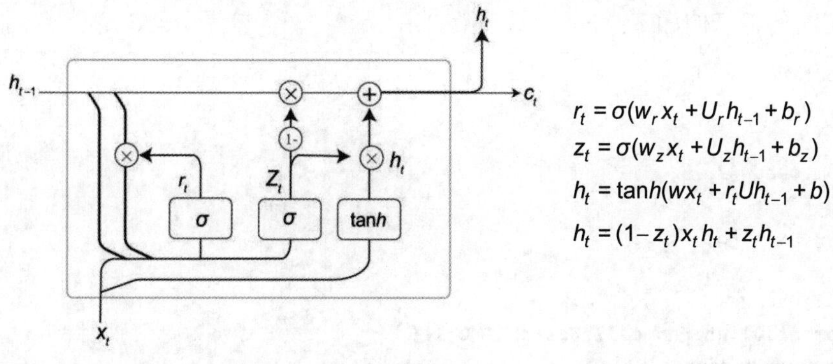

图 5.27

3. RNN 的相关对象和方法

（1）BasicRNNCell

```
class BasicRNNCell(RNNCell):
    def __init__(self, num_units, activation=None, reuse=None):
```

1）num_units：RNN 神经单元数量，为 int 类型。

2）activation：激活函数。

（2）TensorFlow 1.X 版本 LSTM

```
tf.compat.v1.nn.rnn_cell.BasicLSTMCell(
    num_units, forget_bias=1.0, state_is_tuple=True, activation=None, reuse=None,
    name=None, dtype=None, **kwargs
)
```

1）num_units：LSTM 神经单元数量，为 int 类型。

2）forget_bias：偏置增加遗忘门，为 float 类型。将 forget_bias（默认值为 1）加入被遗忘门的偏差中，可以减少在训练开始时被遗忘的规模。从 CudnnLSTM 训练的检查点（checkpoin）恢复时，必须手动设置 forget_bias 为 0.0，与 dropout(rate)指定该层输入单元的正则化比率类似。

3）state_is_tuple：默认为 True，表示接收和返回的状态是 c_state 和 m_state 的 2-tuple；如果为 False，则它们沿着列轴连接。

4）activation：内部状态的激活函数，默认值为 tanh 激活函数。

5）reuse：描述是否在现有作用域中重用该变量，为 bool 类型。如果为 False，则当现有作用域中已有给定变量时就会引发错误。

6）name：层的名称，为 String 类型。具有相同名称的层将共享权重，但为了避免错误，这种情况下需要 reuse 为 True。

7）dtype：该层默认的数据类型。其默认值为 None，表示使用第一个输入的类型。调用之前需要明确该参数。

LSTM 正向传播示例如下：

```
import tensorflow as tf
import numpy as np

X = np.random.randn(3, 5, 4)
X[1, 4:] = 0
sequence_lengths = [5, 4, 5]

rnn_hidden_size = 2
cell = tf.compat.v1.nn.rnn_cell.BasicLSTMCell(
    num_units=rnn_hidden_size,
    state_is_tuple=True)

outputs, states = tf.nn.dynamic_rnn(
    cell=cell,
    dtype=tf.float64,
    sequence_length=sequence_lengths,
    inputs=X)

with tf.Session() as session:
    session.run(tf.global_variables_initializer())
    o_lstm, s_lstm = session.run([outputs, states])
    print(np.shape(o_lstm))
    print(o_lstm)
    print(np.shape(s_lstm))
    print(s_lstm)
```

输出结果：

```
(3, 5, 2)
[[[ 0.17535748  0.07498931]
  [ 0.09767304  0.18484726]
  [-0.18809039  0.37179898]
  [-0.31899015  0.12470882]
  [-0.1466784   0.22351929]]

 [[-0.42964813 -0.12049579]
  [-0.42529644  0.10291198]
  [-0.18936405  0.25088904]
  [-0.27124141  0.08703869]
  [ 0.          0.        ]]

 [[-0.12580253  0.0358128 ]
  [-0.36141201  0.05596985]
  [-0.60323624  0.23359395]
  [-0.33771633  0.20186571]
  [-0.27216586  0.46306818]]]
```

```
(2, 3, 2)
LSTMStateTuple(c=array([[-0.38787603,  0.45948233],
       [-0.68853836,  0.25193123],
       [-0.65258644,  0.70154815]]), h=array([[-0.1466784 ,  0.22351929],
       [-0.27124141,  0.08703869],
       [-0.27216586,  0.46306818]]))
```

1）X = np.random.randn(3, 5, 4)：batch 为 3，序列长度为 5 的时序 t，每个序列的元素维度为 4。

2）rnn_hidden_size = 2：设定神经单元的个数，即由 2 个 LSTM 单元并行处理，与 CNN 中对同一输入采用不同的卷积核功能类似，或者称为隐藏层维度。

3）(3,5,2)：3 表示 batch，5 表示序列长度，2 表示 LSTM 单元数（rnn_hidden_size）。

4）(2,3,2)：LSTM 除了输入 X 之外，还有 2 个输入(c,h)。在输出结果中，最后部分依据参数 state_is_tuple=True 已经清楚地表明两个状态会以 tuple 形式输出（输入）。

5）sequence_lengths = [5,4,5]：长度为 3，与输入 X 的 batch 相对应，即 3 个序列中，每一个非填充 0 的有效长度，这里故意用 X[1, 4:] = 0 将第 2 个序列的最后一个元素设置为 0，这就是[5,4,5]的由来。从输出结果来看，第 2 个序列也确实放弃了最后一个元素。

6）tf.nn.dynamic_rnn()：用于动态创建 RNN 序列。实践证明，动态的 RNN 实际计算速度更快，特别是在不同的长度序列下运行时。注意，TensorFlow 2.X 版本中该方法主要使用 tf.keras.layers.RNN，后面有它的示例。

（3）TensorFlow 1.X 版本 GRUCell

```
tf.compat.v1.nn.rnn_cell.GRUCell(
    num_units, activation=None, reuse=None, kernel_initializer=None,
    bias_initializer=None, name=None, dtype=None, **kwargs
)
```

1）num_units：GRU 神经单元数量，即隐藏层神经元数量。

2）activation：使用的激活函数。

3）reuse：布尔类型，表示是否在现有的 scope 中重复使用变量。如果 reuse 为 False，并且现有的 scope 中已存在给定的变量，则会产生错误。

4）kernel_initializer：可选参数，权重和投影矩阵使用的初始化器。

5）bias_initializer：可选参数，偏置使用的初始化器。

6）name：该层的名称。同一作用域内拥有相同名称的层可共享训练权重。为了避免错误，一般会设置 reuse 为 True。

7）dtype：该层默认的数据类型。

将上例代码中的 LSTM 更换为 GRU：

```
cell = tf.contrib.rnn.GRUCell(num_units=rnn_hidden_size)
```

输出结果：

```
(3, 5, 2)
[[[-0.14383404  0.03177461]
  [-0.27835095  0.00835869]
  [-0.46986169  0.18680774]
  [-0.35585279 -0.04275187]
  [-0.36464479 -0.06289747]]

 [[-0.28914341  0.22993544]
  [-0.34880249  0.06990625]
  [-0.03520095  0.00259929]
  [ 0.48471833  0.06416267]
  [ 0.          0.        ]]

 [[-0.00550502  0.00145541]
  [-0.00597501  0.03721242]
  [-0.28993354  0.13522797]
  [-0.24973553  0.17581739]
  [-0.18529351  0.10204792]]]
(3, 2)
[[-0.36464479 -0.06289747]
 [ 0.48471833  0.06416267]
 [-0.18529351  0.10204792]]
```

GRU 的输出 state 的 shape 为(3, 2)，而 LSTM 的输出 state 的 shape 为(2,3,2)，这是 GRU 与 LSTM 最大的不同之处。GRU 仅有一个状态输出 h，而 LSTM 有两个状态输出 h 和 c。

（4）TensorFlow 2.X 版本 tf.keras.layers.GRUCell

```
tf.keras.layers.GRUCell(
    units, activation='tanh', recurrent_activation='sigmoid',
    use_bias=True, kernel_initializer='glorot_uniform',
    recurrent_initializer='orthogonal',
    bias_initializer='zeros', kernel_regularizer=None,
    recurrent_regularizer=None, bias_regularizer=None, kernel_constraint=None,
    recurrent_constraint=None, bias_constraint=None, dropout=0.0,
    recurrent_dropout=0.0, reset_after=True, **kwargs
)
```

代码示例如下：

```
import tensorflow as tf

inputs = tf.random.normal([32, 10, 8])
rnn = tf.keras.layers.RNN(tf.keras.layers.GRUCell(4))
output = rnn(inputs)
```

```
print(output.shape)

rnn = tf.keras.layers.RNN(
   tf.keras.layers.GRUCell(4),
   return_sequences=True,
   return_state=True)
whole_sequence_output, final_state = rnn(inputs)
print(whole_sequence_output.shape)

print(final_state.shape)
```

输出结果：

```
(32, 4)
(32, 10, 4)
(32, 4)
```

在输出结果中，第一行是(batch,cell number)，第二行是(batch,sequence length,cell number)；第三行是(batch, state number)。

return_sequences 默认为 False，即只返回最后一个单元的 output；return_state 默认为 False，即不返回最后一个单元的 hidden_state。读者可以设置 return_sequences 为 False，会发现序列 10 消失，说明仅输出了最后一个单元。

（5）TensorFlow 2.X 版本 tf.keras.layers.GRU

```
tf.keras.layers.GRU(
    units, activation='tanh', recurrent_activation='sigmoid',
    use_bias=True, kernel_initializer='glorot_uniform',
    recurrent_initializer='orthogonal',
    bias_initializer='zeros', kernel_regularizer=None,
    recurrent_regularizer=None, bias_regularizer=None, activity_regularizer=None,
    kernel_constraint=None, recurrent_constraint=None, bias_constraint=None,
    dropout=0.0, recurrent_dropout=0.0, return_sequences=False, return_state=False,
    go_backwards=False, stateful=False, unroll=False, time_major=False,
    reset_after=True, **kwargs
)
```

由 GRUCell 与 GRU 之间的区别，可以延伸到 LSTMCell 与 LSTM 的区别。通过对比初始化参数，除了个数差距比较大外，更重要的是调用方法不再使用 tf.keras.layers.RNN 方法组织 RNN。所以，GRU 可以理解为两个方法的整合版本，直接在 tf.keras.layers.GRU 中组织参数 return_sequences 和 return_state。关注到 tf.keras.layers.RNN(cell,…)方法中第一个参数 cell 是一个 RNN 单元格实例或一个 RNN 单元格实例的列表，这说明可将多个 cell 组织成一个循环层。随着 TensorFlow 版本的不断升级，API 接口也开始向抽象化方向高度聚合，使得开发者越来越不需要过多关注细节，只要输入和输出的形状一致，就能将它们整合在一起。tf.keras.layers.GRUCell 是处理整个时间序列输入中的一步，而 tf.keras.layer.GRU 是处理整个序列。

```
import tensorflow as tf

inputs = tf.random.normal([32, 10, 8])
gru = tf.keras.layers.GRU(4)
output = gru(inputs)
print(output.shape)

gru = tf.keras.layers.GRU(4, return_sequences=True, return_state=True)
whole_sequence_output, final_state = gru(inputs)
print(whole_sequence_output.shape)

print(final_state.shape)
```

输出结果：

```
(32, 4)
(32, 10, 4)
(32, 4)
```

在性能优化和资源调配上也增加了切入点，基于可用的运行时硬件和约束，该层将选择不同的实现来最大化性能。如果 GPU 可用，并且该层的所有参数都满足 cuDNN 内核的要求，则该层将使用快速 cuDNN 实现。使用 cuDNN 实现的要求如下：

1）activation == tanh。

2）recurrent_activation == sigmoid。

3）recurrent_dropout == 0。

4）unroll = False。

5）use_bias = True。

6）reset_after = True。

7）输入如果使用掩码，则必须使用严格的右填充；

8）在最外层的上下文中启用了 Eager Execution。

下面继续看 tf.keras.layers.GRU 的代码示例：

```
import tensorflow as tf
import os

os.environ['TF_CPP_MIN_LOG_LEVEL'] = '2'
assert tf.__version__.startswith('2.')
physical_devices = tf.config.experimental.list_physical_devices('GPU')
assert len(physical_devices) > 0, "Not enough GPU hardware devices available"
tf.config.experimental.set_memory_growth(physical_devices[0], True)

total_words = 10000
```

```
max_sentencelength = 121
batchsize = 2000
embedding_len = 100

(x_train,y_train),(x_test,y_test) = tf.keras.datasets.imdb.load_data(num_words=total_words)
x_train = tf.keras.preprocessing.sequence.pad_sequences(
x_train,maxlen = max_sentencelength)
x_test = tf.keras.preprocessing.sequence.pad_sequences(x_test,maxlen = max_sentencelength)

db_train = tf.data.Dataset.from_tensor_slices((x_train,y_train))
db_train = db_train.shuffle(1000).batch(batch_size=batchsize,drop_remainder=True)
db_test = tf.data.Dataset.from_tensor_slices((x_test,y_test))
db_test = db_test.batch(batch_size=batchsize,drop_remainder=True)

class MyRnn(tf.keras.Model):
    def __init__(self,units):
        super(MyRnn,self).__init__()

        self.embedding = tf.keras.layers.Embedding(
           total_words,
           embedding_len,
           input_length = max_sentencelength)

        self.rnn = tf.keras.Sequential([
            tf.keras.layers.LSTM(units, return_sequences=True, unroll=True),
            tf.keras.layers.LSTM(units, unroll=True),
            #tf.keras.layers.GRU(units, return_sequences=True, unroll=True),
            #tf.keras.layers.GRU(units, unroll=True),
        ])
        self.outlayer = tf.keras.layers.Dense(1)

    def __call__(self, inputs, training = None):
        x = inputs
        x = self.embedding(x)

        x = self.rnn(x)
        x = self.outlayer(x)
        prob = tf.sigmoid(x)
        return prob

if __name__ == '__main__':
    units = 64
    epochs = 40
    lr = 1e-2
    model = MyRnn(units)
    model.compile(optimizer=tf.keras.optimizers.Adam(lr),
```

```
              loss= tf.losses.BinaryCrossentropy(),
              metrics=['accuracy'])
    model.fit(db_train,epochs=epochs,validation_data=db_test)
    model.evaluate(db_test)
```

上述代码值得中初级读者慢慢体会，如果代码环境没有 GPU，可以将前几行有关 GPU 的代码删除。将 tf.keras.layers.GRU(units, return_sequences=True, unroll=True)替换成单步对象 tf.keras.layers.GRUCell(units)后再运行，会输出如下错误：

```
TypeError: call() missing 1 required positional argument: 'states'
```

希望读者认真思考为什么会出现类型错误，是否是丢失了一个 states 参数的原因。

4. 变量命名及命名空间 scope

前文提过，BasicLSTMCell 方法中的参数 reuse，用于描述是否在现有 scope 中重用共享变量。如果 reuse 为 False，则在现有 scope 中已有给定变量时会引发错误。一起来看下面的示例。

```
tf.Variable(
    initial_value=None, trainable=None, validate_shape=True, caching_device=None,
    name=None, variable_def=None, dtype=None, import_scope=None, constraint=None,
    synchronization=tf.VariableSynchronization.AUTO,
    aggregation=tf.compat.v1.VariableAggregation.NONE, shape=None
)
```

tf.Variable 用于指定参数 initial_value 的初始值。

```
tf.compat.v1.get_variable(
    name, shape=None, dtype=None, initializer=None, regularizer=None,
    trainable=None, collections=None, caching_device=None, partitioner=None,
    validate_shape=True, use_resource=None, custom_getter=None, constraint=None,
    synchronization=tf.VariableSynchronization.AUTO,
    aggregation=tf.compat.v1.VariableAggregation.NONE
)
```

tf.compat.v1.get_variable 通过参数 name 获取已存在的变量。如果获取了变量，参数 initializer 就是初始化器，可以是初始化设定的对象或张量。如果是张量，就必须知道它的形状，除非参数 validate_shape 为 False。如果不存在，就通过后面的参数新建一个。

```
tf.compat.v1.variable_scope(
    name_or_scope, default_name=None, values=None, initializer=None,
    regularizer=None, caching_device=None, partitioner=None, custom_getter=None,
    reuse=None, dtype=None, use_resource=None, constraint=None,
    auxiliary_name_scope=True
)
```

tf.compat.v1.variable_scope 命名变量作用域，用于定义创建变量或图层操作的上下文管理器。C++中有关命名空间的用法如下：

```
//使用标准命名空间
using namespace std;

//自定义命名空间
namespace NAME_A{
    int a = 9;
    struct Teacher{
        char name[20];
        int age;
    };
    struct Student{
        char name[20];
        int age;
    };
}
```

再来看看 TensorFlow 1.X 是如何运用的。

```
with tf.compat.v1.variable_scope("foo"):
    with tf.compat.v1.variable_scope("bar"):
        v = tf.compat.v1.get_variable("v", [1])
        assert v.name == "foo/bar/v:0"
```

从上述代码中可以看出，命名空间是以“/”进行嵌套层级分离的。再来看一个示例。

```
with tf.compat.v1.variable_scope("foo") as vs:
  pass

#重新进入变量空间
with tf.compat.v1.variable_scope(vs,auxiliary_name_scope=False) as vs1:
    #重新保存原命名空间
    with tf.name_scope(vs1.original_name_scope):
        v = tf.compat.v1.get_variable("v", [1])
        assert v.name == "foo/v:0"
        c = tf.constant([1], name="c")
        assert c.name == "foo/c:0"
```

后面的命名空间还是 foo，展示了变量命名空间之间的联系和传递方式。下面来看变量如何共享。

```
def foo():
    with tf.variable_scope("foo", reuse=tf.AUTO_REUSE):
        v = tf.get_variable("v", [1])
    return v

v1 = foo()  #创建 v
v2 = foo()  #获得已经存在的 v
assert v1 == v2
```

v1.name 和 v2.name 的名字都为 foo/v:0。

```
with tf.variable_scope("foo"):
    v3 = tf.get_variable("v", [1])              # v3.name == "one/v:0"
with tf.variable_scope("foo", reuse=True):   # 注意 reuse 的作用
    v4 = tf.get_variable("v")                   # c.name == "foo/v:0" 成功共享，因为设置了 reuse
assert v3 == v4
with tf.variable_scope("foo"):
    v5 = tf.get_variable("v", [1])
```

v5 会报变量重复定义的错误：

```
ValueError: Variable foo/v already exists, disallowed.
```

最后看两个变量名称的变化，如 v:0 变成 v_1:0 的示例。

```
import tensorflow as tf
v1 = tf.Variable(3,name="v")
v2 = tf.Variable(1,name="v")
print(v1.name,v2.name)
```

输出结果：

```
v:0 v_1:0
```

“*:0”表示该张量的第几个输出分支。在通过 graph.get_tensor_by_name 获取该输出张量值时，必须用加冒号和数字的形式，只不过大部分张量只有一个输出，所以我们看到的大部分是“*:0”。

tf.nn.top_k()可选出每一行最大的 k 个数字，同时返回最大的 k 个数字在最后一个维度的下标。

```
import tensorflow as tf
import numpy as np

a=tf.constant(np.random.rand(3, 4))
v1,v2 = tf.nn.top_k(a, k=2)
print(v1.name,v2.name)
with tf.Session() as sess:
    print(sess.run(a))
    v1_s,v2_s = sess.run([v1,v2])
    print(v1_s,v2_s)
```

输出结果：

```
TopKV2:0 TopKV2:1
[[0.87283349 0.06028861 0.80297808 0.25928532]
 [0.53090385 0.46580383 0.66118042 0.05478061]
 [0.95823596 0.02118666 0.25111869 0.72131586]]
[[0.87283349]
 [0.66118042]
 [0.95823596]]
[[0]
```

```
 [2]
 [0]]
```

看到输出 TopKV2:0 TopKV2:1，就能明显地理解 name:order number 中数字序号的用处。

5.2 TensorFlow 的 GPU 资源分配和策略

在 TensorFlow 中，分配 GPU 的运算资源是模型训练关键的一环，总体可以分为几种方式：

1）为整个程序指定 GPU 卡。

2）为整个程序指定所占的 GPU 显存。

3）为程序内部调配不同的操作节点（OP）到指定 GPU 卡。

通过指定硬件的运算资源，可以提高系统的运算性能，从而缩短模型的训练时间。在现实中，既可以调用底层接口进行手动调配，也可以调用上层的高级接口进行分布策略的应用。

检查机器上的运算资源，运行以下方法：

```
gpus = tf.config.experimental.list_physical_devices(device_type='GPU')
cpus = tf.config.experimental.list_physical_devices(device_type='CPU')
print(gpus, cpus)
```

从输出结果中可以看到 GPU 和 CPU 的个数：

```
[PhysicalDevice(name='/physical_device:GPU:0', device_type='GPU')]
[PhysicalDevice(name='/physical_device:CPU:0', device_type='CPU')]
```

当希望为 TensorFlow 的操作指定机器的特定设备时，有必要知道如何引用计算设备。在 TensorFlow 中，设备约定俗成的命名格式见表 5.3。

表 5.3

设　备	设备编号
主 CPU	/cpu:0
副 CPU	/cpu:1
主 GPU	/gpu:0
副 GPU	/gpu:1
第三 GPU	/gpu:2

5.2.1 为整个程序指定 GPU 卡

1. CUDA_VISIBLE_DEVICES 方式

通过 CUDA_VISIBLE_DEVICES 设置变更值实现为整个程序指定 GPU 卡。例如，运行

“***.py”时：

```
CUDA_VISIBLE_DEVICES = 1 python ***.py
CUDA_VISIBLE_DEVICES = 0,1 python ***.py
CUDA_VISIBLE_DEVICES = 0,2,3 python ***.py
CUDA_VISIBLE_DEVICES = "1,2" python ***.py
CUDA_VISIBLE_DEVICES = "1,2,3" python ***.py
```

在程序代码中指定：

```
import os
os.environ["CUDA_VISIBLE_DIVICES"]="2"
os.environ["CUDA_VISIBLE_DIVICES"]="0,2"
os.environ["CUDA_VISIBLE_DIVICES"]="2,3,4"
```

当在该进程中禁用 GPU 时，可进行如下修改：

```
import os
os.environ["CUDA_VISIBLE_DEVICES"]="-1"
```

2. 构建 tf.ConfigProto 类

tf.ConfigProto 函数的主要作用是配置 tf.Session 的运算方式，如 GPU 运算或 CPU 运算。将各种定制化的选项放置到 tf.ConfigProto 窗口类中，可以控制运算时的硬件资源分配。

```
import tensorflow as tf
session_config = tf.ConfigProto(
      log_device_placement=True,
      inter_op_parallelism_threads=0,
      intra_op_parallelism_threads=0,
      allow_soft_placement=True)
sess = tf.Session(config=session_config)
```

1）log_device_placement：记录设备指派情况。

设置 tf.ConfigProto 中的参数 log_device_placement = True，可以获取操作节点（OP）和张量被指派到了哪个设备，以及在终端输出的各项操作在哪个设备上运行。

2）per_process_gpu_memory_fraction：设置设备使用率。

```
gpu_options=tf.GPUOptions(per_process_gpu_memory_fraction=0.4)
config=tf.ConfigProto(gpu_options=gpu_options)
session = tf.Session(config=config)
```

3）allow_soft_placement：自动选择运行设备。

在 TensorFlow 中，通过命令“with tf.device('/cpu:0'):”可以手动设置操作运行的设备。如果手动设置的设备不存在或不可用，就会导致 TensorFlow 程序等待或系统出现异常。为了防止出现这种情况，可以设置参数 allow_soft_placement=True，允许 tf 自动选择一个存在且可用的设备来运行。

tf.ConfigProto 类可设置的属性见表 5.4。

表 5.4

属　性	作　用
allow_soft_placement	如果为True允许自动选择GPU
cluster_def	指定OP中要使用的计算机、供作业名称、任务索引和网络地址之间的映射等
device_count	可重复输入设备计数
device_filters	字符标识过滤重复设备
experimental	尝试各种策略执行
gpu_options	使用GPU空间策略
graph_options	使用数据流图的方式，如果你不想默认
inter_op_parallelism_threads	使用并行线程的数量或复用程度
isolate_session_state	是否会话分离
log_device_placement	观察哪个OP对应哪个设备
operation_timeout_in_ms	设置运行超时时长
placement_period	指定OP到设备的周期
rpc_options	远程会话RPC协议选项
session_inter_op_thread_pool	配置可复用的会话线程池
share_cluster_devices_in_session	设置会话共享的设备群
use_per_session_threads	是否使用一个会话对应一个线程（池）

5.2.2　个性化定制 GPU 资源

1. 通过 tf.Session 个性配置 GPU

动态申请 GPU：

```
config = tf.ConfigProto()
config.gpu_options.allow_growth = True
session = tf.Session(config=config)
```

限制 GPU 的使用率：

```
config = tf.ConfigProto()
config.gpu_options.per_process_gpu_memory_fraction = 0.4  #占用 40%显存
session = tf.Session(config=config)
```

2. 将 GPU 资源指向不同的 OP 操作

在代码前使用 tf.device 语句，可以指定当前语句在哪个设备上运行。例如：

```
import tensorflow as tf

with tf.device('/gpu:1'):
    v1 = tf.constant([3.0, 2.0], shape=[2], name='v1')
    v2 = tf.constant([1.0, 2.0], shape=[2], name='v2')
    sum = v1 + v2

    with tf.Session(config=tf.ConfigProto(log_device_placement=True)) as sess:
        print sess.run(sum)
```

3. 在动态图模式中指定设备

在动态图模式中，也可以用 with tf.device 方法对硬件资源进行指定，还可以调用动态图中 tensor 变量的 gpu 方法和 cpu 方法指定硬件资源。例如：

```
import tensorflow as tf

rn =tf.fill([10,10],9.923429)
rn_gpu = rn.gpu(0)
rn_cpu = rn.cpu()
print(tf.matmul(rn_gpu,rn_gpu))
```

5.2.3 使用 GPU 分布策略

分配运算资源最简单的方法就是使用分布策略，分布策略也是官方推荐的主流方式。该方式针对几种常用的训练场景，将资源分配的算法封装成不同的分布策略，用户在训练模型时只要选择对应的分布策略即可。运行程序时，系统会按照分布策略中的算法进行资源分配，使机器的运算性能得以最大程度地发挥出来。

1. MirroredStrategy 策略

MirroredStrategy 策略可横跨多个设备和机器的镜像服务，其实例化构造函数 API 如下：

```
tf.distribute.MirroredStrategy(devices=None, cross_device_ops=None)
```

该策略支持在一台机器的多个 GPU 上进行同步分布式训练，能将计算任务均匀地分配到每块 GPU 上。它会在每个 GPU 设备上创建一个复制体，模型的每个参数也会映射在这个复制体上。这些参数共同形成了单一的概念性参数，称为 MirroredVariable，这些参数通过应用相同的更新来保持相互间的同步。

高效的 all-reduce 算法可用于更新设备之间的参数。all-reduce 算法通过将所有设备上的张量相加来整合，并且可以让每个设备都获取这些参数。这是一种高效的融合算法，可以显著降低同步开销。下面介绍一个创建 MirroredStrategy 的最简单方法。

```
tf.distribute.MirroredStrategy()
```

上述代码创建了一个使 TensorFlow 可见的 GPU 的 MirroredStrategy 实例，使用 NCCL（Nvidia Collective multi-GPU Communication Liberary）进行设备间通信。如果只希望使用机器上的部分 GPU，可以这样写：

```
mirrored_strategy = tf.distribute.MirroredStrategy(devices=["/gpu:0", "/gpu:1"])
```

如果希望覆盖设备间的通信方式，可以向默认参数 cross_device_ops 提供一个 CrossDeviceOps 实例。除了默认的 NcclAllReduce 之外，还有 ReductionToOneDevice 和 HierarchicalCopyAllReduce 两种选择。

```
mirrored_strategy = tf.distribute.MirroredStrategy(
    cross_device_ops=tf.distribute.HierarchicalCopyAllReduce())
```

扩展：

NCCL 是 Nvidia 实现多 GPU 集群交互通信的库，Nvidia 做了很多优化，以便在 PCIe、Nvlink、InfiniBand 上实现较高的通信速度。

策略运行机制及步骤：

1）假设有 N 个设备，模型训练开始前，该策略在所有计算设备上各复制一份完整的模型。这是一种冗余机制，一个设备上的数据在另一个设备上存在一个完全相同的副本即为镜像。复制一份完整的模型也就意味着所有设备上的本地变更互为镜像。

2）每次训练，当传入一个批次的数据时，数据会分成 N 份传入 N 个设备并行计算。我们知道梯度下降的形式为：$= - \alpha\nabla J(\theta)$，其中 $\alpha\nabla J(\theta)$就分配到各个设备上进行计算，θ 就为镜像变量，如果仅在一台设备上一个轮次计算$\nabla J(\theta)$为 0.19，现在分配到 4 个计算设备就是$\nabla J_1(\theta) + \nabla J_2 (\theta) + \nabla J_3 (\theta) + \nabla J_4(\theta) = 0.19$。

3）使用分布式计算的 All-reduce 架构，在计算设备间高效交换梯度数据并进行求和，最终使每个设备都有了所有设备的梯度之和。

4）使用第三条提到的梯度之和更新本地变量。

5）当所有设备均更新本地变量后，再进行下一轮训练，所以并行策略是同步的。

6）在默认情况下，MirroredStrategy 策略使用 NVIDIA NCCL 的 All-reduce 架构。

用自定义训练循环来训练模型的原因是它们不仅在训练过程中具有灵活性，而且使调试模型和训练循环更加容易。

2. ParameterServerStrategy 策略

tf.distribute.experimental.ParameterServerStrategy 支持在多台机器上进行参数服务器训练。在安装过程中一些机器被作为 worker，而另一些作为参数服务器。模型的每个参数都会被放到一个参数服务器中，计算时会被复制到所有 worker 的 GPU 上。

```
ps_strategy = tf.distribute.experimental.ParameterServerStrategy()
```

对于多个 worker 的训练，TF_CONFIG 需要确定集群中 parameter servers 和 worker 的配置。

3. OneDeviceStrategy 策略

tf.distribute.OneDeviceStrategy 在单个设备上运行，该策略会将在它的 scope 中创建的任何参数放到指定设备中，通过该策略分发的输入会被预取到指定的设备中。也就是说，任何通过 strategy.run 运行的函数也都将放到指定的设备中。

在转换到其他策略并在多台设备或机器上运行代码之前，使用该策略测试代码在模型开发初期具有重要的意义。

```
strategy = tf.distribute.OneDeviceStrategy(device="/gpu:0")
```

4. MirroredStrategy 策略代码示例

下面的示例将展示如何使用 tf.distribute.Strategy 自定义训练循环。首先在流行的 MNIST 数据集上训练一个简单的 CNN 模型。流行的 MNIST 数据集包含 60000 张尺寸为 28×28 的训练图像和 10000 张尺寸为 28×28 的测试图像。

准备工作：安装 keras-datasets 样本数据集加载库。

```
pip install keras-datasets
```

向数组添加新的维度(28, 28, 1)，这里采用 Numpy 下标[..., None]的方式增加维度，而不是用 np.expand_dims()方法，读者可细细体会。这样做是因为模型中的第一层是卷积层，而且它需要一个四维的输入（批大小、高、宽、通道），批大小维度稍后将添加。归一化获取[0,1]范围内的图像：

```
import tensorflow as tf
import numpy as np
import os

print(tf.__version__)
fashion_mnist = tf.keras.datasets.fashion_mnist
(train_images, train_labels),(test_images, test_labels) = fashion_mnist.load_data()

train_images = train_images[..., None]
test_images = test_images[..., None]

train_images = train_images / np.float32(255)
test_images = test_images / np.float32(255)
```

如果设备未在 tf.distribute.MirroredStrategy 指定列表中，它会被自动检测到。将图形和变量导出成平台不可识别的 SavedModel 格式。在模型保存后，可以在有或没有 scope 的情况下载入。

```
strategy = tf.distribute.MirroredStrategy()
print ('Number of devices: {}'.format(strategy.num_replicas_in_sync))
BUFFER_SIZE = len(train_images)

BATCH_SIZE_PER_REPLICA = 64
GLOBAL_BATCH_SIZE = BATCH_SIZE_PER_REPLICA * strategy.num_replicas_in_sync

EPOCHS = 10
```

创建训练数据集和检测数据集并分发到 strategy 数据集中。

```
train_dataset = tf.data.Dataset.from_tensor_slices((train_images,
   train_labels)).shuffle(BUFFER_SIZE).batch(GLOBAL_BATCH_SIZE)
test_dataset = tf.data.Dataset.from_tensor_slices((test_images,
   test_labels)).batch(GLOBAL_BATCH_SIZE)

train_dist_dataset = strategy.experimental_distribute_dataset(train_dataset)
test_dist_dataset = strategy.experimental_distribute_dataset(test_dataset)
```

使用 tf.keras.Sequential 创建一个模型。当然，也可以使用模型子类化 API 完成实例化。

```
def create_model():
    model = tf.keras.Sequential([
      tf.keras.layers.Conv2D(32, 3, activation='relu'),
      tf.keras.layers.MaxPooling2D(),
      tf.keras.layers.Conv2D(64, 3, activation='relu'),
      tf.keras.layers.MaxPooling2D(),
      tf.keras.layers.Flatten(),
      tf.keras.layers.Dense(64, activation='relu'),
      tf.keras.layers.Dense(10, activation='softmax')
    ])
  return model
```

创建检查点目录，以存储检查点。

```
checkpoint_dir = './training_checkpoints'
checkpoint_prefix = os.path.join(checkpoint_dir, "ckpt")
```

定义损失函数，通常在一台只有一个 GPU/CPU 的机器上，损失需要除去输入批量中的示例数（平均数）。

tf.distribute.Strategy 条件下计算损失：

1）根据迭代的样本数据的批量大小，将其平均分配到各个副本 GPU 上。例如，有 4 个 GPU，批量大小为 64，每个批次输入的数据平均分布在各个副本（4 个 GPU）上，则每个副本获得的输入大小为 16。

2）每个副本上的模型使用其各自的输入，执行正向传递并计算损失。同理，将损失除以各自输入的样本数（BATCH_SIZE_PER_REPLICA=16），并将损失除 GLOBAL_BATCH_SIZE(64)。

3）平均分配是因为在每个副本上计算梯度后，均可通过对梯度求和使得自身在各个副本之间同步。

在 TensorFlow 中可执行以下操作：

1）如果编写自定义训练循环，将每个实例的损失相加，并用总和除以 GLOBAL_BATCH_SIZE。计算每个样本的损失可以用 scale_loss=tf.reduce_sum(loss)/GLOBAL_ BATCH_SIZE，也可以使用 tf.nn.compute_average_loss。选择不同的样本权重可将 GLOBAL_ BATCH_SIZE 作为参数，并返回缩放的损失。

2）如果在模型中使用正则化损失，可以使用 tf.nn.scale_regularization_loss 函数执行此操作，进行缩放多个副本的损失。

3）最好不要使用 tf.reduce_mean，否则损失会除以实际各个副本中每次迭代随机批次的大小。

4）这种缩小和缩放是在 keras 中的 model.compile 和 model.fit 中自动完成的。

5）如果使用 tf.keras.losses 类，则需要将损失减少策略明确指定为 None 或 SUM。使用 tf.distribute.Strategy 时，AUTO 和 SUM_OVER_BATCH_SIZE 是不能使用的。不能使用 AUTO 是因为用户应明确考虑到在分布式情况下将有哪些减少是正确的。不能使用 SUM_OVER_BATCH_SIZE 是因为目前它只按每个副本批次大小进行划分，并按照用户的副本数进行平均，这导致了它们很容易丢失。因此，要求用户自己必须显式执行缩放操作。

6）如果 labels 为多维，则对每个样本中的元素数量的 per_example_loss 求平均值。例如，如果 predictions 的形状为(batch_size,H,W,n_classes)，而 labels 为(batch_si ze,H,W)，则更新 per_example_loss。例如，per_example_loss /= tf.cast(tf.reduce_prod(tf.shape(labels)[1:]),tf.float32)。要注意验证损失的 shape。tf.losses/tf.keras.losses 中的损失函数通常会返回输入最后一个维度的平均值。在创建损失类的实例时传递 reduction=Reduction.NONE，表示“无额外缩减”。对于样本输入形状为[batch,W,H,n_classes]的类别损失，会缩减 n_classes 维度。对于类似 losses.mean_squared_error 或 losses.binary_crossentropy 的逐点损失，应包含一个维度，使[batch,W,H,1]缩减为[batch,W,H]。如果没有这个维度，则[batch,W,H]将被错误地缩放为[batch,W]。

```
with strategy.scope():
    loss_object = tf.keras.losses.SparseCategoricalCrossentropy(
        reduction=tf.keras.losses.Reduction.NONE)

    def compute_loss(labels, predictions):
        per_example_loss = loss_object(labels, predictions)
        return tf.nn.compute_average_loss(per_example_loss,global_batch_size=GLOBAL_BATCH_SIZE)
```

定义衡量指标以跟踪损失和测试准确性，并且可以使用返回结果随时获取累积的统计信息。

```
with strategy.scope():
    test_loss = tf.keras.metrics.Mean(name='test_loss')
    train_accuracy = tf.keras.metrics.SparseCategoricalAccuracy(name='train_accuracy')
    test_accuracy = tf.keras.metrics.SparseCategoricalAccuracy(name='test_accuracy')
```

必须在 strategy.scope 下创建模型和优化器进行循环训练。

```
with strategy.scope():
    model = create_model()

    optimizer = tf.keras.optimizers.Adam()
    checkpoint = tf.train.Checkpoint(optimizer=optimizer, model=model)

with strategy.scope():
    def train_step(inputs):
        images, labels = inputs

        with tf.GradientTape() as tape:
            predictions = model(images, training=True)
            loss = compute_loss(labels, predictions)

    gradients = tape.gradient(loss, model.trainable_variables)
    optimizer.apply_gradients(zip(gradients, model.trainable_variables))

    train_accuracy.update_state(labels, predictions)
    return loss

    def test_step(inputs):
        images, labels = inputs

        predictions = model(images, training=False)
        t_loss = loss_object(labels, predictions)

        test_loss.update_state(t_loss)
        test_accuracy.update_state(labels, predictions)

with strategy.scope():
    # experimental_run_v2 将复制提供的计算，并使用分布式输入、运行
    @tf.function
    def distributed_train_step(dataset_inputs):
        per_replica_losses = strategy.experimental_run_v2(train_step,args=(dataset_ inputs,))
        return strategy.reduce(tf.distribute.ReduceOp.SUM, per_replica_losses,axis=None)

    @tf.function
    def distributed_test_step(dataset_inputs):
        return strategy.experimental_run_v2(test_step, args=(dataset_inputs,))

    for epoch in range(EPOCHS):
        # 训练循环
        total_loss = 0.0
        num_batches = 0
        for x in train_dist_dataset:
```

```
            total_loss += distributed_train_step(x)
            num_batches += 1
        train_loss = total_loss / num_batches

    # 测试循环
    for x in test_dist_dataset:
        distributed_test_step(x)

    if epoch % 2 == 0:
        checkpoint.save(checkpoint_prefix)

    template = ("Epoch {}, Loss: {}, Accuracy: {}, Test Loss: {}, "
                "Test Accuracy: {}")
    print (template.format(epoch+1, train_loss,
                          train_accuracy.result()*100, test_loss.result(),
                          test_accuracy.result()*100))

    test_loss.reset_states()
    train_accuracy.reset_states()
    test_accuracy.reset_states()
```

提示：

在 TensorFlow 2.X 中，可以用@tf.function 装饰器修饰 Python 函数，将其自动转化为张量运算图。在 TensorFlow 1.X 版本中，要开发基于张量的控制流图程序，必须使用 tf.conf、tf.while_loop 等专用函数，增加了开发的复杂度。当使用自动运算图功能时，如果被修饰的函数有多个分支 return，则每个分支返回的张量数据类型必须一致，否则系统会报错。

在以上示例中，需要注意以下几点事项：

1）可以使用 for x in …迭代构造 train_dist_dataset 和 test_dist_dataset。

2）缩放损失是 distributed_train_step 的返回值。该值会在各个副本使用 Strategy.reduce 时合并，然后通过 Strategy.reduce 叠加各个返回值来跨批次。

3）在执行 tf.distribute.Strategy.experimental_run_v2 时，tf.keras.Metrics 应在 train_step 和 test_step 中更新。

4）tf.distribute.Strategy.experimental_run_v2 可以返回策略中每个本地副本的结果，并且有多种方法能处理此结果。可以执行 tf.distribute.Strategy.reduce 来获取汇总值，还可以执行 tf.distribute.Strategy.experimental_local_results 来获取每个本地副本的结果中包含的值列表。

恢复最新的检查点并进行测试。对于使用了 tf.distribute.Strategy 检查点的模型，可以使用策略方式或非策略方式进行恢复。

```
eval_accuracy = tf.keras.metrics.SparseCategoricalAccuracy(name='eval_accuracy')

new_model = create_model()
```

```
new_optimizer = tf.keras.optimizers.Adam()

test_dataset = tf.data.Dataset.from_tensor_slices((test_images, test_labels)).batch(GLOBAL_
BATCH_SIZE)

@tf.function
def eval_step(images, labels):
    predictions = new_model(images, training=False)
    eval_accuracy(labels, predictions)

checkpoint = tf.train.Checkpoint(optimizer=new_optimizer, model=new_model)
checkpoint.restore(tf.train.latest_checkpoint(checkpoint_dir))

for images, labels in test_dataset:
    eval_step(images, labels)

print ('Accuracy after restoring the saved model without strategy: {}'.format(
    eval_accuracy.result()*100))
```

迭代一个数据集的其他方法：使用迭代器需要一个指定的步骤数量而不需要完整遍历的数据集，可以创建一个迭代器并在迭代器上调用 iter 和显式调用 next。可以选择在 tf.function 内部和外部迭代数据集。

以下代码片段演示了使用迭代器在 tf.function 外部迭代数据集。

```
with strategy.scope():
    for _ in range(EPOCHS):
        total_loss = 0.0
        num_batches = 0
        train_iter = iter(train_dist_dataset)

        for _ in range(10):
            total_loss += distributed_train_step(next(train_iter))
            num_batches += 1
        average_train_loss = total_loss / num_batches

        template = ("Epoch {}, Loss: {}, Accuracy: {}")
        print(template.format(epoch+1, average_train_loss, train_accuracy.result()*100))
        train_accuracy.reset_states()
```

还可以使用 for x in …构造在 tf.function 内部迭代整个输入 train_dist_dataset，或者像上面那样创建迭代器。下面在 tf.function 中包装一个 epoch 并在功能内迭代 train_dist_dataset。

```
with strategy.scope():
    @tf.function
    def distributed_train_epoch(dataset):
        total_loss = 0.0
        num_batches = 0
```

```
        for x in dataset:
            per_replica_losses = strategy.experimental_run_v2(train_step,args=(x,))
            total_loss += strategy.reduce(tf.distribute.ReduceOp.SUM, per_replica_losses, axis=None)
            num_batches += 1
        return total_loss / tf.cast(num_batches, dtype=tf.float32)

    for epoch in range(EPOCHS):
        train_loss = distributed_train_epoch(train_dist_dataset)

        template = ("Epoch {}, Loss: {}, Accuracy: {}")
        print (template.format(epoch+1, train_loss, train_accuracy.result()*100))

        train_accuracy.reset_states()
```

指导：

以上代码示例是 TensorFlow 官网的经典示例。对于大多初、中级学习者而言，作者建议依据本节示例内容进行实践。每一个函数、每一段落都值得初中级学习者细心研究和体会。特别是这段代码的组织方式很值得大家练习，在一条条语句的编写和调试过程中会发现很多问题，解决这些问题的过程，也是提升成长的过程。

5.3 TensorFlow 训练模型的保存与加载

由于 TensorFlow 1.X 与 TensorFlow 2.X 在训练模型的保存方面的默认运行模式不同，其保存和加载模型也会发生变化，TensorFlow 1.X 还是密切地围绕静态数据流图实现保存和分发的目标。但由于 TensorFlow 以动态命令方式运行的特点，所以将难以控制和复杂的部分进行了重新封装，使之变得简单、透明和实用。

5.3.1 用静态数据流图保存、二次训练和加载模型

1. 传统的 Saver 类方式

使用传统的 Saver 类的 save（保存）和 restore（恢复）方法，在训练期间或训练结束时自动保存检查点。权重存储在检查点格式的文件集合中，这些文件仅包含经过训练的权重（采用二进制格式）。可以使用经过训练的模型，而无须重新训练该模型，或者从上次暂停的地方继续训练，以防训练过程中断。

神经网络中迭代训练模型的保存和恢复功能，不仅是推理预测的现实需求，也是实现迁移学习和辅助观察分析长时间训练模型参数的重要保证。不可否认的是，解决了长时间训练中因出现意外情况而导致训练中止的问题。TensorFlow 中模型的保存和恢复的方法，直接影响着模

型能否工程化，是否具有健壮性和可维护性。

1）检查点回调用法：创建检查点回调，训练模型并将 ModelCheckpoint 回调传递给该模型，得到检查点文件集合，用于分享权重。

2）检查点回调选项：该回调提供了多个选项，用于为生成的检查点提供独一无二的名称，以及调整检查点创建的频率。

如果该方法要实现保存目标，则需要保证数据流图中的参数 Tensor 显示化，否则会出现预测模型参数的遗漏而无法恢复预测。但由于 CNN 和 RNN 的运用，这种方式给模型的保存增加了难度，所以编者不建议在上线项目中使用该方法。

传统的 Saver 类方式代码示例：

```
import tensorflow as tf
import numpy as np
import matplotlib.pyplot as plt

train_x = np.linspace(-5, 5, 100)
train_y = train_x * 2 + 6 + np.random.random(*train_x.shape) * 0.8

X = tf.placeholder(dtype=tf.float32)
Y = tf.placeholder(dtype=tf.float32)

w = tf.Variable(tf.random.truncated_normal([1]), name='Weight')
b = tf.Variable(tf.random.truncated_normal([1]), name='bias')

z = tf.add(tf.multiply(X, w),b)

cost = tf.reduce_mean(tf.square(Y - z))
learning_rate = 0.01
optimizer = tf.train.GradientDescentOptimizer(learning_rate).minimize(cost)

init = tf.global_variables_initializer()

training_epochs = 20
display_step = 2
savedir = "save_dir/"

saver = tf.train.Saver(tf.global_variables(),max_to_keep=2)

if __name__ == '__main__':
    with tf.Session() as sess:
        sess.run(init)
        kpt = tf.train.latest_checkpoint(savedir)
        if kpt != None:
            saver.restore(sess,kpt)
```

```
        w_, b_ = sess.run([w, b])
        print("W: ", w_, " b: ", b_)
        plt.plot(train_x, train_x * w_ + b_, 'g-', train_x, train_y, 'r.')
        plt.grid(True)
        plt.show()
    else:
        for epoch in range(training_epochs):
            for (x, y) in zip(train_x, train_y):
                sess.run(optimizer, feed_dict={X: x, Y: y})

            if epoch % display_step == 0:
                saver.save(sess, savedir + "linermodel.cpkt", epoch)

        w_, b_ = sess.run([w, b], feed_dict={X: x, Y: y})

        saver.save(sess,savedir+"linermodel.cpkt",epoch)

        print("W: ", w_, " b: ", b_)
        plt.plot(train_x, train_x * w_ + b_, 'g-', train_x, train_y, 'r.')
        plt.grid(True)
        plt.show()
```

2. SavedModelBuilder 类方式

使用 SavedModelBuilder 类的 builder 保存和 loader 文件的恢复方法。通过数据流图可以将整个模型保存到一个文件中，其中包含 tensor 权重值、预测函数 OP 节点。可以为模型设置检查点，稍后再以完全相同的状态继续训练，而无须访问原始代码。该方式是工程实践常用的方式。

一个简单的线性回归模型静态数据流图模型的保存和恢复，其完整示例代码如下。

```
tf.train.latest_checkpoint(
    checkpoint_dir,
    latest_filename=None
)
```

1）checkpoint_dir：被保存的变量的路径。

2）latest_filename：包含最近的检查点列表的协议缓冲区文件名称。该文件与检查点文件保存在同一目录中，由保护程序自动管理，以跟踪最近的检查点，并指向其默认的 checkpoint。

```
tf.train.Saver(
    var_list=None, reshape=False,sharded=False, max_to_keep=5,
    keep_checkpoint_every_n_hours=10000.0, name=None, restore_sequentially=False,
    saver_def=None, builder=None, defer_build=False, allow_empty=False,
    write_version=tf.train.SaverDef.V2, pad_step_number=False,
    save_relative_paths=False, filename=None
)
```

1）var_list：变量/保存对象的列表，或者将名称映射到保存对象的字典。如果为 None，则默认为所有可保存对象的列表。

2）max_to_keep：留下的最多版本数。

3）keep_checkpoint_every_n_hours：自动保存一次，默认 10000 小时。

```
Saver.save(
    sess, save_path, global_step=None, latest_filename=None,
    meta_graph_suffix='meta', write_meta_graph=True, write_state=True,
    strip_default_attrs=False, save_debug_info=False
)
```

1）global_step：保存模型时的版本序号后缀。

2）save_path：保存模型文件的路径。为了支持 train.latest_checkpoint 而不返回 None，该参数需包含具体文件。

```
saver.save(sess, 'my-model', global_step=0) ==> filename: 'my-model-0'
...
saver.save(sess, 'my-model', global_step=1000) ==> filename: 'my-model-1000'
```

5.3.2　用 Build 方式保存模型

在模型训练阶段，可以使用 Build 方式保存模型的部分代码。

```
with tf.Session(graph=train_graph) as sess:
     init = tf.initialize_all_variables()
     sess.run(init)

      train_loss = []
      test_loss = []
      train_accuracy= []
      test_accuracy = []

      for epoch in range(self.epochs): #epochs
          shuffled_ix = np.random.permutation(np.arange(len(x_train)))
          x_train = x_train[shuffled_ix]
          y_train = y_train[shuffled_ix]
          num_batches = int(len(x_train)/self.batch_size) + 1  # batch_size  250
          for i in range(num_batches):
              min_ix = i * self.batch_size
              max_ix = np.min([len(x_train),((i+1)*self.batch_size)])
              x_train_batch = x_train[min_ix:max_ix]
              y_train_batch = y_train[min_ix:max_ix]
             train_dict={x_data:x_train_batch,y_output:y_train_batch,dropout_keep_prob:0.5}
              _,collect_state = sess.run([train_step,state],feed_dict=train_dict)
             if collect_state.shape[0] == self.batch_size:
```

```
            test_dict = {x_data:x_test,y_output:y_test,dropout_keep_prob:1.0}
            temp_test_acc = sess.run(accuracy,feed_dict=test_dict)
            test_accuracy.append(temp_test_acc)
            if temp_test_acc > 0.80:
                builder = tf.saved_model.builder.SavedModelBuilder("check_path_1")
                builder.add_meta_graph_and_variables(sess, ['early warning'])
                builder.save()
                break
        print('End of train')
```

```
tf.saved_model.builder.SavedModelBuilder(export_dir):
```

创建一个保存模型的实例对象，由于 TensorFlow 会在指定路径上创建文件夹和文件，因此指定路径后不需要带“/”。

```
add_meta_graph_and_variables(sess, tags, signature_def_map=None, assets_collection=None,
              clear_devices=False, main_op=None, strip_default_attrs=False, saver=None)
```

保存会话对象中的数据流图和所有变量。

1）sess：TensorFlow 会话对象，用于保存元图和变量。

2）tags：用于保存元图的标记列表。如果存在多个数据流图，需对该参数进行设置，以保证每个标签不一样。

3）signature_def_map：一个字典类型，保存模型时传入的参数。key 可以是字符串，也可以是 tf.saved_model.signature_constants 文件下预定义的变量，值为 signatureDef protobuf。

4）clear_devices：如果需要清除默认数据流图上的设备信息，可以设置为 True。

5）strip_default_attrs：如果设置为 True，将从 NodeDefs 中删除默认值的属性。

6）saver：tf.train.Saver 的一个实例，用于导出数据流图并保存变量。

模型的加载部分示例代码如下。

```
def check_model_document(self,check_document):
    check_document = self.delete_punctuation(check_document)
    check_document = [' '.join(jieba.cut(x)) for x in check_document]
    check_document = [' '.join(x.split()) for x in check_document]
    self.vocab_save = self.get_VocabProcessor()
    vocab_size = len(self.vocab_save.vocabulary_)
    print("Vocabulary Size:{:d}".format(vocab_size))
    text_test = np.array(list(self.vocab_save.transform(check_document)))
    model_graph = tf.Graph()

    with tf.Session(graph = model_graph) as sess:
        meta_graph_def = tf.saved_model.loader.load(sess,['early warning'],"check_path_1")
        x = sess.graph.get_tensor_by_name('x_data:0')
```

```
        logits_out = sess.graph.get_tensor_by_name('logits:0')
        dropout = sess.graph.get_tensor_by_name('dropout:0')
        test_dict = {x:text_test,dropout:1.0}
        result = sess.run(logits_out,feed_dict=test_dict)
        result_acc = sess.run(tf.argmax(result,1))
        return result_acc
```

```
x = sess.graph.get_tensor_by_name('x_data:0')
```

通过参数名称可以获得模型训练时的某个数量或 OP。在冒号后面加 0，是指该张量的第 1 个输出分支。通过 graph.get_tensor_by_name 函数获取该张量值（它的输出）时，一定要加冒号和数字，因为大部分张量只有一个输出，所以我们看到的大部分是“:0”。

```
logits_out = tf.nn.softmax(tf.matmul(last,weight) + bias,name = 'logits')
x_data = tf.placeholder(tf.int32,[None,self.max_sequence_length], name = 'x_data')
dropout_keep_prob = tf.placeholder(tf.float32,[], name = 'dropout')
```

其中，logits 是一个节点 OP；x_data 是一个数量，所以在定义数量和 OP 时，要习惯性加上参数 name。例如，a = tf.Variable(tf.normal…[],name = 'a')。

```
result = sess.run(logits_out,feed_dict=test_dict)
```

根据被加载模型获得的数量或 OP 重新组织预测函数，可以很明显地注意到加载与保存时标签 early warning 的对应关系。

5.3.3 训练模型的保存与加载

1. tf.keras.Sequential API 保存和加载

在 tf.keras 模式中，可以直接利用 tf.keras.Sequential 对象窗口进行模型的保存，通常命名为“*.h5”（根据 save_format 选项）。

```
probability_model = tf.keras.Sequential([model,tf.keras.layers.Softmax()])
probability_model.save('./model_save/Mnist_classification.h5')
```

```
save(
    filepath, overwrite=True, include_optimizer=True, save_format=None,
    signatures=None, options=None, save_traces=True
)
```

1）filepath：以字符串形式将模型保存到 TensorFlow 或单个 HDF5 文件中。

2）save_format：“tf”或“h5”，表示将模型保存到张量流保存模型还是 HDF5。在 TensorFlow 2.X 中默认设置为“tf”和 TensorFlow 1.X 中的“h5”。

加载 tf.keras 保存的模型非常简单，先通过 tensorflow.keras.models 模块库引入 load_model 方法，之后直接通过该方法传入模型保存路径，以序化生成模型对象。下面是加载 28×28 图像分类训练模型的代码示例。

```
import cv2 as cv
import tensorflow as tf
from tensorflow.keras.models import load_model
import numpy as np

model = load_model('./model_save/Mnist_classification.h5')
print(tf.__version__)

capture = cv.VideoCapture(0)                              #创建一个 VideoCapture 对象
while(True):
    height = 28
    width = 28
    ret,frame = capture.read()                            #一帧一帧读取视频
    cv.imshow('frame', frame)                             #显示结果
    frame = cv.resize(frame, (height, width))
    gray = cv.cvtColor(frame, cv.COLOR_BGR2GRAY)          #对每一帧进行处理，设置为灰度图
    _, gray_th = cv.threshold(gray, 60, 0xff, cv.THRESH_BINARY)
    dst = 255 - gray_th
    cv.imshow('dst',dst)
    predictions = model.predict(np.expand_dims(dst,0))

    print('Output result:')
    print(tf.argmax(predictions,1))

capture.release()                                         #释放 cap，销毁窗口
cv.destroyAllWindows()
```

tf.keras 模式中还有存储模型权重的方式：

```
save_weights(
    filepath, overwrite=True, save_format=None, options=None
)
```

恢复模型权重：

```
load_weights(
    filepath,
    by_name=False
)
```

该方式虽不如直接保存整个模型方便易用，但也为模型连续阶段性训练和模型迁移训练提供了切入点。模型恢复示例如下。

```
import tensorflow as tf
```

```
from tensorflow import keras
from tensorflow.keras import datasets, layers, optimizers
```

加载训练集和测试集合：

```
mnist = tf.keras.datasets.mnist
(x_train, y_train),(x_test, y_test) = mnist.load_data()
x_train, x_test = x_train / 255.0, x_test / 255.0
```

创建模型：

```
def create_model():
    return tf.keras.models.Sequential([
        tf.keras.layers.Flatten(input_shape=(28, 28)),
        tf.keras.layers.Dense(512, activation='relu'),
        tf.keras.layers.Dropout(0.2),
        tf.keras.layers.Dense(10, activation='softmax')
    ])
model = create_model()
```

编译模型，主要是确定优化方法及损失函数等：

```
model.compile(optimizer='adam',
              loss='sparse_categorical_crossentropy',
              metrics=['accuracy'])
```

模型训练一个 epochs：

```
model.fit(x=x_train,
          y=y_train,
          epochs=1,
          )
```

模型测试：

```
loss, acc = model.evaluate(x_test, y_test)
print("train model, accuracy:{:5.2f}%".format(100 * acc))
```

保存模型的权重和偏置：

```
model.save_weights('./save_weights/my_save_weights')
```

删除模型：

```
del model
```

重新创建模型：

```
model = create_model()
model.compile(optimizer='adam',
              loss='sparse_categorical_crossentropy',
              metrics=['accuracy'])
```

恢复权重：

```
model.load_weights('./save_weights/my_save_weights')
```

测试模型：

```
loss, acc = model.evaluate(x_test, y_test)
print("Restored model, accuracy:{:5.2f}%".format(100 * acc))
```

2. 用 tf.keras.Model 类保存检查点和加载

对模型封装的算法类要继承基类 tf.keras.Model，该类的构造接口和重要的重写方法如下：

```
import tensorflow as tf

class MyModel(tf.keras.Model):
    def __init__(self):
        super(MyModel, self).__init__()
        # 定义训练参数或各个网络层

    def call(self, inputs):
        # 向前传播组织各个层
model = MyModel()
```

在重写构造函数__init__()时，可定义训练的参数和深度学习网络层。例如，定义两个 Dense 层，分别是全连接层和输出层。

```
    self.dense1 = tf.keras.layers.Dense(4, activation=tf.nn.relu)
    self.dense2 = tf.keras.layers.Dense(5, activation=tf.nn.softmax)
```

例如，在 tf.keras.Sequential 中添加的各个层，完全可以写入__init__()函数中。

```
model = tf.keras.Sequential([
    tf.keras.layers.Conv2D(filters=1,kernel_size=(2,2),padding='same',activation='relu'),
    tf.keras.layers.Flatten(input_shape=(28,28,1)),
    tf.keras.layers.Dense(units=128, activation='relu'),    #全连接层，有 128 个连接节点
    tf.keras.layers.Dense(units=10)                         #输出类别，与交叉熵对应
])
```

在回调函数 call(inputs)中，必须对初始化的各个层的数据输入、结果输出（输出层）、返回值进行组织。通常数据输入为待训练或待推测的数据，返回值为推测函数的输出结果。例如，将全连接层输出结果传入输出层，并返回结果。

```
    x = self.dense1(inputs)
    return self.dense2(x)
```

带检查点的模型的保存：

```
model = tf.keras.Model(...)
checkpoint = tf.train.Checkpoint(model)
```

利用保存检查点对模型进行序化文件时，可以回调计数器组织序化文件地址。例如，/tmp/training_checkpoints-{每次序化计数}。

```
save_path = checkpoint.save('/tmp/training_checkpoints')
```

用检查点对象根据保存的模型文件地址加载模型：

```
checkpoint.restore(save_path)
```

加载保存模型文件组织代码的流程如下：

```
import tensorflow as tf
import os

checkpoint_directory = "/tmp/training_checkpoints"
checkpoint_prefix = os.path.join(checkpoint_directory, "ckpt")
```

创建一个检查点，管理两个具有可跟踪状态的对象，一个命名为优化器，另一个命名为模型。

```
checkpoint = tf.train.Checkpoint(optimizer=optimizer, model=model)
status = checkpoint.restore(tf.train.latest_checkpoint(checkpoint_directory))
for _ in range(num_training_steps):
  optimizer.minimize( ... )          #变量将在创建时被恢复
status.assert_consumed()
checkpoint.save(file_prefix=checkpoint_prefix)
```

下面以简单线性回归为示例，按以上构造模型类的方式组织训练模型的保存和加载。希望读者在工程实践 TensorFlow 2.X 环境中尽可能地采用这种方式，充分利用面向对象的三态性，组织成可复用和重叠的模型体系。

```
import tensorflow as tf
import numpy as np
import os


print(tf.__version__)
learning_rate = 0.01
train_steps = 1000
savedir = "./save_dir_tf2_keras"
check_point_dir = os.path.join(savedir,"ckpt")

class MyModel(tf.keras.Model):
    def __init__(self):
        super(MyModel, self).__init__()
        self.w = tf.Variable(initial_value=1.0, name="weight")
        self.b = tf.Variable(initial_value=1.0, name="bias")

    def call(self, inputs):
        return inputs*self.w + self.b
```

```
model = MyModel()
train_X = np.linspace(-1, 1, 100)
train_Y = 2 * train_X + 6
optimizer = tf.keras.optimizers.SGD(learning_rate= learning_rate)
checkpoint = tf.train.Checkpoint(optimizer= optimizer,model=model)
def linear_regression(data_x, data_y):
    X = data_x
    Y_label = data_y
    with tf.GradientTape() as g:
        predictions = model(X)
        loss = tf.reduce_mean(tf.square(predictions - Y_label))
        gradients = g.gradient(target=loss,sources = model.variables)
        optimizer.apply_gradients(zip(gradients,model.variables))
    return loss

for i in range(0, train_steps):
    linear_regression(train_X, train_Y)
    if (i+1) % 10 == 0:
        checkpoint.save(file_prefix = check_point_dir)
```

模型保存序化后的目录及文件名称如图 5.28 所示。

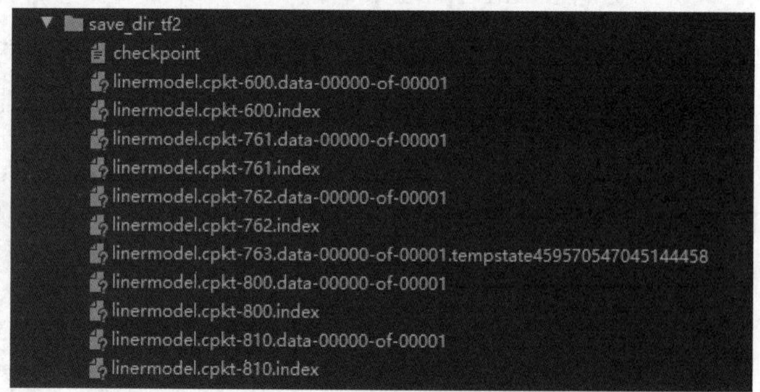

图 5.28

加载保存模型序化文件，得到训练后模型 model：

```
import tensorflow as tf
import numpy as np
import os

print(tf.__version__)
learning_rate = 0.01
train_steps = 1000
savedir = "./save_dir_tf2_keras"
check_point_dir = os.path.join(savedir,"ckpt")
```

```
class MyModel(tf.keras.Model):
    def __init__(self):
        super(MyModel, self).__init__()
        self.w = tf.Variable(initial_value = 1.0, name="weight")
        self.b = tf.Variable(initial_value = 1.0, name="bias")

    def call(self, inputs):
        return inputs*self.w + self.b

model = MyModel()
optimizer = tf.keras.optimizers.SGD(learning_rate = learning_rate)
checkpoint = tf.train.Checkpoint(optimizer = optimizer,model=model)

kpt = tf.train.latest_checkpoint(savedir)
if kpt != None:
    status = checkpoint.restore(kpt)
    print(model.w,model.b)
    #status.assert_consumed()
```

注意以上保存和加载两段代码的共同点与不同点，model.w 和 model.b 的输出结果如下：

```
<tf.Variable 'weight:0' shape=() dtype=float32, numpy=1.9989139> <tf.Variable 'bias:0'
shape=() dtype=float32, numpy=5.9999886>
```

返回值 status 是一种加载状态对象，可用于对检查点恢复的状态进行断言。返回的状态对象具有以下方法。

1）assert_consumed()：如果有任何变量不匹配，就会引发异常。例如，检查点中没有匹配 Python 对象的检查点值，或者依赖关系图中没有值的 Python 对象。此方法可返回状态对象，因此可以与其他断言进行链接。

2）assert_existing_objects_matched()：如果依赖关系图中任何现有的 Python 对象不匹配，就会引发一个异常。它与 assert_consumed()不同的是，如果检查点中的值没有相应的 Python 对象，那么此断言将会被传递。尚未构建且未创建任何变量的图层对象会传递此断言，但 assert_consumed()会调用失败。将一个更大检查点的一部分加载到一个新的 Python 程序中会很有用。例如，一个带有 tf.compat.v1.train.的训练检查点优化器已保存，但只加载推理所需的状态。此方法可返回状态对象，因此可以与其他断言进行链接。

3）assert_nontrivial_match()：断言除根对象之外的某些内容已匹配。这是一个非常弱的断言，但对于库代码中的完整性检查很有用，在检查点中可能存在尚未用 Python 创建的对象，而一些 Python 对象可能没有检查点值。

4）expect_partial()：恢复关于检查点的默认警告。当删除检查点对象时（通常是在程序关闭时），将为检查点文件或对象中未使用的部分输出警告。

以上两种方法都利用了函数 API：第一种，从 Input 开始，后续代码会指定前向过程，最后根据输入和输出建立模型；第二种，通过构建 Model 的子类来实现，在__init__函数中定义参数和网络层的类成员，在 call 函数中实现前向过程。检查点是一种系统状态的快照方法，可以直接使用。检查点是模型的权重，可以用来预测，也可以用来继续训练。keras 中的回调函数提供了检查点功能。tf.keras 中包含 Tensorboard，是一种训练可视化的操作，在回调函数中会有相应的方法。

另外，在实际运用过程中，会把相关的训练变量或参数封装进模型类中，并以内置__init__函数参数的形式初始化对象，如 epoch、batch 和 learning_rate 等。下面看一个示例，理解类函数是如何构建的，以及 call 方法被内置调用的原理。

```
class a(object):
    def __init__(self,name,age):
        super(a, self).__init__()
        print("__init__")
        self.name = name
        self.age = age

    def __call__(self,x,**kwargs):
        self.call(x,**kwargs)
        print("__call__")

    def call(self, inputs,training=None, mask=None):
        print("base class call")
        pass

class b(a):
    def __init__(self,name,age):
        super(b, self).__init__(name,age)
        pass

    def call(self, inputs,training=None, mask=None):
        print("inherit class call",inputs)
        pass

my_b = b("wym",29);
my_b(1)
```

输出结果：

```
__init__
inherit class call 1
__call__
```

从输出结果可知，经过继承的子类形成了多态性，基类的 call 方法并没有被调用，而是子类的 call 方法被调用。

扩展：

C++中有一个重要的技术点，即通过运算符的重载就可以实现仿函数的类方法调用，这与上面的__call__起到了参考对应的作用。除此之外，也可以看到 C++是如何继承基类的。

```
class B : public A {
    public:
        void operator() (const string& str) const {
            cout<<str<<endl;
        }
};
```

5.4　TFRecord

为了高效地读取数据，一种比较好的做法是对数据进行序列化并将其存储在一组可线性读取的文件（每个文件的大小均为 100～200MB）中。这尤其适用于通过网络进行流式传输的数据。这种做法适用于缓冲任何数据预处理。

如果数据量较小，一般会选择先直接将数据加载进内存，然后分 batch 输入网络进行训练（使用 yeild 更为简洁）。但是如果数据量较大，这种方法则不再适用，因为太耗内存。这时最好使用 TensorFlow 提供的队列 queue，这就是第二种方法：从文件中读取数据。对于一些特定的读取，如 CSV 文件格式，官网都有相关的描述，这里介绍一种比较通用的、高效的读取方法，即 TensorFlow 内定的标准格式——TFRecord。

TensorFlow 提供了一种统一的格式来存储数据，即 TFRecord。为了高效地读取数据，可以将数据进行序列化存储，这样便于网络流式读取数据。TFRecord 就是一种保存记录的方法，可以将任意数据转换为 TensorFlow 所支持的格式，这种方法可以使 TensorFlow 的数据集更容易与网络应用架构相匹配。

TFRecord 也是 Google 推荐的一种常用的、存储二进制序列数据的文件格式，理论上它可以保存任何格式的信息。TensorFlow 官网给出的文档结构由整个文件长度信息、长度校验码、数据及数据校验码组成，普通开发者并不需要关心这些。TensorFlow 提供了丰富的 API，可以帮助开发者轻松读写 TFRecord 文件。而 tf.Example 类就是一种将数据表示为{"string"：value}形式的 message 类型，TensorFlow 经常使用 tf.Example 写入、读取 TFRecord 数据。

5.4.1　tf.Example 的数据类型

tf.Example 是{"string":tf.train.Feature}的映射。tf.train.Feature 可以接收以下三种消息类型。其他通用类型可以强制转换成下面类型中的一种。

1）tf.train.BytesList 可强制转换为 string、byte。

2）tf.train.FloatList 可强制转换为 float(float32)、double(float64)。

3）tf.train.Int64List 可强制转换为 bool、enum、int32、uint32、int64、uint64。

为了将标准的 TensorFlow 类型转换为兼容 tf.Example 的 tf.train.Feature，可以使用下面的快捷函数。注意，每个函数都会接收标量输入值并返回包含上述三种类型之一的 tf.train.Feature。

```
import tensorflow as tf    #TensorFlow 2.1
import numpy as np
import matplotlib.pyplot as plt

def _bytes_feature(value):
  if isinstance(value, type(tf.constant(0))):
     value = value.numpy()
  return tf.train.Feature(bytes_list=tf.train.BytesList(value=[value]))

def _float_feature(value):
  return tf.train.Feature(float_list=tf.train.FloatList(value=[value]))

def _int64_feature(value):
  return tf.train.Feature(int64_list=tf.train.Int64List(value=[value]))

def print_1():
   print(_bytes_feature(b'test_string'))
   print(_bytes_feature(u'TensorFlow'.encode('utf-8')))
   print(_float_feature(np.exp(1)))
   print(_int64_feature(True))
   print(_int64_feature(1))

print_1()
```

1）value = value.numpy()：如果是 tensor 对象，需将其赋值给 value。BytesList 并不能自动将一个 tensor 对象 unpack。

2）isinstance(value, type(tf.constant(0)))：检验输入的 value 类型是否匹配。

输出结果：

```
bytes_list {value:"test_string"}
bytes_list{value:"TensorFlow"}
float_list{value:2.7182817459106445}
int64_list{value:1}
int64_list{value:1}
```

1. 序化 example 对象

文本数据序化为 TFRecrd，有三个过程，如图 5.29 所示。

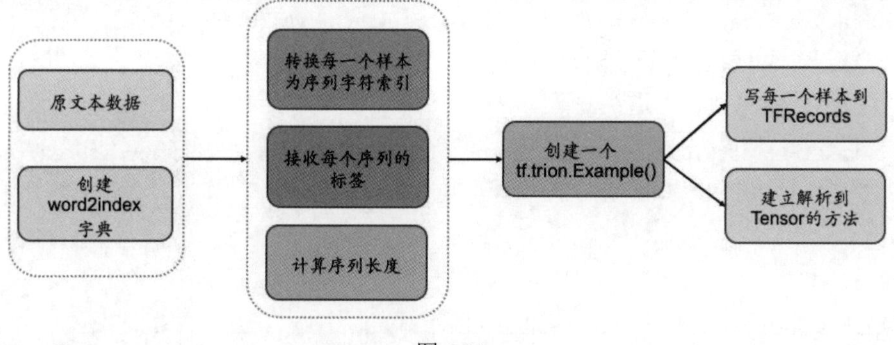

图 5.29

```
feature = _float_feature(np.exp(1))
feature.SerializeToString()

n_observations = int(1e4)
feature0 = np.random.choice([False, True], n_observations)
feature1 = np.random.randint(0, 5, n_observations)
strings = np.array([b'cat', b'dog', b'chicken', b'horse', b'goat'])
feature2 = strings[feature1]
feature3 = np.random.randn(n_observations)

def serialize_example(feature0, feature1, feature2, feature3):
  feature = {
      'feature0': _int64_feature(feature0),
      'feature1': _int64_feature(feature1),
      'feature2': _bytes_feature(feature2),
      'feature3': _float_feature(feature3),
  }
  example_proto = tf.train.Example(features=tf.train.Features(feature=feature))
  return example_proto.SerializeToString()

example_observation = serialize_example(False, 4, b'goat', 0.9876)
writer=tf.io.TFRecordWriter('Test_TFExample.tfrecord')
writer.write(example_observation)
```

tf.io.Example 对多个 Feature 对象进行封装，以便后续代码的编写。

2. 解析序化对象（TFRecord files using tf.data）

```
example_proto = tf.train.Example.FromString(example_observation)
print(example_proto)
```

输出结果：

```
features {feature { key: "feature0" value { int64_list { value: 0 } } }
          feature { key: "feature1" value { int64_list { value: 4 } } }
```

```
        feature { key: "feature2" value { bytes_list { value: "goat" } } }
        feature { key: "feature3" value { float_list { value: 0.9876000285148621 } } } }
```

通过数据序列建立数据管道：

```
features_dataset=tf.data.Dataset.from_tensor_slices((feature0,feature1,feature2,feature3))
for f0,f1,f2,f3 in features_dataset.take(3):
    print(f0)
    print(f1)
    print(f2)
    print(f3)
```

其中，take(count)中的参数 count 表示应该用于形成新数据集的此数据集的元素数。如果 count 为-1 或者 count 大于此数据集的元素数，则新数据集将包含此数据集的所有元素。

输出结果：

```
tf.Tensor(True, shape=(), dtype=bool)
tf.Tensor(1, shape=(), dtype=int32)
tf.Tensor(b'dog', shape=(), dtype=string)
tf.Tensor(1.3945134300968138, shape=(), dtype=float64)
tf.Tensor(False, shape=(), dtype=bool)
tf.Tensor(2, shape=(), dtype=int32)
tf.Tensor(b'chicken', shape=(), dtype=string)
tf.Tensor(-0.2326215993037518, shape=(), dtype=float64)
tf.Tensor(True, shape=(), dtype=bool)
tf.Tensor(1, shape=(), dtype=int32)
tf.Tensor(b'dog', shape=(), dtype=string)
tf.Tensor(0.19882945997569698, shape=(), dtype=float64)
```

5.4.2 读取序化文件形成数据集

```
filenames = ['Test_TFExample.tfrecord']
raw_dataset = tf.data.TFRecordDataset(filenames)
for raw_record in raw_dataset.take(1):
  example = tf.train.Example()
  example.ParseFromString(raw_record.numpy())
  print(example)
```

example.ParseFromString(raw_record.numpy())：将 tensor 对象转化成 numpy 对象，并解析。

输出结果：

```
tf.Tensor(True, shape=(), dtype=bool)tf.Tensor(1, shape=(), dtype=int32)tf.Tensor(b'dog',
shape=(), dtype=string)tf.Tensor(-0.06358246525485489, shape=(), dtype=float64)
```

使用回调函数进行解析：

```
feature_description = {
```

```
    'feature0': tf.io.FixedLenFeature([], tf.int64, default_value=0),
    'feature1': tf.io.FixedLenFeature([], tf.int64, default_value=0),
    'feature2': tf.io.FixedLenFeature([], tf.string, default_value=''),
    'feature3': tf.io.FixedLenFeature([], tf.float32, default_value=0.0),
}

def _parse_function(example_proto):
  return tf.io.parse_single_example(example_proto, feature_description)

parsed_dataset = raw_dataset.map(_parse_function)
for parsed_record in parsed_dataset.take(0):
  print(parsed_record)
```

1）def_parse_function(example_proto)：定义一个通过上面声明的字典进行解析数据序列的回调函数。

2）raw_dataset.map(_parse_function)：回调函数与数据集的关联，使数据集中的每条记录均可调用一次解析回调函数。

输出结果：

```
{'feature0': <tf.Tensor: shape=(), dtype=int64, numpy=0>, 'feature1': <tf.Tensor: shape=(), dtype=int64, numpy=4>, 'feature2': <tf.Tensor: shape=(), dtype=string, numpy=b'goat'>, 'feature3': <tf.Tensor: shape=(), dtype=float32, numpy=0.9876>}
```

5.4.3　对图像进行序化处理

图像数据序化为 TFRecord，有两个过程，如图 5.30 所示。

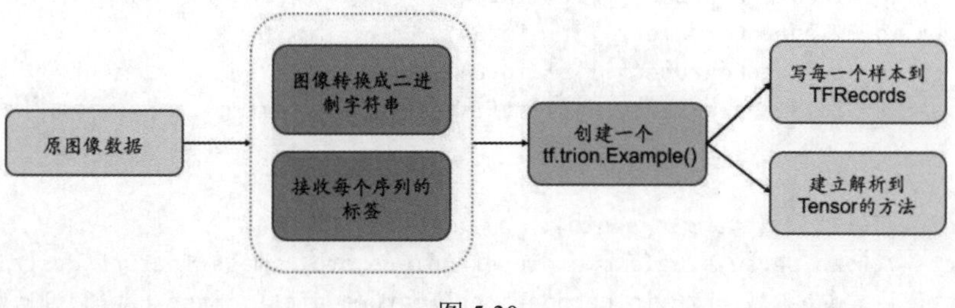

图 5.30

```
cat_in_snow  = tf.keras.utils.get_file('catus-cat_on_snow.jpg', 'https://storage.googleapis.com/download.tensorflow.org/example_images/320px-Felis_catus-cat_on_snow.jpg')
williamsburg_bridge = tf.keras.utils.get_file('New_East_River_Bridge_from.jpg', 'https://storage.googleapis.com/download.tensorflow.org/example_images/194px-New_East_River_Bridge_from_Brooklyn_det.4a09796u.jpg')

image_labels = {
    cat_in_snow : 0,
    williamsburg_bridge : 1,
```

```
}

label = image_labels[cat_in_snow]

def image_example(image_string, label):
  image_shape = tf.image.decode_jpeg(image_string).shape
  feature = {
      'height': _int64_feature(image_shape[0]),
      'width': _int64_feature(image_shape[1]),
      'depth': _int64_feature(image_shape[2]),
      'label': _int64_feature(label),
      'image_raw': _bytes_feature(image_string),
  }
  return tf.train.Example(features=tf.train.Features(feature=feature))

record_file = 'images.tfrecords'
with tf.io.TFRecordWriter(record_file) as writer:
  for filename, label in image_labels.items():
      image_file = open(filename, 'rb')
      image_string = image_file.read()                    #读取打开的文件
      tf_example = image_example(image_string, label) #序化
    writer.write(tf_example.SerializeToString())        #写入磁盘
    image_file.close()                                  #关闭打开的文件

raw_image_dataset = tf.data.TFRecordDataset('images.tfrecords')
image_feature_description = {
    'height': tf.io.FixedLenFeature([], tf.int64),
    'width': tf.io.FixedLenFeature([], tf.int64),
    'depth': tf.io.FixedLenFeature([], tf.int64),
    'label': tf.io.FixedLenFeature([], tf.int64),
    'image_raw': tf.io.FixedLenFeature([], tf.string)
}

def _parse_image_function(example_proto):
  feature_dict = tf.io.parse_single_example(example_proto, image_feature_description)
  feature_dict['image_raw'] = tf.io.decode_jpeg(feature_dict['image_raw']) #解码 JPEG 图片
  return feature_dict['image_raw'],feature_dict['depth']

parsed_image_dataset = raw_image_dataset.map(_parse_image_function)

for image_features,image_depth in parsed_image_dataset:
  image_features = tf.compat.v1.image.resize_images(image_features/255, [1000, 1000])
  if image_depth == 1:
      image_features = np.pad(image_features,((0,0),(0,0),(1,1)),'constant')
```

1）cat_in_snow：一个带文件路径的图片文件名。

2）with tf.io.TFRecordWriter(record_file) as writer：上下文方式实例化，能自动释放 writer 对象。

3）image_features = np.pad(image_features,((0,0),(0,0),(1,1)),'constant')：如果色彩通道为 1，即[1000,1000,1]，则可以在通道前后补 0，使其变为[1000,1000,3]。

5.4.4　对样本图像的批量复杂处理

对训练样本进行标注与预处理是 AI 模型关键的前期过程，其实在图像识别中样本图像的结构序化和预处理是一个模型收敛和回归的重要环节，使用 TFRecord 解决这个问题的流程如图 5.30 所示。下面用一个最接近实战的例子展示 TFRecord 的强大功能和技术细节。

```
import os
import tensorflow as tf #TensorFlow 2.1

classes = {'up', 'down'}
writer = tf.io.TFRecordWriter("train.tfrecords")
Pic_path = 'C:\\Users\\ThinkPad\\Pictures\\'
train_filenames = [Pic_path + filename for filename in os.listdir(Pic_path)
                   if filename.find('.jpg') > 0 and filename.find('.png') < 0]
for index, name in enumerate(classes):  #按不同类别的目录进行检索标注
    for img_name in train_filenames:
        img = open(img_name,'rb')
        img_raw = img.read()
        example = tf.train.Example(features=tf.train.Features(feature={
            "label": tf.train.Feature(int64_list=tf.train.Int64List(value=[index])),
            'img_raw': tf.train.Feature(bytes_list=tf.train.BytesList(value=[img_raw]))
        }))
        writer.write(example.SerializeToString())
        img.close()
writer.close()
```

下面这行代码是在 Python 的数组 List 中用 for 进行循环和判断，是值得初学者学习的高效的组织代码方式。

```
train_filenames=[Pic_path+filename for filename in os.listdir(Pic_path)
              if filename.find('.jpg') > 0 and filename.find('.png') < 0]
```

1）tf.io.TFRecordWriter("train.tfrecords")：参数 train.tfrecords 表示转换成的 TFRecord 数据格式的名字。

2）classes = {'up','down'}：预先定义的类别，可根据需要进行修改。

3）for index,name in enumerate(classes)：按不同类别的目录进行检索标注。

从序化的文件中可以读取、解析类型定义，进行样本全概率分布处理、结构化分组和训练重复次数（batch、shuffle、repeat），如图 5.31 所示。

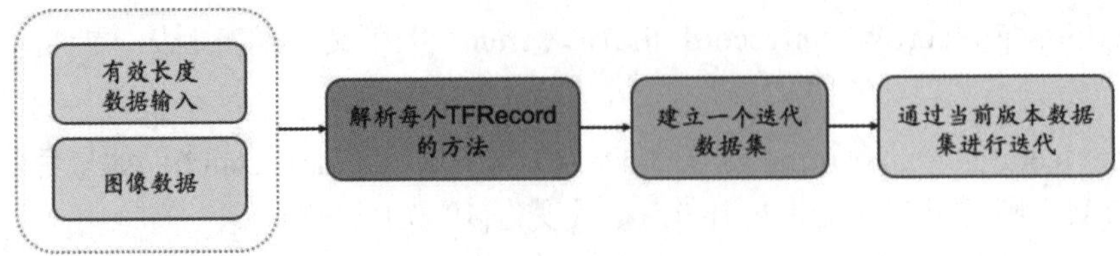

图 5.31

```
import tensorflow as tf ## TensorFlow 2.1
import matplotlib.pyplot as plt

features={'label': tf.io.FixedLenFeature([], tf.int64),
        'img_raw': tf.io.FixedLenFeature([], tf.string),}
raw_image_dataset = tf.data.TFRecordDataset('train.tfrecords',buffer_size=60,num_parallel_reads=4)

def _parse_image_function(example_proto):
  feature_dict = tf.io.parse_example(example_proto, features)
  feature_dict['img_raw'] = tf.io.decode_jpeg(feature_dict['img_raw']) # 解码 JPEG 图片
  return feature_dict['img_raw'],feature_dict['label']

parsed_image_dataset = raw_image_dataset.map(_parse_image_function)

image_list_square = [tf.image.resize(image_features.numpy()/255, [1000, 1000]) for image_features, _
in parsed_image_dataset]                                    #调整尺寸
image_list_left = [tf.image.flip_left_right(image_features) for image_features in image_list_square]
                                                            #左右翻转
image_list_up = [tf.image.flip_up_down(image_features) for image_features in image_list_square]
                                                            #上下翻转


image_list = image_list_square + image_list_left + image_list_up
label_list = [image_label for _ ,image_label in parsed_image_dataset]*3

image_label_dataset = tf.data.Dataset.from_tensor_slices((image_list,label_list)).cache().\
    batch(6).shuffle(tf.shape(label_list, out_type=tf.int64)[0],
reshuffle_each_iteration=True).repeat(2)
step = 0
for image,label in image_label_dataset:
    step += 1
    for x in range(tf.shape(label)[0]):
        plt.figure("Image")
        plt.imshow(image[x])
        plt.axis('off')
        plt.show()
```

1）batch(6)：将此数据集的连续元素组合成批，6 个为一批。结果元素的组件将有一个额外的外部维度，即 batch_size（如果 batch_size 不平均划分输入元素的数量 N，而 drop_remainder

为 False，则最后一个元素为 N%batch_size 取整）。如果程序依赖于具有相同外部维度的批，则应将参数 drop_remainder 设置为 True，并删除较小的批以防止生成更小的批。

2）cache()：缓存此数据集中的元素。第一次迭代数据集时，其元素将被缓存到指定的文件或内存中；随后的迭代会使用已缓存的数据。

3）repeat(2)：重复原训练集样本的次数，在此运行两遍。

4）shuffle()：随机打乱了该数据集的元素。此数据集首先用 buffer_size 元素填充缓冲区，然后从此缓冲区随机采样元素，再用新元素替换选定的元素。为了实现完美的“洗牌”，缓冲区的大小需要大于或等于数据集的完整大小，所以代码就用样本的大小决定“洗牌”的空间。

5.4.5 VarLenFeature 和 FixedLenFeature 的区别

```
import tensorflow as tf  #TensorFlow 2.1
import os

#keys=[[1.0],[2.1],[3.0]]
keys=[[1.0,5.0,4.9],[1.0,6.0,3.1],[2.0,3.0,7.2]]

def make_example(key):
    example = tf.train.Example(features=tf.train.Features(
        feature={
            'ft':tf.train.Feature(float_list=tf.train.FloatList(value=key))
        }
    ))
    return example.SerializeToString()

filename="tmp.tfrecords"
writer = tf.io.TFRecordWriter(filename)
for key in keys:
    ex = make_example(key)
    writer.write(ex)
writer.close()

reader = tf.data.TFRecordDataset(filename)
features={
    #"ft":tf.io.VarLenFeature(tf.float32)
    "ft":tf.io.FixedLenFeature(shape=[3],dtype=tf.float32)
}

def _parse_image_function(example_proto):
    return tf.io.parse_example(example_proto,features)

key_parsed_list = reader.map(_parse_image_function)
for value in key_parsed_list:
```

```
    print(value['ft'])
```

输出结果：

```
tf.Tensor([1. 5. 4.9], shape=(3,), dtype=float32)
tf.Tensor([1. 6. 3.1], shape=(3,), dtype=float32)
tf.Tensor([2. 3. 7.2], shape=(3,), dtype=float32)
```

什么是不规则稀疏数据？例如，keys=[[1.0],[],[2.0,3.0]]就是不规则稀疏数据。

（1）tf.io.FixedLenFeature：用于解析固定长度的输入特性的配置，大于 1 时需要具体指定。若要将稀疏输入视为密集输入，需提供 default_value；否则对于任何缺少此 Feature 的 Examples，解析函数时都会失败。

1）shape：输入数据的形状。

2）dtype：输入的数据类型。

3）default_value：Examples 缺少此 Feature 使用的值必须兼容 dtype 和指定的形状。

（2）tf.io.FixedLenSequenceFeature：用于解析固定长度的输入特性的配置。稀疏数据输入，默认值和解析函数与 tf.io.FixedLenFeature 相同。

1）shape、dtype、default_value 属性的意义与 tf.io.FixedLenFeature 中的一致。

2）allow_missing：是否允许功能列表项中缺少此功能，仅可用于解析 SequenceExample，而不能解析 Examples。

（3）tf.io.VarLenFeature：用于解析可变长度的输入特性的配置（不规则稀疏数据）。

dtype：输入的数据类型。

完整的 tf.io.parse_sequence_example 如下：

```
import tensorflow as tf #版本 tensorflow 2.1
import numpy as np
def generate_tfrecords(tfrecod_filename):
    sequences = [[1], [2, 2], [3, 3, 3], [4, 4, 4, 4], [5, 5, 5, 5, 5],
                 [1], [2, 2], [3, 3, 3], [4, 4, 4, 4]]
    labels = [1, 2, 3, 4, 5, 1, 2, 3, 4]

    with tf.io.TFRecordWriter(tfrecod_filename) as f:
        for feature, label in zip(sequences, labels):
            # 创建一个 feature 数组
            frame_feature = list(map(lambda id: tf.train.Feature(int64_list=tf.train.
Int64List(value=[id])), feature))
            frame_feature = [tf.train.Feature(int64_list=tf.train.Int64List(value=
[feature[i]])) for i in range(len(feature))]
            print(frame_feature)
            example = tf.train.SequenceExample(
                context=tf.train.Features(feature={'label': tf.train.Feature(int64_list=
```

```
tf.train.Int64List(value=[label]))}),
            feature_lists=tf.train.FeatureLists(feature_list={'sequence': tf.train.FeatureList
(feature=frame_feature)
            })
         )
         f.write(example.SerializeToString())

def single_example_parser(serialized_example):
    context_features = {
        "label": tf.io.FixedLenFeature([], dtype=tf.int64)
    }
    sequence_features = {
        "sequence": tf.io.FixedLenSequenceFeature([], dtype=tf.int64,allow_missing=False,
default_value=None)                          #后两个参数都是默认值
    }
    context_sequence_parsed = tf.io.parse_sequence_example(
        serialized=serialized_example,
        context_features=context_features,
        sequence_features=sequence_features
    )
    return context_sequence_parsed

tfrecord_filename='parse_sequence_example.tfrecord'
get_data=generate_tfrecords(tfrecord_filename)

raw_dataset=tf.data.TFRecordDataset(tfrecord_filename,buffer_size=60,num_parallel_reads=4)
get_data_list=raw_dataset.map(single_example_parser)
def my_print_1():
    print(get_data_list)
    for tuple_dictionary in get_data_list:
        print(tuple_dictionary)
        print(tuple_dictionary[0]['label'])
        print(tuple_dictionary[1]['sequence'])
        print(tuple_dictionary[2])
my_print_1()
```

参数 allow_missing=True 的示例代码如下：

```
def build_tf_example(record):                    #注意不是 SequenceExample
    return tf.train.Example(features=tf.train.Features(feature=record)).SerializeToString()

def serialize_tf_record(features, targets):
    record = {
        'shape': tf.train.Feature(int64_list=tf.train.Int64List(value=features.shape)),
        'features':
tf.train.Feature(float_list=tf.train.FloatList(value=features.flatten())),
        'targets': tf.train.Feature(int64_list=tf.train.Int64List(value=targets)),
```

```
    }
    return build_tf_example(record)

def deserialize_tf_record(record):
    tfrecord_format = {
        'shape': tf.io.FixedLenSequenceFeature((), dtype=tf.int64, allow_missing=True),
        'features': tf.io.FixedLenSequenceFeature([], dtype=tf.float32, allow_missing=True,
default_value=0),                           #必须设置为 True
        'targets': tf.io.FixedLenSequenceFeature((), dtype=tf.int64, allow_missing=True),
    }
    features_tensor = tf.io.parse_single_example(record, tfrecord_format)
    return features_tensor

features = np.zeros((3, 5, 7))
targets = np.ones((4,), dtype=int)
print(deserialize_tf_record(serialize_tf_record(features, targets)))
```

参数 default_value 的示例代码如下：

```
default_value_example_file = "default_value_example.tfrecord"
writer = tf.io.TFRecordWriter(default_value_example_file)
def build_tf_example_3(record):
    return writer.write(tf.train.Example(features=
tf.train.Features(feature=record)).SerializeToString())

def serialize_tf_record_3(features, targets):
    record = {
        'ft': tf.train.Feature(float_list=tf.train.FloatList(value=features)),
        'targets': tf.train.Feature(int64_list=tf.train.Int64List(value=targets)),
    }
    return build_tf_example_3(record)

def serialize_tf_record_4(features, targets):
    record = {
        'targets': tf.train.Feature(int64_list=tf.train.Int64List(value=targets)),
    }
    return build_tf_example_3(record)
features_1 = [1.,2.,3.,4.,5.,6.,7.,8.,9.]
targets = np.ones((4,), dtype=int)
serialize_tf_record_3(features_1, targets)
serialize_tf_record_4(features_1, targets)

def single_example_parser(serialized_example):
    tfrecord_format = {
        'ft': tf.io.FixedLenFeature([9], dtype=tf.float32, default_value=tf.ones([9],dtype=
tf.float32)),                     #重点关注代码行
```

```
        'targets': tf.io.FixedLenFeature((4), dtype=tf.int64),
    }
    context_sequence_parsed = tf.io.parse_example(serialized_example,tfrecord_format)
    return context_sequence_parsed

raw_dataset = tf.data.TFRecordDataset(default_value_example_file)
get_data_list = raw_dataset.map(single_example_parser)

for tuple_dictionary in get_data_list:
    print(tuple_dictionary['ft'])
```

输出结果：

```
[int64_list{value:1}][int64_list{value:2},int64_list{value:2}][int64_list{value:3},int64_li
st{value:3},int64_list{value:3}][int64_list{value:4},int64_list{value:4},int64_list{value:4},i
nt64_list{value:4}][int64_list{value:5},int64_list{value:5},int64_list{value:5},int64_list{v
alue:5},int64_list{value:5}][int64_list{value:1}][int64_list{value:2},int64_list{value:2}]
[int64_list{value:3},int64_list{value:3},int64_list{value:3}][int64_list{value:4},int64_lis
t{value:4},int64_list{value:4},int64_list{value:4}]
tf.tensor([1. 2. 3. 4. 5. 6. 7. 8. 9.],shape=(9,),dtype=float32)
tf.tensor([1. 1. 1. 1. 1. 1. 1. 1. 1.],shape=(9,),dtype=float32)
```

由以上代码示例可知：

1）解析单个 SequenceExample 或 Example 的 tensor 具有静态 shape：[None]+shape 和指定的 dtype。

2）解析 batch_size 大小的多个 Example 的 tensor 具有静态 shape：[batch_size, None]+shape 和指定的 dtype。

来自不同 Examples 批处理中的条目将 default_value 填充到批处理中存在的最大长度。要将稀疏输入视为密集输入，应设置 allow_missing=True，否则，任何缺少此功能的示例解析函数都会失败。

表 5.5 列出了序化方式、解析方法和相关参数的设置。

表 5.5

序化方式	特征解析	解析方法	shape	dtype	allow_missing	default_value	结构
train.Example	io.FixedLenSequenceFeature	io.parae_example	不定长序列	对应	True	可设置	变化解析
train.Example	io.FixedLenFeature	无	[ ] / [L]	对应	无	可设置	具体指定
	io.VarLenFeature		稀疏数组	无	无	无	稀疏矩阵

续表

序化方式	特征解析	解析方法	shape	dtype	allow_missing	default_value	结构
train.Sequence Example	io.FixedLenSequence Feature	io.parae_sequence_example	[ ]	对应	False	None	特征数组

注：由于版本升级，因此 single×××类暂时忽略。

5.4.6 将 CSV 文件转换为 TFRecord

CSV 格式是一种常见的数据结构化存储格式。CSV 格式的文件既可以通过 Office 组件中的 Excel 软件生成，也可以通过字节写入方式进行组织。在该格式的文件中，每列数据之间都以“，”进行分离，以行结束控制符进行结尾。

```
writer = tf.io.TFRecordWriter(output_filename)
    for line in open(input_filename, "r"):
        data = line.split(",")
        label = float(data[18])
        features = [float(i) for i in data[:18]]
        example = tf.train.Example(features=tf.train.Features(feature={
            "label":tf.train.Feature(float_list=tf.train.FloatList(value=[label])),
            "features":tf.train.Feature(float_list=tf.train.FloatList(value=features)),
        }))
        writer.write(example.SerializeToString())
    writer.close()
```

在上述代码中，有一个细节需要注意，即 data 和 label 都需要转换成 float 类型，但如果 CSV 文件中的某一列是汉字“伟大的中国共产党万岁”这样的字符串该怎么办呢？这需要从两个角度考虑：第一，将它转换成 tf.train.BytesList 能接收的类型或编码；第二，从全局数据处理的角度来审视该类型不匹配的矛盾。实际上，这种不匹配的矛盾基本不存在。因为被组织成序列的 TFRecord 文件已经是投入模型训练的最后一步，也就是损失函数的输入，此时怎么还能有字符串呢？即使是在 NLP 模型训练中处理汉字语料，到了这一步也是要调用训练的词向量字典转换成词向量对应的张量，所以只要方向和思路正确，这种不匹配的矛盾基本不存在。

此外，可以直接利用 CSV 库进行读取，而且还能分出表头和表数据内容，使模型训练结构化数据解析读取中被广泛应用。

```
import csv
filename = 'iris.data.csv'
with open(filename) as f:
    reader = csv.reader(f)
    header_row = next(reader) #读取表头
    highs = []
    for row in reader:
```

```
        highs.append(row[0:])
    print(highs)
```

5.4.7　将 XML 文件转换为 TFRecord

针对图像分类进行的目标识别标注，无论是各种样本标注工具，如 LabelImg 和 BBox，还是各种标注平台，以图 5.32 所示的百度公测标注平台为例，其最终输出和后台保存的样本标注文件都会以 XML 形式存在。

图 5.32

YOLO 是人工智能图像目标识别算法模型，它以高效、准确得到了业界的喜爱和推崇。YOLO 也是广大人工智能技术专家和工程师在 CV 方向的教科书式的经典示范模型。下面将在 YOLO3v3_tf 中将 XML 文件转换为 TFRecord，其代码并不复杂且更加简单实用，稍加修改就可以成为模板级应用。对 XML 文件的读取应主要围绕标注框的位置(x,y)及宽高(w,h)展开，并能根据XML文件的信息得到对应的图像文件。标注框和图像重叠在一起的图像如图 5.33 所示。

图 5.33

部分代码如下所示，其完整代码的地址为 https://github.com/raytroop/YOLOv3_tf，读者可参考学习。

```
import xml.etree.ElementTree as ET
import numpy as np
import os
import tensorflow as tf
from PIL import Image

sets = [('2007', 'trainval'), ('2012', 'trainval')]

classes = ["aeroplane", "bicycle", "bird", "boat", "bottle", "bus", "car", "cat", "chair",
"cow", "diningtable","dog", "horse", "motorbike", "person", "pottedplant", "sheep", "sofa",
"train", "tvmonitor"]

def convert(size, box):
    dw = 1./size[0]
    dh = 1./size[1]
    x = (box[0] + box[1])/2.0
    y = (box[2] + box[3])/2.0
    w = box[1] - box[0]
    h = box[3] - box[2]
    x = x*dw
    w = w*dw
    y = y*dh
    h = h*dh
    return [x, y, w, h]

def convert_annotation(year, image_id):
    in_file = open('./yolov3_tf/%s.xml'%( year, year,image_id))
    tree = ET.parse(in_file)
    root = tree.getroot()
    size = root.find('size')
    w = int(size.find('width').text)
    h = int(size.find('height').text)
    bboxes = []
    for i, obj in enumerate(root.iter('object')):
        if i > 29:
            break
        difficult = obj.find('difficult').text
        cls = obj.find('name').text
        if cls not in classes or int(difficult) == 1:
            continue
        cls_id = classes.index(cls)
        xmlbox = obj.find('bndbox')
        b = (float(xmlbox.find('xmin').text), float(xmlbox.find('xmax').text),
 float(xmlbox.find('ymin').text), float(xmlbox.find('ymax').text))
```

```
        bb = convert((w, h), b) + [cls_id]
        bboxes.extend(bb)
    if len(bboxes) < 30*5:
        bboxes = bboxes + [0, 0, 0, 0, 0]*(30-int(len(bboxes)/5))

    return np.array(bboxes, dtype=np.float32).flatten().tolist()

def convert_img(year, image_id):
    image = Image.open('./yolov3_tf/VOC%s/VOC%s/JPEGImages/%s.jpg'% (year, year, image_id))
    resized_image = image.resize((416, 416), Image.BICUBIC)
    image_data = np.array(resized_image, dtype='float32')/255
    img_raw = image_data.tobytes()
    return img_raw

filename = os.path.join('trainval'+'0712'+'.tfrecords')
writer = tf.io.TFRecordWriter(filename)
for year, image_set in sets:
    image_ids = open('./yolov3_tf/VOC%s/VOC%s/ImageSets/Main/%s.txt'%(
        year, year, image_set)).read().strip().split()
    for image_id in image_ids:
        xywhc = convert_annotation(year, image_id)
        img_raw = convert_img(year, image_id)

        example = tf.train.Example(features=tf.train.Features(feature={
            'xywhc':tf.train.Feature(float_list=tf.train.FloatList(value=xywhc)),
            'img':tf.train.Feature(bytes_list=tf.train.BytesList(value=[img_raw])),
            }))
        writer.write(example.SerializeToString())
writer.close()
```

本章小结

数据读取的主要目的是向网络模型中输入数据，包括训练数据、测试数据及验证数据，以便考查模型泛化能力。TensorFlow 1.X 给出了 TFRecord 完成三项功能于一体的数据输入和输出管道处理方案。更重要的是，数据样本的标准序化为训练模型标准化和团队合作提供了基础保障。TensorFlow 2.X 延续和发展了从文件中读取数据和便捷管理训练样本这种方式，特别为图片这类富媒体样本的规划和利用提供了便利。

可以将 Keras 看作一个使用 Python 实现的高度模型模块化的神经网络组件库。它提供了可以让用户更专注于模型设计并能更快进行模型设计的 API，这些 API 以模块的形式封装了来自 TensorFlow 和 Theano 的诸多小组件，开发者只要将 API 构建的模块按输入/输出口径排列在一起，即可设计出各种类型的神经网络。通过 Keras 搭建网络可以有以下几点优势：

（1）减少代码，增加代码的可读性。

（2）降低性能损耗，部分数据不用返回上层进行组织。

（3）开发速度快。

在同样的思想驱动下，使用 TensorFlow 自定义标准化网络层的方法在大型开源经典网络模型中比比皆是。通过继承 tf.keras.layers.Layer 就可以与 Sequential 或 tf.keras.Module 进行整合，实现常见的神经网络操作的类，如卷积、批标准化等。这些操作需要管理权重、损失、更新和层间连接。

TensorFlow 2.X 给出了继承后，三个重要的重写方法及相互调用的顺序，由此可以理解 Keras 保存机制的本质就是对象结构序化。三个重写方法代码如下。

（1）init ()

在成员变量中保存配置。例如：

```
def __init__(self, out_channels, in_channels):
    self.fc = nn.Dense(units=out_channels, input_dim=in_channels, name='fc')
    self.activ = nn.ReLU()
    self.dropout = nn.Dropout(rate=0.5, name='Dropout')
```

（2）build()

每一层都要明确输入的 shape 和 dtype 才能进行初始化参数，也就是模型运行时，如 self.add_weight，所以不能写在 init()中。因为 add_weight 实例化操作只需要调用一次。但在不断的传播中，call()会被多次调用，所以它也不能写在 call()中。

第一次调用 call()时会调用 build()，设置 self.build=True，则之后每次调用 call()时都不会再调用 build()。

（3）call()

call()调用是在 build()之后，确切地说是在设置 self.build=True 之后（见图 5.34），它实际是将网络层的逻辑应用到输入张量上。

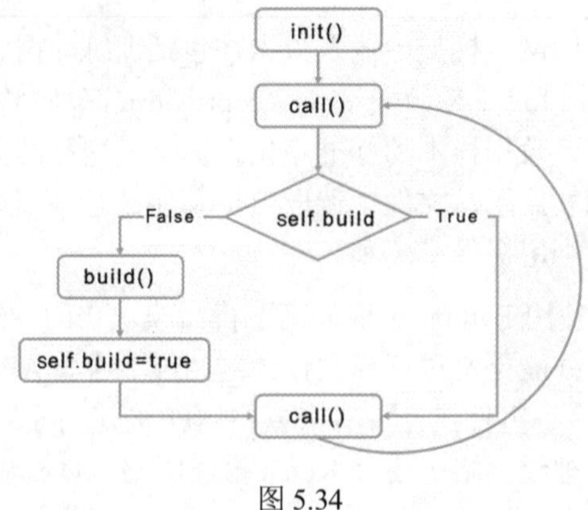

图 5.34

用继承 Layer 和 Model 的方式重写相关调用方法构建简单的线性回归模型，完整的示例代码如下。

```
import tensorflow as tf
import tensorflow.keras as knn
class CustomLayer(knn.layers.Layer):
    def __init__(self, num_outputs):
        super(CustomLayer, self).__init__()
        self.num_outputs = num_outputs
    def build(self, input_shape):
        self.kernel = self.add_variable("weight", shape=[int(input_shape[-1]),
                                        self.num_outputs])
        self.bias = self.add_variable("bias",shape=[self.num_outputs])
    def call(self, input):
        output = tf.matmul(input, self.kernel) + self.bias
        output = tf.nn.sigmoid(output)
        return output
class CustomModel(knn.Model):
    def __init__(self, input_shape, output_shape, hidden_shape=None):
        super(CustomModel, self).__init__()
        self.layerOne = CustomLayer(hidden_shape)
        self.layerTwo = knn.layers.Dense(output_shape, activation=tf.nn.sigmoid)
    def call(self, input_tensor, training=False):
        hidden = self.layerOne(input_tensor)
        output = self.layerTwo(hidden)
        return output
input_shape = 100
output_shape = 10
model = CustomModel(input_shape, output_shape, 5*input_shape)
model.build(input_shape=[None, 5])
model.summary()
model.compile(optimizer='adam', loss='sparse_categorical_crossentropy', metrics=['accuracy'])
```

第 6 章　经典神经网络模型

通过前面章节的学习，读者应该对卷积、激活函数、全连接层及损失函数都有了一定的了解，当然这些也是构成卷积神经网络模型的基本组件。

自 2012 年的 ImageNet 比赛冠军提出 AlexNet 模型之后，便兴起了一波关于 AI 的热潮，并且继 AlexNet 之后还涌现出了很多著名的模型，如剑桥大学的 VGGNet、Google 的 GoogleNet、微软的 ResNet 及 SENet 等。

本章将从 AlexNet 讲起，依次介绍 VGGNet、GoogleNet、ResNet 及 SENet 模型的原理和实现，最后介绍 ViT 前沿模型及其基于 TensorFlow 2.0 的实现。

6.1　AlexNet：AI 潮起

AlexNet 是 Hinton 和他的学生 Alex Krizhevsky 在 2012 年的 ImageNet 挑战赛中使用的模型结构，它刷新了 Image Classification 的精度。此后基于卷积神经网络的深度学习方法在计算机视觉领域进入了飞速发展阶段，并在很多 CV 任务中战胜了人类。

AlexNet 模型中提出了很多新技术，如全新的 ReLU 激活函数、局部响应归一化（Local Response Normalization，LRN）、Dropout 方法等。下面将对 AlexNet 进行详细的讲解。

6.1.1　AlexNet 模型结构

AlexNet 模型结构总共包括 8 层。其中，前 5 层是 CNN 卷积层；后 3 层是全连接（Fully Connected，FC）层，如图 6.1 所示。下面具体介绍每一层的构成。

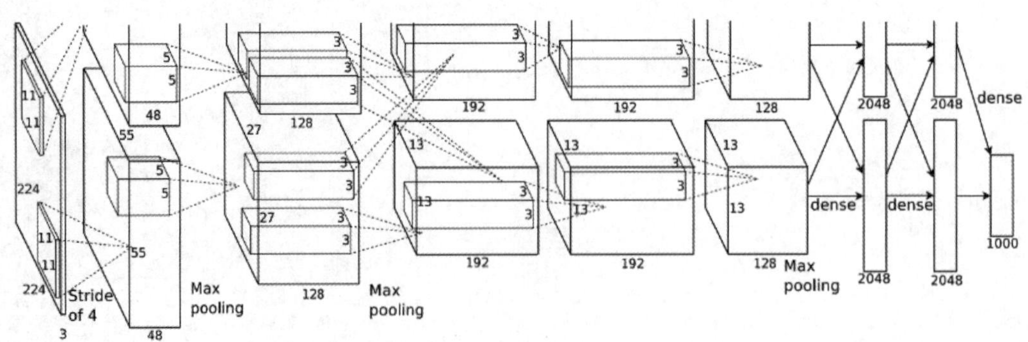

图 6.1

第 1 层卷积层：输入为 224×224×3 的图像，使用了 96 个尺寸为 11×11 的卷积核，并以 4 个 Pixel 为一个单位右移或下移，即 Stride=4，进行 LRN 处理（后面会继续介绍）和尺寸为 3×3、Stride=2 的 Max-Pooling 操作，最终输出尺寸为 55×55×96 的特征图。

第 2 层卷积层：使用 256 个尺寸为 5×5 的卷积核，卷积操作前先对上一步得到的特征图进行 2×2 的 padding 处理，再进行 Stride=4 的卷积操作，以产生尺寸为 27×27 的特征图，然后进行 LRN 处理和尺寸为 3×3、Stride=2 的 Max-Pooling 操作，最终输出尺寸为 27×27×256 的特征图。

第 3 层卷积层：该层没有采用 LRN 处理和尺寸为 3×3、Stride=2 的 Max-Pooling 操作，而是使用了 384 个尺寸为 3×3 的卷积操作，最终输出尺寸为 13×13×384 的特征图。

第 4 层卷积层：该层没有采用 LRN 处理和尺寸为 3×3、Stride=2 的 Max-Pooling 操作，而是使用了 384 个尺寸为 3×3 的卷积操作，最终输出尺寸为 13×13×384 的特征图。

第 5 层卷积层：该层使用了 256 个尺寸为 3×3 的卷积和尺寸为 3×3、Stride=2 的 Max-Pooling 操作，最终输出尺寸为 13×13×256 的特征图。

全连接层：前两层分别有 4096 个神经元，最后输出 Softmax 为 1000 个（ImageNet 的类别数为 1000）。

提示：

在关于 AlexNet 的论文中，训练模型时使用了两块 GPU，所以部分参数可能与本书中的描述有所差异。

6.1.2　AlexNet 带来的新技术

1. ReLU 激活函数

一般来说，刚接触神经网络还没有深入了解深度学习的读者对 ReLU 激活函数都不太熟悉，而更了解另外两个激活函数，即 tanh 激活函数和 sigmoid 激活函数。AlexNet 中提出的 ReLU 激活函数相对于 tanh 激活函数和 sigmoid 激活函数模型收敛速度更快。tanh 激活函数和 ReLU 激活函数训练模型的收敛图如图 6.2 所示。

这是为什么呢？下面可以通过 ReLU 激活函数的公式进行分析和解释：

$$\mathrm{ReLU}(x)=\mathrm{Max}(0,x)$$

由 ReLU 激活函数绘制的坐标图（见图 6.3）。

从图 6.3 可以看出，当 $x<0$ 时，输出结果也为 0，即该部分的梯度为 0，这对于模型来说是无效的。因此可以看出，当 ReLU 激活函数被引入神经网络时，同时也引入了很大的稀疏性，因此模型可以很快得到收敛。

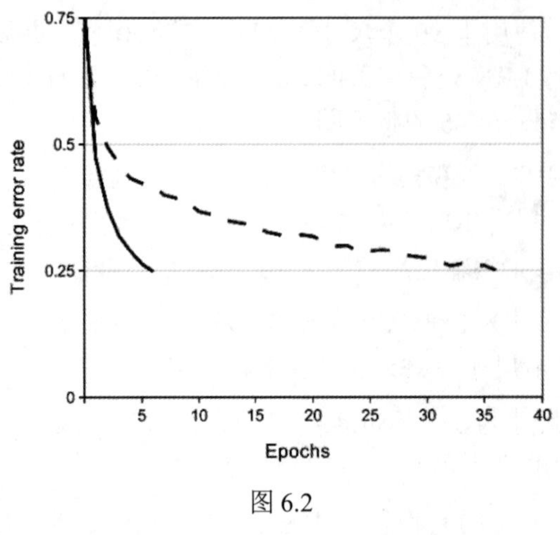

图 6.2

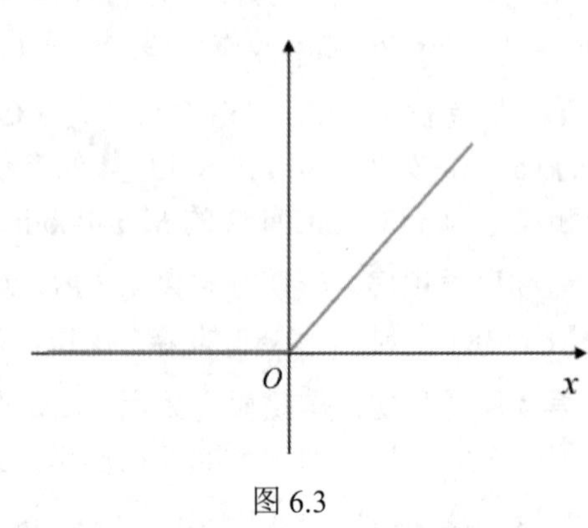

图 6.3

提示：

稀疏是指数量少，通常分散在很大的区域。在神经网络中，这意味着激活的矩阵中含有许多 0。当某个比例（如 50%）的激活饱和时，就称该神经网络是稀疏的。这能提升时间和空间复杂度方面的效率——常数值（通常）所需空间更少，计算成本也更低。

2. 局部响应归一化

局部响应归一化（LRN）仿造了生物学上活跃的神经元对相邻神经元的抑制现象（侧抑制）。根据 AlexNet 论文，有如下公式：

$$b_{x,y}^{i}=a_{x,y}^{i}\Bigg/\left(k+\alpha\sum_{j=\max(0,i-n/2)}^{\min(N-1,i+n/2)}(a_{x,y}^{j})^{2}\right)^{\beta}$$

式中，i 为第 i 个核在位置（x,y）运用 ReLU 激活函数后的输出；n 为同一位置上邻近的卷积核 map 的数目；N 为卷积核的总数；k、n、α、β 为超参数，一般可设置 $k=2, n=5, \alpha=1\times e^{-4}, \beta=0.75$。

提示：

由于后续有论文提出 LRN 是无效的，同时后续的模型架构中几乎不再使用 LRN，因此这里不对此进行过多的讨论。

3. Dropout 方法

Dropout 表示“丢弃”，在神经网络中，Dropout 方法使“丢弃”的神经元不再进行前向和反向传播，如图 6.4 所示。该技术可以有效缓解模型训练时过拟合情况的发生，这在一定程度上达到了正则化的效果。

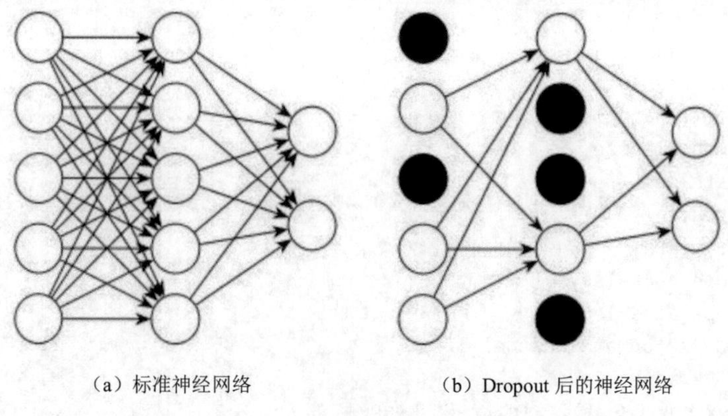

（a）标准神经网络　　（b）Dropout 后的神经网络

图 6.4

6.1.3　AlexNet 基于 TensorFlow 2.0 的实现

为了更加方便地基于 TensorFlow 2.0 构建 AlexNet 的模型，本小节绘制了一个更加详细的架构，如图 6.5 所示。其中标明了各项参数，如卷积核的尺寸和个数、池化层的尺寸和个数等。

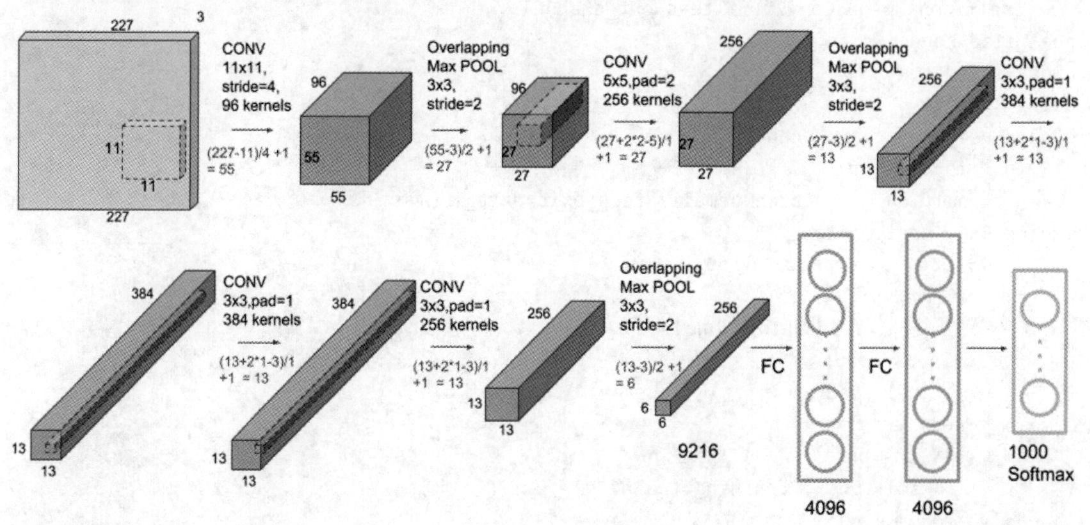

图 6.5

这里 AlexNet 是基于块的思想构建的。首先引入要用的包：

```
import os
import tensorflow as tf
import tensorflow.keras.layers as nn
import numpy as np
```

构建 AlexNet 的卷积模块（这里命名为 AlexConv 类）：

```
class AlexConv(nn.Layer):
    def __init__(self,
                 in_channels,
                 out_channels,
                 kernel_size,
                 strides,
                 padding,
                 use_lrn,
                 use_bn=False,
                 use_bias=True,
                 data_format='channel_last',
                 **kwargs):
        super(AlexConv, self).__init__(**kwargs)
        self.use_bn = use_bn
        self.use_lrn = use_lrn
        if isinstance(padding, int):
            padding = (padding, padding)
        self.use_pad = ((padding[0] > 0) or padding[1] > 0)
        if self.use_pad:
             self.pad=nn.ZeroPadding2D(padding=padding, data_format=data_format)
        self.conv = nn.Conv2D(filters=out_channels,
kernel_size=kernel_size,
strides=strides,
padding='valid',
use_bias=use_bias, name='conv')
        if self.use_bn:
            self.bn = nn.BatchNormalization(axis=data_format,
momentum=0.9, epsilon=1e-5)
        self.activ = nn.ReLU()

    def call(self, x, training=None):
        if self.use_pad:
            x = self.pad(x)
        x = self.conv(x)
        if self.use_bn:
            x = self.bn(x, training=training)
        x = self.activ(x)
        if self.use_lrn:
            x = tf.nn.lrn(x, bias=2, alpha=1e-4, beta=0.75)
        return x
```

然后构建 AlexNet 的输出模块（这里命名为 AlexDense 类和 AlexOutputBlock 类）：

```
class AlexDense(nn.Layer):
    def __init__(self,
                 in_channels,
                 out_channels,
```

```
                **kwargs):
        super(AlexDense, self).__init__(**kwargs)
        self.fc = nn.Dense(units=out_channels,
                           input_dim=in_channels,
                           name='fc')
        self.activ = nn.ReLU()
        self.dropout = nn.Dropout(rate=0.5, name='Dropout')

    def call(self, x, training=None):
        x = self.fc(x)
        x = self.activ(x)
        x = self.dropout(x, training=training)
        return x


class AlexOutputBlock(nn.Layer):
    def __init__(self,
                 in_channels,
                 classes,
                 **kwargs):
        super(AlexOutputBlock, self).__init__(**kwargs)
        mid_channels = 4096

        self.fc1 = AlexDense(in_channels=in_channels,
                             out_channels=mid_channels, name='fc1')
        self.fc2 = AlexDense(in_channels=mid_channels,
                             out_channels=mid_channels, name='fc2')
        self.fc3 = AlexDense(in_channels=mid_channels,
                             out_channels=classes, name='fc3')

    def call(self, x, training=None):
        x = self.fc1(x, training=training)
        x = self.fc2(x, training=training)
        x = self.fc3(x)
        return x
```

最后基于前面构建的卷积模块和输出模块搭建 AlexNet 模型：

```
class AlexNet(tf.keras.Model):
    def __init__(self,
                 channels,
                 kernel_size,
                 strides,
                 paddings,
                 use_lrn,
                 in_channels=3,
                 in_size=(224, 224),
```

```
                classes=1000,
                data_format='channels_last',
                **kwargs):
        super(AlexNet, self).__init__()
        self.in_size = in_size
        self.classes = classes
        self.data_format = data_format
        self.features = tf.keras.Sequential(name='features')
        for i, channels_per_stage in enumerate(channels):
            use_lrn_i = use_lrn and (i in [0, 1])
            stage = tf.keras.Sequential(name='stage{}'.format(i + 1))
            for j, out_channels in enumerate(channels_per_stage):
                stage.add(AlexConv(
                    in_channels=in_channels,
                    out_channels=out_channels,
                    kernel_size=kernel_size[i][j],
                    strides=strides[i][j],
                    padding=paddings[i][j],
                    use_lrn=use_lrn_i,
                    data_format=data_format,
                    name='unit{}'.format(j + 1)))
                in_channels = out_channels

            stage.add(nn.MaxPool2D(
                pool_size=3,
                strides=2,
                padding='valid',
                data_format=data_format,
                name='pool{}'.format(i + 1)))
            self.features.add(stage)
        in_channels = in_channels * 6 * 6

        self.output1 = AlexOutputBlock(
            in_channels=in_channels,
            classes=classes,
            name='output1')

    def call(self, x, training=None):
        x = self.features(x)
        if self.data_format == 'channels_first':
            x = tf.transpose(x, perm=(0, 3, 1, 2))
        x = tf.reshape(x, shape=(-1, np.prod(x.get_shape().as_list()[1:])))
        x = self.output1(x, training=training)
        return x

def get_AlexNet():
```

```
    channels = [[96], [256], [384, 384, 256]]
    kernel_sizes = [[11], [5], [3, 3, 3]]
    strides = [[4], [1], [1, 1, 1]]
    paddings = [[2], [2], [1, 1, 1]]
    use_lrn = True
    net = AlexNet(
        channels=channels,
        kernel_size=kernel_sizes,
        strides=strides,
        paddings=paddings,
        use_lrn=use_lrn
    )
    return net
```

以上是 AlexNet 基于 TensorFlow 2.0 的实现。

试一试：

读者可以根据上文 AlexNet 的实现进行实践，进行前向传播的计算，并基于 MNIST 进行实验。

6.2　VGGNet：更小的卷积造就更深的网络

通过前面介绍的 AlexNet 可以知道，AlexNet 在最开始时使用的是 11×11 的大卷积核，紧接着又使用了 5×5 的卷积核，随后都是 3×3 的小卷积核，大卷积核意味着会带来更多的参数，同时对于精度的提升并不会带来多大的帮助，于是人们便想在参数量与精度之间进行权衡，甚至在参数量比较少的情况下也可以达到很高的精度。

基于上述思考，VGGNet 基于小卷积核进行了很多实验，最终得到了一个很好的结论，即在使用小卷积核的情况下，把网络设计得更深就可以得到更好的效果。本节就着重介绍 VGGNet 的设计思想和模型架构。

6.2.1　VGGNet 模型架构

通过图 6.6 所示的 VGGNet 模型可以看出，VGGNet 的层数比 AlexNet 多，同时 VGGNet 的设计要比 AlexNet 简单得多。

同 AlexNet 一样，VGGNet 的输入依旧是尺寸为 224×224×3 的图像，并且对图像进行了减去均值处理，其中均值为所用数据集求得的 RGB 均值，后面便是一系列的卷积操作。下面分组进行介绍（以 VGGNet16 为例）。

第 1 组卷积块：在对图像减去均值后，便进入第 1 组卷积块。该卷积块由 2 个卷积组成，其基本配置为 2 个卷积核尺寸为 3×3 的卷积。其中，第 1 个卷积的 Channel 的输入为 3，输出为 64；第 2 个卷积的 Channel 的输入为 64，输出为 64，此时的特征大小为 224×224×64。

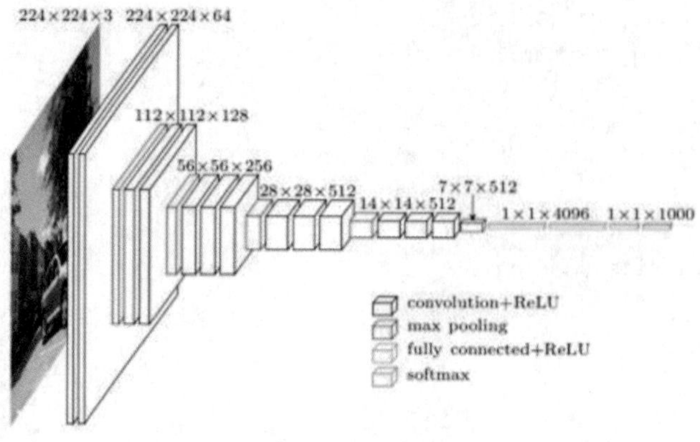

图 6.6

第 2 组卷积块：经过第 1 组卷积后，特征会进入最大池化层，把特征尺寸变为原来的一半，经过最大池化层后的特征尺寸为 112×112×64；然后进入第 2 组卷积块，该卷积块由 2 个卷积组成，其基本配置为 2 个卷积核尺寸为 3×3 的卷积。其中，第 1 个卷积的 Channel 的输入为 64，输出为 128；第 2 个卷积的 Channel 的输入为 128，输出为 128，此时的特征大小为 112×112×128。

第 3 组卷积块：经过第 2 组卷积后，特征会进入最大池化层，把特征尺寸变为原来的一半，经过最大池化层后的特征尺寸为 56×56×128；然后进入第 3 组卷积块，该卷积块由 3 个卷积组成，其基本配置为 2 个卷积核尺寸为 3×3 的卷积和 1 个卷积核尺寸为 1×1 的卷积。其中，第 1 个卷积的 Channel 的输入为 128，输出为 256；第 2 个卷积的 Channel 的输入为 256，输出为 256；第 3 个卷积的 Channel 的输入为 256，输出为 256，此时的特征大小为 56×56×256。

第 4 组卷积块：经过第 3 组卷积后，特征会进入最大池化层，把特征尺寸变为原来的一半，经过最大池化层后的特征尺寸为 28×28×128；然后进入第 4 组卷积块，该卷积块由 3 个卷积组成，其基本配置为 2 个卷积核尺寸为 3×3 的卷积和 1 个卷积核尺寸为 1×1 的卷积。其中，第 1 个卷积的 Channel 的输入为 256，输出为 512；第 2 个卷积的 Channel 的输入为 512，输出为 512；第 3 个卷积的 Channel 的输入为 512，输出为 512，此时的特征大小为 28×28×512。

第 5 组卷积块：经过第 4 组卷积后，特征会进入最大池化层，把特征尺寸变为原来的一半，经过最大池化层后的特征尺寸为 14×14×512；然后进入第 5 组卷积块，该卷积块由 3 个卷积组成，其基本配置为 2 个卷积核尺寸为 3×3 的卷积和 1 个卷积核尺寸为 1×1 的卷积。其中，第 1 个卷积的 Channel 的输入为 512，输出为 512；第 2 个卷积的 Channel 的输入为 512，输出为 512；第 3 个卷积的 Channel 的输入为 512，输出为 512，此时的特征大小为 14×14×512。

全连接模块：经过第 5 组卷积后，特征依旧会进入最大池化层，把特征尺寸变为原来的一半，经过最大池化层后的特征尺寸为 7×7×512。随即会把最大池化后的特征 Reshape 为一个维度为 1 的向量，然后进入全连接模块。其中，第 1 个全连接的输入为 7×7×512，输出为 4096；第 2 个全连接的输入为 4096，输出为 4096；第 3 个全连接的输入为 4096，输出是数据集的类别数目，*Very Deep Convolutional Networks for Large-Scale Image Recognition* 论文中是 1000，经过 SoftMax 层后会输出预测类目的概率值。

以上便是 VGGNet16 的基本配置和基本的网络流程。对于 VGGNet19，也仅仅是卷积块的配置与 VGGNet16 有区别，这里不再赘述，读者可以自行阅读论文。

提示：

细心的读者可能已经看出来了，VGGNet 模型的结构设计中并没有像 AlexNet 模型的结构设计那样使用 LRN 操作，因为作者发现 LRN 并不能提高网络的性能。

6.2.2 VGGNet 中的创新点

为什么选择使用小卷积核替代大卷积核呢？

在解释大小卷积核之前，首先讨论**感受野**（receptive field），如图 6.7 所示。

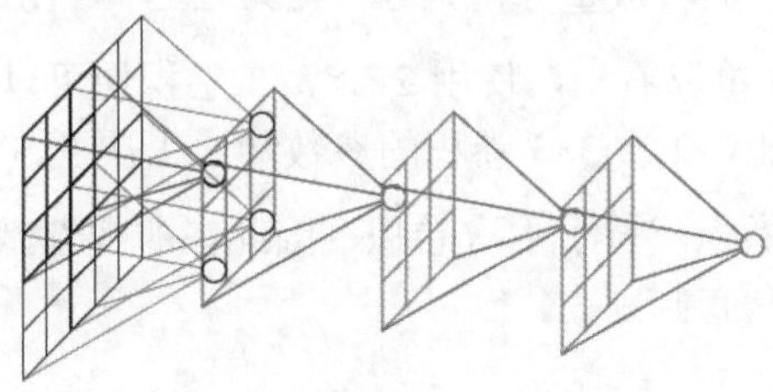

图 6.7

感受野是指卷积神经网络每一层输出的特征图上的像素点在输入图片上映射的区域大小。也就是说，感受野是特征图上的一个点对应输入图上的被卷积核滑动的区域，其实就是卷积核的尺寸。

下面介绍大小卷积核的作用和区别。

图 6.8 所示为大卷积核卷积，一个 28×28 的特征图经过一个卷积核尺寸为 5×5 的卷积后得到了一个 24×24 的特征图。

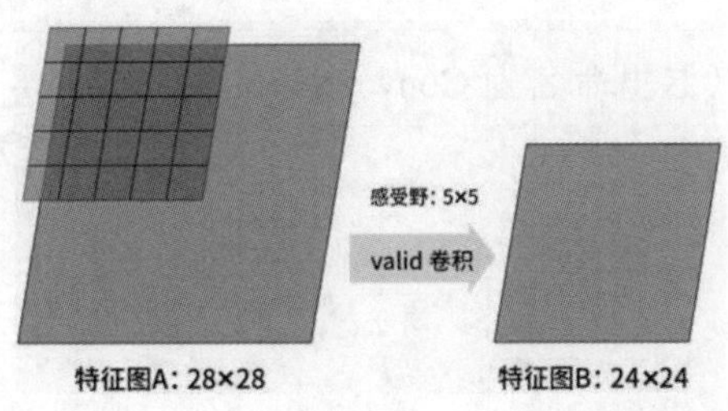

图 6.8

一个 28×28 的特征图首先经过一个卷积核尺寸为 3×3 的卷积后得到了一个 26×26 的特征图，继续使用 3×3 的卷积对之前得到的特征图进行卷积，于是也得到了一个 24×24 的特征图，如图 6.9 所示。

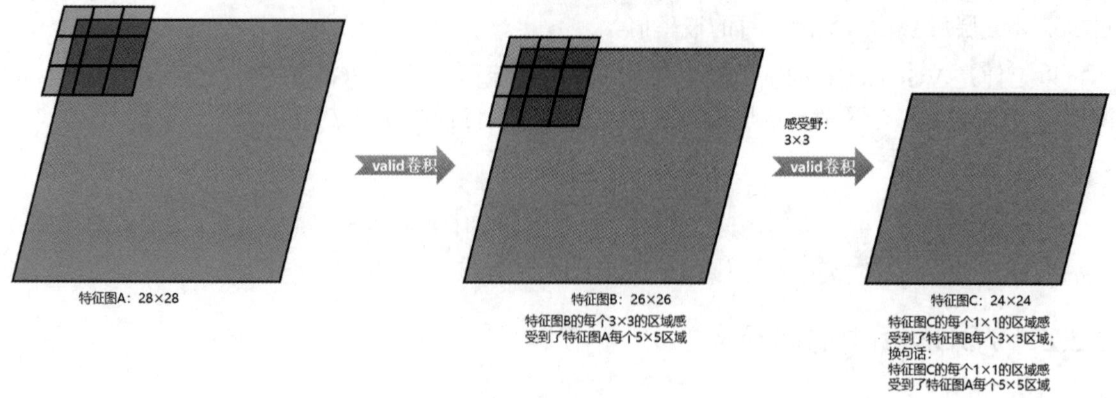

图 6.9

5×5 卷积和 2 次 3×3 卷积的参数量分别为 5×5=25、2×3×3=18。

通过对比图 6.8 和图 6.9 可以看出，使用 2 个 3×3 卷积便可以得到与 5×5 卷积相同尺度的特征图；通过参数量可以看出，2 次 3×3 卷积的参数量比 1 次 5×5 卷积的参数量降低了 28%。

同时，由于使用了 2 次卷积代替了 1 次卷积，因此在非线性激活的使用上也多出了一层，因此 2 次卷积后的特征更加具有判别力。

6.2.3 VGGNet 基于 TensorFlow 2.0 的实现

为了更加方便地基于 TensorFlow 2.0 构建 VGGNet 的模型，下面将使用论文中的配置表来辅助网络模型的搭建。这里依旧使用类封装的形式构建网络模型。

首先引入要用的包：

```
import os
import tensorflow as tf
import tensorflow.keras.layers as nn
import numpy as np
```

接着构建 3×3 卷积模块（这里命名为 Conv_3x3_block 类）：

```
class Conv_3x3_block(nn.Layer):
   def __init__(self,
              in_channels,
              out_channels,
              strides=1,
              padding=1,
              use_bias=False,
              use_bn=False,
              data_format='channels_last',
              activ='relu',
              **kwargs):
```

```
        super(Conv_3x3_block, self).__init__()
        self.use_bn = use_bn
        self.use_bias = use_bias

        if isinstance(padding, int):
            padding = (padding, padding)
        self.use_pad = (padding[0] > 0 or padding[1] > 0)
        if self.use_pad:
            self.pad = nn.ZeroPadding2D(padding=padding,
                                        data_format=data_format)

        if self.use_bn:
            self.bn = nn.BatchNormalization(epsilon=1e-5,
                                            data_format=data_format,
                                            name='bn')

        if activ != None:
            self.activ = nn.ReLU()

        self.conv = nn.Conv2D(filters=out_channels,
                              kernel_size=3,
                              strides=strides,
                              padding='valid',
                              use_bias=use_bias,
                              name='conv')

    def call(self, x):
        if self.use_pad:
            x = self.pad(x)
        x = self.conv(x)

        if self.use_bn:
            x = self.bn(x)

        if self.activ:
            x = self.activ(x)

        return x
```

然后构建 VGGNet 的输出模块（这里命名为 VGGDense 类和 VGGOutputBlock 类）：

```
class VGGDense(nn.Layer):
    def __init__(self, in_channels, out_channels, **kwargs):
        super(VGGDense, self).__init__(**kwargs)
        self.fc= nn.Dense(units=out_channels, input_dim=in_channels, name="fc")
        self.activ = nn.ReLU()
        self.dropout = nn.Dropout(rate=0.5, name="dropout")
```

```
    def call(self, x, training=None):
        x = self.fc(x)
        x = self.activ(x)
        x = self.dropout(x, training=training)
        return x

class VGGOutputBlock(nn.Layer):
    def __init__(self, in_channels, classes, **kwargs):
        super(VGGOutputBlock, self).__init__(**kwargs)
        mid_channels = 4096
        self.fc1 = VGGDense(in_channels=in_channels, out_channels=mid_channels,name="fc1")
        self.fc2 = VGGDense(in_channels=mid_channels, out_channels=mid_channels,name="fc2")
        self.fc3 = nn.Dense(units=classes, input_dim=mid_channels, name="fc3")

    def call(self, x, training=None):
        x = self.fc1(x, training=training)
        x = self.fc2(x, training=training)
        x = self.fc3(x)
        return x
```

最后基于前面构建的卷积模块和输出模块搭建 VGGNet 模型：

```
class VGG(tf.keras.Model):
    def __init__(self,
                 channels,
                 use_bias=True,
                 use_bn=False,
                 in_channels=3,
                 in_size=(224, 224),
                 classes=1000,
                 data_format='channels_last',
                 **kwargs):
        super(VGG, self).__init__(**kwargs)
        self.in_size = in_size
        self.classes = classes
        self.data_format = data_format
        self.features = tf.keras.Sequential(name='features')
        for i, channels_per_stage in enumerate(channels):
            stage = tf.keras.Sequential(name='stage{}'.format(i + 1))
            for j, out_channels in enumerate(channels_per_stage):
                stage.add(
                    Conv_3x3_block(
                        in_channels=in_channels,
                        out_channels=out_channels,
                        use_bias=use_bias,
                        use_bn=use_bn,
```

```
                    data_format=data_format,
                    name='unit{}'.format(j + 1)
                )
            )
            in_channels = out_channels

        stage.add(nn.MaxPool2D(
            pool_size=2,
            strides=2,
            padding='valid',
            data_format=data_format,
            name='pool{}'.format(i + 1)
        ))
        self.features.add(stage)
    self.output1 = VGGOutputBlock(
        in_channels=(in_channels * 7 * 7),
        classes=classes,
        name='output1')

def call(self, x, training=None):
    x = self.features(x, training=training)
    if self.data_format != 'channels_first':
        x = tf.transpose(x, perm=(0, 3, 1, 2))

    x = tf.reshape(x, shape=(-1, np.prod(x.get_shape().as_list()[1:])))
    x = self.output1(x)
    return x
```

下面定义一个可以直接构建 VGGNet 不同层的函数，以获取 VGGNet16、VGGNet19 等模型结构。

```
def get_vgg(blocks,
            model_name=None,
            pretrained=False,
            root='./pretrained_models',
            **kwargs):
    # VGG11
    if blocks == 11:
        layers = [1, 1, 2, 2, 2]
    # VGG13
    elif blocks == 13:
        layers = [2, 2, 2, 2, 2]
    # VGG16
    elif blocks == 16:
        layers = [2, 2, 3, 3, 3]
    # VGG19
    elif blocks == 19:
```

```
    layers = [2, 2, 4, 4, 4]
channels_per_layers = [64, 128, 256, 512, 512]
channels = [[ci] * li for (ci, li) in zip(channels_per_layers, layers)]
net = VGG(channels=channels, use_bias=True, use_bn=False)
if pretrained:
    net.load_weights(filepath='')
return net
```

以上是构建 VGGNet 的全部过程。

试一试：

读者可以根据上文关于 VGGNet 的实现，自己再动手实现一下，然后进行前向传播的计算，最后基于 MNIST 进行实验。

6.3　GoogleNet：走向更深更宽的网络

通过前面的介绍可以知道，小卷积核经过叠加以后可以达到与大卷积核一样的感受野，但是模型的参数量会大大缩减。如果一味地使用小卷积核让网络的层数更深，那么对于特征的提取会不会有影响呢？会不会在卷积过程中丢弃一些次要但又对结果有帮助的特征呢？

基于上述问题，GoogleNet 在使用小卷积核加深网络的同时也增加了网络的宽度，同时后期也更新出基于 GoogleNet 的 Inception 系列的模型。本节将着重讨论 GoogleNet（Inception V1）的设计思想和模型结构。

6.3.1　GoogleNet 模型结构

GoogleNet 模型结构如图 6.10 所示。

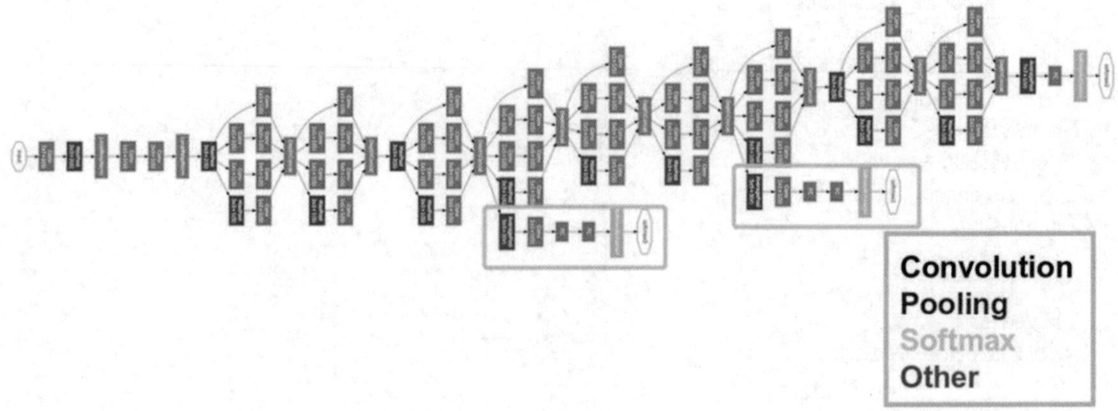

图 6.10

1. 主要思想

通过构建密集的块结构（Inception 模块）串联出近似最优的稀疏结构，从而在提高模型性能的同时又不增加计算量。

2. 主要贡献

（1）提出 Inception Architecture 并对其进行优化，利用 1×1 的卷积解决维度爆炸问题。

（2）取消全连接层。

（3）运用 Auxiliary Classifiers 避免梯度消失。

6.3.2 GoogleNet 中的创新点

1. Inception 模块

如图 6.11 所示，在 Inception 原始结构中采用不同大小的卷积核进行卷积操作，这意味着会有不同大小的感受野；把不同大小的卷积核卷积的结果拼接在一起，也就意味着有不同尺度特征的融合。

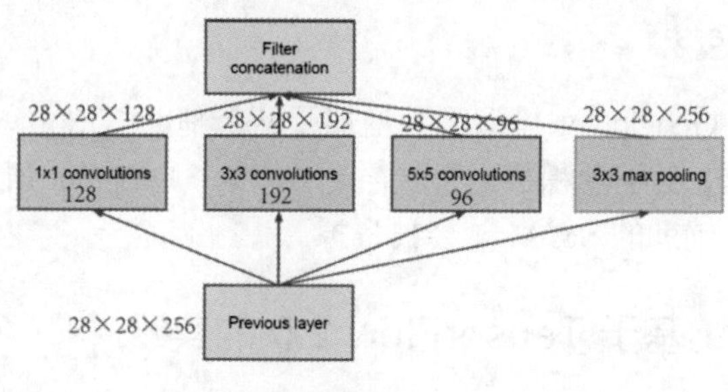

图 6.11

这里 Inception 结构采用的卷积核大小分别为 1×1、3×3 和 5×5，就是为了得到不同尺寸的感受野而进行不同尺寸的特征融合。每个卷积在设定卷积步长 Stride=1 之后，还分别设定 padding=0、1、2，这样在卷积之后便可以得到相同维度的特征，这些特征可以直接拼接在一起。

如图 6.12 所示，作者又提出了改进版本的 Inception 结构，即带有维度缩减的 Inception 结构。这里主要是通过使用 1×1 卷积对特征的维度进行降维处理，可以进一步降低参数量，也可以在一定程度上防止过拟合。

2. 使用 1×1 卷积

1×1 卷积是卷积核尺寸为 1 的标准卷积。如图 6.13 所示，灰色的长方体便是具有三个输入 Channel 的 1×1 卷积，左边具有两个 Channel 输出，右边具有四个 Channel 输出。

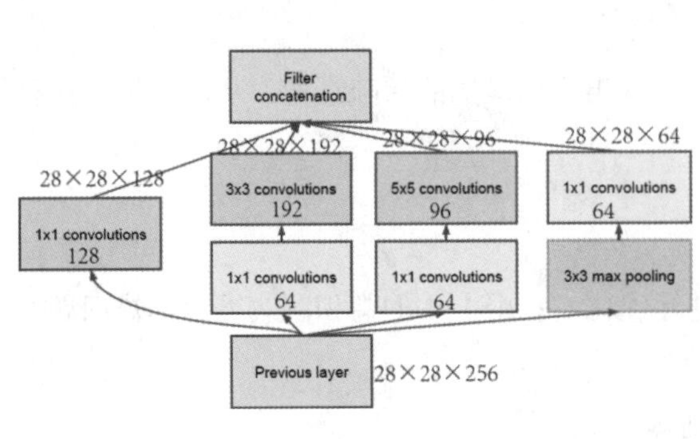

图 6.12

图 6.13

从图 6.13 可以看出，1×1 卷积并不会改变特征图的尺寸，即在分辨率不变的情况下可以增加或降低特征图的 Channel。图 6.13 左下图降低了 Channel 的个数，也可以称之为特征图 Channel 的降维；而右下图则增加了 Channel 的个数，也可以称之为特征图 Channel 的升维。

由于使用 1×1 卷积时随后都会加入非线性激活函数，如 ReLU 激活函数，这也为特征图带来了大幅度的非线性；同时，由于其作用主要体现在 Channel 维度的变换和再组合（增加了特征的跨通道交互能力）上，因此同非线性一起使模型具有了更强的表征能力。

3. Auxiliary Classifiers

为了避免梯度消失，GoogleNet 模型额外增加了两个辅助的 SoftMax 用于向前传导梯度。该部分主要由 AvgPooling、1×1 卷积、2 个全连接层、1 个 DropOut 层及 1 个 SoftMax 层组成。但在实际推理时，这两个辅助的 SoftMax 会被去掉。

6.3.3 GoogleNet v1 基于 TensorFlow 2.0 的实现

为了更加方便地基于 TensorFlow 2.0 构建 GoogleNet v1 的模型，这里使用了 GoogleNet 论文中的配置表（见表 6.1）来辅助网络模型的搭建，其中标明了各项参数，如卷积核的尺寸和个数、池化层的尺寸和个数等。

表 6.1

type	patch size/stride	output size	depth	#1×1	#3×3 reduce	#3×3	#5×5 reduce	#5×5	pool proj	Params	ops
convolution	7×7/2	112×112×64	1	—	—	—	—	—	—	2.7K	34M
max pool	3×3/2	56×56×64	0	—	—	—	—	—	—	—	360M
convolution	3×3/1	56×56×192	2	—	64	192	—	—	—	112K	—
max pool	3×3/2	28×28×192	0	—	—	—	—	—	—	—	—
inception(3a)		28×28×256	2	64	96	128	16	32	32	159K	128M

续表

type	patch size/stride	output size	depth	#1×1	#3×3 reduce	#3×3	#5×5 reduce	#5×5	pool proj	Params	ops
inception(3b)		28×28×480	2	128	128	192	32	96	64	380K	304M
max pool	3×3/2	14×14×480	0	—	—	—	—	—	—	—	—
inception(4a)		14×14×512	2	192	96	208	16	48	64	364K	73M
inception(4b)		14×14×512	2	160	112	224	24	64	64	437K	88M
inception(4c)		14×14×512	2	128	128	256	24	64	64	463K	100M
inception(4d)		14×14×528	2	112	144	288	32	64	64	580K	119M
inception(4e)		14×14×832	2	256	160	320	32	128	128	840K	170M
max pool	3×3/2	7×7×832	0	—	—	—	—	—	—	—	—
inception(5a)		7×7×832	2	256	160	320	32	128	128	1072K	54M
inception(5b)		7×7×1024	2	384	192	384	48	128	128	1388K	71M
avg pool	7×7/1	1×1×1024	0	—	—	—	—	—	—	—	—
dropout(40%)		1×1×1024	0	—	—	—	—	—	—	—	—
linear		1×1×1000	1	—	—	—	—	—	—	1000K	1M
softmax		1×1×1000	0	—	—	—	—	—	—	—	—

首先构造 Inception 模块类：

```
# Inception 模块类
class Inception(nn.Layer):
    def __init__(self, ch1x1, ch3x3red, ch3x3, ch5x5red, ch5x5, pool_proj, **kwargs):
        super(Inception, self).__init__(**kwargs)
        self.branch1 = nn.Conv2D(ch1x1, kernel_size=1, activation="relu")

        self.branch2 = tf.keras.Sequential([
            nn.Conv2D(ch3x3red, kernel_size=1, activation="relu"),
            nn.Conv2D(ch3x3,kernel_size=3, padding="SAME", activation="relu")])

        self.branch3 = tf.keras.Sequential([
            nn.Conv2D(ch5x5red, kernel_size=1, activation="relu"),
            nn.Conv2D(ch5x5,kernel_size=5, padding="SAME", activation="relu")])

        self.branch4 = tf.keras.Sequential([
            nn.MaxPool2D(pool_size=3, strides=1, padding="SAME"),
            nn.Conv2D(pool_proj, kernel_size=1, activation="relu")])

    def call(self, inputs, **kwargs):
        branch1 = self.branch1(inputs)
        branch2 = self.branch2(inputs)
        branch3 = self.branch3(inputs)
        branch4 = self.branch4(inputs)
```

```
        outputs = nn.concatenate([branch1, branch2, branch3, branch4])
        return outputs
```

然后构建 Inception Aux 模块类：

```
class InceptionAux(nn.Layer):
    def __init__(self, num_classes, **kwargs):
        super(InceptionAux, self).__init__(**kwargs)
        self.averagePool = nn.AvgPool2D(pool_size=5, strides=3)
        self.conv = nn.Conv2D(128, kernel_size=1, activation="relu")

        self.fc1 = nn.Dense(1024, activation="relu")
        self.fc2 = nn.Dense(num_classes)
        self.softmax = nn.Softmax()

    def call(self, inputs, **kwargs):
        x = self.averagePool(inputs)
        x = self.conv(x)
        x = nn.Flatten()(x)
        x = nn.Dropout(rate=0.5)(x)
        x = self.fc1(x)
        x = nn.Dropout(rate=0.5)(x)
        x = self.fc2(x)
        x = self.softmax(x)
        return x

class GoogleOutputBlock(nn.Layer):
    def __init__(self, mid_channels, classes, **kwargs):
        super(GoogleOutputBlock, self).__init__(**kwargs)
        mid_channels = 1024

        self.avg_pool = nn.AvgPool2D(pool_size=7, strides=1, name='avg_pool_1')
        self.Flatten = nn.Flatten(name="output_flatten")
        self.dropout = nn.Dropout(rate=0.4)
        self.fc = nn.Dense(units=classes, input_dim=mid_channels, name="fc3")
        self.softmax = nn.Softmax(name="aux")

    def call(self, x, training=None):
        x = self.avg_pool(x)
        x = self.Flatten(x)
        x = self.dropout(x)
        x = self.fc(x)
        x = self.softmax(x)
        return x


class _GoogLeNet(tf.keras.Model):
```

```
def __init__(self,channels,aux_logits=True,name=None):
    super(_GoogLeNet, self).__init__()
    self.aux_logits = aux_logits
    self.features = tf.keras.Sequential(name='features')
    if self.aux_logits:
        self.InceptionAux = InceptionAux(num_classes=1000)
        self.features_1 = tf.keras.Sequential(name='features_1')
        self.features_2 = tf.keras.Sequential(name='features_2')

    self.pre_conv = tf.keras.Sequential([
        nn.Conv2D(64,kernel_size=7,strides=2,padding="SAME", activation="relu", name="conv2d_1"),
        nn.MaxPool2D(pool_size=3,strides=2,padding="SAME", name="maxpool_1"),
        nn.Conv2D(64, kernel_size=1, activation="relu", name="conv2d_2"),
        nn.Conv2D(192,kernel_size=3,padding="SAME",activation="relu", name="conv2d_3"),
        nn.MaxPool2D(pool_size=3,strides=2,padding="SAME", name="maxpool_2")
    ])

    self.features.add(self.pre_conv)
    for i, per_stage in enumerate(channels):
        stage_conv = tf.keras.Sequential(name='stage_conv{}'.format(i + 1))
        stage_pool = tf.keras.Sequential(name='stage_pool{}'.format(i + 1))
        for i_j, per_inception in enumerate(per_stage):
            ch1x1,ch3x3red,ch3x3,ch5x5red,ch5x5,pool_proj = per_inception
            stage_conv.add(Inception(ch1x1=ch1x1,
                                     ch3x3red=ch3x3red,
                                     ch3x3=ch3x3,
                                     ch5x5red=ch5x5red,
                                     ch5x5=ch5x5,
                                     pool_proj=pool_proj,
                                     name="inception_{}_{}".format(i+4, i_j)))
            if self.aux_logits and ch1x1 == 192:
                self.features_1 = self.features
                self.features_1.add(stage_conv)
                self.features_1.add(self.InceptionAux)
            elif self.aux_logits and ch1x1 == 112:
                self.features_2 = self.features
                self.features_2.add(stage_conv)
                self.features_2.add(self.InceptionAux)
            print(ch1x1)
            print(i)

        stage_pool.add(nn.MaxPool2D(
            pool_size=3,
            strides=2,
            padding='same',
            name='pool{}'.format(i + 1)
```

```
            ))

            self.features.add(stage_conv)

            if i < 2:
                self.features.add(stage_pool)

        self.output_ = GoogleOutputBlock(mid_channels=1024, classes=1000)

    def call(self, x, training=None):
        aux_1 = self.features(x)
        aux_1 = self.output_(aux_1)
        if self.aux_logits:
            aux_2 = self.features_1(x)
            aux_3 = self.features_2(x)
            return aux_1, aux_2, aux_3
        else:
            return aux_1


if __name__ == '__main__':
    channels_3 = [
        [64, 96, 128, 16, 32, 32],
        [128, 128, 192, 32, 96, 64],
    ]

    channels_4 = [
        [192, 96, 208, 16, 48, 64],
        [160, 112, 224, 24, 64, 64],
        [128, 128, 256, 24, 64, 64],
        [112, 144, 288, 32, 64, 64],
        [256, 160, 320, 32, 128, 128],
    ]

    channels_5 = [
        [256, 160, 320, 32, 128, 128],
        [384, 192, 384, 48, 128, 128]
    ]

    channels = [channels_3, channels_4, channels_5]

    GoogleNet = _GoogLeNet(channels=channels, aux_logits=False)
    GoogleNet.build(input_shape=(1, 224, 224, 3))
    x = tf.random.normal((1, 224, 224, 3))
    y = GoogleNet(x)
```

✍ 试一试：

上述代码仅仅实现了 GoogleNet 的主干部分，而中间的 AUX 部分没有给出代码，读者可以根据上文关于 GoogleNet 的实现，自己动手实现完整的 GoogleNet 模型。这里提示一下，可能会使用函数编程而非基于序列的方式来搭建模型，最后基于 MNIST 进行实验。

6.4　ResNet：残差网络独领风骚

通过前面几节的介绍可以知道，小卷积可以让网络设计得更深，而 Inception 模块则进一步丰富了模型的特征。但是，当网络层数达到一定程度时，模型的梯度爆炸或梯度弥散问题得不到很好解决。

基于上述问题，Microsoft Research 的学者们便提出了残差学习，从而解决了因为网络过深而导致的梯度弥散问题。同时，该方法让网络变得更深的同时，输出的特征也更加鲁棒。基于残差学习设计一系列 ResNet 模型结构，如 ResNet-18、ResNet-32、ResNet-50、ResNet-101 及 ResNet-152 等。

6.4.1　ResNet 模型结构

ResNet-18 模型结构如图 6.14 所示。

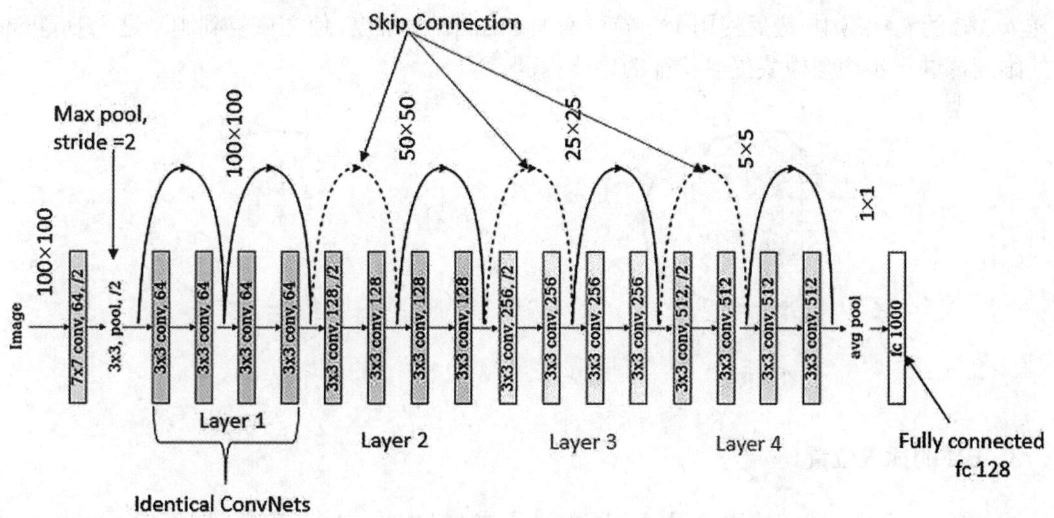

图 6.14

（注：引自 *Deep Residual Learning for Image Recognition*《图像识别中的深度残差学习》）

ResNet 的主要思想和创新点是通过引入残差块（Residual Block）和跳接（Shortcut Connection）实现的。

1. 残差结构

与普通结构（见图 6.15）的连接方式相比，残差结构（见图 6.16）由卷积层和 Shortcut Connection 组合而成。残差结构由两个分支组成，其中一个分支和普通结构一样需要经过卷积层，而另一个分支则是直接通过 Shortcut Connection 进行的跳连，最后在残差块的结尾处把每个分支的元素加在一起。引入残差块可以进一步加深神经网络层的深度，与此同时还可以提高模型的精度。

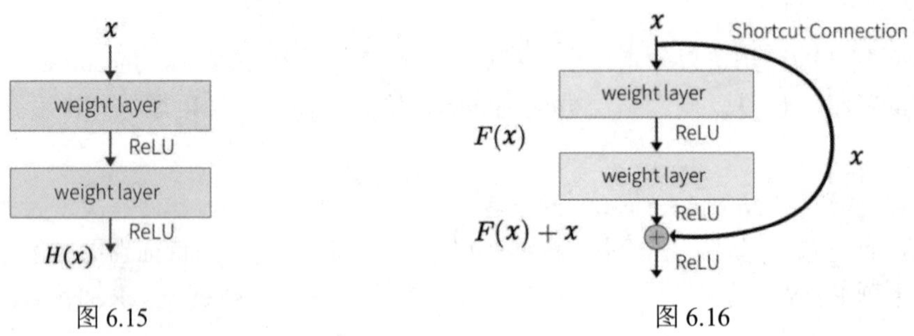

图 6.15　　图 6.16

2. Bottleneck 结构

对比图 6.17 和图 6.18 可以看出，两者具有相似的结构，但 Bottleneck 残差结构比普通残差结构多一层。之所以称为 Bottleneck，是因为它使用 1×1 卷积减少了 Channel 的数量，然后把特征送入 3×3 的卷积层中，最后使用 1×1 卷积增加 Channel 的维度，使之恢复到刚刚进入 Bottleneck 时的维度，进一步增强模块提取特征的鲁棒性。

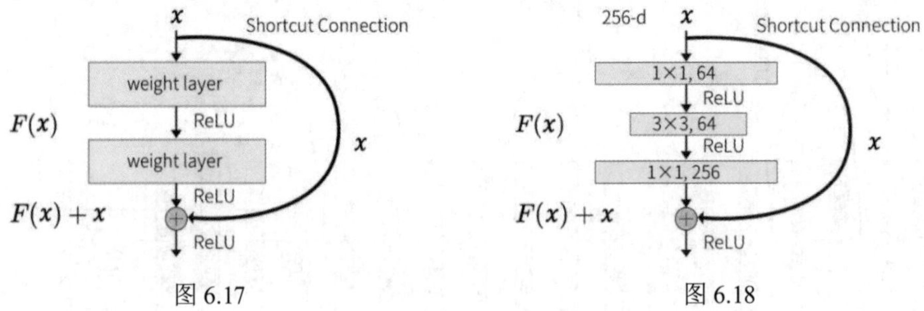

图 6.17　　图 6.18

3. BN 的插入位置

图 6.19 所示为在残差结构的不同位置添加了 BN 操作的子图。其中，图 6.19（a）是残差结构的原始形式，不添加任何 BN 操作；图 6.19（b）是在残差结构末尾的 addition 后添加 BN 操作；图 6.19（c）是在残差结构的卷积分支中的卷积与 ReLU 激活函数之间添加 BN 操作（weight 后 ReLU 前）；图 6.19（d）是在残差结构的卷积分支中的两次卷积后添加 BN 操作；图 6.19（e）是在残差结构的卷积分支中的所有 ReLU 激活函数前添加 BN 操作。

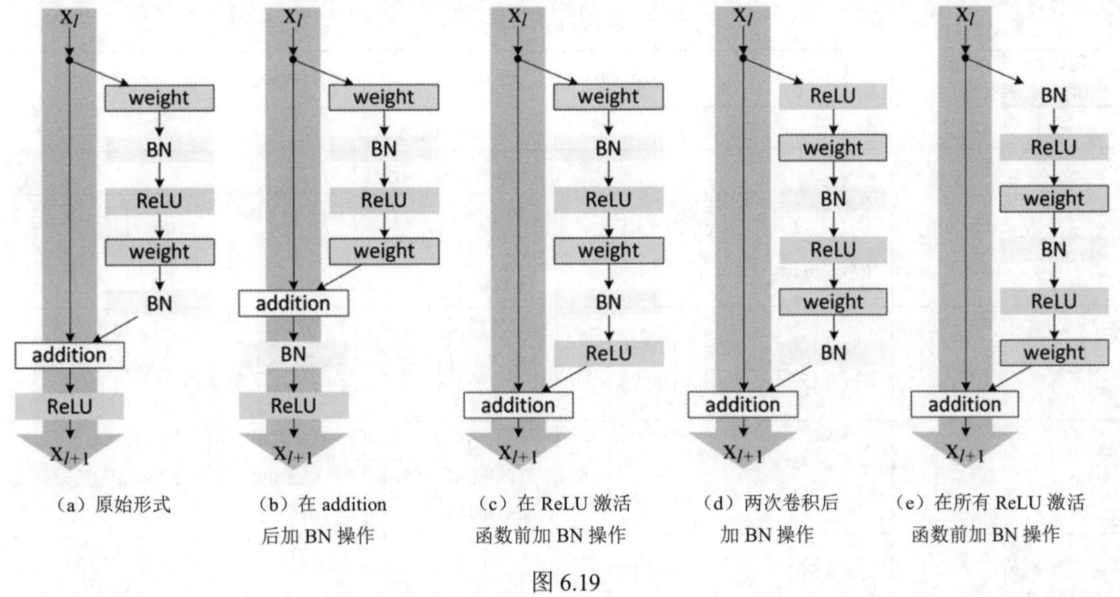

（a）原始形式　（b）在 addition 后加 BN 操作　（c）在 ReLU 激活函数前加 BN 操作　（d）两次卷积后加 BN 操作　（e）在所有 ReLU 激活函数前加 BN 操作

图 6.19

表 6.2 所示为以上实验的结果。

表 6.2

BN 的插入位置	ResNet-110	ResNet-164
图 6.19（a）	6.61	5.93
图 6.19（b）	8.17	6.50
图 6.19（c）	7.84	6.14
图 6.19（d）	6.71	5.91
图 6.19（e）	6.37	5.46

在 addition 后添加 BN 操作，测试数据的性能会显著下降。其原因可能是在 addition 后通过 BN 操作对所有特征进行了归一化，BN 操作改变了 Shortcut Connection 信息的传输。

在残差结构的卷积分支中的所有 ReLU 激活函数前添加 BN 操作后，随着网络层数的增加，能够获得更好的测试结果。

6.4.2　ResNet 基于 TensorFlow 2.0 的实现

为了更加方便地基于 TensorFlow 2.0 构建 ResNet 模型，这里使用了 ResNet 论文中的配置表（见表 6.3）来指导模型的搭建。其中标明了各项参数，如卷积核的尺寸和个数、池化层的尺寸和个数等。

表 6.3

layer name	output size	18-layer	34-layer	50-layer	101-layer	152-layer
conv1	112×112	7×7,64,stride 2				
conv2_x	56×56	3×3 max pool, stride 2				
		$\begin{bmatrix}3\times3,64\\3\times3,64\end{bmatrix}\times2$	$\begin{bmatrix}3\times3,64\\3\times3,64\end{bmatrix}\times3$	$\begin{bmatrix}1\times1,64\\3\times3,64\\1\times1,256\end{bmatrix}\times3$	$\begin{bmatrix}1\times1,64\\3\times3,64\\1\times1,256\end{bmatrix}\times3$	$\begin{bmatrix}1\times1,64\\3\times3,64\\1\times1,256\end{bmatrix}\times3$
conv3_x	28×28	$\begin{bmatrix}3\times3,128\\3\times3,128\end{bmatrix}\times2$	$\begin{bmatrix}3\times3,128\\3\times3,128\end{bmatrix}\times4$	$\begin{bmatrix}1\times1,128\\3\times3,128\\1\times1,512\end{bmatrix}\times4$	$\begin{bmatrix}1\times1,128\\3\times3,128\\1\times1,512\end{bmatrix}\times4$	$\begin{bmatrix}1\times1,128\\3\times3,128\\1\times1,512\end{bmatrix}\times8$
conv4_x	14×14	$\begin{bmatrix}3\times3,256\\3\times3,256\end{bmatrix}\times2$	$\begin{bmatrix}3\times3,256\\3\times3,256\end{bmatrix}\times6$	$\begin{bmatrix}1\times1,256\\3\times3,256\\1\times1,1024\end{bmatrix}\times6$	$\begin{bmatrix}1\times1,256\\3\times3,256\\1\times1,1024\end{bmatrix}\times23$	$\begin{bmatrix}1\times1,256\\3\times3,256\\1\times1,1024\end{bmatrix}\times36$
conv5_x	7×7	$\begin{bmatrix}3\times3,512\\3\times3,512\end{bmatrix}\times2$	$\begin{bmatrix}3\times3,512\\3\times3,512\end{bmatrix}\times3$	$\begin{bmatrix}1\times1,512\\3\times3,512\\1\times1,2048\end{bmatrix}\times3$	$\begin{bmatrix}1\times1,512\\3\times3,512\\1\times1,2048\end{bmatrix}\times3$	$\begin{bmatrix}1\times1,512\\3\times3,512\\1\times1,2048\end{bmatrix}\times3$
	1×1	average pool, 1000-d fc, softmax				
FLOPs		1.8×10^9	3.6×10^9	3.8×10^9	7.6×10^9	11.3×10^9

首先是对于 BasicBlock 的实现，先定义两个卷积的函数，以方便 block 的引用。

```
def conv3x3(out_palnes, stride=1, padding='same'):
    return nn.Conv2D(out_palnes, kernel_size=3, strides=stride, padding=padding)


def conv1x1(out_palnes, stride=1, padding='valid'):
    return nn.Conv2D(out_palnes, kernel_size=1, strides=stride, padding=padding)
```

该模块主要是在 ResNet-18 和 ResNet-34 的构建过程中使用。

```
class BasicBlock(nn.Layer):
    def __init__(self, planes, stride=1):
        super(BasicBlock, self).__init__()
        self.conv1 = conv3x3(planes, stride)
        self.bn1 = nn.BatchNormalization()
        self.relu = nn.ReLU()

        self.conv2 = conv3x3(planes)
        self.bn2 = nn.BatchNormalization()

        if stride != 1:
            self.downsample = tf.keras.Sequential()
            self.downsample.add(conv1x1(planes, stride=stride))
```

```
            self.downsample.add(nn.BatchNormalization())

        else:
            self.downsample = lambda x: x

    def call(self, x, training=None, **kwargs):
        identity = self.downsample(x)

        out = self.conv1(x)
        out = self.bn1(out, training=training)
        out = self.relu(out)

        out = self.conv2(out)
        out = self.bn2(out, training=training)
        out = self.relu(nn.add([identity, out]))

        return out
```

然后是 Bottleneck 的实现，该模块主要是在 ResNet-50、ResNet-101 及 ResNet-152 的构建过程中使用。

```
class Bottleneck(nn.Layer):
    expansion = 4

    def __init__(self, planes, stride=1):
        super(Bottleneck, self).__init__()

        self.conv1 = conv1x1(planes, stride=1, padding='same')
        self.bn1 = nn.BatchNormalization()

        self.conv2 = conv3x3(planes, stride=stride, padding='same')
        self.bn2 = nn.BatchNormalization()

        self.conv3 = conv1x1(planes * 4, stride=1, padding='same')
        self.bn3 = nn.BatchNormalization()
        self.relu = nn.ReLU()

        self.downsample = tf.keras.Sequential()
        self.downsample.add(conv1x1(planes, stride=stride, padding='valid'))
        self.downsample.add(nn.BatchNormalization())

    def forward(self, x, training=None, **kwargs):
        identity = self.downsample(x)

        out = self.conv1(x)
        out = self.bn1(out, training=training)
        out = self.relu(out)
```

```
        out = self.conv2(out)
        out = self.bn2(out, training=training)
        out = self.relu(out)
        out = self.conv3(out)
        out = self.bn3(out, training=training)
        out = self.relu(nn.add([identity, out]))

        return out
```

紧接着是对 ResNet 整体架构的搭建。

```
class ResNet(tf.keras.Model):
    def __init__(self, block, layers, num_classes=1000):
        super(ResNet, self).__init__()
        self.conv1 = nn.Conv2D(64, kernel_size=7, strides=2, padding='same')
        self.bn1 = nn.BatchNormalization()
        self.relu = nn.ReLU()
        self.maxpool = nn.MaxPool2D(pool_size=3, strides=2, padding='same')

        self.layer1 = self._make_layer(64, block, layers[0])
        self.layer2 = self._make_layer(128, block, layers[1], stride=2)
        self.layer3 = self._make_layer(256, block, layers[2], stride=2)
        self.layer4 = self._make_layer(512, block, layers[3], stride=2)

        self.avgpool = nn.GlobalAveragePooling2D()
        self.fc = nn.Dense(units=num_classes, activation=tf.nn.softmax)

    def _make_layer(self, planes, block, layers, stride=1):
        res_block = tf.keras.Sequential()
        res_block.add(block(planes, stride=stride))
        for _ in range(1, layers):
            res_block.add(block(planes, stride=1))

        return res_block

    def call(self, x, training=None, mask=None):
        x = self.conv1(x)
        x = self.bn1(x, training=training)
        x = self.relu(x)
        x = self.maxpool(x)

        x = self.layer1(x, training=training)
        x = self.layer2(x, training=training)
        x = self.layer3(x, training=training)
        x = self.layer4(x, training=training)
```

```
        x = self.avgpool(x)
        x = self.fc(x)

        return x
```

最后构建不同规模的 ResNet，如 ResNet-18、ResNet-34、ResNet-50、ResNet-101 和 ResNet-152。

```
def _resnet(block, layers, **kwargs):
    model = ResNet(block, layers, **kwargs)
    return model

def resnet18():
    return _resnet(BasicBlock, [2, 2, 2, 2])
def resnet34():
    return _resnet(BasicBlock, [3, 4, 6, 3])

def resnet50():
    return _resnet(Bottleneck, [3, 4, 6, 3])

def resnet101():
    return _resnet(Bottleneck, [3, 4, 23, 3])

def resnet152():
    return _resnet(Bottleneck, [3, 8, 36, 3])

if __name__ == '__main__':
    resnet18 = resnet18()
    resnet34 = resnet34()
    resnet50 = resnet50()
    resnet101 = resnet101()
    resnet152 = resnet152()
```

6.5　SENet：视觉注意力机制的起点

通过前面的介绍，我们可以看出很多工作的重点都是增大感受野或者提取多尺度特征以增加模型的鲁棒性，如 Inception 模型的多分支结构。

对于通道维度的特征融合，卷积操作基本上默认对输入特征图的所有通道进行融合。而 SENet 网络的创新点在于关注通道之间的关系，SENet 网络希望模型可以自动学习到不同通道特征的重要程度。为此，SENet 提出了 Squeeze-and-Excitation（SE）模块，如图 6.20 所示。

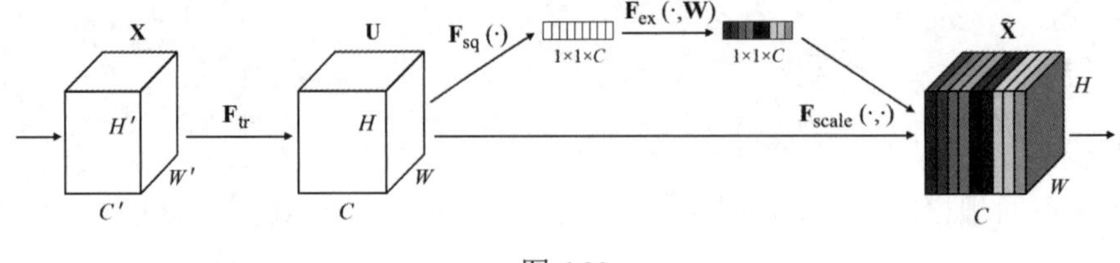

图 6.20

6.5.1 SENet 模型结构

SENet Block 可以分为三步，分别是 Squeeze 操作、Excitation 操作和 Re-weight 操作。

1）Squeeze 操作。通过全局平均池化沿着空间维度进行特征的压缩，将每个通道对应的二维特征图变成一个实数，该实数在某种意义上具有全局信息，并且输出的维度和输入的特征通道数相匹配。它表征在特征通道上响应的全局分布，而且使靠近输入的层也可以获得全局的感受野。

2）Excitation 操作。它是一个类似于循环神经网络中“门”的机制，通过权重参数 w 为每个特征通道生成重要度权重。

3）Re-weight 操作。将 Excitation 的输出权重看作经过特征选择后的每个特征通道的重要性，通过乘法逐通道加权到先前的特征上，完成在通道维度上的对原始特征的重标定。

6.5.2 SENet_ResNet 的 TensorFlow 2.0 实现

首先介绍 SENet-ResNet-Block 的实现。SENet_ResNet_Block 的结构如图 6.21 所示，即在残差模块的输出部分添加 SENet 的注意力机制。

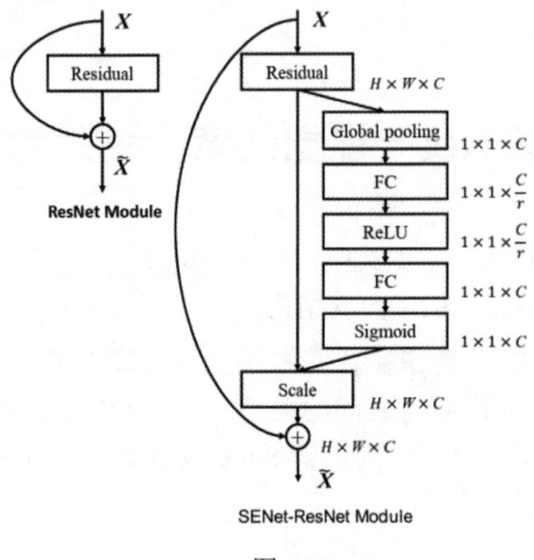

图 6.21

SENet Block 基于 TensorFlow 2.0 的代码实现如下。

```
def SENet(x, plane, ratio):
    Squeeze = nn.GlobalAveragePooling2D()(x)
    Excitation = nn.Dense(units=plane / ratio, activation='relu')(Squeeze)
    Excitation = nn.Dense(units=plane, activation='sigmoid')(Excitation)
    Excitation = tf.reshape(Excitation, [-1, 1, 1, plane])

    scale = nn.multiply([x, Excitation])

    out = nn.add([x, scale])

    return out
```

SENet_ResNet SENet_BasicBlock 的代码实现如下。

```
class SENet_BasicBlock(nn.Layer):
    def __init__(self, planes, stride=1):
        super(SENet_BasicBlock, self).__init__()
        self.conv1 = conv3x3(planes, stride)
        self.bn1 = nn.BatchNormalization()
        self.relu = nn.ReLU()

        self.conv2 = conv3x3(planes)
        self.bn2 = nn.BatchNormalization()

        if stride != 1:
            self.downsample = tf.keras.Sequential()
            self.downsample.add(conv1x1(planes, stride=stride))
            self.downsample.add(nn.BatchNormalization())

        else:
            self.downsample = lambda x: x

    def call(self, x, training=None, **kwargs):
        identity = self.downsample(x)

        out = self.conv1(x)
        out = self.bn1(out, training=training)
        out = self.relu(out)

        out = self.conv2(out)
        out = self.bn2(out, training=training)
        out = self.relu(nn.add([identity, out]))

        out = SENet(out, out.shape[-1], ratio=32)

        return out
```

SENet_ResNet SENet_Bottleneck 的实现如下。

```
class SENet_Bottleneck(nn.Layer):
    expansion = 4

    def __init__(self, planes, stride=1):
        super(SENet_Bottleneck, self).__init__()

        self.conv1 = conv1x1(planes, stride=1, padding='same')
        self.bn1 = nn.BatchNormalization()

        self.conv2 = conv3x3(planes, stride=stride, padding='same')
        self.bn2 = nn.BatchNormalization()

        self.conv3 = conv1x1(planes * 4, stride=1, padding='same')
        self.bn3 = nn.BatchNormalization()

        self.relu = nn.ReLU()

        self.downsample = tf.keras.Sequential()
        self.downsample.add(conv1x1(planes, stride=stride, padding='valid'))
        self.downsample.add(nn.BatchNormalization())

    def forward(self, x, training=None, **kwargs):
        identity = self.downsample(x)
        out = self.conv1(x)
        out = self.bn1(out, training=training)
        out = self.relu(out)
        out = self.conv2(out)
        out = self.bn2(out, training=training)
        out = self.relu(out)
        out = self.conv3(out)
        out = self.bn3(out, training=training)

        out = self.relu(nn.add([identity, out]))
        out = SENet(out, out.shape[-1], ratio=32)

        return out
```

SENet_ResNet 的结构配置见表 6.4。

表 6.4

output size	ResNet-50	SE-ResNet-50	SE-ResNeXt-50(32×4d)
112×112	conv, 7×7, 64, stride 2		
	max pool, 3×3 stride 2		
56×56	$\begin{bmatrix} \text{conv}, 1\times1, & 64 \\ \text{conv}, 3\times3, & 64 \\ \text{conv}, 1\times1, & 256 \end{bmatrix}\times3$	$\begin{bmatrix} \text{conv}, 1\times1, & 64 \\ \text{conv}, 3\times3, & 64 \\ \text{conv}, 1\times1, & 256 \\ fc,[16,256] & \end{bmatrix}\times3$	$\begin{bmatrix} \text{conv}, 1\times1, & 128 & \\ \text{conv}, 3\times3, & 128 & C=32 \\ \text{conv}, 1\times1, & 256 & \\ fc,[16, 256] & & \end{bmatrix}\times3$
28×28	$\begin{bmatrix} \text{conv}, 1\times1, & 128 \\ \text{conv}, 3\times3, & 128 \\ \text{conv}, 1\times1, & 512 \end{bmatrix}\times4$	$\begin{bmatrix} \text{conv}, 1\times1, & 128 \\ \text{conv}, 3\times3, & 128 \\ \text{conv}, 1\times1, & 512 \\ fc,[32,512] & \end{bmatrix}\times4$	$\begin{bmatrix} \text{conv}, 1\times1, & 256 & \\ \text{conv}, 3\times3, & 256 & C=32 \\ \text{conv}, 1\times1, & 512 & \\ fc,[32, 512] & & \end{bmatrix}\times4$
14×14	$\begin{bmatrix} \text{conv}, 1\times1, & 256 \\ \text{conv}, 3\times3, & 256 \\ \text{conv}, 1\times1, & 1024 \end{bmatrix}\times6$	$\begin{bmatrix} \text{conv}, 1\times1, & 256 \\ \text{conv}, 3\times3, & 256 \\ \text{conv}, 1\times1, & 1024 \\ fc,[64, 1024] & \end{bmatrix}\times6$	$\begin{bmatrix} \text{conv}, 1\times1, & 512 & \\ \text{conv}, 3\times3, & 512 & C=32 \\ \text{conv}, 1\times1, & 1024 & \\ fc,[64, 1024] & & \end{bmatrix}\times6$
7×7	$\begin{bmatrix} \text{conv}, 1\times1, & 512 \\ \text{conv}, 3\times3, & 512 \\ \text{conv}, 1\times1, & 2048 \end{bmatrix}\times3$	$\begin{bmatrix} \text{conv}, 1\times1, & 512 \\ \text{conv}, 3\times3, & 512 \\ \text{conv}, 1\times1, & 2048 \\ fc,[128,2048] & \end{bmatrix}\times3$	$\begin{bmatrix} \text{conv}, 1\times1, & 1024 & \\ \text{conv}, 3\times3, & 1024 & C=32 \\ \text{conv}, 1\times1, & 2048 & \\ fc,[128, 2048] & & \end{bmatrix}\times3$
1×1	global average pool, 1000-d *fc*, softmax		

SENet_Resnet 基于 TensorFlow 2.0 的实现如下。

```
class SE_ResNet(tf.keras.Model):
    def __init__(self, block, layers, num_classes=1000):
        super(SE_ResNet, self).__init__()
        self.conv1 = nn.Conv2D(64, kernel_size=7, strides=2, padding='same')
        self.bn1 = nn.BatchNormalization()
        self.relu = nn.ReLU()
        self.maxpool = nn.MaxPool2D(pool_size=3, strides=2, padding='same')

        self.layer1 = self._make_layer(64, block, layers[0])
        self.layer2 = self._make_layer(128, block, layers[1], stride=2)
        self.layer3 = self._make_layer(256, block, layers[2], stride=2)
        self.layer4 = self._make_layer(512, block, layers[3], stride=2)

        self.avgpool = nn.GlobalAveragePooling2D()
        self.fc = nn.Dense(units=num_classes, activation=tf.nn.softmax)

    def _make_layer(self, planes, block, layers, stride=1):
        res_block = tf.keras.Sequential()
        res_block.add(block(planes, stride=stride))
```

```
        for _ in range(1, layers):
            res_block.add(block(planes, stride=1))

        return res_block

    def call(self, x, training=None, mask=None):
        x = self.conv1(x)
        x = self.bn1(x, training=training)
        x = self.relu(x)
        x = self.maxpool(x)

        x = self.layer1(x, training=training)
        x = self.layer2(x, training=training)
        x = self.layer3(x, training=training)
        x = self.layer4(x, training=training)

        x = self.avgpool(x)
        x = self.fc(x)

        return x

def _se_resnet(block, layers, **kwargs):
    model = SE_ResNet(block, layers, **kwargs)
    return model

def SE_ResNet18():
    return _se_resnet(SENet_BasicBlock, [2, 2, 2, 2])

def SE_ResNet34():
    return _se_resnet(SENet_BasicBlock, [3, 4, 6, 3])


def SE_ResNet50():
    return _se_resnet(SENet_Bottleneck, [3, 4, 6, 3])


def SE_ResNet101():
    return _se_resnet(SENet_Bottleneck, [3, 4, 23, 3])


def SE_ResNet152():
    return _se_resnet(SENet_Bottleneck, [3, 8, 36, 3])
```

6.6　Self-Attention：自注意力

Attention 机制最早是在视觉领域提出的。2014 年 Google Mind 发表了论文 *Recurrent Models of Visual Attention*，使 Attention 机制流行了起来（前面介绍的 SENet 也是由此发展起来的）。这篇论文采用了 RNN 模型，并加入了 Attention 机制进行图像的分类。

2015 年，论文 *Neural Machine Translation by Jointly Learning to Align and Translate* 中首次将 Attention 机制应用在自然语言处理领域，其采用 Seq2Seq+Attention 模型进行机器翻译，并且得到了很好的效果。

2017 年，由 Google 机器翻译团队发表的论文 *Attention is All You Need* 中完全抛弃了 RNN 和 CNN 等卷积神经网络模型，而仅仅采用 Attention 机制进行机器翻译任务，并且取得了很好的效果。

Self-Attention 的结构如图 6.22 所示。

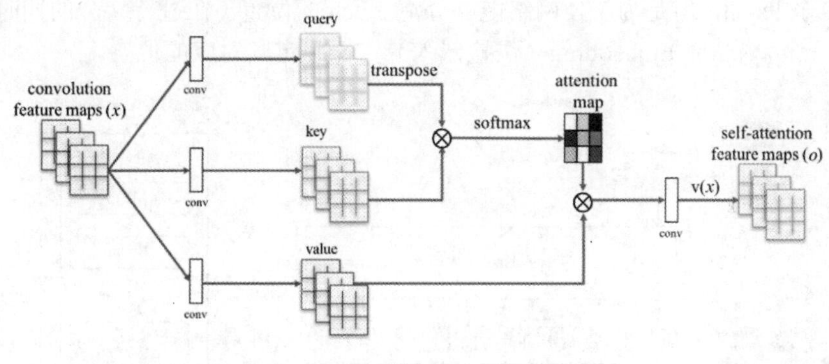

图 6.22

Self-Attention 机制的具体计算过程可以归纳为三步。

1）对输入特征 convolution feature maps 进行卷积操作，获取 query、key 和 value。

2）根据 query 和 key 求取权重系数（其实就是相似性或者称为相关性系数），通过 softmax 得到 attention map。

3）根据第 2）步得到的 attention map 与 value 相乘，得到最终的 self-attention feature maps。

如果把 Self-Attention 原理与过程抽象为数学公式，则其可以表示为

$$\text{Self-Attention}(\text{query},\text{key},\text{value}) = \text{softmax}\left(\frac{\text{query} \otimes \text{key}^{\text{T}}}{\sqrt{d_k}}\right) \otimes \text{value}$$

$$\text{query} \in R^{n \times d_k}, \text{key} \in R^{m \times d_k}, \text{value} \in R^{m \times d_k}$$

式中，$\sqrt{d_k}$ 为调节系数（当 d_k 很大时，即维度很高时，会导致 query 与 key 的结果也很大）。

6.7 Vision Transformer：注意力引爆视觉任务

Transformer 架构早已在自然语言处理任务中得到了广泛应用，但在计算机视觉领域中仍然受到限制。在计算机视觉领域，注意力要么与卷积网络结合使用，要么用来代替卷积网络中的某些组件，同时保持其整体架构不变。

Vision Transformer（ViT）的诞生表明，视觉任务中注意力机制对于 CNN 的依赖并不是必需的，当直接应用于图像块序列时，Transformer 也能很好地执行图像分类任务。该研究基于大量数据进行模型预训练，并迁移至多个图像识别基准数据集（如 ImageNet、CIFAR-100、VTAB 等），结果表明 ViT 模型可以获得与当前最优卷积网络相媲美的结果，且其训练所需的计算资源大大减少。

通过图 6.23 所示的 ViT 结构可以看出，ViT 的设计思想遵循 NLP 的设计逻辑，把图片进行切分，并进行有顺序的铺开，类似于 NLP 的语音序列。比较特殊的是，ViT 虽然把一张图片切分成了很多个 Patch，但是为了使网络能够分清 Patch 的位置，在进行切分的同时还为每一个 Patch 赋予了一个 Position Embedding（位置嵌入），以确定其对应的位置。

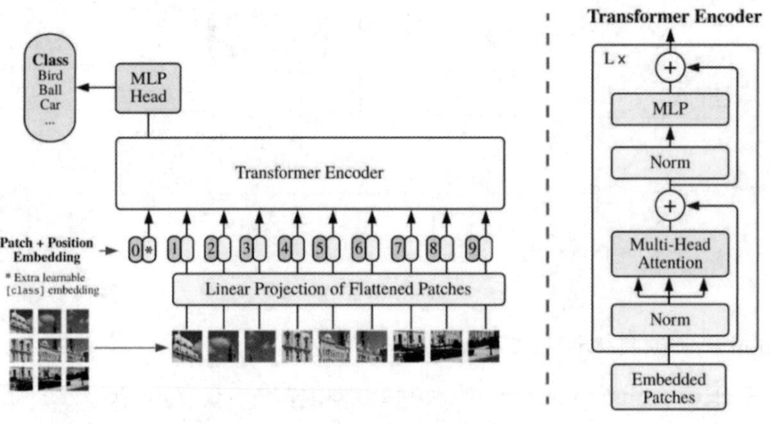

图 6.23

从图 6.23 中的 Transformer Encoder 可以看出，其主体还是主要依靠 Self-Attention，只不过这里采用的是 Multi-Head Self-Attention。其具体结构可以参考论文原文 *Attention Is All You Need*。

ViT 的 TensorFlow 2.0 实现如下。

```
def mlp(x, hidden_units, dropout_rate):
    for units in hidden_units:
        x = layers.Dense(units, activation=tf.nn.gelu)(x)
        x = layers.Dropout(dropout_rate)(x)
    return x
```

```
class Patches(layers.Layer):
    def __init__(self, patch_size):
        super(Patches, self).__init__()
        self.patch_size = patch_size

    def call(self, images):
        batch_size = tf.shape(images)[0]
        patches = tf.image.extract_patches(
            images=images,
            sizes=[1, self.patch_size, self.patch_size, 1],
            strides=[1, self.patch_size, self.patch_size, 1],
            rates=[1, 1, 1, 1],
            padding="VALID",
        )
        patch_dims = patches.shape[-1]
        patches = tf.reshape(patches, [batch_size, -1, patch_dims])
        return patches

class PatchEncoder(layers.Layer):
    def __init__(self, num_patches, projection_dim):
        super(PatchEncoder, self).__init__()
        self.num_patches = num_patches
        self.projection=layers.Dense(units=projection_dim)
        self.position_embedding = layers.Embedding(
            input_dim=num_patches,output_dim=projection_dim
        )

    def call(self, patch):
        positions=tf.range(start=0, limit=self.num_patches, delta=1)
        encoded=self.projection(patch) + self.position_embedding(positions)
        return encoded

def create_vit_classifier():
        inputs=layers.Input(shape=input_shape)
        augmented=data_augmentation(inputs)
        patches=Patches(patch_size)(augmented)
        encoded_patches=PatchEncoder(num_patches, projection_dim)(patches)

        for _ in range(transformer_layers):
            x1 = layers.LayerNormalization(epsilon=1e-6)(encoded_patches)
```

这里直接使用了 TensorFlow 库中的 Self-Attention 机制。

```
        attention_output=layers.MultiHeadAttention(num_heads=num_heads,
key_dim=projection_dim, dropout=0.1)(x1, x1)
        x2 = layers.Add()([attention_output, encoded_patches])
```

```
        x3 = layers.LayerNormalization(epsilon=1e-6)(x2)
        x3 = mlp(x3,hidden_units=transformer_units, dropout_rate=0.1)
        encoded_patches=layers.Add()([x3, x2])

    # Create a [batch_size, projection_dim] tensor.
    representation = layers.LayerNormalization(epsilon=1e-6)(encoded_patches)
    representation = layers.Flatten()(representation)
    representation = layers.Dropout(0.5)(representation)
    features=mlp(representation, hidden_units=mlp_head_units, dropout_rate=0.5)
    logits = layers.Dense(num_classes)(features)
    model = keras.Model(inputs=inputs, outputs=logits)
    return model
```

本 章 小 结

通过前面内容的介绍，读者应该已经对经典卷积神经网络模型有了清晰的了解，下面进行简单的总结。

对于 AlexNet，其主要是通过卷积的堆叠实现特征提取的功能，同时也首次将 ReLU 激活函数、Dropout 及 LRN 等方法引入 CNN 中，很大程度上提升了 CNN 的性能。但是由于其卷积核比较大，导致带来了比较大的参数量，同时网络的深度也导致其不能很好地提取 High-Level 特征。

VGG 的提出使上述问题得到了解决，VGG 使用了更小的卷积核，这样网络也可以达到更深的深度，可以更好地提取 High-Level 特征。同时，提出了使用不同的数据增强方法也能提升 CNN 的精度和性能，因此带来了数据增强研究的大爆发，但是当 VGG 达到一定的深度时，仍会带来过拟合及梯度爆炸的问题。

GoogleNet 进一步设计了神经网络，其去除了最后的全连接层，同时使用了 Inception 结构。Inception 结构中引入了 1×1 卷积，可以很好地控制输入/输出的维度问题，控制了参数的利用率；与此同时，其使用大小不同的卷积和 Auxiliary classifier，使得到的特征更加鲁棒和多样。

ResNet 使用了残差结构，一定程度上缓解了由于网络层数增加而导致的梯度消失和特征弥散问题，可以让网络达到更深的深度，这样也可以获得更好的表征能力；同时，其特殊的结构可以把 Low-Level 特征传递到深层与 High-Level 特征相融合，使模型的输出特征具有更好的鲁棒性，其分类性能与效率也更好。

对于 Attention 机制，现在更多的是关于通道 Attention 机制（SENet）和空间 Attention 机制（PAM）的研究，而 Vision Transformer 中的 Self-Attention 机制则是完美的 Attention 设计体现，它很好地将 NLP 领域的 Attention 机制应用到了 CV 领域，根据其设计的 Backbone ViT 及其他的诸如 DeiT、Swin Transformer，更是刷新了 ImageNet 数据集的精度峰值，这也是一个值得研究的内容。

第 7 章　目 标 检 测

通过前面章节的学习，读者对于经典卷积神经网络已经有了比较深入的理解，同时对于 Transformer 的一些经典模型（ViT）也有了基本的了解。

本章将介绍这些经典卷积神经网络模型的应用方向——目标检测。首先从 RCNN 算法讲起，进而介绍 Fast RCNN、Faster RCNN、YOLO 系列、SSD 算法及其基于 TensorFlow 2.0 的实现。

7.1　RCNN 目标检测算法

传统的机器视觉领域通常采用特征描述子应对目标识别任务，这些特征描述子最常见的就是 SIFT 和 HOG。同时，OpenCV 有现成的 API 可供用户实现相关操作。但是，自从卷积神经网络诞生以来，SIFT 和 HOG 的“王者”地位已受到了撼动。

RCNN 算法的主要流程可以总结为以下三个部分，如图 7.1 所示。

1）提取独立类别的候选区域[RCNN 采用选择性搜索（Selective Search，SS）算法得到 2000 个候选区域（Region Proposal）]。

2）使用卷积神经网络模型（AlexNet）对每个候选区域提取特征，得到特征向量。

3）使用 SVM 算法对上一步得到的特征向量进行分类。

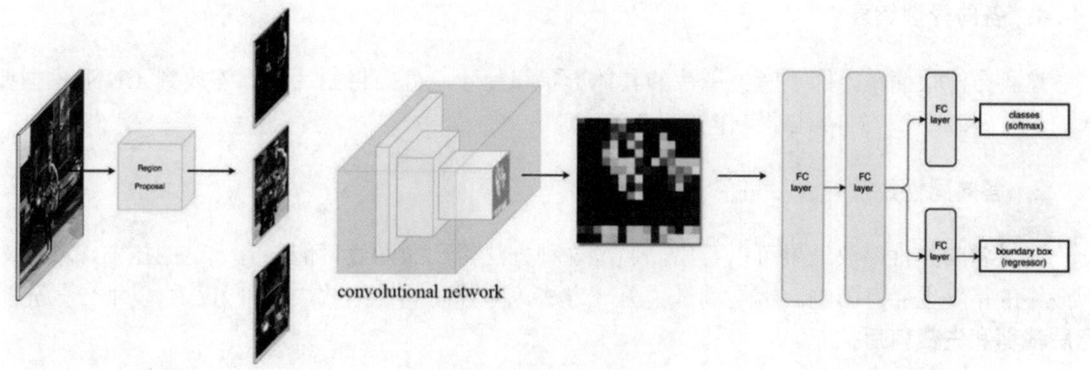

图 7.1

通过 Selective 算法产生的候选区域大小不一，为了与 AlexNet 兼容，RCNN 采用了非常暴力的手段，即无视候选区域的大小和形状，统一将尺寸变换成 227×227。因此提到了**各向异性缩放、各向同性缩放**的概念，具体操作如下。

输入一张图片后，首先要搜索出所有可能是物体的区域，这里 RCNN 采用 SS 算法方法搜索出 2000 个候选区域框。

从 RCNN 的总流程图中可以看到搜索出的候选区域框并不是统一大小的，然而 CNN 模型对输入图片的大小是有固定要求的。如果不对搜索到的候选区域框进行处理，而是直接送入 CNN 模型中是不可以的。因此，对于每个输入的候选区域框都需要将其缩放到固定大小。

在做 RCNN 图像缩放实验（见图 7.2）时使用了两种方法，分别是**各向异性缩放**和**各向同性缩放**。

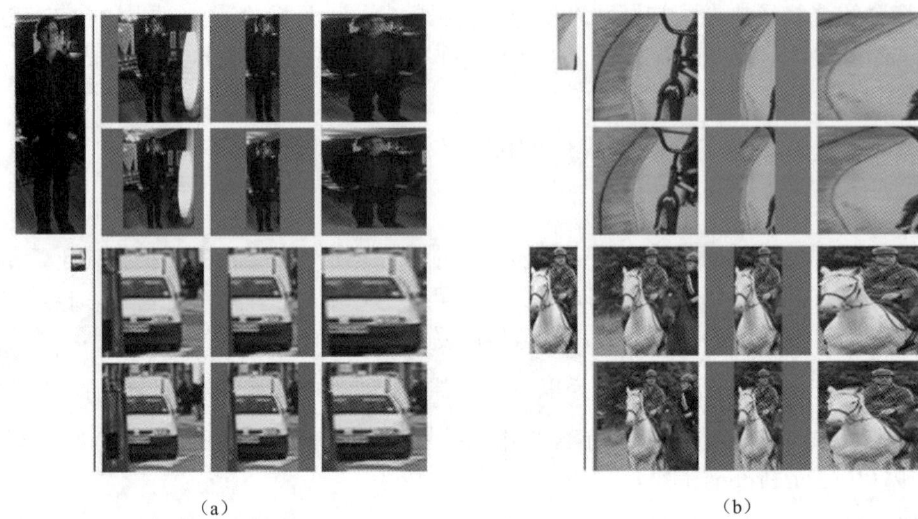

（a）　　　　　　　　　　（b）

图 7.2

1. 各向异性缩放

这种方法很简单，即不考虑图片的具体形状和尺寸，直接将图片全部缩放到 CNN 模型要求的尺寸（227×227），具体操作如图 7.2（d）。

2. 各向同性缩放

通过各向异性缩放结果可以看出，通过这种方法得到的图像可能会有一定的扭曲，并且对于最终的精度也会有影响。于是测试了另一方法，即各向同性缩放，这种方法可以细分为**先扩充后裁剪**和**先裁剪后扩充**。

SS 算法的流程如下。

（1）生成区域集 R。

（2）计算区域集 R 中每个相邻区域的相似度 $S=\{s_1,s_2,\ldots\}$。

（3）找出相似度最高的两个区域，将其合并为新集，并添加进 R。

（4）从 S 中移除所有与（3）中有关的子集。

（5）计算新集与所有子集的相似度。

（6）跳至（3），直至 S 为空。

7.2 SPPNet 目标检测算法

从前面关于 RCNN 算法的描述中可以看出，为了使进入 CNN 模型的输入保持一致，使用了裁剪（crop）和变形（warp）的方法处理，但是裁剪会导致信息丢失，变形会导致位置信息扭曲，从而影响目标检测和识别的精度，如图 7.3 所示。SPPNet 算法中提出了一种新的池化方法——空间金字塔池化（spatial pyramid pooling，SPP），可以在一定程度上解决这个问题。

图 7.3

为什么 CNN 模型需要一个固定的输入尺寸呢？因为 CNN 模型主要由两部分组成：卷积层和全连接层。卷积层可通过滑窗进行计算，并输出特征图。事实上，卷积并不需要固定的图像尺寸，它可以产生任意尺寸的特征图。但是根据定义，全连接层需要固定的尺寸输入。因此，固定尺寸的问题源于全连接层，也是网络的最后阶段。

7.2.1 空间金字塔池化层

对于前面提到的固定输入尺寸的问题，可将其理解为特征向量的尺寸固定，以方便分类器进行分类，而这种固定尺寸的特征向量可以使用词袋法通过池化特征生成。本质上空间金字塔池化就是对 BoW 的改进，以便在池化过程中保留局部空间块（Spatial bins）的信息。这些空间块的尺寸与图像的尺寸是成比例的，其对应着空间块的数量也是一定的。如图 7.4 所示，使用一个空间金字塔池化层替代传统 CNN 模型中的最后一个池化层。

图 7.5 所示为空间金字塔池化原理，黑色图片代表卷积后得到的特征图，随后以不同大小的 pooling kernel 提取特征，分别是 window size-1、window size-2 和 window size-3。使用这三个 size 的 pooling 操作，就可以得到 16+4+1=21 种不同的空间块。从每个空间块中提取出一个特征，这样刚好就是要提取的 21 维特征向量。这种以不同大小格子的组合方式进行池化的过程就是空间金字塔池化。

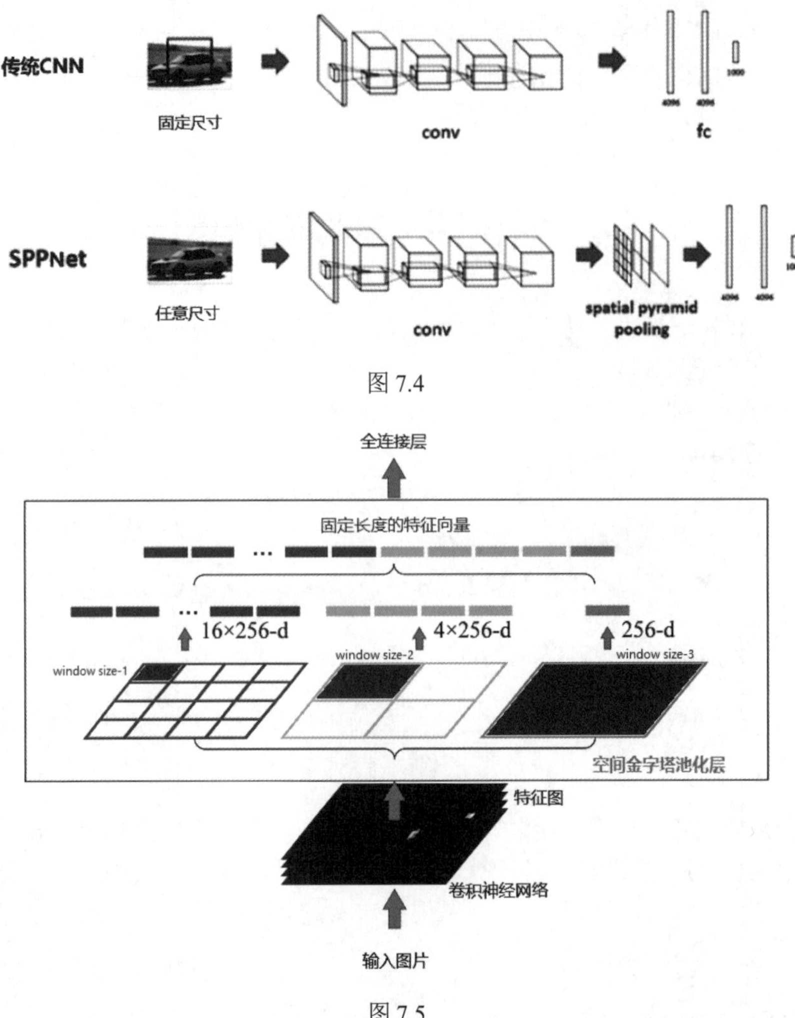

图 7.4

图 7.5

例如，要进行空间金字塔最大池化，其实就是从 21 个空间块中分别计算每个空间块的最大值，从而得到一个输出单元，最终得到一个 21 维特征向量的输出。

7.2.2 SPPNet 算法的流程

1）通过 SS 算法，从待检测的图片中搜索出 2000 个候选区域（同 RCNN）。

2）特征提取阶段。如图 7.6 所示，SPPNet 将把整张待检测的图片输入 CNN 模型中，进行一次性特征提取后得到特征图，在特征图中找到各个候选区域，再对各个候选区域采用空间金字塔池化，得到固定长度的特征向量。而 RCNN 是将每个候选区域输入 CNN 模型。因为 SPPNet 只需要对整张图片进行一次特征提取，所以速度极快。

3）使用 SVM 算法进行特征向量分类识别。

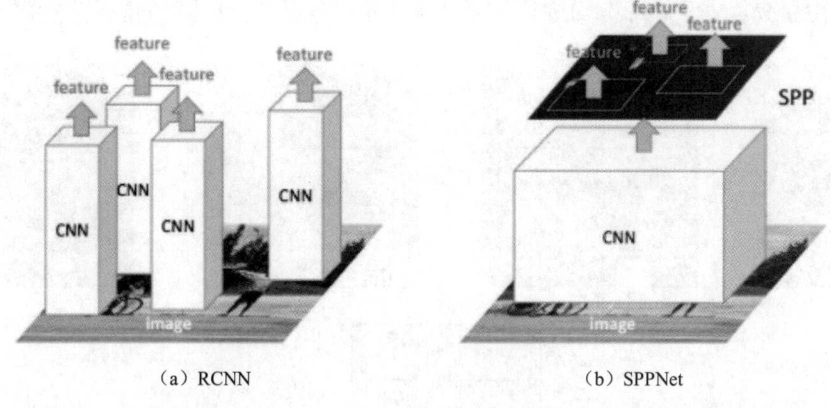

（a）RCNN　　（b）SPPNet

图 7.6

7.3　Fast RCNN 目标检测算法

RCNN 在 RoI 选择上使用了 SS 算法，但需要进行多次 CNN 计算，所以整体检测速度很慢。2015 年，Ross Girshick 提出了 Fast RCNN 算法。Fast 就是减少 CNN 提取特征的次数，首先把图片输入 CNN，得到特征图；然后根据 RoI 的坐标，直接在特征图上获取特征值；最后进行后续的分类和边框回归。其具体操作流程如图 7.7 所示。

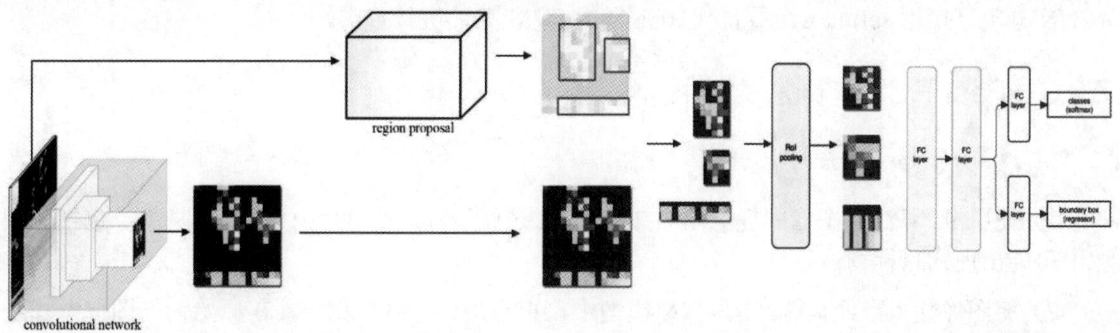

图 7.7

7.3.1　RoI Pooling 层

Fast RCNN 中新增了 RoI Pooling 层。由于最后的分类和边框回归是在全连接层进行的，因此需要输入向量的大小是固定的。RoI 的框大小不一，原始 RCNN 是截取原图，对小图进行缩放后可以得到相同大小的特征向量。但是，使用 RoI 从特征图上截取出来的特征图是无法缩放的，于是在 Fast RCNN 中提出了 RoI Pooling 层的设想。

RoI Pooling 的主要思想是把大小不一的特征图变成统一的大小。如图 7.8 所示，将原特征

图划分成固定的 $M \times N$ 份，每份均进行 Max-Pooling，得到大小相同的特征向量。

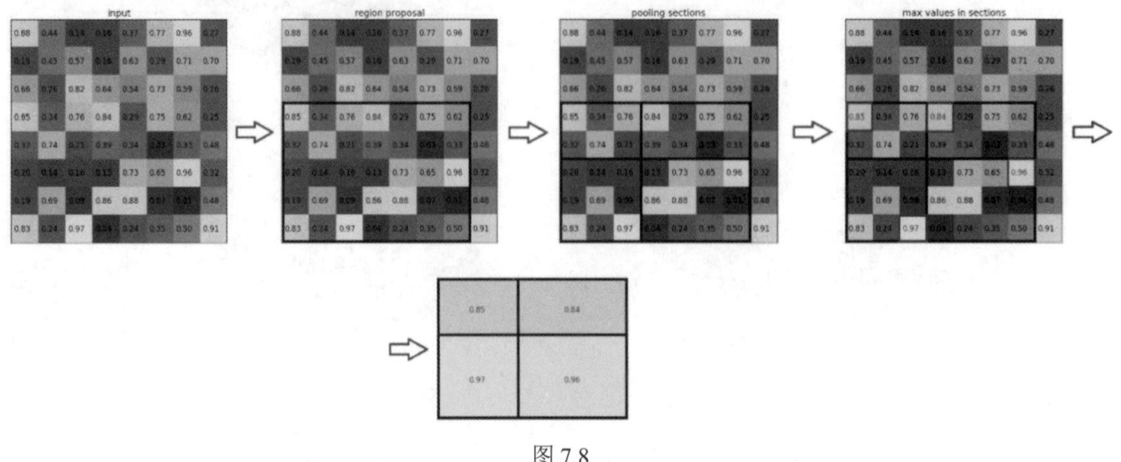

图 7.8

7.3.2 Fast RCNN 算法与 RCNN 算法的区别

Fast RCNN 算法与 RCNN 算法的区别如下：

1）Fast RCNN 算法在最后一个卷积层后加了一个 RoI Pooling 层。

2）Fast RCNN 算法使用了多任务损失函数，将边框回归直接加到 CNN 模型中训练。Fast RCNN 分类直接用 softmax 函数替代 RCNN 的 SVM 算法进行分类。

7.3.3 Fast RCNN 算法的流程

Fast RCNN 算法的流程如下：

1）使用 SS 算法从图像中提取出约 2000 个候选区域，这 2000 个候选区域基本上包括了图像中可能出现的目标物体。

2）将图像输入已经训练好的 CNN 模型中，直到最后一层卷积层，在原始输入图像中找到约 2000 个候选区域的位置，并将其映射到 RoI Pooling 层。

3）将每一个映射后的 RoI 划分为固定大小的网格，并对每个网格的所有值取最大值（Max Pooling 操作），以得到固定大小的特征图。

4）将 RoI Pooling 层得到的特征图作为后续全连接层的输入，最后一层输出 n 个分类信息和 4 个 Bounding Box 修正偏移量。将 Bounding Box 按照位置偏移量进行修正，根据非最大值抑制（NMS）算法对所有 Bounding Box 进行筛选，即可得到对该图像的最终 Bounding Box 预测值和每个 Bounding Box 对应的分类概率。

7.4　Faster RCNN 目标检测算法

Fast RCNN 算法提取检测区域时使用了 SS 算法，该算法因为无法利用 GPU，所以 Fast RCNN 算法比较慢。于是 Ross Girshick 在 2015 年提出了 Faster RCNN 算法。

7.4.1　Region Proposal Network 模块

Faster RCNN 算法的主要改进是把 SS 算法替换成一个神经网络（Nearal Network，NN）模块，并取名为 Region Proposal Network（RPN），如图 7.9 所示。RPN 使用默认大小的 anchor（边框）截取图片的特征图，并判断该 anchor 中是否有物体。

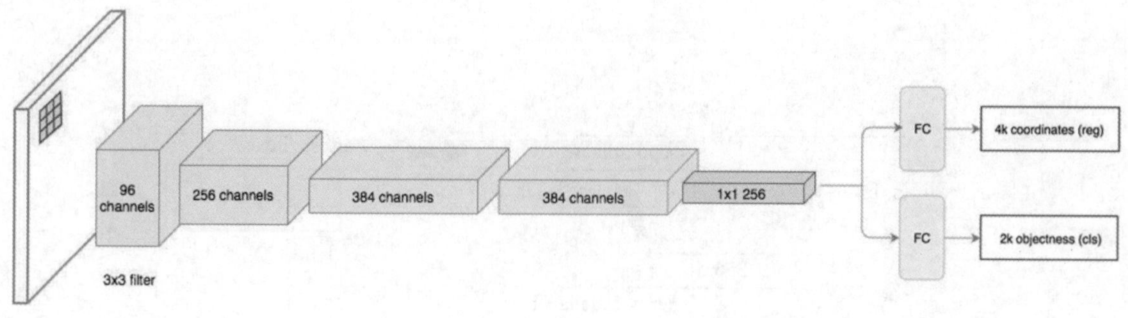

图 7.9

对特征图上的每个点都进行一次 CNN 计算，得出 2k 个数值，k 表示 anchor 的数量。从每个 anchor 中可以得到两个值，对这两个值做 softmax，就能知道在该位置上对应的 anchor 中是否有待检测的目标。如果有待检测目标，就用 RoI 的坐标值截取特征图，进行最后的分类和回归。

7.4.2　anchor

anchor 实际上是一组由 RPN 生成的矩形，如图 7.10 所示。在 Faster RCNN 的 RPN 模块中，每个特征点上会有 n 个（默认为 9 个）anchor，共 3 种形状（长宽比分别为 1:1、1:2、2:1）。实际上，通过 anchor 就引入了检测中常用到的多尺度方法。

如图 7.11 所示，通过遍历 conv layers 计算获得的 Feature Map，为每一个点都配备这 9 种 anchor 作为初始的检测框。其实用这种方法获得的检测框很不准确，但通过后面的两次 Bounding Box 回归可以修正检测框的位置。

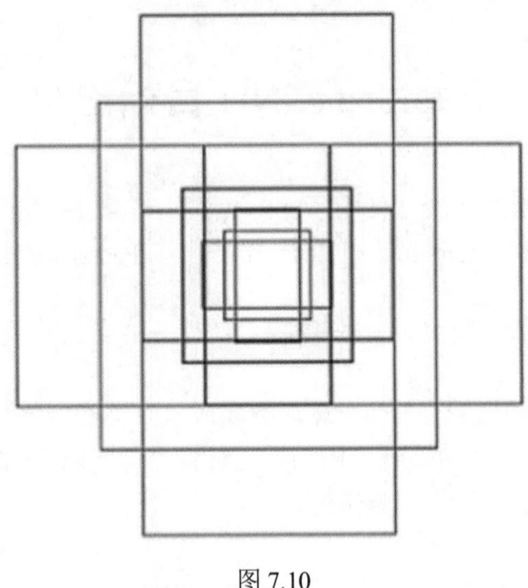

图 7.10

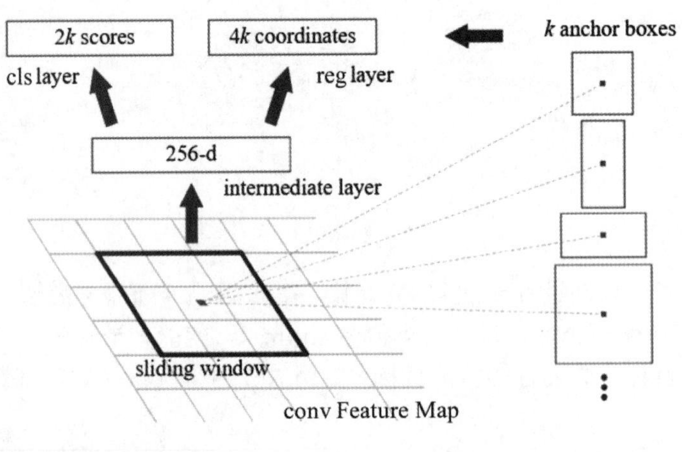

图 7.11

其实 RPN 就是在原图尺度上设置了密集的候选 anchor，并用 CNN 判断哪些 anchor 是有目标的 positive anchor，哪些是没有目标的 negative anchor。

如图 7.2 所示，假设有一张原图尺寸为 800×600 的图像，通过 VGG16 采样 16 倍，在最后输出的特征图上的每个点设置 9 个 anchor，所以该图上共有：

$$\frac{800}{16}\times\frac{600}{16}\times 9=16875$$

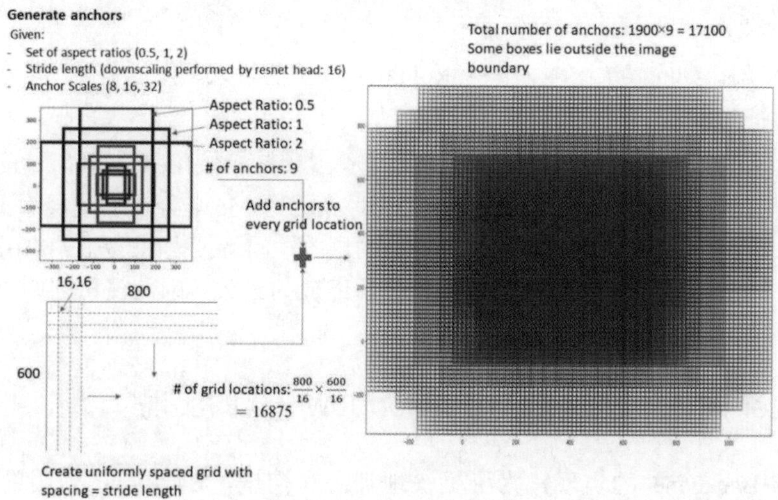

图 7.12

7.4.3　Faster RCNN 算法的流程

Faster RCNN 算法的流程如图 7.13 所示。

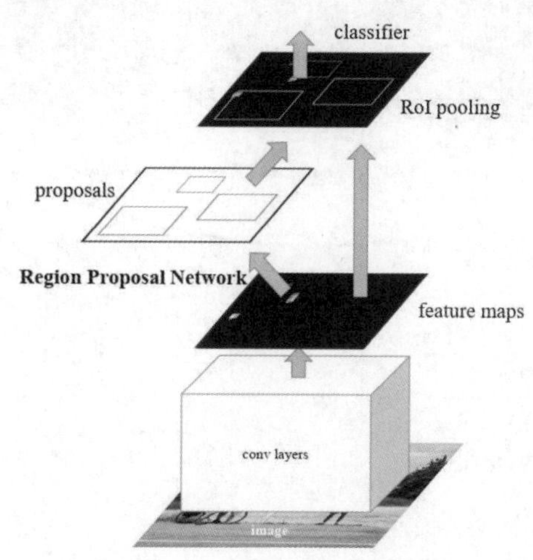

图 7.13

1）将原始图像输入卷积神经网络中，得到最后一层卷积层的特征作为后续网络层的输入。该特征分为两路，分别被后续的 RPN 层和 RoI Pooling 层所共享。

2）在 RPN 层可生成候选区域框，每张特征图也可生成多个候选区域。如果最后一层卷积层生成 256 张特征图，每张特征图生成 300 个候选区域，那么 RPN 层一共可产生 76800（256×300）个候选区域。其目的是代替在输入图像上进行选择性搜索（使用 SS 算法），寻找合适的候选区域框这一耗时的操作。

3）把 RPN 层得到的候选区域框作为 RoI Pooling 层的输入，使每个候选区域产生固定尺寸的 RoI Pooling 特征图。

4）与 Fast RCNN 算法一样，利用 SoftMax Loss 获得分类的概率，利用 Smooth L1 Loss 进行边框回归。假设步骤 3）中产生的 RoI 特征大小为(32,32,256)，经过分类层输出每个位置上的 9 个候选区域框属于前景和背景的概率，因此分类层的输出特征为(32,32,(9×2))；窗口回归层则输出每个位置上 9 个候选区域对应窗口应该平移缩放的参数，因此窗口回归层的输出特征为(32,32,(9×4))。

7.4.4 Faster RCNN 算法基于 TensorFlow 2.0 的实现

首先介绍 Backbone 的实现，为了更快地训练和推理，Backbone 使用的是轻量化模型 MobileNet V3，如图 7.14 所示。

从图 7.14 中可以看出，MobileNet V3 中增加了 SE 结构，并且减少了含有 SE 结构的 expand layer 的 channel 数（为原来的 1/4，可以减少延迟，但是时间查看模型貌似只是减少了 1/2）。试验发现，这样不仅提高了模型精度，而且整体上并没有增加延迟。

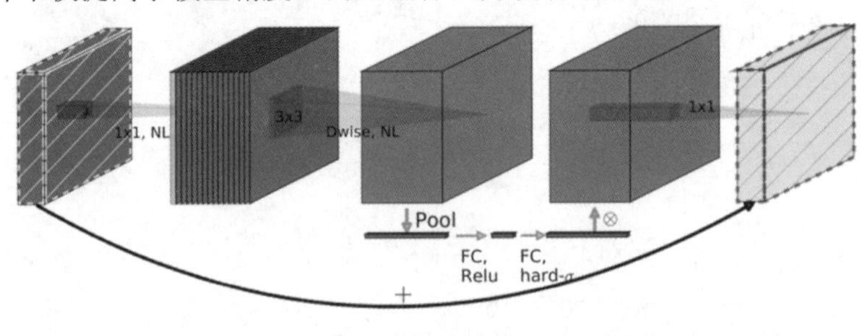

图 7.14

MobileNet V3 Block 的实现如下：

```
import tensorflow as tf
import tensorflow.keras.layers as nn

# HSigmoid 激活函数
def h_sigmoid(x):
    return tf.nn.relu6(x + 3)/6

# HSwish 激活函数
def h_swish(x):
    return x * h_sigmoid(x)
```

SEBlock 注意力实现如下（组件之一）：

```
class SEBlock(nn.Layer):
```

```
    def __init__(self, input_channels, r=16):
        super(SEBlock, self).__init__()
        self.pool = tf.keras.layers.GlobalAveragePooling2D()
        self.fc1 = tf.keras.layers.Dense(units=input_channels // r)
        self.fc2 = tf.keras.layers.Dense(units=input_channels)
    def call(self, inputs, **kwargs):
        branch = self.pool(inputs)
        branch = self.fc1(branch)
        branch = tf.nn.relu(branch)
        branch = self.fc2(branch)
        branch = h_sigmoid(branch)
        branch = tf.expand_dims(input=branch, axis=1)
        branch = tf.expand_dims(input=branch, axis=1)
        output = inputs * branch
        return output
```

Bottleneck 是实现的组件之一。

```
class BottleNeck(nn.Layer):
    def __init__(self, in_size, exp_size, out_size, s, is_se_existing, NL, k):
        super(BottleNeck, self).__init__()
        self.stride = s
        self.in_size = in_size
        self.out_size = out_size
        self.is_se_existing = is_se_existing
        self.NL = NL
        self.conv1 = tf.keras.layers.Conv2D(filters=exp_size,
                                            kernel_size=(1, 1),
                                            strides=1,
                                            padding="same")
        self.bn1 = tf.keras.layers.BatchNormalization()
        self.dwconv = tf.keras.layers.DepthwiseConv2D(kernel_size=(k, k),
                                                      strides=s,
                                                      padding="same")
        self.bn2 = tf.keras.layers.BatchNormalization()
        self.se = SEBlock(input_channels=exp_size)
        self.conv2 = tf.keras.layers.Conv2D(filters=out_size,
                                            kernel_size=(1, 1),
                                            strides=1,
                                            padding="same")
        self.bn3 = tf.keras.layers.BatchNormalization()
        self.linear = tf.keras.layers.Activation(tf.keras.activations.linear)

    def call(self, inputs, training=None, **kwargs):
        x = self.conv1(inputs)
        x = self.bn1(x, training=training)
        if self.NL == "HS": x = h_swish(x)
```

```
        elif self.NL == "RE": x = tf.nn.relu6(x)
        x = self.dwconv(x)
        x = self.bn2(x, training=training)
        if self.NL == "HS": x = h_swish(x)
        elif self.NL == "RE": x = tf.nn.relu6(x)
        if self.is_se_existing: x = self.se(x)
        x = self.conv2(x)
        x = self.bn3(x, training=training)
        x = self.linear(x)

        if self.stride==1 and self.in_size==self.out_size:
            x=tf.keras.layers.add([x, inputs])

        return x
```

这里的 Backbone 为图 7.15 中的框内部分。

Input	Operator	exp size	#out	SE	NL	s
$224^2 \times 3$	conv2d	-	16	-	HS	2
$112^2 \times 16$	bneck, 3x3	16	16	-	RE	1
$112^2 \times 16$	bneck, 3x3	64	24	-	RE	2
$56^2 \times 24$	bneck, 3x3	72	24	-	RE	1
$56^2 \times 24$	bneck, 5x5	72	40	✓	RE	2
$28^2 \times 40$	bneck, 5x5	120	40	✓	RE	1
$28^2 \times 40$	bneck, 5x5	120	40	✓	RE	1
$28^2 \times 40$	bneck, 3x3	240	80	-	HS	2
$14^2 \times 80$	bneck, 3x3	200	80	-	HS	1
$14^2 \times 80$	bneck, 3x3	184	80	-	HS	1
$14^2 \times 80$	bneck, 3x3	184	80	-	HS	1
$14^2 \times 80$	bneck, 3x3	480	112	✓	HS	1
$14^2 \times 112$	bneck, 3x3	672	112	✓	HS	1
$14^2 \times 112$	bneck, 5x5	672	160	✓	HS	1
$14^2 \times 112$	bneck, 5x5	672	160	✓	HS	2
$7^2 \times 160$	bneck, 5x5	960	160	✓	HS	1
$7^2 \times 160$	conv2d, 1x1	-	960	-	HS	1
$7^2 \times 960$	Pool, 7x7	-	-	-	HS	-
$1^2 \times 960$	conv2d 1x1, NBN	-	1280	-	HS	1
$1^2 \times 1280$	conv2d 1x1, NBN	-	k	-		-

图 7.15

MobileNet V3 Small 的实现如下：

```
class MobileNetV3Small(tf.keras.Model):
    def __init__(self):
        super(MobileNetV3Small, self).__init__()
        self.conv1  =  tf.keras.layers.Conv2D(filters=16,  kernel_size=(3,  3),  strides=2,
padding="same")
        self.bn1 = tf.keras.layers.BatchNormalization()
        self.bneck1 = BottleNeck(in_size=16, exp_size=16, out_size=16, s=2, is_se_existing=
True, NL="RE", k=3)
        self.bneck2 = BottleNeck(in_size=16, exp_size=72, out_size=24, s=2, is_se_existing=
False, NL="RE", k=3)
        self.bneck3 = BottleNeck(in_size=24, exp_size=88, out_size=24, s=1, is_se_existing=
```

```
False, NL="RE", k=3)
        self.bneck4 = BottleNeck(in_size=24, exp_size=96, out_size=40, s=2, is_se_existing=
True, NL="HS", k=5)
        self.bneck5 = BottleNeck(in_size=40, exp_size=240, out_size=40, s=1, is_se_existing=
True, NL="HS", k=5)
        self.bneck6 = BottleNeck(in_size=40, exp_size=240, out_size=40, s=1, is_se_existing=
True, NL="HS", k=5)
        self.bneck7 = BottleNeck(in_size=40, exp_size=120, out_size=48, s=1, is_se_existing=
True, NL="HS", k=5)
        self.bneck8 = BottleNeck(in_size=48, exp_size=144, out_size=48, s=1, is_se_existing=
True, NL="HS", k=5)
        self.bneck9 = BottleNeck(in_size=48, exp_size=288, out_size=96, s=1, is_se_existing=
True, NL="HS", k=5)
        self.bneck10 = BottleNeck(in_size=96, exp_size=576, out_size=96, s=1, is_se_existing=
True, NL="HS", k=5)
        self.bneck11 = BottleNeck(in_size=96, exp_size=576, out_size=96, s=1, is_se_existing=
 True, NL="HS", k=5)

        self.conv2  =  tf.keras.layers.Conv2D(filters=576,  kernel_size=(1,  1),  strides=1,
padding="same")
        self.bn2 = tf.keras.layers.BatchNormalization()

    def call(self, inputs, training=None, mask=None):
        x = self.conv1(inputs)
        x = self.bn1(x, training=training)
        x = h_swish(x)

        x = self.bneck1(x, training=training)
        x = self.bneck2(x, training=training)
        x = self.bneck3(x, training=training)
        x = self.bneck4(x, training=training)
        x = self.bneck5(x, training=training)
        x = self.bneck6(x, training=training)
        x = self.bneck7(x, training=training)
        x = self.bneck8(x, training=training)
        x = self.bneck9(x, training=training)
        x = self.bneck10(x, training=training)
        x = self.bneck11(x, training=training)

        x = self.conv2(x)
        x = self.bn2(x, training=training)
        return x
```

实现 RPN，创建建议框网络，该网络结果会对先验框进行调整以获得建议框。

```
def get_rpn(base_layers, num_anchors):
    # 利用一个 512 通道的 3×3 卷积进行特征整合
    x=Conv2D(512,(3,3),padding='same',activation='relu',kernel_initializer=
```

```
    RandomNormal(stddev=0.02),name='rpn_conv1')(base_layers)

    # 利用一个 1×1 卷积调整通道数，获得预测结果
    x_class=Conv2D(num_anchors,(1,1),activation='sigmoid',kernel_initializer=
    RandomNormal(stddev=0.02),name='rpn_out_class')(x)
    x_regr=Conv2D(num_anchors*4,(1,1),activation='linear',kernel_initializer=
    RandomNormal(stddev=0.02),name='rpn_out_regress')(x)

    x_class = Reshape((-1, 1), name="classification")(x_class)
    x_regr = Reshape((-1, 4), name="regression")(x_regr)
    return [x_class, x_regr]
```

构建分类与回归层，将共享特征层和建议框传入 classifier 网络，该网络结果会对建议框进行调整以获得预测框。

```
def get_classifier(base_layers,input_rois,nb_classes=21,pooling_regions=14):
    out_roi_pool=RoiPoolingConv(pooling_regions)([base_layers,input_rois])
    out=classifier_layers(out_roi_pool)
    out=TimeDistributed(Flatten())(out)
    out_class=TimeDistributed(Dense(nb_classes,
                                    activation='softmax',
                                    kernel_initializer=RandomNormal(stddev=0.02)),
                                    name='dense_class_{}'.format(nb_classes))(out)
out_regr=TimeDistributed(Dense(4*(nb_classes-1),
                                   activation='linear',
                                   kernel_initializer=RandomNormal(stddev=0.02)),
                                   name='dense_regress_{}'.format(nb_classes))(out)
    return [out_class, out_regr]
```

检测结果如图 7.16 所示。

图 7.16

提示：

由于篇幅有限，这里不给出全部内容，如果读者需要完整代码，可以自行获取源码进行训练和测试。三种算法的使用方法、缺点及改进见表 7.1。

表 7.1

算　法	使用方法	缺　点	改　进
RCNN	（1）使用 SS 算法提取 RP （2）使用 CNN 提取特征 （3）使用 SVM 算法分类 （4）使用 BBox 回归	（1）训练步骤烦琐（微调网络+训练 SVM+训练 BBox） （2）训练、测试速度均慢 （3）训练占空间	（1）从 DPM HSC 的 34.3% 直接提升到 66%（mAP） （2）引入 RP+CNN
Fast RCNN	（1）使用 SS 算法提取 RP （2）使用 CNN 提取特征 （3）使用 SoftMax 分类 （4）使用多任务损失函数边框回归	（1）依旧用 SS 算法提取 RP（耗时 2～3s，特征提取耗时 0.32s） （2）无法满足实时应用，没有真正实现端到端训练测试 （3）利用了 GPU，但是区域建议方法是在 CPU 上实现的	（1）由 66.9%提升到 70% （2）每张图像耗时约 3s
Faster RCNN	（1）使用 RPN 提取 RP （2）使用 CNN 提取特征 （3）使用 SoftMax 分类 （4）使用多任务损失函数边框回归	（1）无法达到实时检测目标 （2）获取 Region Proposal，再对每个 Proposal 分类计算量还是比较大	（1）提高了检测精度和速度 （2）真正实现端到端的目标检测框架 （3）生成建议框需约 10ms

7.5　SSD 目标检测算法

针对小目标检测的缺陷，如果出现过于密集的检测物体时，效果就会比较差，而对于多阶段检测的算法，如 RCNN、Fast RCNN、Faster RCNN，虽然对于小目标有比较好的检测效果，但是由于其自身会产生很多冗余边界框，导致基于分类的检测方法的检测时间会比较长，很难满足实时性的要求。

SSD（Single Shot MultiBox Detector）是一个端到端的模型，所有的检测过程和识别过程都是在同一个网络中进行的；同时 SSD 借鉴了 Faster RCNN 的 anchor 机制，这样就相当于在基于回归的检测过程中结合了区域的思想，使检测效果有了较好的提升。

7.5.1　多尺度特征预测

与使用顶层特征图的传统预测方法相比，SSD 选择使用多尺度特征图，因为在比较浅的特征图中可以对小目标有比较好的表达，随着特征图的深入，网络对于比较大的特征也会有比较好的表达能力。因此 SSD 选择使用多尺度特征图可以很好地兼顾大目标和小目标，如图 7.17 所示。

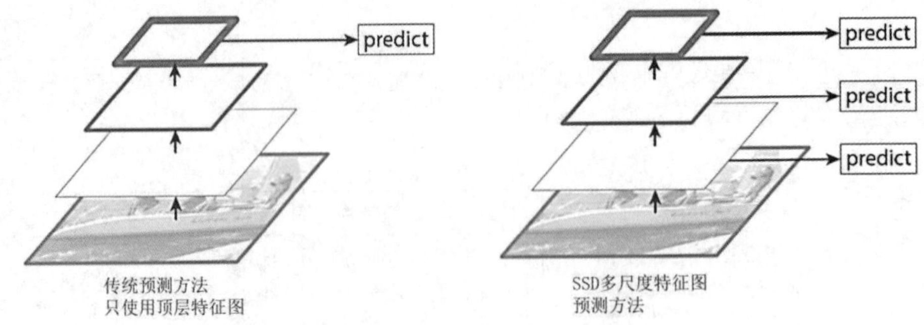

图 7.17

由表 7.2 可以看出，对于多尺度特征图预测，全部卷积层都使用可以达到最好的效果。

表 7.2

prediction source layers from:						mAP use boundary boxes?		# Boxes
Conv4_3	Conv7	Conv8_2	Conv9_2	Conv10_2	Conv11_2	Yes	No	
√	√	√	√	√	√	74.3	63.4	8732
√	√	√	√	√		74.6	63.1	8764
√	√	√	√			73.8	68.4	8942
√	√	√				70.7	69.2	9864
√	√					64.2	64.4	9025
	√					62.4	64.0	8664

7.5.2 边界框的定制

针对不同的特征图，SSD 定制了不同数量的默认边界框的数量，见表 7.3。

表 7.3

层名称	输出尺寸	Prior 数量	总数
Conv5_3	38×38	4	5776
Conv7_2	19×19	6	2166
Conv8_2	10×10	6	600
Conv9_2	5×5	6	150
Conv10_2	3×3	4	36
Conv11_2	1×1	4	4
			8732

由表 7.3 和图 7.18 可以看出，最终可产生 8732 个边界框（可使用 NMS 算法进行筛选）。

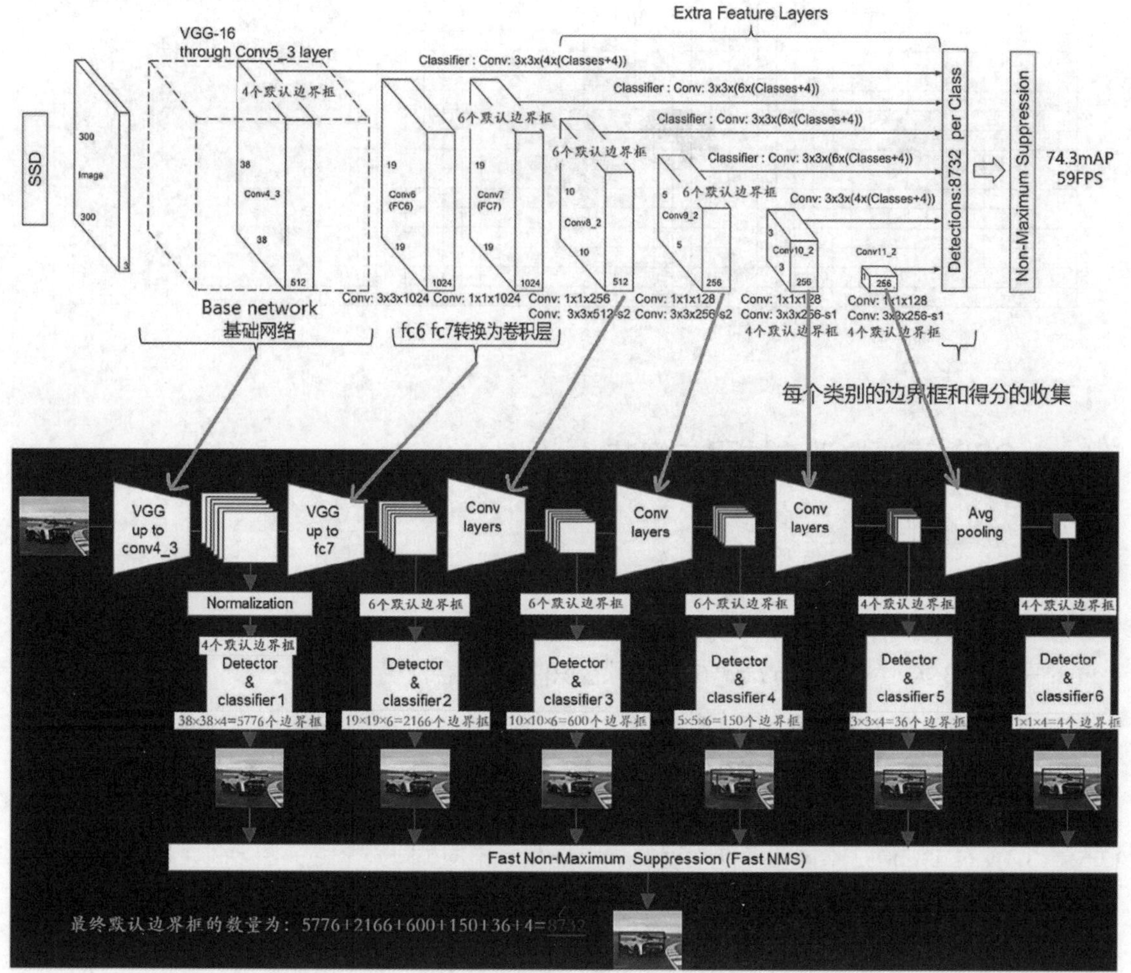

图 7.18

7.5.3　空洞卷积

由于 SSD 借鉴了 DeepLab-LargeFOV，分别将 VGG16 的全连接层 FC6 和 FC7 转换成 3×3 卷积层 Conv6 和 1×1 卷积层 Conv7，同时将池化层 pool5 由原来的 2×2−s2 变成 3×3−s1。空洞卷积（Dilation Convolution）在不增加参数与模型复杂度的条件下指数级扩大卷积的感受野。

空洞卷积的思想：紧密相邻的像素几乎相同，如果全部纳入会存在很多冗余，于是选择跳跃 H（hole）个像素取一个有效值，这样可以在较少的参数下增大感受野，同时也节省内存。

图 7.19（a）是普通的 3×3 卷积，其感受野是 3×3；图 7.19（b）的扩张率为 2，此时感受野变成 7×7；图 7.19（c）的扩张率为 4，感受野扩大为 15×15，但是感受野的特征更稀疏。

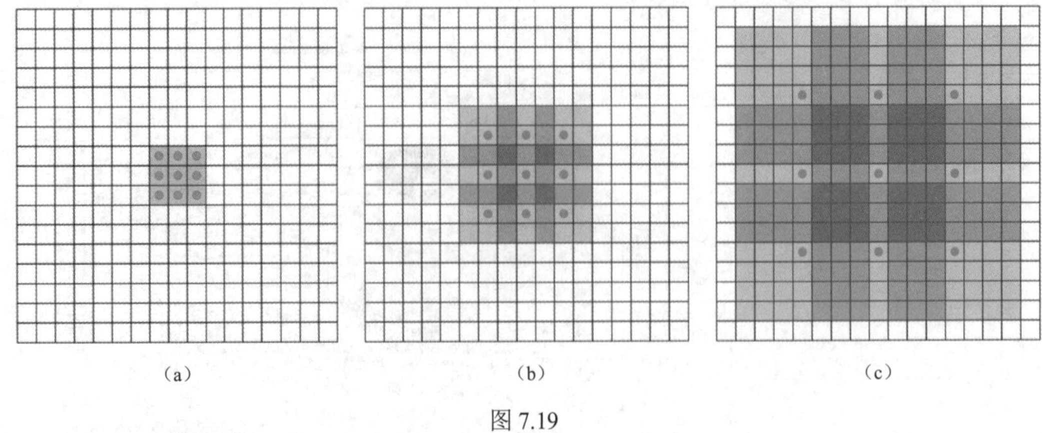

（a）（b）（c）

图 7.19

7.5.4 SSD 算法的训练过程与细节

SSD 算法的训练过程与细节如下：

1）VGG16 在 ILSVRC CLS-LOC 数据集上进行预训练。

2）将 VGG16 的全连接层 FC6 和 FC7 转换成 3×3 卷积层 Conv6[Conv6 采用带孔卷积，Conv6 采用 3×3 大小、dilation rate=6 的空洞卷积]和 1×1 卷积层 Conv7。

3）移除 DropOut 层和 fc8 层，并新增一系列卷积层，在检测数据集上做 fine tuning。

从后面新增的卷积层中提取 Conv7、Conv8_2、Conv9_2、Conv10_2、Conv11_2 作为检测所用的特征图，加上 Conv4_3 层，共提取了 6 个特征图，其大小分别为(38,38)、(19,19)、(10,10)、(5,5)、(3,3)、(1,1)，但是不同特征图设置的先验框数目不同（同一个特征图上每个单元设置的先验框是相同的，这里的数目是指一个单元的先验框数目）。由于每个先验框都会预测一个边界框，因此 SSD 一共可以预测 38×38×4+19×19×6+10×10×6+5×5×6+3×3×4+1×1×4 = 8732 个边界框，这是一个相当大的数字，所以说 SSD 本质上是密集采样。

4）得到特征图之后，对特征图进行 3×3 卷积，得到检测结果。

5）对于每个预测框，可先根据类别置信度确定其类别与置信度值，再过滤属于背景的预测框，最后根据置信度阈值（如 0.5）过滤阈值较低的预测框。

6）对留下的预测框进行解码，根据先验框得到其真实的位置参数（解码后一般还需要做切片，防止预测框位置超出图片）。解码之后，一般需要根据置信度进行降序排列，最终仅保留 top-k（如 400）个预测框。

7）使用 NMS 算法进行筛选，过滤那些重叠度较大的预测框，剩余的预测框就是检测结果。

7.5.5　SSD 算法的优缺点

1. SSD 算法的优点

1）对于小尺寸目标对象，SSD 算法的性能比 Faster RCNN 算法差。SSD 算法只能在较高分辨率的层（最左边的层）检测小目标，但是这些层包含低级特征，如边缘或色块，分类的信息量较少。

2）准确率随着默认边界框的数量而增加，但以速度为代价。

3）多尺度特征图改进了不同尺度的目标的检测。

4）设计更好的默认边界框将有助于提高准确性。

5）COCO 数据集具有较小的目标。要提高准确性，可使用较小的默认边界框（以较小的尺度 0.15 开始）。

6）与 RCNN 算法相比，SSD 算法具有较低的定位误差，但处理相似类别的分类错误较多。较高的分类错误可能是因为使用相同的边界框进行多个类别预测造成的。

7）SSD512 具有比 SSD300 更高的精度（2.5%），但运行速度为 22 FPS 而非 59 FPS。

2. SSD 算法的缺点

1）SSD 算法对小目标不够鲁棒（会出现误检和漏检）。

2）浅层特征图的表示能力不够强。

7.6　YOLO 目标检测算法

前面章节主要描述了 RCNN 系列的目标检测算法，该系列的目标检测算法并没有实现端到端的模型，同时对于实时性较高的场景也不是很适用，因此提出了全新的端到端目标检测算法、YOLO 系列算法及 SSD 算法。本节将介绍 YOLO 系列算法。

7.6.1　YOLO v1 算法

YOLO v1 算法没有选择基于候选区域框算法的方式进行网络训练，而是直接采用全图进行训练的模式，其优点在于可以更加快捷地区分目标物体和背景区域，缺点是在提升检测速度的同时牺牲了检测精度。

如图 7.20 所示，YOLO v1 算法将一张图像分成 $S \times S$ 个网格，如果某个目标的中心落在该网格中，则该网格就负责预测这一目标。

图 7.20

YOLO v1 将检测目标模型作为回归问题，将图像划分为 $S \times S$ 个网格，每个网格单元预测 B 个边界框、框置信度得分（box confidence score）及 C 个条件类别概率（conditional class probabi lities）。

对于每个网格单元：

1）预测 B 个边界框，每个边界框计算一个框置信度得分。

2）只检测一个目标而不管边界框的数量 B。

3）预测 C 个条件类别概率，对于可能的目标类别，每个类别预测一个值。

为了评估 Pascal voc 数据集，YOLO v1 算法使用了 7×7 的网格（$S \times S$），每个网格使用 2 个边界框（B）和 20 个条件类别概率（C），最终一张图像的预测结果是一个 7×7×30 的 tensor。

每个边界框有 5 个元素(x, y, w, h, s)==>边界框的中心位置坐标(x,y)，边界框的宽度和高度(w,h)及框置信度得分 s。

框置信度得分：反映了边界框包含目标物体（objectness）的可能性及边界框的准确度。

将边界框的宽度 w 和高度 h 用图像宽度和高度进行归一化，因此，x 和 y 的取值范围都为 0～1。

如图 7.21 所示，YOLO v1 有 24 个卷积层，后面是 2 个全连接层；一些卷积层交替使用 1×1 的 reduction 层，以减少特征图的深度。对于最后一个卷积层，其输出是一个 shape 为(7,7,1024)的 tensor。将 tensor 展开，使用 2 个全连接层作为线性回归的形式，全连接层最后一层的输出为 1470 的向量，将向量 reshape 为一个(7,7,30)的 tensor。也就是说，YOLO v1 的网络结构对于一张图像的检测，最终输出的是一个 7×7×30 的 tensor，其中 tensor 包括 $S \times S \times (B \times 5+C)$，$B$ 表示每个网格单元使用的边界框数目，C 表示数据集中要分类的条件类别概率的数目。针对论文中提出的每张输入图像别分为 7×7 的网格，每个网格使用 2 个边界框检测目标物体。

网络中的激活函数大多选择 Leaky ReLU 激活函数，避免了 ReLU 激活函数带来的 Dead Area 情况，同时在大于 0 的区间达到了与 ReLU 激活函数同等的效果，可以使网络很快收敛，也很好地避免了梯度的消失。

网络中更多地使用了 1×1 和 3×3 的小卷积核，避免了大卷积带来的大参数量，加快了网络的训练，同时也使预测速度得到了大大的提升。

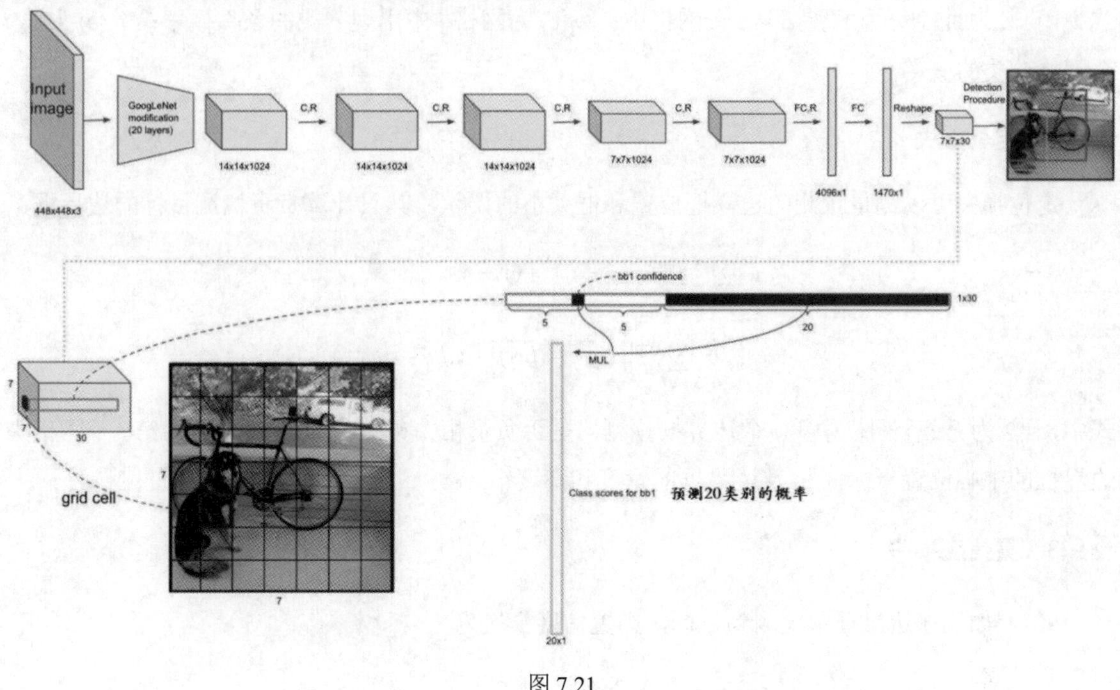

图 7.21

图 7.22 所示为 YOLO v1 的损失函数，包括分类损失、定位损失及置信度损失。

定位损失

$$\lambda_{\text{coord}} \sum_{i=0}^{S^2} \sum_{j=0}^{B} \mathbb{1}_{ij}^{\text{obj}} \left[(x_i - \hat{x}_i)^2 + (y_i - \hat{y}_i)^2 \right]$$

$$+ \lambda_{\text{coord}} \sum_{i=0}^{S^2} \sum_{j=0}^{B} \mathbb{1}_{ij}^{\text{obj}} \left[\left(\sqrt{w_i} - \sqrt{\hat{w}_i} \right)^2 + \left(\sqrt{h_i} - \sqrt{\hat{h}_i} \right)^2 \right]$$

置信度损失

$$+ \sum_{i=0}^{S^2} \sum_{j=0}^{B} \mathbb{1}_{ij}^{\text{obj}} \left(C_i - \hat{C}_i \right)^2$$

$$+ \lambda_{\text{noobj}} \sum_{i=0}^{S^2} \sum_{j=0}^{B} \mathbb{1}_{ij}^{\text{noobj}} \left(C_i - \hat{C}_i \right)^2$$

分类损失

$$+ \sum_{i=0}^{S^2} \mathbb{1}_{i}^{\text{obj}} \sum_{c \in \text{classes}} \left[p_i(c) - \hat{p}_i(c) \right]^2$$

图 7.22

1. 分类损失

如果检测到目标，则每个网格的分类损失是每个类别的条件类别概率的平方误差：

$$\sum_{i=0}^{S^2} 1_{ij}^{\text{obj}} \sum_{c \in \text{classes}} [p_i(c) - \hat{p}_i(c)]^2$$

式中，1_{ij}^{obj} 为目标是否出现在第 i 个网格中；$\hat{p}_i(c)$ 为网格 i 中出现 c 类的条件概率；$p_i(c)$ 为第 i 个网格分类的概率。

2. 定位损失

定位损失可以测量预测的边界框位置和框大小的误差，其只计算负责检测目标的边界框：

$$\lambda_{\text{coord}} \sum_{i=0}^{S^2} \sum_{j=0}^{B} 1_{ij}^{\text{obj}} \left[(x_i - \hat{x}_i)^2 + (y_i - \hat{y}_i)^2 \right]$$
$$+\lambda_{\text{coord}} \sum_{i=0}^{S^2} \sum_{j=0}^{B} 1_{ij}^{\text{obj}} \left[(\sqrt{w_i} - \sqrt{\hat{w}_i})^2 + (\sqrt{h_i} - \sqrt{\hat{h}_i})^2 \right]$$

式中，1_{ij}^{obj} 为第 i 个网格中第 j 个边界框预测器是否负责相关预测；x_i、y_i、w_i、h_i 为第 i 个网格中边界框的中心位置坐标 (x, y) 及边界框的宽度和高度 (w, h)。

3. 置信度损失

（1）如果在边界框中检测到目标，则置信度损失为

$$\sum_{i=0}^{S^2} \sum_{j=0}^{B} 1_{ij}^{\text{obj}} (C_i - \hat{C}_i)^2$$

（2）如果在边界框中没有检测到目标，则置信度损失为

$$\lambda_{\text{noobj}} \sum_{i=0}^{S^2} \sum_{j=0}^{B} 1_{ij}^{\text{noobj}} (C_i - \hat{C}_i)^2$$

注意：

> 大多数边界框不包含任何目标。这会引发类不平衡问题，即训练模型时更频繁地检测到背景而非检测目标。为了解决这个问题，可将该损失用因子乘以 λ_{noobj}（默认值为 0.5）降低。

通过网络的推理，可以得到很多候选边界框。接下来需要使用 NMS 算法进行框的过滤，NMS 算法流程如图 7.23 所示。NMS 算法的步骤如下。

（1）设置一个 S 的阈值和 IOU 的阈值。

（2）对于每类对象，遍历属于该类的所有候选边界框。

1）过滤 S 低于 S 阈值的候选边界框。

2）找到剩余候选边界框中最大 S 对应的候选边界框，将其添加到输出列表。

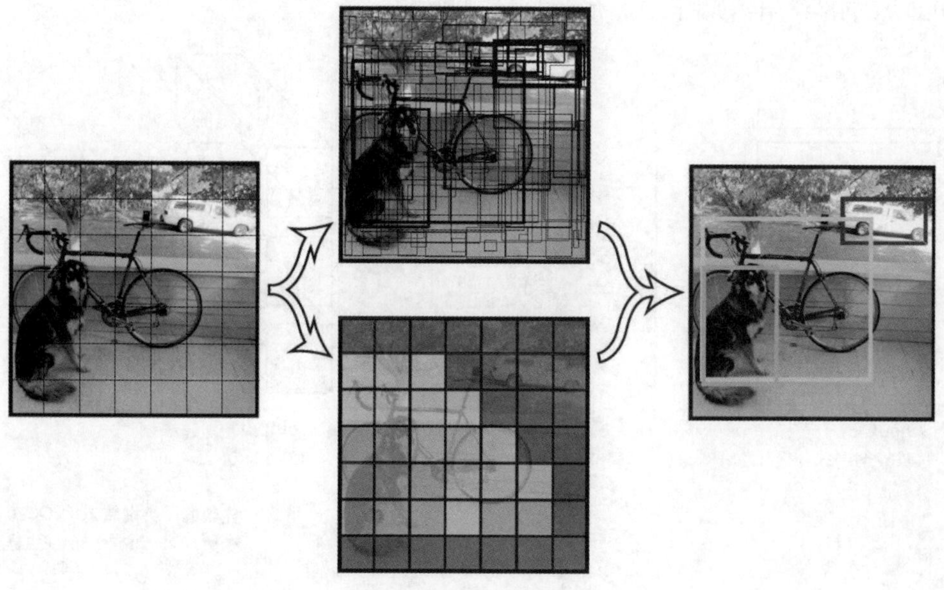

图 7.23

3）进一步计算剩余候选边界框与第 2）步输出列表中每个候选边界框的 IOU，若该 IOU 大于设置的 IOU 阈值，则将该候选框过滤，否则加入输出列表中。

4）输出列表中的候选边界框即为图片中该类对象预测的所有边界框。

5）返回步骤 2），继续处理下一类对象。

YOLO v1 具有以下优势：

1）速度极快，易于优化：只需读取一次图像即可进行端对端优化，可满足用户的实时需求。

2）背景误识别率低：对全图进行卷积学习，综合考虑了全图的上下文信息。

3）泛化性能好：由于综合考虑了图片全局，因此能够更好地学习数据集的本质表达，泛化性能更好。

4）识别精度高。

相较于 Faster RCNN，YOLO v1 存在以下不足：

1）定位精度不够，尤其是小目标。

2）对密集目标的识别存在不足。

3）对异常宽长比的目标识别不佳。

7.6.2 YOLO v2 算法

YOLO v2 的网络结构如图 7.24 所示。

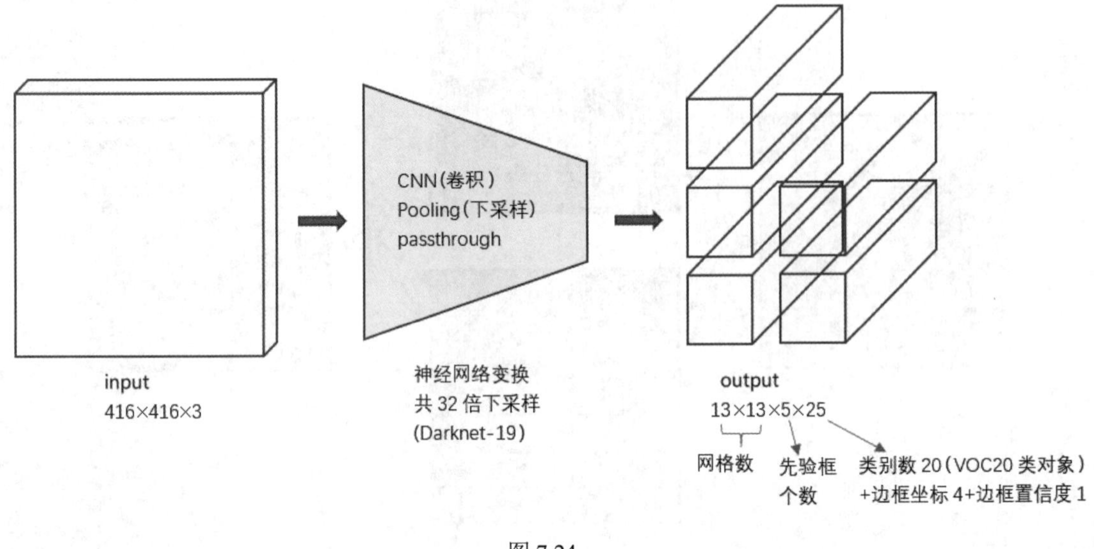

图 7.24

YOLO v2 的训练主要包括以下三个阶段。

（1）在 ImageNet 分类数据集上预训练 DarkNet-19，此时模型输入为 416×416×3，共训练 160 个 epochs。

（2）将网络的输入调整为，继续在 ImageNet 分类数据集上 Finetune 分类模型，训练 10 个 epochs，此时分类模型的 Top-1 准确度为 76.5%，而 Top-5 准确度为 93.3%。

（3）修改 DarkNet-19 分类模型为检测模型，并在检测数据集上继续 Finetune 网络。网络修改包括（网络结构可视化）移除最后一个卷积层、Global Avg Pooling 层及 Softmax 层，新增三个 3×3×1024 卷积层，同时增加一个 passthrough 层，使用 1×1 卷积输出预测结果。

YOLO v2 借鉴了很多其他目标检测算法的技巧，如 Faster RCNN 的 anchor boxes、SSD 算法中的多尺度特征预测。除此之外，YOLO v2 在网络设计上做了很多 tricks，使其能在保证速度的同时提高检测准确率；Multi-Scale Training 更使同一个模型适应不同大小的输入，从而可以在速度和精度上进行自由权衡。

在 YOLO v1 中，使用全连接层直接预测目标的 Bounding Box 的坐标，训练过程不够稳定。而在 Faster RCNN 中，使用全卷积网络 RPN 预测 Bounding Box 相对于 anchor box 的坐标的偏移量。由于预测网络是卷积网络，因此 RPN 在特征图网络的每个位置预测这些偏移，如图 7.25 所示。相比于直接预测坐标，预测偏移不仅更简单、误差更小，还可以简化问题，使网络更容易学习。

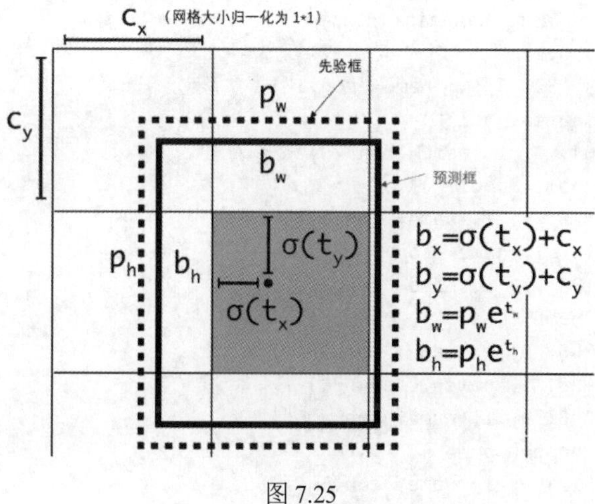

图 7.25

YOLO v2 中采用了 DarkNet-19 分类模型，其网络结构如图 7.26 所示。其中包含 19 个卷积层和 5 个 Maxpool 层，主要采用 3×3 卷积和 1×1 卷积。这里 1×1 卷积可以压缩特征图通道数，以降低模型计算量；每个卷积层后使用 BN 层，在加快模型收敛的同时防止过拟合。最终采用 global avg pool 后的结果进行预测。采用 YOLO v2 后，虽然模型的 mAP 值没有得到显著提升，但计算量有所减少。

Type	Filters	Size/Stride	Output
Convolutional	32	3×3	224×224
Maxpool		$2\times2/2$	112×112
Convolutional	64	3×3	112×112
Maxpool		$2\times2/2$	56×56
Convolutional	128	3×3	56×56
Convolutional	64	1×1	56×56
Convolutional	128	3×3	56×56
Maxpool		$2\times2/2$	28×28
Convolutional	256	3×3	28×28
Convolutional	128	1×1	28×28
Convolutional	256	3×3	28×28
Maxpool		$2\times2/2$	14×14
Convolutional	512	3×3	14×14
Convolutional	256	1×1	14×14
Convolutional	512	3×3	14×14
Convolutional	256	1×1	14×14
Convolutional	512	3×3	14×14
Maxpool		$2\times2/2$	7×7
Convolutional	1024	3×3	7×7
Convolutional	512	1×1	7×7
Convolutional	1024	3×3	7×7
Convolutional	512	1×1	7×7
Convolutional	1024	3×3	7×7
Convolutional	1000	1×1	7×7
Avgpool		Global	1000
Softmax			

图 7.26

DarkNet-19 的 TensorFlow 实现如下：

```
def Darknet19(images, n_last_channels=425):
    """Darknet19 for YOLOv2"""
    net = conv2d(images, 32, 3, 1, name="conv1")
    net = maxpool(net, name="pool1")
    net = conv2d(net, 64, 3, 1, name="conv2")
    net = maxpool(net, name="pool2")
    net = conv2d(net, 128, 3, 1, name="conv3_1")
    net = conv2d(net, 64, 1, name="conv3_2")
    net = conv2d(net, 128, 3, 1, name="conv3_3")
    net = maxpool(net, name="pool3")
    net = conv2d(net, 256, 3, 1, name="conv4_1")
    net = conv2d(net, 128, 1, name="conv4_2")
    net = conv2d(net, 256, 3, 1, name="conv4_3")
    net = maxpool(net, name="pool4")
    net = conv2d(net, 512, 3, 1, name="conv5_1")
    net = conv2d(net, 256, 1, name="conv5_2")
    net = conv2d(net, 512, 3, 1, name="conv5_3")
    net = conv2d(net, 256, 1, name="conv5_4")
    net = conv2d(net, 512, 3, 1, name="conv5_5")
    shortcut = net
    net = maxpool(net, name="pool5")
    net = conv2d(net, 1024, 3, 1, name="conv6_1")
    net = conv2d(net, 512, 1, name="conv6_2")
    net = conv2d(net, 1024, 3, 1, name="conv6_3")
    net = conv2d(net, 512, 1, name="conv6_4")
    net = conv2d(net, 1024, 3, 1, name="conv6_5")
    net = conv2d(net, 1024, 3, 1, name="conv7_1")
    net = conv2d(net, 1024, 3, 1, name="conv7_2")
    # shortcut
    shortcut = conv2d(shortcut, 64, 1, name="conv_shortcut")
    shortcut = reorg(shortcut, 2)
    net = tf.concat([shortcut, net], axis=-1)
    net = conv2d(net, 1024, 3, 1, name="conv8")
    # detection layer
    net=conv2d(net,n_last_channels,1,   batch_normalize=0,activation=None,   use_bias=True,
name="conv_dec")
    return net
```

YOLO v2 引入了一种称为 passthrough 层的方法，可以在特征图中保留一些细节信息。如图 7.27 所示，在最后一个 pooling 之前，特征图的大小是 26×26×512，将其 1 个切分为 4 个（见图 7.28），直接传递（passthrough）到 pooling 后（并且又经过一组卷积）的特征图，两者叠加到一起作为输出的特征图。

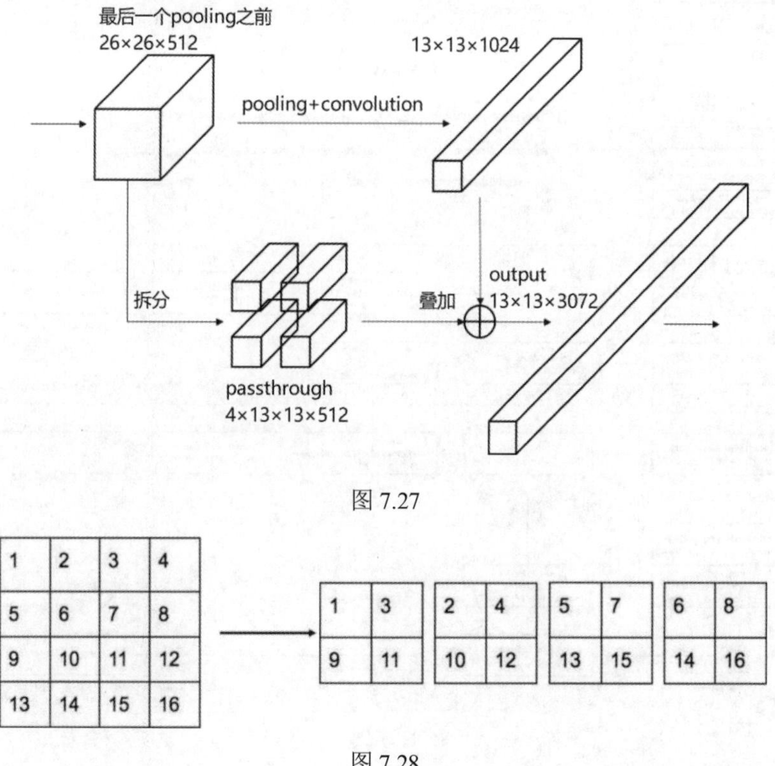

图 7.27

图 7.28

7.6.3 YOLO v3 算法

相较于 YOLO v2 算法，YOLO v3 算法最大的变化有两点：使用了残差模型和 FPN 架构。

YOLO v3 的特征提取器是一个残差模型，因为其中包含 53 个卷积层，所以称为 DarkNet-53。从网络结构上看，相比 DarkNet-19 网络，DarkNet-53 使用了残差块，所以可以构建得更深。另外，DarkNet-53 采用 FPN 架构实现多尺度检测。

YOLO v3 采用了三个尺度的特征图（当输入为 46×46 时），即[13×13]、[26×26]、[52×52]。Pascal voc 数据集上的 YOLO v3 网络结构如图 7.29 所示，其中蓝色部分为各个尺度特征图的检测结果。YOLO v3 每个位置使用三个先验框，所以使用 k-means 得到 9 个先验框，并将其划分到三个尺度特征图上，尺度更大的特征图使用更小的先验框。

通常一张图像中包含各种不同的物体，并且有大有小。比较理想的情况是一次将所有大小的物体同时检测出来。因此，网络必须具备能够检测不同大小的物体的能力。另外，网络越深，特征图就会越小，所以越往后，小的物体也就越难检测出来。

SSD 中的做法是，在获得不同深度的特征图后直接进行目标检测，这样小的物体会在相对较大的特征图中被检测出来，而大的物体会在相对较小的特征图中被检测出来，从而达到对应不同尺度的物体的目的。

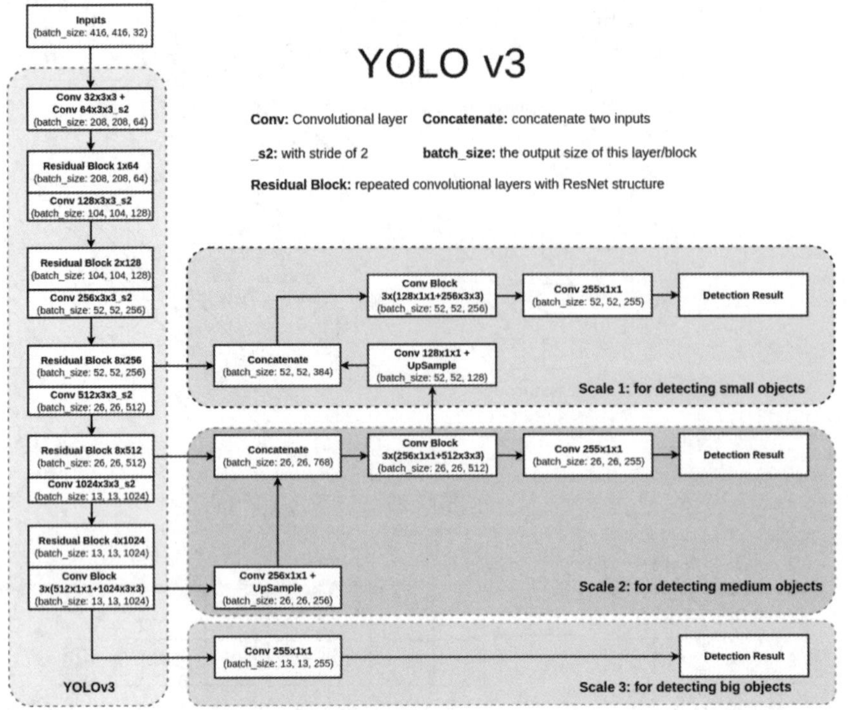

图 7.29

然而在实际的特征图中，深度不同所对应的特征图中包含的信息不绝对相同。举例说明，随着网络深度的加深，浅层的特征图中主要包含 Low-Level 语义信息，深层的特征图中则包含 High-Level 语义信息。虽然在不同 Level 的特征图中进行检测，但是实际上精度并没有期待得那么高。

在 YOLO v3 中，可以通过采用 FPN 结构提高对应多尺度目标检测的精度。

如图 7.30 所示，对于多重精度，目前主要有 4 种主流方法。

1）对一张图像建立金字塔图像，不同级别的金字塔图像被输入对应的网络中，用于不同精度物体的检测。但这样做的结果是每个级别的金字塔图像都需要进行一次处理，速度很慢。这种方法最直观。

2）检测只在最后一个特征图阶段进行，该结构无法检测不同大小的物体。

3）对不同深度的特征图分别进行目标检测，SSD 中采用的是这种结构。每一个特征图获得的信息仅来源于之前的层，之后的层的特征信息无法获取并加以利用。

4）与 3）很接近，不同之处是当前层的特征图会对未来层的特征图进行上采样，并加以利用。这是一个有跨越性的设计，正因为有了这样一种结构，当前的特征图就可以获得“未来”层的信息，这样就使低阶特征与高阶特征有机融合起来，提升了检测精度。

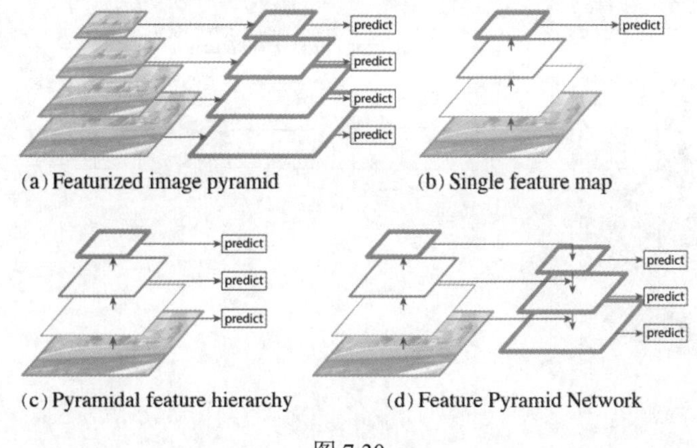

图 7.30

关于损失函数，YOLO v3 也进行了改进，Softmax 层被替换为一个 1×1 的卷积层+logistic 激活函数的结构。使用 Softmax 层时其实已经假设每个输出仅对应某个单个的 class，但是在某些 class 存在重叠情况（如 woman 和 person）的数据集中，使用 Softmax 层就不能使网络对数据进行很好的拟合。

YOLO v3 只对 YOLO v2 进行了一次较小的优化，主要体现在网络结构上，提出了 DarkNet-53 结构，作为特征提取网络。YOLO v3 在小目标的识别上改善较大，但是在中等目标和大目标的识别方面表现略微下降。

从 YOLO v1 到 YOLO v2，再到 YOLO v3，YOLO 经历了三代变革，在保持速度优势的同时，不断改进网络结构，同时汲取其他优秀的目标检测算法的各种 trick，先后引入 Anchor 机制、引入 FPN 实现多尺度检测等。

7.6.4　YOLO v4：trick 集大成者

通俗地讲，YOLO v4 算法就是在原有 YOLO 目标检测架构的基础上采用了近些年 CNN 领域中最优秀的优化策略，从数据处理、主干网络、网络训练、激活函数、损失函数等各个方面都有不同程度的优化，虽没有理论上的创新，但是非常具有工程价值。YOLO v4 的网络结构如图 7.31 所示。

YOLO v4 中用到的数据增强：除了 Mosaic 数据增强操作，还能调整图像的亮度、对比度、色调、饱和度和噪声，随机增加尺度变化，以及对图像进行裁剪、翻转和旋转等。

和 YOLO v3 相比，YOLO v4 多了 CSP 结构和 PAN 结构，但是其整体网络结构与 YOLO v3 是相同的。YOLO v4 的网络结构主要由以下三部分组成。

1）Backbone：CSPDarkNet-53。

2）Neck：SPP+PAN。

3）Head：YOLO Head。

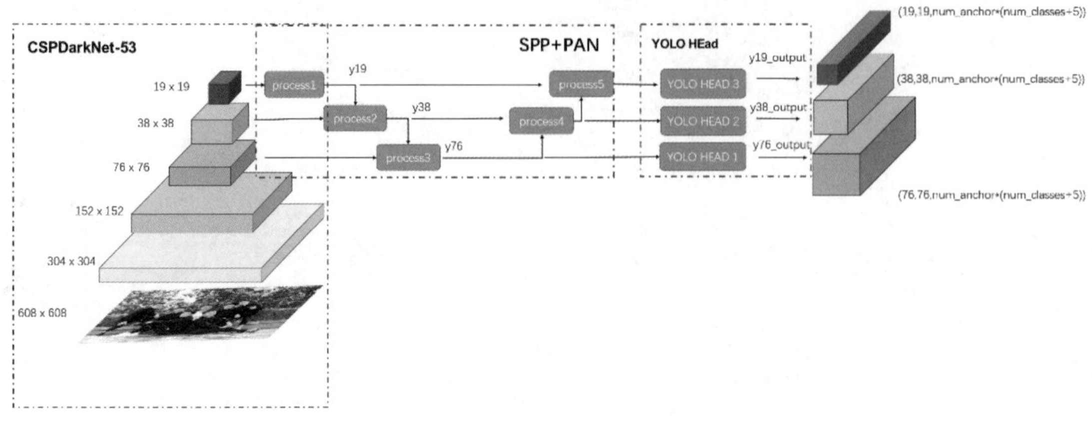

图 7.31

1. CSP 结构

设计 CSP（Cross Stage Partial）结构的初衷是减少计算量并增强梯度的表现。其主要思想是在输入 block 之前，将输入分为两部分，其中一部分通过 block 进行计算，另一部分直接通过 shortcut 进行拼接。Dense Block 的网络结构如图 7.32 所示。Partial Dense Block 的网络结构如图 7.33 所示。

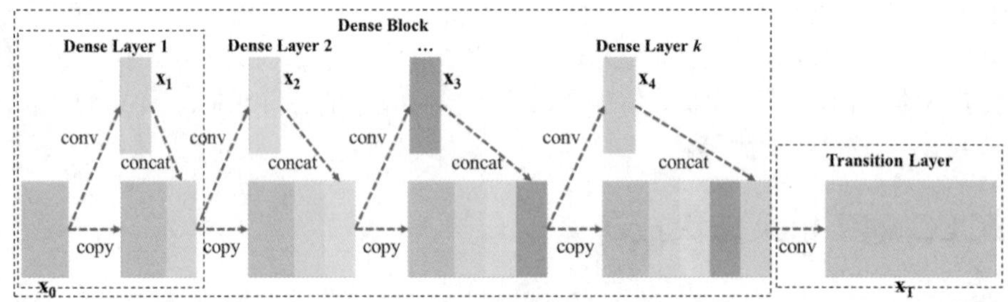

图 7.32

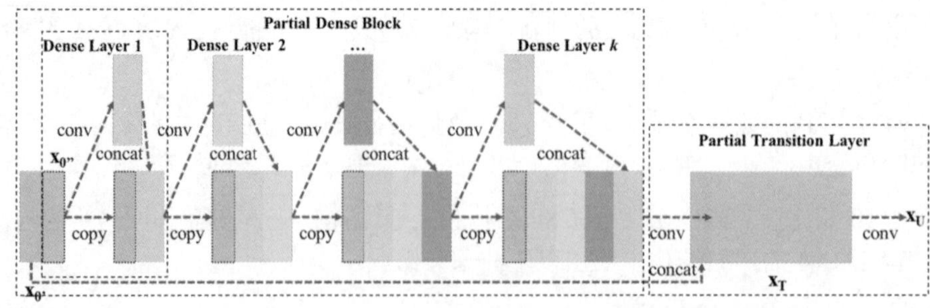

图 7.33

（注：图 7.32 和图 7.33 引自 CSPNet：*A New BackBone that can Enhance Learning Capability of CNN.*
《CSPNet：一种可以提高 CNN 学习能力的新骨干网》）

CSP 结构的优点如下：

1）增强 CNN 的学习能力。

2）减少计算瓶颈，现在的网络大多计算代价昂贵，不利于工业落地。

3）减少内存消耗。

CSPDarkNet-53 基于 TensorFlow 2.0 的实现如下：

```
def  CSPDarkNet53(input_data):

    input_data = common.convolutional(input_data, (3, 3,  3,  32), activate_type="mish")
    input_data = common.convolutional(input_data, (3, 3, 32,  64), downsample=True, activate_
type="mish")

    route = input_data
    route = common.convolutional(route, (1, 1, 64, 64), activate_type="mish")
    input_data = common.convolutional(input_data, (1, 1, 64, 64), activate_type="mish")
    for i in range(1):
        input_data = common.residual_block(input_data,  64,  32, 64, activate_type="mish")
    input_data = common.convolutional(input_data, (1, 1, 64, 64), activate_type="mish")

    input_data = tf.concat([input_data, route], axis=-1)
    input_data = common.convolutional(input_data, (1, 1, 128, 64), activate_type="mish")
    input_data = common.convolutional(input_data, (3, 3, 64, 128), downsample=True, activate_
type="mish")
    route = input_data
    route = common.convolutional(route, (1, 1, 128, 64), activate_type="mish")
    input_data = common.convolutional(input_data, (1, 1, 128, 64), activate_type="mish")
    for i in range(2):
        input_data = common.residual_block(input_data, 64,  64, 64, activate_type="mish")
    input_data = common.convolutional(input_data, (1, 1, 64, 64), activate_type="mish")
    input_data = tf.concat([input_data, route], axis=-1)

    input_data = common.convolutional(input_data, (1, 1, 128, 128), activate_type="mish")
    input_data  =  common.convolutional(input_data,  (3,  3,  128,  256),  downsample=True,
activate_type="mish")
    route = input_data
    route = common.convolutional(route, (1, 1, 256, 128), activate_type="mish")
    input_data = common.convolutional(input_data, (1, 1, 256, 128), activate_type="mish")
    for i in range(8):
        input_data = common.residual_block(input_data, 128, 128, 128, activate_type="mish")
    input_data = common.convolutional(input_data, (1, 1, 128, 128), activate_type="mish")
    input_data = tf.concat([input_data, route], axis=-1)

    input_data = common.convolutional(input_data, (1, 1, 256, 256), activate_type="mish")
```

```
    route_1 = input_data
    input_data  =  common.convolutional(input_data,  (3,  3,  256,  512),  downsample=True,
activate_type="mish")
    route = input_data
    route = common.convolutional(route, (1, 1, 512, 256), activate_type="mish")
    input_data = common.convolutional(input_data, (1, 1, 512, 256), activate_type="mish")
    for i in range(8):
        input_data = common.residual_block(input_data, 256, 256, 256, activate_type="mish")
    input_data = common.convolutional(input_data, (1, 1, 256, 256), activate_type="mish")
    input_data = tf.concat([input_data, route], axis=-1)

    input_data = common.convolutional(input_data, (1, 1, 512, 512), activate_type="mish")
    route_2 = input_data
    input_data  =  common.convolutional(input_data,  (3,  3,  512,  1024),  downsample=True,
activate_type="mish")
    route = input_data
    route = common.convolutional(route, (1, 1, 1024, 512), activate_type="mish")
    input_data = common.convolutional(input_data, (1, 1, 1024, 512), activate_type="mish")
    for i in range(4):
        input_data = common.residual_block(input_data, 512, 512, 512, activate_type="mish")
    input_data = common.convolutional(input_data, (1, 1, 512, 512), activate_type="mish")
    input_data = tf.concat([input_data, route], axis=-1)

    input_data = common.convolutional(input_data, (1, 1, 1024, 1024), activate_type="mish")
    input_data = common.convolutional(input_data, (1, 1, 1024, 512))
    input_data = common.convolutional(input_data, (3, 3, 512, 1024))
    input_data = common.convolutional(input_data, (1, 1, 1024, 512))

    input_data = tf.concat([tf.nn.max_pool(input_data, ksize=13, padding='SAME', strides=1),
tf.nn.max_pool(input_data, ksize=9, padding='SAME', strides=1)
                            , tf.nn.max_pool(input_data, ksize=5, padding='SAME', strides=1),
input_data], axis=-1)
    input_data = common.convolutional(input_data, (1, 1, 2048, 512))
    input_data = common.convolutional(input_data, (3, 3, 512, 1024))
    input_data = common.convolutional(input_data, (1, 1, 1024, 512))

    return route_1, route_2, input_data
```

2. SPP+PAN

YOLO v4 对 PAN 结构也进行了改进，具体如图 7.34 所示。

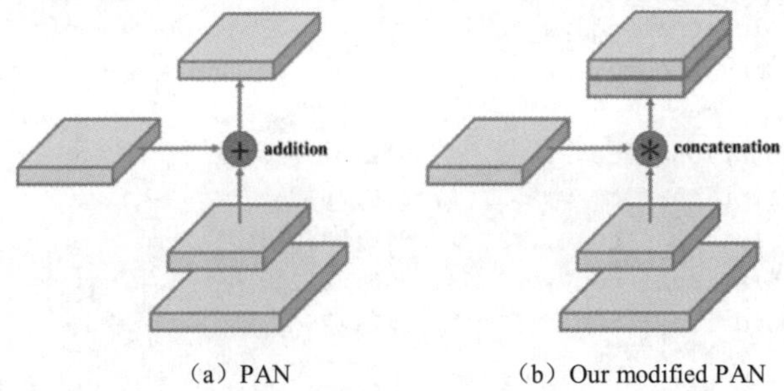

图 7.34　PAN 结构及其改进

YOLO v4 主要是将 PAN 结构中原有的 add 改为了 concat 操作，该操作不仅增加了特征的丰富度，也让特征更加鲁棒。SPP+PAN 基于 TensorFlow 2.0 的实现如下：

```
def YOLOv4(input_layer, NUM_CLASS):
# backbone 为 CSPDarkNet-53，输出 3 个 Stage 的特征用于 SPP 与 PAN
    route_1, route_2, conv = backbone.CSPDarkNet53(input_layer)
    route = conv
    conv = common.convolutional(conv, (1, 1, 512, 256))
    conv = common.upsample(conv)
    route_2 = common.convolutional(route_2, (1, 1, 512, 256))
    conv = tf.concat([route_2, conv], axis=-1)        # add 改进为 concat

    conv = common.convolutional(conv, (1, 1, 512, 256))
    conv = common.convolutional(conv, (3, 3, 256, 512))
    conv = common.convolutional(conv, (1, 1, 512, 256))
    conv = common.convolutional(conv, (3, 3, 256, 512))
    conv = common.convolutional(conv, (1, 1, 512, 256))

    route_2 = conv
    conv = common.convolutional(conv, (1, 1, 256, 128))
    conv = common.upsample(conv)
    route_1 = common.convolutional(route_1, (1, 1, 256, 128))
    conv = tf.concat([route_1, conv], axis=-1)        # add 改进为 concat

    conv = common.convolutional(conv, (1, 1, 256, 128))
    conv = common.convolutional(conv, (3, 3, 128, 256))
    conv = common.convolutional(conv, (1, 1, 256, 128))
    conv = common.convolutional(conv, (3, 3, 128, 256))
    conv = common.convolutional(conv, (1, 1, 256, 128))

    route_1 = conv
    conv = common.convolutional(conv, (3, 3, 128, 256))
    conv_sbbox = common.convolutional(conv, (1, 1, 256, 3 * (NUM_CLASS + 5)), activate=False,
bn=False)
```

```
    conv = common.convolutional(route_1, (3, 3, 128, 256), downsample=True)
    conv = tf.concat([conv, route_2], axis=-1)          # add 改进为 concat

    conv = common.convolutional(conv, (1, 1, 512, 256))
    conv = common.convolutional(conv, (3, 3, 256, 512))
    conv = common.convolutional(conv, (1, 1, 512, 256))
    conv = common.convolutional(conv, (3, 3, 256, 512))
    conv = common.convolutional(conv, (1, 1, 512, 256))

    route_2 = conv
    conv = common.convolutional(conv, (3, 3, 256, 512))
    conv_mbbox = common.convolutional(conv, (1, 1, 512, 3 * (NUM_CLASS + 5)), activate=False,
bn=False)

    conv = common.convolutional(route_2, (3, 3, 256, 512), downsample=True)
    conv = tf.concat([conv, route], axis=-1)

    conv = common.convolutional(conv, (1, 1, 1024, 512))
    conv = common.convolutional(conv, (3, 3, 512, 1024))
    conv = common.convolutional(conv, (1, 1, 1024, 512))
    conv = common.convolutional(conv, (3, 3, 512, 1024))
    conv = common.convolutional(conv, (1, 1, 1024, 512))

    conv = common.convolutional(conv, (3, 3, 512, 1024))
    conv_lbbox = common.convolutional(conv, (1, 1, 1024, 3 * (NUM_CLASS + 5)), activate=False,
bn=False)

 return [conv_sbbox, conv_mbbox, conv_lbbox]
```

3. Mosaic 数据增强

YOLO v4 中使用的 Mosaic 数据参考了 CutMix 数据增强的方式，但 CutMix 只使用了两张图片进行拼接；而 Mosaic 数据增强则采用了 4 张图片，之后再使用随机缩放、随机裁剪、随机排布的方式进行拼接。Mosaic 数据增强后的效果如图 7.35 所示。

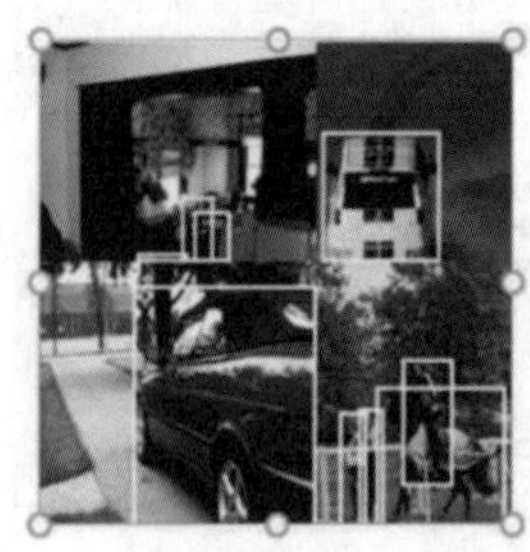

图 7.35

Mosaic 数据增强的优点是丰富了数据集。其随机使用四张图片，经随机缩放、随机分布后进行拼接，大大丰富了检测数据集，特别是随机缩放增加了很多小目标，让网络的鲁棒性更好。

4. Mish 激活函数

使用激活函数是为了提高网络的学习能力，提升梯度的传递效率。CNN 常用的激活函数也在不断发展，早期网络常用的激活函数有 ReLU、LeakyReLU、softplus 等，后来又有了 Swish 等。Mish 激活函数的计算复杂度比 ReLU 激活函数高，其表达式为：

$$\mathrm{Mish}(x) = x \times \frac{\mathrm{e}^{x} - \mathrm{e}^{-x}}{\mathrm{e}^{x} + \mathrm{e}^{-x}}$$

图 7.36 所示为 Mish 激活函数的曲线。首先，Mish 激活函数和 ReLU 激活函数一样都是无正向边界的，可以避免梯度饱和；其次，Mish 激活函数是处处光滑的，并且在绝对值较小的负值区域允许一些负值。

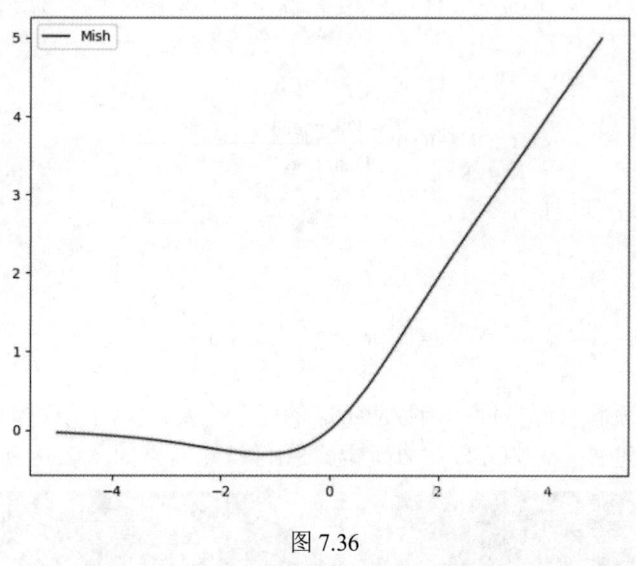

图 7.36

5. DropBlock 方法

DropOut 方式会随机删减丢弃一些信息，但在 DropBlock 方式下，卷积层对这种随机丢弃并不敏感，因为卷积层通常是三层连用：卷积+激活+池化层，池化层本身就是对相邻单元起作用的。另外，即使随机丢弃，卷积层仍然可以从相邻的激活单元学习到相同的信息，如图 7.37 所示。

因此，在全连接层上效果很好的 DropOut 在卷积层上效果并不好。所以，DropBlock 方式干脆将整个局部区域进行删减丢弃。YOLO v4 中直接采用了更优的 DropBlock，对网络的正则化过程进行了全面的升级改进。

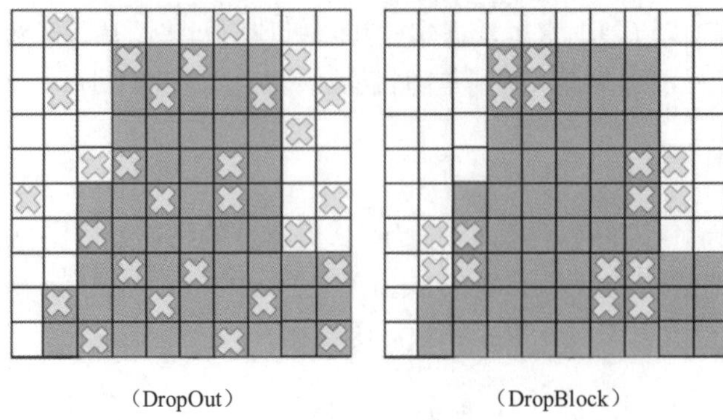

（DropOut）　　（DropBlock）

图 7.37

6. CIOU Loss

CIOU Loss 与 DIOU Loss 基本一样，只是增加了一个影响因子，考虑了预测框和目标框的长宽比。

$$C_{\text{IOU}} = 1 - \text{CIOU}$$

$$\text{CIOU} = \text{IOU} - \frac{\text{Distance4}}{\text{Distance}C^2} - \frac{v^2}{1 - \text{IOU} + v}$$

式中，v 为衡量长宽比一致性的参数。

v 可以定义为

$$v = \frac{4}{\pi}\left(\arctan\frac{w^{\text{gt}}}{h^{\text{gt}}} - \arctan\frac{w^{p}}{h^{p}}\right)^2$$

这样 CIOU Loss 就将目标框回归函数应考虑的三个重要几何因素（即重叠面积、中心点距离和长宽比）都考虑进去了，YOLO v4 街道场景图像检测结果如图 7.38 所示。

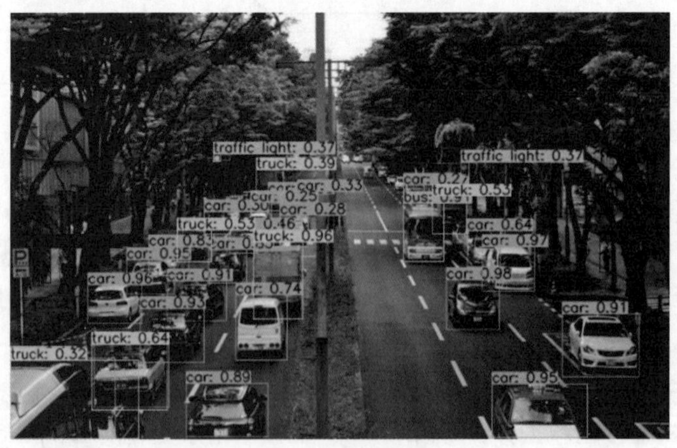

图 7.38

本 章 小 结

通过前面内容的介绍，读者对目标检测算法应该都有比较深入的了解。下面进行一个简单的总结。

RCNN 是首次尝试使用卷积神经网络提取图像特征的目标检测算法。RCNN 首先使用 Select Search 算法选择候选区域框，然后使用 CNN 提取候选区域框特征，最后使用 SVM 和回归方法进行特征分类和边界框回归。这样做可能会导致速度变慢，同时还会因变形操作带来的图像变形问题直接影响模型的精度。

对于 RCNN 的问题，Fast RCNN 进行了部分优化，不再对每个候选区域框的特征进行提取，而是对一张图像进行特征提取，然后使用 Select Search 算法进行预选特征图的选择，接下来送入的是 softmax 分类而不是前面提到的 SVM 分类，这样便可以在很大程度上缓解速度慢的问题。

虽然 Fast RCNN 提升了目标检测的速度，但是并不能达到实时要求，所以 Faster RCNN 孕育而生。其在 Fast RCNN 的基础上提出了用 RPN 模型替代 Select Search 算法，很大程度上提升了选取候选区域框的速度。由于 RPN 本身也是神经网络，因此也有人把 Faster RCNN 算法看作一个端到端的算法。此外，Faster RCNN 还有一个创新之处，即提出了 anchor，这在很大程度上也提升了速度。

YOLO 系列没有显式求取 Region Proposal 的过程。在 Faster RCNN 中，尽管 RPN 与 Fast RCNN 共享卷积层，但是在模型训练过程中需要反复训练 RPN 网络和 Fast RCNN 网络。相对于 RCNN 系列的候选区域框提取与分类，YOLO 系列只需要 Look Once。

YOLO v1 主要是将一张图像分成 $S \times S$ 个网格，如果某个目标的中心落在该网格中，则该网格就负责预测这一目标。但是，YOLO 系列算法的训练非常依赖数据集标注的数据，对于非常规的形状和比例及小目标，YOLO v1 的检测效果并不是很理想。

对于 YOLO v1 遇到的问题，YOLO v2 从 Faster RCNN 中获得启发，同样引入了 anchor 的方法；同时，为了获取更加鲁棒和高效率的 anchor，YOLO v2 选择使用 k-means 聚类方法，以选择合适的 anchor 的数量。这里的主要操作是去除 YOLO v1 预测坐标的全连接层，替换为使用 anchor boxes 直接预测 Bounding Boxes；同时，为了最终得到更大的特征图，增强对小目标检测的性能，选择取出一个池化层，将输入从 416×416 变为 448×448。

YOLO v3 比之前的模型都复杂，可以通过改变模型的结构大小平衡速度与精度。此外，YOLO v3 在 YOLO v2 的基础上增加了 FPN 结构，可以很大程度上缓解小目标检测的问题；同时 Backbone 也从基本的 ResNet 替换为 DarkNet，进一步提升了特征提取的鲁棒性和性能；softmax 也替换为多个 logistic 分类器，解决了类别的包含关系问题，并且精度不会下降。

最新版本的 YOLO v4 则更像一个 trick 集合，其主要创新点是将 DarkNet 改为 CSPDarkNet、修改了 PAN 结构、使用了 Mish 激活函数和 DropBlock 方法，以及替换回归损失为 CIOU Loss。这些操作的替换使 YOLO v4 可以在提升精度的同时，极大地提高了速度和帧率（FPS）。

第 8 章　深度学习综合实践案例

8.1　肺结节检测系统研发案例

据国家癌症中心公布数字显示，中国 2013 年恶性肿瘤发病率为 270.59/10 万，死亡率为 163.83/10 万，而肺癌在所有恶性肿瘤发病及死亡中均占首位，我国每年约有 59.1 万人死于肺癌。

肺癌生存率与首次确诊时的疾病阶段高度相关：早期肺癌多无明显症状，导致肺癌临床确诊时往往是中晚期，治疗费用高且效果不佳。因此，对肺癌的早期检测和早期诊断就显得尤为重要。

胸部 CT 放射影像技术是肺癌早期筛查的有效手段。但是，CT 扫描影像数量多（一次 CT 扫描影像通常在 200 张以上），医生诊断所需时间长，加上工作量巨大，人工误差不可避免。当前，大数据与人工智能等前沿技术在医疗领域的应用已经成为一种趋势，将大数据驱动的人工智能应用于肺癌早期诊断中，不仅可以挽救无数患者的生命，而且对于缓解医疗资源和医患矛盾也有重大意义。肺结节智能诊断系统不仅可以判断肺结节的位置和大小，还可以对肺结节的良恶性做出判断，最大程度地减少医生的工作量。

下面介绍开发肺结节检测项目的流程（见图 8.1），并以肺结节检测为案例解释目标检测项目的常见流程及方法。

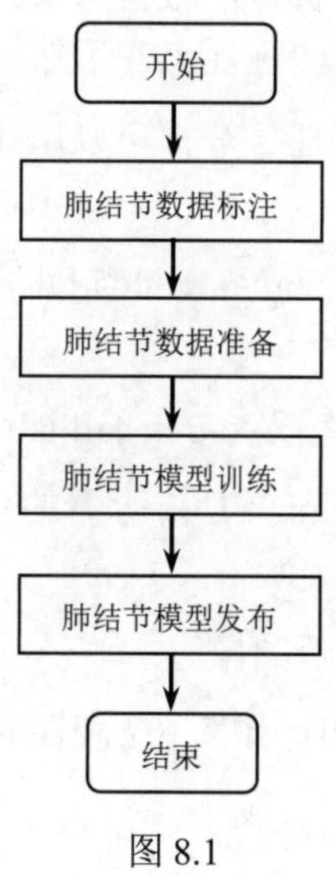

图 8.1

8.1.1 胸片数据标注

肺结节检测系统的实现通常有两种方法：一种方法是肺结节分割，此种方法精度高，对肺结节的边缘纹理描述更清晰，也更有利于提升良恶性判断的准确率；其缺点同样比较明显，标注的复杂度及标注成本都比较高。另一种方法是以目标检测框架为基础，标注肺结节的最大外接矩形区域，此类方法的标注成本会大幅度降低。本系统中选用基于目标检测框的标注方案。分割标题及目标检测框标注如图 8.2 所示。

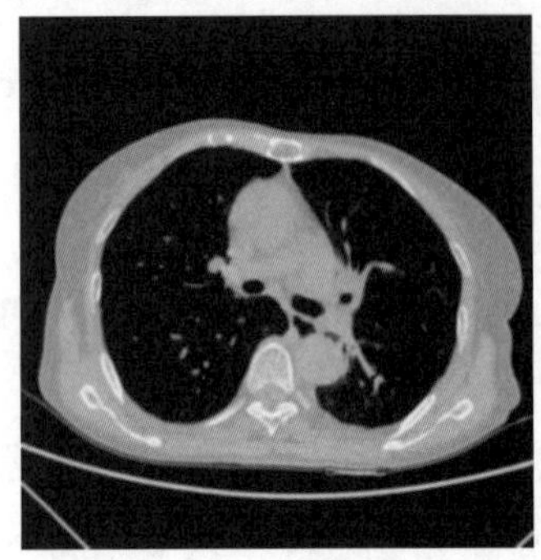
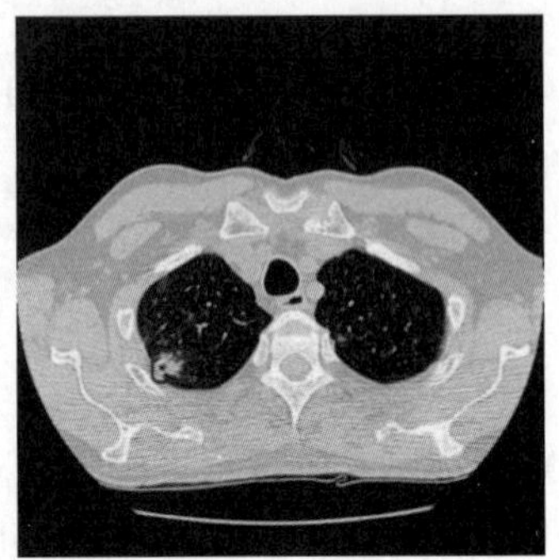

图 8.2

1. 常见标注工具介绍

数据标注的准确性对模型性能的影响特别大。在肺结节检测项目及其他目标检测项目案例中，数据的标注是整个项目成败的基础。大规模的高质量数据标注会使算法识别的精度提升比较大；而低质量的数据标注，即使采用再多的数据降噪方法及各种深度学习技巧，精度提升也不会很明显。所以，在实际项目启动时，标注工作虽然烦琐且基础，但是至关重要。

常用的目标检测、分割及图像分类任务等都可以用 labelme 工具完成标注，其下载地址为 https://github.com/wkentaro/labelme。

首先在官网（https://www.anaconda.com/download）下载并安装 Anaconda，安装好之后启动 Anaconda Prompt，如图 8.3 所示。

进入图 8.4 所示的界面，在命令行输入 pip install labelme。

系统安装完毕，会自动安装 labelme 工具所需的依赖，启动 labelme 工具，如图 8.5 所示。

弹出图 8.6 所示的窗口，导入肺结节图像。

标注结节位置，并给出结节的 label，如图 8.7 和图 8.8 所示。

图 8.3

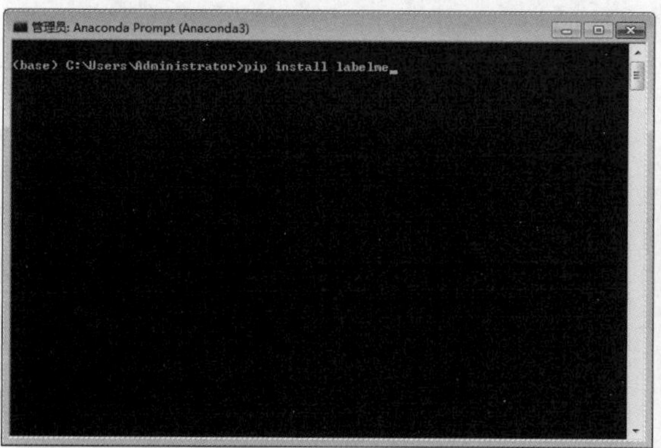

图 8.4

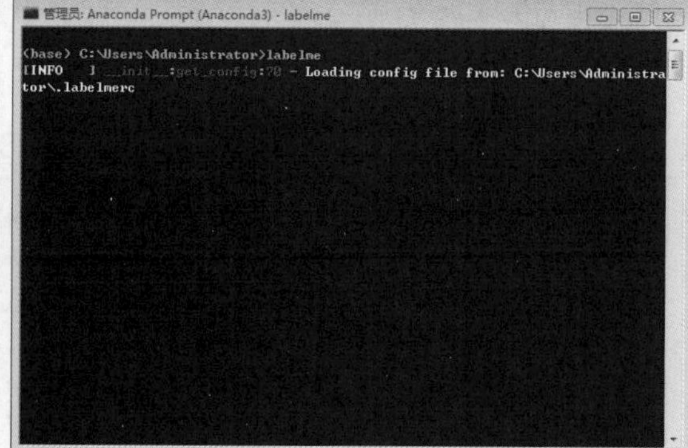

图 8.5

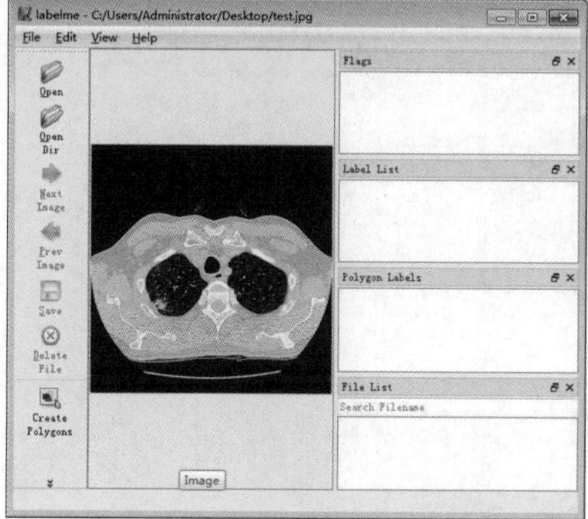

图 8.6

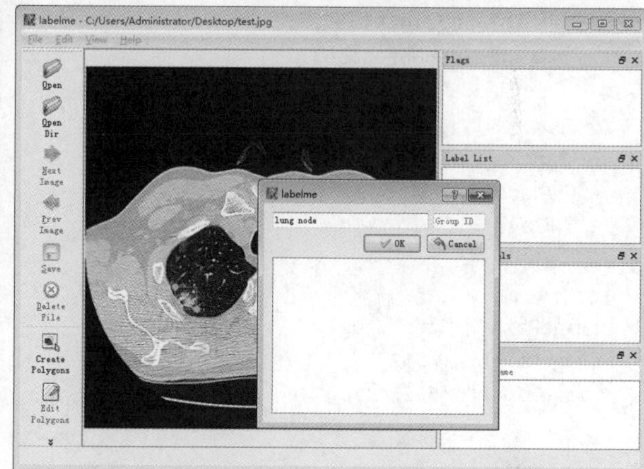

图 8.7

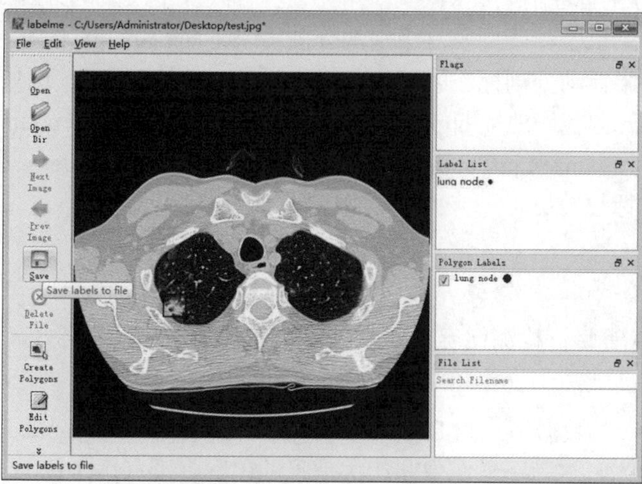

图 8.8

文件保存之后为 json 格式，具体代码如下：

```
{
  "version": "4.5.9",
  "flags": {},
  "shapes": [
    {
      "label": "lung node",          #标签
      "points": [                    #左上及右下两组坐标
        [
          130.183908045977,
          311.632183908046
        ],
        [
          162.367816091954,
          342.6666666666667
        ]
      ],
      "group_id": null,
      "shape_type": "rectangle",     #类型，矩形框
      "flags": {}
    }
  ],
  "imagePath": "test.jpg",
  "imageHeight": 512,
  "imageWidth": 512
}
```

以上即完成了肺结节数据的标注。

labelme 的图像分割标注需要使用多边形的点进行描边，但是标注的边缘准确性不高，尤其是在一些高精度的分割以及精确到发丝级别的分割需求方面，labelme 的标注工具很难满足实际应用的需求。但基于半自动分割标注的工具可以弥补 labelme 的不足。例如，基于 Javascript 的图像分割标注工具，开源代码地址 https://github.com/kyamagu/js-segment-annotator，网络上有演示示例，地址为 http://kyamagu.github.io/js-segment-annotator/?view=index，有兴趣的读者也可以采用分割标注的方式标注数据。

2. 数据读取

常见的如 COCO 等目标检测比赛，通常处理的数据为 jpg 压缩格式，此类数据即 RGB 三通道图像。

在肺结节检测中，其数据格式为 DICOM（Digital Imaging and Communications in Medicine，医学数字成像和通信），这是医学图像和相关信息的国际标准（ISO 12052）。DICOM 被广泛应用于放射医疗、心血管成像及放射诊疗诊断设备（如 X 射线、CT、核磁共振、超声等），并

且在眼科和牙科等其他医学领域也得到了广泛应用。

肺结节检测采用医学肺部 CT 成像数据标注，这类数据以标准 DICOM 格式存储，文件扩展名为 dcm。数据中包含丰富的信息，其中最重要的信息有病人的基本资料、CT 设备的生产厂家及相关参数，此外还有图像信息，也是被重点关注的。

通常一些设备软件可以批量地将 DICOM 数据直接转成 jpg 数据，但是不同的软件默认的参数不同，会存在一些亮度及对比度不一致的情况，不利于跨 CT 采集设备算法模型的训练。对 DICOM 原始数据直接进行处理可以规避这种问题。

Python 提供了读取 DICOM 的数据包，读取数据之后，将其归一化为 0～255 的像素值，即可作为深度学习模型的输入。

导入需要处理的流程包：

```
import numpy as np
import pandas as pdimport dicom
import scipy.ndimage
from skimage.morphology import convex_hull_image
#import matplotlib.pyplot as plt
from skimage.segmentation import clear_border
from skimage import measure, morphology
from PIL import Image
```

DICOM 数据通常是一个人一组数据。因为肺部 CT 扫描为肺部切片图像，不同设备会产生不同张数的图像去覆盖整个肺部区域，所以通常肺部 CT 数据为一个病人一个文件夹，包括多张数据。将读取的 DICOM 数据转化成 jpg 数据的流程分三个步骤：load_scan 函数用于加载 DICOM 数据；get_pixels_hu 函数用于对 DICOM 数据进行简单处理；lumTrans 函数用于将肺结节数据转化成 jpg 格式的数据。

```
    case, img_name = load_scan(dcm_path)
    case_pixels, spacing = get_pixels_hu(case)
    imgs = lumTrans(case_pixels)
```

以下为函数的具体实现。

```
def load_scan(path):
    dcm_imgname=[]
    sorted_imgname = []
    image_name = os.listdir(path)
    for s in image_name:
        dcm_imgname.append([dicom.read_file(path + '/' + s),s])
    dcm_imgname.sort(key = lambda x: float(x[0].ImagePositionPatient[2]))
    for i in range(len(dcm_imgname)):
        sorted_imgname.append(dcm_imgname[i][1])
    slices = [dicom.read_file(path + '/' + s) for s in os.listdir(path)]
    slices.sort(key = lambda x: float(x.ImagePositionPatient[2]))
    if slices[0].ImagePositionPatient[2] == slices[1].ImagePositionPatient[2]:
```

```
        sec_num = 2;
        while slices[0].ImagePositionPatient[2] == slices[sec_num][0].ImagePositionPatient[2]:
            sec_num = sec_num+1;
        slice_num = int(len(slices) / sec_num)
        slices.sort(key = lambda x:float(x.InstanceNumber))
        slices = slices[0:slice_num]
        slices.sort(key = lambda x:float(x.ImagePositionPatient[2]))
    try:
        slice_thickness = np.abs(slices[0].ImagePositionPatient[2] - slices[1].
        ImagePositionPatient[2])
    except:
        slice_thickness = np.abs(slices[0].SliceLocation - slices[1].SliceLocation)
    for s in slices:
        s.SliceThickness = slice_thickness
    return slices, sorted_imgname
def get_pixels_hu(slices):
    image = np.stack([s.pixel_array for s in slices])
    # Convert to int16 (from sometimes int16),
    # should be possible as values should always be low enough (<32k)
    image = image.astype(np.int16)
    # Convert to Hounsfield units (HU)
    for slice_number in range(len(slices)):
        intercept = slices[slice_number].RescaleIntercept
        slope = slices[slice_number].RescaleSlope
        if slope != 1:
            image[slice_number] = slope * image[slice_number].astype(np.float64)
            image[slice_number] = image[slice_number].astype(np.int16)
        image[slice_number] += np.int16(intercept)
    image[image == -2000] = 0
def lumTrans(img):
    lungwin = np.array([-1150.,350.])                       #调整窗宽窗位
    newimg = (img-lungwin[0])/(lungwin[1]-lungwin[0])       #归一化到0~1
    newimg[newimg<0]=0
    newimg[newimg>1]=1
    newimg = (newimg*255).astype('uint8')                   #归一化到0~255
    return newimg
```

至此可以得到大量由 DICOM 格式文件转换而来的单通道（0～255）的图像数据，遍历多张转换后的图像数据，并通过 PIL 库函数将图像保存成 jpg 格式，代码如下。

```
    for i in range(imgs.shape[0]):
        filename = './imagedata/' + img_name[i].split('.')[0] + '.jpg'
        img = Image.fromarray(imgs[i])
        img.save(filename)
```

3. 数据增强技巧

数据增强可以使训练图片变得更加多样，达到快速扩充图像样本数量的目的，引入不同的增强手段也可以大幅度提升模型的泛化性能。

一般的数据增强方式有以下几种。

1）几何变换：对图像进行缩放并进行长和宽的扭曲，如对图像进行翻转、旋转等。

2）对图像进行色域变换：如颜色、对比度及饱和度等的调整。

3）无监督的图像增强：采用一些 GAN 等对抗网络生成样本。此类方法过于复杂，并且产生的样本可能并不可控，在实际项目中应用较少。

肺结节的检测识别是一个目标检测问题，目标检测的数据增强除了保持这些通用的数据增强方式外，额外的一些操作也会对模型的识别效果起到决定性的作用。不同的处理任务可以选择合适的数据增强方法，错误的数据增强方法可能导致模型预测出现偏差。例如，在美学评估数据集中就很少用到裁剪及加噪声等数据增强方式，因为这种增强会导致与真实情况不一致；再如，图像翻转的增强方式在 logo 检测项目中就不能使用（见图 8.9），因为这种增强会导致引入大量噪声数据。

（a）原图　　（b）水平翻转之后的图像

图 8.9

4. 肺结节图像中的几种有效增强方式

（1）亮度对比度变换

由于不同设备的参数不同，DICOM 成像的像素值会出现偏差，所以适当的亮度变化及对比度变化增强方式可以提升模型对该问题的鲁棒性。

```
import matplotlib.pyplot as plt
import tensorflow as tf
image_raw_data =tf.gfile.FastGFile('.//image//1.jpg','rb').read()
img_data = tf.image.decode_jpeg(image_raw_data)
brght_img = tf.image.adjust_brightness(img_data, delta= 0.2) #调整亮度
```

delta：加到图像像素上的量值，数值越大则图像越亮。如果 delta 为负数，则图像相应变暗。此外，还可以随机调整图像的亮度值。

1）在[-max_delta, max_delta)范围内随机调整图片的亮度。

```
Adjusted_image = tf.image.random_brightness(img_data, max_delta=0.5)
```

2）在[lower, upper]范围内随机调整图片的对比度。

```
Adjusted_image = tf.image.random_contrast(img_data, lower=0.1, upper=0.6)
```

（2）图像翻转

由于肺部区域属于左右对称区域，因此可以使用图像翻转方式扩充样本数量。

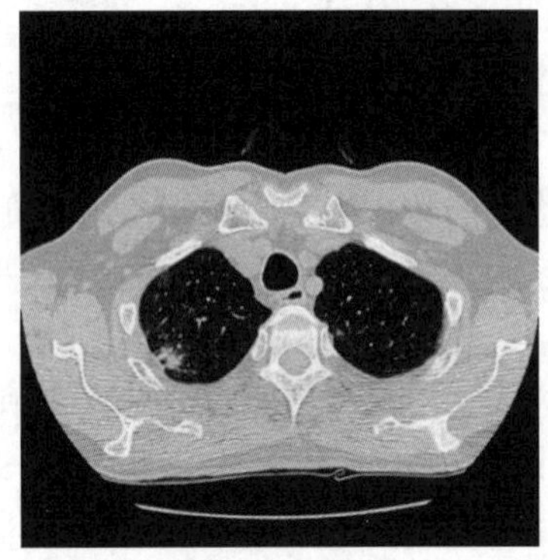

（a）原图

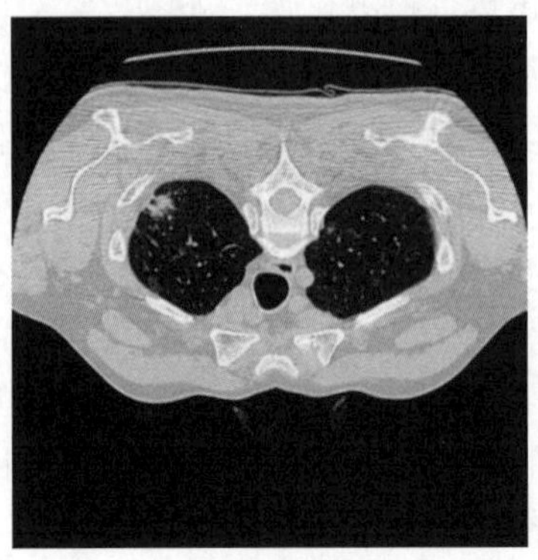

（b）上下翻转图像

图 8.10

```
flip_img = tf.image.random_flip_up_down(img_data)
flip_img = tf.image.random_flip_left_right(img_data)
```

由于肺结节数据属于医疗数据，数据集获取成本高，因此公开数据集数量比较少。扩充图像样本非常重要，小范围的图像旋转可以提升模型对结节识别的敏感度。

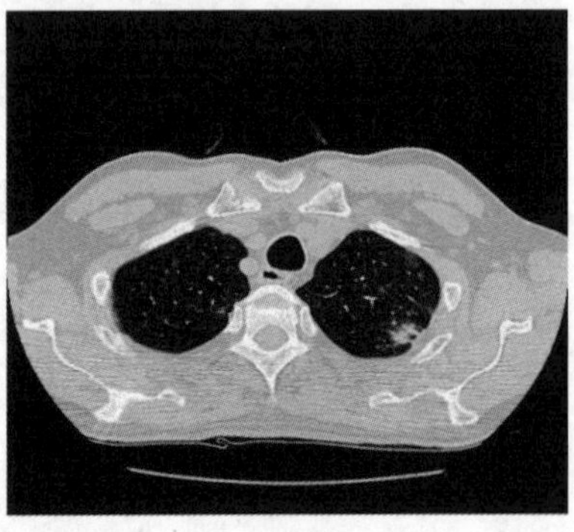

（a）原图

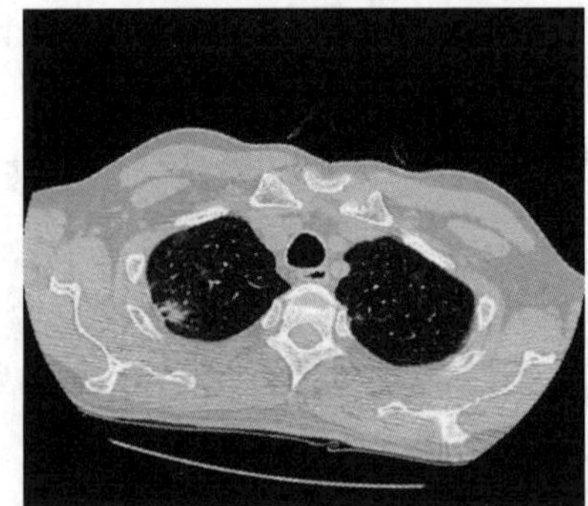

（b）对原图左右随机角度翻转

图 8.11

（3）裁剪

调整目标框的位置，如图 8.12 所示。

裁剪等手段，不仅能改变结节在图像中的尺度大小及目标框在图像中的位置分布，还能改善模型性能。

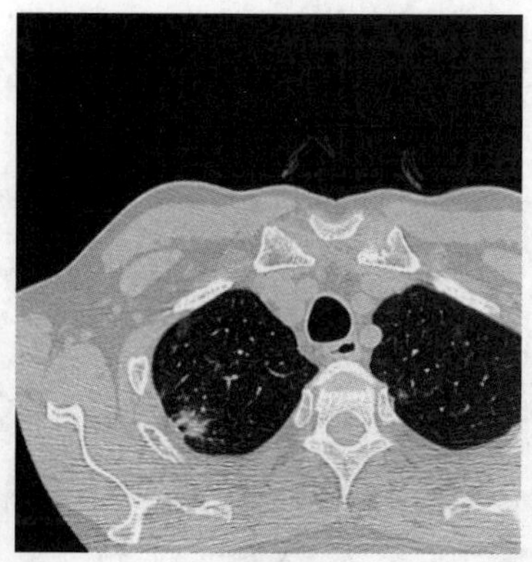

图 8.12

5. 数据模型的选取

模型方案的选取非常重要。由于肺结节检测项目中高精度模型更重要，可以在提升精度的条件下牺牲算法速度，实际需求中也并不需要实时给出结节的位置及良/恶性，所以采用二阶段的目标检测模型能得到更好的精度。本案例采用了 Faster RCNN 算法。

6. anchor 改造

Faster RCNN 的核心检测算法在于正负样本的选取机制，所以 anchor 的选取非常重要。anchor 的选择通常是根据样本分布的先验尺寸进行的，在肺结节检测项目中，因为结节通常长宽比例偏差不大，所以将 anchor 调整为 1:1 的尺寸就可以更好地满足检测要求。医学上有些小结节的尺寸会小于 3mm，医生在检测过程中通常会漏检，所以 anchor 的尺寸调整要顾及一些小结节的识别。后面会讲解如何在代码中更改 anchor 的尺寸。

8.1.2　训练过程

前面已经介绍了肺结节数据的标注及一些数据增强、扩充数据量的方法，接下来介绍使用目标检测算法 Faster RCNN 的模型训练过程。

1. 数据准备

采用 labelme 标注的数据格式与用主流的目标检测算法读取的数据格式有一定差距，数据准备工作可以仿照 VOC 数据集格式构造，这样数据训练的代码改动量就比较小，只需把肺结节数据构造成 VOC 数据集格式即可。

如图 8.13 所示，VOC 数据格式分为三个文件夹：Annotations 文件夹存放 xml 文件，用于保存图像信息及对应的分辨率等信息，包括具体的目标检测框的坐标及类别；JPEGImages 用于保存所有图像的原图；ImageSets/Main 文件夹中保存的主要有四个文本文件——test.txt、train.txt、trainval.txt、val.txt，分别是测试集图片的文件名、训练集图片的文件名、训练验证集图片的文件名和验证集图片的文件名。

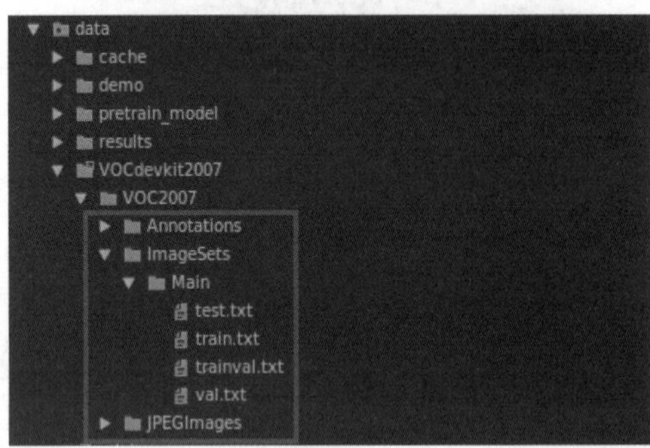

图 8.13

Annotations 文件夹中的 xml 文件格式如下：

```
<?xml version="1.0" encoding="utf-8"?>
<annotation>
    <folder>VOC2007</folder>
    <filename>xxx.jpeg</filename>
    <size>
        <width>1280</width>
        <height>720</height>
        <depth>3</depth>
    </size>
    <object>
        <name>gemfield</name>
        <bndbox>
            <xmin>549</xmin>
            <xmax>715</xmax>
            <ymin>257</ymin>
            <ymax>289</ymax>
        </bndbox>
        <truncated>0</truncated>
        <difficult>0</difficult>
    </object>
    <object>
        <name>civilnet</name>
        <bndbox>
            <xmin>842</xmin>
            <xmax>1009</xmax>
            <ymin>138</ymin>
```

```
        <ymax>171</ymax>
      </bndbox>
      <truncated>0</truncated>
      <difficult>0</difficult>
   </object>
   <segmented>0</segmented>
</annotation>
```

用 labelme 标注工具进行标注，标注出来的格式与 VOC 的 xml 信息之间需要转换。下面的代码可以完成转换：

```
import os
import numpy as np
import codecs
import json
from glob import glob
import cv2
import shutil
from sklearn.model_selection import train_test_split
```

标签路径：

```
labelme_path = "./labelme/"                #原始 labelme 标注数据路径
saved_path = "./VOC2007/"                  #保存路径
```

创建要求文件夹：

```
if not os.path.exists(saved_path + "Annotations"):
    os.makedirs(saved_path + "Annotations")
if not os.path.exists(saved_path + "JPEGImages/"):
    os.makedirs(saved_path + "JPEGImages/")
if not os.path.exists(saved_path + "ImageSets/Main/"):
    os.makedirs(saved_path + "ImageSets/Main/")
```

获取待处理文件：

```
files = glob(labelme_path + "*.json")
files = [i.split("/")[-1].split(".json")[0] for i in files]
```

读取标注信息并写入 xml 文件：

```
for json_file_ in files:
    json_filename = labelme_path + json_file_ + ".json"
    json_file = json.load(open(json_filename,"r",encoding="utf-8"))
    height, width, channels = cv2.imread(labelme_path + json_file_ +".jpg").shape
    with codecs.open(saved_path + "Annotations/"+json_file_ + ".xml","w","utf-8") as xml:
        xml.write('<annotation>\n')
        xml.write('\t<folder>' + 'UAV_data' + '</folder>\n')
        xml.write('\t<filename>' + json_file_ + ".jpg" + '</filename>\n')
        xml.write('\t<source>\n')
```

```
    xml.write('\t\t<database>The UAV autolanding</database>\n')
    xml.write('\t\t<annotation>UAV AutoLanding</annotation>\n')
    xml.write('\t\t<image>flickr</image>\n')
    xml.write('\t\t<flickrid>NULL</flickrid>\n')
    xml.write('\t</source>\n')
    xml.write('\t<owner>\n')
    xml.write('\t\t<flickrid>NULL</flickrid>\n')
    xml.write('\t\t<name>ChaojieZhu</name>\n')
    xml.write('\t</owner>\n')
    xml.write('\t<size>\n')
    xml.write('\t\t<width>'+ str(width) + '</width>\n')
    xml.write('\t\t<height>'+ str(height) + '</height>\n')
    xml.write('\t\t<depth>' + str(channels) + '</depth>\n')
    xml.write('\t</size>\n')
    xml.write('\t\t<segmented>0</segmented>\n')
    for multi in json_file["shapes"]:
        points = np.array(multi["points"])
        xmin = min(points[:,0])
        xmax = max(points[:,0])
        ymin = min(points[:,1])
        ymax = max(points[:,1])
        label = multi["label"]
        if xmax <= xmin:
            pass
        elif ymax <= ymin:
            pass
        else:
            xml.write('\t<object>\n')
            xml.write('\t\t<name>'+"bubble"+'</name>\n')
            xml.write('\t\t<pose>Unspecified</pose>\n')
            xml.write('\t\t<truncated>1</truncated>\n')
            xml.write('\t\t<difficult>0</difficult>\n')
            xml.write('\t\t<bndbox>\n')
            xml.write('\t\t\t<xmin>' + str(xmin) + '</xmin>\n')
            xml.write('\t\t\t<ymin>' + str(ymin) + '</ymin>\n')
            xml.write('\t\t\t<xmax>' + str(xmax) + '</xmax>\n')
            xml.write('\t\t\t<ymax>' + str(ymax) + '</ymax>\n')
            xml.write('\t\t</bndbox>\n')
            xml.write('\t</object>\n')
            print(json_filename,xmin,ymin,xmax,ymax,label)
    xml.write('</annotation>')
```

复制图片到 VOC2007/JPEGImages/下：

```
image_files = glob(labelme_path + "*.jpg")
print("copy image files to VOC007/JPEGImages/")
for image in image_files:
```

```
    shutil.copy(image,saved_path +"JPEGImages/")

#6.split files for txt
txtsavepath = saved_path + "ImageSets/Main/"
ftrainval = open(txtsavepath+'/trainval.txt', 'w')
ftest = open(txtsavepath+'/test.txt', 'w')
ftrain = open(txtsavepath+'/train.txt', 'w')
fval = open(txtsavepath+'/val.txt', 'w')
total_files = glob("./VOC2007/Annotations/*.xml")
total_files = [i.split("/")[-1].split(".xml")[0] for i in total_files]
#test_filepath = ""

for file in total_files:
    ftrainval.write(file + "\n")

#test
#for file in os.listdir(test_filepath):
#    ftest.write(file.split(".jpg")[0] + "\n")
#split

train_files,val_files = train_test_split(total_files,test_size=0.15,random_state=42)

#train
for file in train_files:
    ftrain.write(file + "\n")

#val
for file in val_files:
    fval.write(file + "\n")

ftrainval.close()
ftrain.close()
fval.close()
#ftest.close()
```

完成了数据的准备工作，下载开源模型 Faster RCNN 的 TensorFlow 代码，开源地址为 https://github.com/smallcorgi/Faster-RCNN_TF。

Git 下载命令为：

```
git clone --recursive https://github.com/smallcorgi/Faster-RCNN_TF.git
```

完成代码下载之后需要进行编译，先建立 Cython 环境，如 NMS 等 GPU 加速运算都是通过此步骤完成的。

```
cd $FRCN_ROOT/lib
Make
```

2. 模型训练

```
cd $FRCN_ROOT/data
```

为前面准备的肺结节数据地址建立软连接：

```
ln -s $VOCdevkit VOCdevkit2007
```

下载 ImageNet 预训练模型，并移动到指定位置。Backbone 采用 VGG 网络。

```
mv VGG_imagenet.npy $FRCN_ROOT/data/pretrain_model/VGG_imagenet.npy
```

训练之前要设置好自己的数据类别个数及类别名称，在 lib\datasets\pascal_voc.py 中更改 self._classes 中的类别，并添加自己的类名字 lungnode，如图 8.14 所示。

```
class pascal_voc(imdb):
    def __init__(self, image_set, year, devkit_path=None):
        imdb.__init__(self, 'voc_' + year + '_' + image_set)
        self._year = year
        self._image_set = image_set
        self._devkit_path = self._get_default_path() if devkit_path is None \
                            else devkit_path
        self._data_path = os.path.join(self._devkit_path, 'VOC' + self._year)
        # self._classes = ('__background__', # always index 0
        #                  'aeroplane', 'bicycle', 'bird', 'boat',
        #                  'bottle', 'bus', 'car', 'cat', 'chair',
        #                  'cow', 'diningtable', 'dog', 'horse',
        #                  'motorbike', 'person', 'pottedplant',
        #                  'sheep', 'sofa', 'train', 'tvmonitor')
        self._classes = ('__background__','Lungnode')
        self._class_to_ind = dict(zip(self.classes, xrange(self.num_classes)))
        self._image_ext = '.jpg'
        self._image_index = self._load_image_set_index()
```

图 8.14

之前提到过，用来提升模型性能的关键是修改 anchor，核心代码在 lib/rpn_msr/generate_anchors.py 中。

```
def generate_anchors(base_size=16, ratios=[0.5, 1, 2],
                     scales=2**np.arange(3, 6)):
    """
    Generate anchor (reference) windows by enumerating aspect ratios X
    scales wrt a reference (0, 0, 15, 15) window.
    """

    base_anchor = np.array([1, 1, base_size, base_size]) - 1
    ratio_anchors = _ratio_enum(base_anchor, ratios)
    anchors = np.vstack([_scale_enum(ratio_anchors[i, :], scales)
                         for i in xrange(ratio_anchors.shape[0])])
    return anchors
```

修改 ratios 比例参数及 scales 尺度范围，获取更小的 anchor 尺寸。修改之后的函数如下：

```
def generate_anchors(base_size=16, ratios=[1], scales=2**np.arange(1, 6)):
    """
    Generate anchor (reference) windows by enumerating aspect ratios X
    scales wrt a reference (0, 0, 15, 15) window.
```

```
    """

    base_anchor = np.array([1, 1, base_size, base_size]) - 1
    ratio_anchors = _ratio_enum(base_anchor, ratios)
    anchors = np.vstack([_scale_enum(ratio_anchors[i, :], scales)
                         for i in xrange(ratio_anchors.shape[0])])
    return anchors
```

lib\networks 中的 VGGnet_train.py 如图 8.15 所示，VGG_test.py 如图 8.16 所示。将两个文件中的 n_classes 文件更改为自己类的个数+1，这里用了两类。由于之前改变了 anchor 的生成机制，因此 anchor_scales 也需要进行对应的修改。同样，anchor 的个数也发生了改变，所以输出数量也需要进行相应的更改。

```
import tensorflow as tf
from networks.network import Network


#define

#n_classes = 21
n_classes = 2
_feat_stride = [16,]
#anchor_scales = [ 8, 16, 32]
anchor_scales = [2, 4, 8, 16, 32]

class VGGnet_train(Network):
    def __init__(self, trainable=True):
        self.inputs = []
        self.data = tf.placeholder(tf.float32, shape=[None, None, None, 3])
        self.im_info = tf.placeholder(tf.float32, shape=[None, 3])
        self.gt_boxes = tf.placeholder(tf.float32, shape=[None, 5])
        self.keep_prob = tf.placeholder(tf.float32)
        self.layers = dict({'data':self.data, 'im_info':self.im_info, 'gt_boxes':self.gt_boxes})
        self.trainable = trainable
        self.setup()
```

图 8.15

```
#========= RPN ============
(self.feed('conv5_3')
     .conv(3,3,512,1,1,name='rpn_conv/3x3')
     #.conv(1,1,len(anchor_scales)*3*2 ,1 , 1, padding='VALID', relu = False, name='rpn_cls_score'))
     .conv(1,1,len(anchor_scales)*1*2 ,1 , 1, padding='VALID', relu = False, name='rpn_cls_score'))
(self.feed('rpn_cls_score','gt_boxes','im_info','data')
     .anchor_target_layer(_feat_stride, anchor_scales, name = 'rpn-data' ))

# Loss of rpn_cls & rpn_boxes

(self.feed('rpn_conv/3x3')
     #.conv(1,1,len(anchor_scales)*3*4, 1, 1, padding='VALID', relu = False, name='rpn_bbox_pred'))
     .conv(1,1,len(anchor_scales)*1*4, 1, 1, padding='VALID', relu = False, name='rpn_bbox_pred'))
#========= RoI Proposal ============
(self.feed('rpn_cls_score')
     .reshape_layer(2,name = 'rpn_cls_score_reshape')
     .softmax(name='rpn_cls_prob'))

(self.feed('rpn_cls_prob')
     #.reshape_layer(len(anchor_scales)*3*2,name = 'rpn_cls_prob_reshape'))
     .reshape_layer(len(anchor_scales)*1*2,name = 'rpn_cls_prob_reshape'))
(self.feed('rpn_cls_prob_reshape','rpn_bbox_pred','im_info')
     .proposal_layer(_feat_stride, anchor_scales, 'TRAIN',name = 'rpn_rois'))

(self.feed('rpn_rois','gt_boxes')
     .proposal_target_layer(n_classes,name = 'roi-data'))
```

图 8.16

根据显卡数量配置，即可进入 GPU 配置环境进行模型训练。修改迭代次数为 70000 次，也可以根据自己的数据量及任务复杂度调整次数。

```
case $DATASET in
```

```
  pascal_voc)
    TRAIN_IMDB="voc_2007_trainval"
    TEST_IMDB="voc_2007_test"
    PT_DIR="pascal_voc"
    ITERS=70000         #迭代次数
    ;;
  coco)
```

lib/fast_rcnn/config.py 文件中存放的是训练时的一些配置参数，根据需要进行适当修改。

```
__C.TRAIN = edict()
#__C.NET_NAME = 'VGGnet'
# learning rate
__C.TRAIN.LEARNING_RATE = 0.001     #学习率
__C.TRAIN.MOMENTUM = 0.9            #动量
__C.TRAIN.GAMMA = 0.1
__C.TRAIN.STEPSIZE = 50000          #多少次迭代后下降学习率
__C.TRAIN.DISPLAY = 10
__C.IS_MULTISCALE = False
```

```
# Iterations between snapshots
__C.TRAIN.SNAPSHOT_ITERS = 5000     #5000 次做一次模型的存储

# solver.prototxt specifies the snapshot path prefix, this adds an optional
# infix to yield the path: <prefix>[_<infix>]_iters_XYZ.caffemodel
__C.TRAIN.SNAPSHOT_PREFIX = 'VGGnet_fast_rcnn' #模型的前缀名称
__C.TRAIN.SNAPSHOT_INFIX = ''
```

开始训练过程：

```
cd $FRCN_ROOT
./experiments/scripts/faster_rcnn_end2end.sh $DEVICE $DEVICE_ID VGG16 pascal_voc
```

输入上述命令之后，模型便开始训练。训练过程中出现的提示如图 8.17 所示。

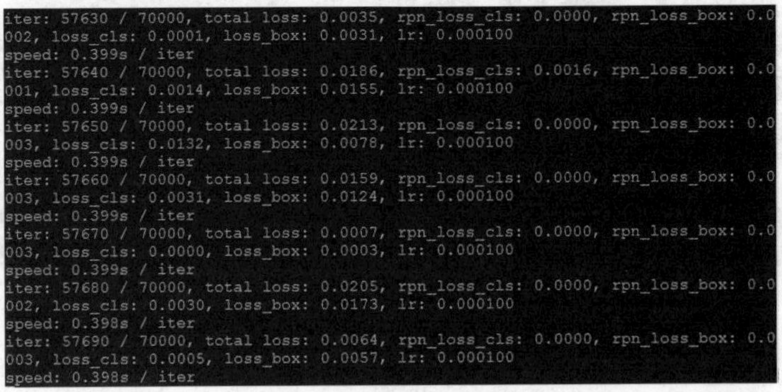

```
iter: 57630 / 70000, total loss: 0.0035, rpn_loss_cls: 0.0000, rpn_loss_box: 0.0
002, loss_cls: 0.0001, loss_box: 0.0031, lr: 0.000100
speed: 0.399s / iter
iter: 57640 / 70000, total loss: 0.0186, rpn_loss_cls: 0.0016, rpn_loss_box: 0.0
001, loss_cls: 0.0014, loss_box: 0.0155, lr: 0.000100
speed: 0.399s / iter
iter: 57650 / 70000, total loss: 0.0213, rpn_loss_cls: 0.0000, rpn_loss_box: 0.0
003, loss_cls: 0.0132, loss_box: 0.0078, lr: 0.000100
speed: 0.399s / iter
iter: 57660 / 70000, total loss: 0.0159, rpn_loss_cls: 0.0000, rpn_loss_box: 0.0
003, loss_cls: 0.0031, loss_box: 0.0124, lr: 0.000100
speed: 0.399s / iter
iter: 57670 / 70000, total loss: 0.0007, rpn_loss_cls: 0.0000, rpn_loss_box: 0.0
003, loss_cls: 0.0000, loss_box: 0.0003, lr: 0.000100
speed: 0.399s / iter
iter: 57680 / 70000, total loss: 0.0205, rpn_loss_cls: 0.0000, rpn_loss_box: 0.0
002, loss_cls: 0.0030, loss_box: 0.0173, lr: 0.000100
speed: 0.398s / iter
iter: 57690 / 70000, total loss: 0.0064, rpn_loss_cls: 0.0000, rpn_loss_box: 0.0
003, loss_cls: 0.0005, loss_box: 0.0057, lr: 0.000100
speed: 0.398s / iter
```

图 8.17

随后会在重新训练完成后的$FRCN_ROOT/output/faster_rcnn_end2end/voc_2007_trainval 中生成 VGGnet_fast_rcnn_iter_70000.ckpt。

最后验证模型效果。通过 test_net.py 进行模型测试集合验证，验证数据为之前整理的数据集中的 test.txt 数据，如图 8.18 所示。

```
python ./tools/test_net.py --device gpu --device_id 0 --weights output/faster_rcnn
_end2end/voc_2007_trainval/VGGnet_fast_rcnn_iter_70000.ckpt --imdb voc_2007_test
--cfg experiments/cfgs/faster_rcnn_end2end.yml --network VGGnet_test
```

图 8.18

至此就完成了模型的训练，可以按之前过程改造 Faster-RCNN_TF/tools/demo.py 文件，完成单张图像的预测。

8.2　食品、医药类相关新闻抓取案例

社会的发展推动着网络的普及和互联网技术的不断进步，网络舆情的传播规律、热点信息传播趋势预测的研究等，已成为政府、管理部门和企业掌握民众关注趋向和快速获取重要信息的关键手段，其中网络舆情突发事件的预警和控制尤为重要。本案例将创建食品、药品安全事件的网络舆情传播控制模型，采用 RNN 网络舆情控制模型的研判相关度，对网络舆情传播控制模型进行构建和分析。食品、药品安全事件是广大民众重点关注的民生问题，在互联网的广泛应用下，越来越多的网民依靠网络获取此类事件信息,网络舆情在推动食品、药品安全事件发展过程中也发挥了越来越重要的作用。本案例将分析我国食品、药品安全事件网络舆情预警存在的问题，推动自动化和高效化识别，促进和健全食品、药品安全事件网络舆情预警法律法规和组织体系，建立食品、药品安全事件网络舆情分类监测制度，防止发生重大公共危机事件，为保证社会的相对稳定提供参考依据。

该案例涵盖了从训练样本准备到模型发布的全过程，使用 gRPC 远程访问 NLP 神经 RNN 网络，完成新闻语料的二分类模型，只要对训练样本做一些调整，从而使之适用于其他行业的语料舆情分析。

8.2.1　语料样本和分词工具

语料样本可采用 CSV 格式进行保存，CSV 格式的文件以纯文本形式存储表格数据（数字和文本）。纯文本意味着该文件是一个字符序列，不含像二进制数字那样需要被解读的数据。CSV 文件由任意数目的记录组成，记录间以某种换行符分隔。每条记录均由字段组成，字段间的分隔符是其他字符或字符串，最常见的分隔符是逗号或制表符。通常，所有记录都有完全相同的字段序列，建议使用 Office 或记事本开启，或者先另存新档后用 Excel 打开。换个角度来说，只要严格按以上格式组织文件，通过 write file API 写入分隔符和换行符，就都能够用 Excel 来打开。

1. 语料样本

图 8.19 为 CSV 格式的语料样本用 Excel 打开时的界面。第一列为标签值，“1”为正相关，“0”为负相关；第二列为文本主体，长度为 100～1000 字不等。文件有 17 000 行语料，占用存储空间为 5MB。

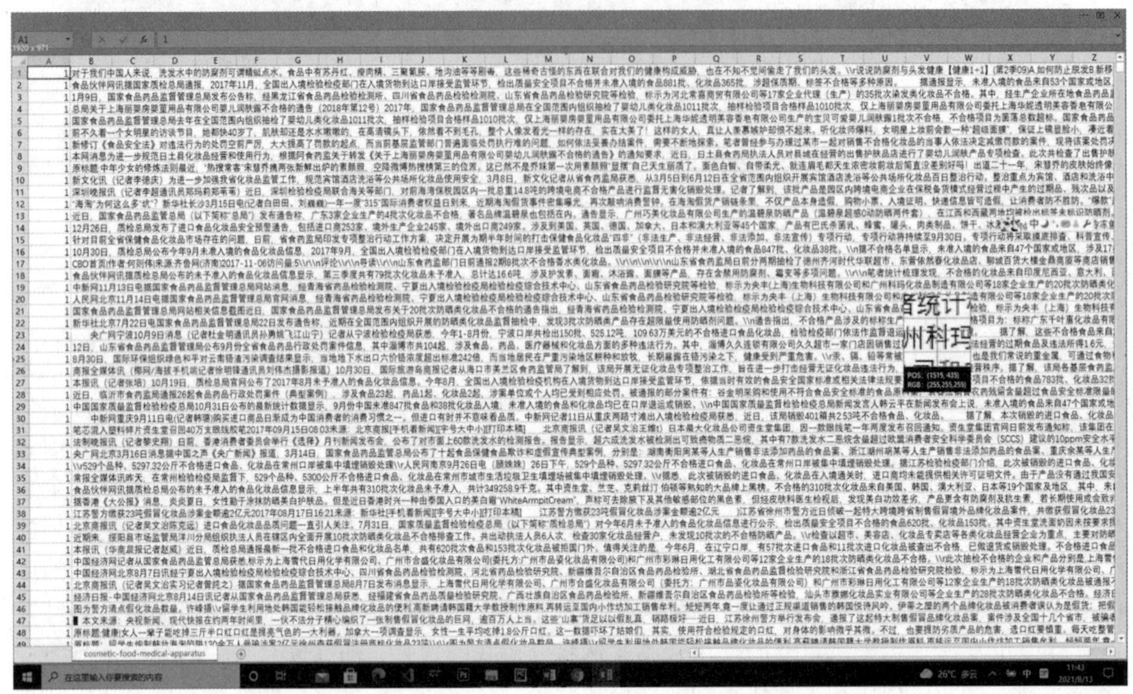

图 8.19

2. 分词工具

英文分词比较简单，但汉语中词以字为基本单位，一篇文章的表达是以词来划分的，汉语句子对词的构成边界很难界定。例如，“美洲美丽的的的喀喀湖畔”可以分词为“美洲/美丽/的的的/喀喀/湖畔”和“美洲/美丽/的/的的喀喀/湖畔”，这需要人为进行判断，机器很难界定。所以，汉语分词工具就有了存在的必要。

Jieba 分词结合了基于规则和基于统计这两类方法。首先基于前缀词典进行词缀跟踪扫描，前缀词是指词典中的词按照前缀包含的顺序排列。例如，词典中出现了“抢”，之后以“抢”开头的词都会出现在这一部分，如“抢货”“抢购”，进而出现“抢购潮”，从而形成一种层级包含结构。另外，还可将词看成节点，词与词之间能构成知识图谱。

Jieba 支持以下三种分词模式。

1）精确模式：试图将句子用最精确的方式切开，适合文本分析。

2）全模式：把句子中所有的可以成词的词语都扫描出来，速度非常快，但是不能解决歧义问题。

3）搜索引擎模式：在精确模式的基础上对长词进行再次切分，提高召回率，适用于搜索引擎分词。

安装 Jieba 库：

```
pip install jieba
```

对句子“我爱北京秋天风，扫落叶下绿青苔；我爱北方清晨瑟瑟冷，瑟瑟冷拽着我们穿暖衣。”进行分词：

```
text_data_train = [''.join(c for c in x if c not in string.punctuation) for x in text]
text_data_train = [' '.join(jieba.cut(x)) for x in text_data_train]
```

第一行去掉停词，第二行通过 jieba.cut 进行全模式分词，输出结果如下（用空格分成词的序列）：

```
['我  爱 北京 秋天 风  扫落 叶  下 绿 青苔 我 爱 北方 清晨 瑟瑟冷  瑟瑟冷 拽着 我们 穿 暖衣']
```

8.2.2　GRU 循环神经网络模型

1. 模型训练模块的完整代码

```
import os
import io
import csv
import requests
import jieba
import string
import numpy as np
import tensorflow as tf
import sys
import json

class MyModel(tf.keras.Model):
    def __init__(self,batch_size=60,rnn_size=100,data_dir=None,csv_file=None):
        super(MyModel, self).__init__()
        print(sys.version)
        print(tf.__version__)

        self.batch_size = batch_size
        self.rnn_size = rnn_size
        self.embedding_size = 300
```

```
        self.text_data = []
        self.vocab_processor=tf.keras.preprocessing.text.Tokenizer(num_words=100,
                                split=" ",filters='!"#$%&()*+,-./:;<=>?@[\\]^_`{|}~\t\n')

        self.data_train = []
        self.data_target = []
        if (data_dir is not None and csv_file is not None):
            self.read_csv(data_dir,csv_file)
        text_data_train = [x[1] for x in self.text_data]
        text_data_target = [x[0] for x in self.text_data]
        text_data_train = [''.join(c for c in x if c not in string.punctuation) for x in
                                text_data_train]
        text_data_train = [' '.join(jieba.cut(x)) for x in text_data_train]
        text_data_train = [' '.join(x.split()) for x in text_data_train]

        self.vocab_processor.fit_on_texts(text_data_train)
        json.dump(self.vocab_processor.word_index, open('./vocab.dict', 'w'))
        pad_word = tf.keras.preprocessing.sequence.pad_sequences(
            self.vocab_processor.texts_to_sequences(text_data_train), maxlen=100)
        text_data_train = tf.convert_to_tensor(pad_word)
        text_data_target = tf.convert_to_tensor([0 if x == '0' else 1 for x in
                                            text_data_target])

        ix_cutoff = int(len(text_data_target) * 0.80)
        x_train, x_test = text_data_train[:ix_cutoff], text_data_train[ix_cutoff:]
        y_train, y_test = text_data_target[:ix_cutoff], text_data_target[ix_cutoff:]

        db_train = tf.data.Dataset.from_tensor_slices((x_train, y_train))
        self.db_train = db_train.shuffle(1000).batch(batch_size=self.batch_size,
                                                drop_remainder=True)
        db_test = tf.data.Dataset.from_tensor_slices((x_test, y_test))
        self.db_test = db_test.batch(batch_size=self.batch_size, drop_remainder=True)

        self.cell = tf.keras.layers.RNN(tf.keras.layers.GRUCell((self.rnn_size)))

        self.embedding = tf.keras.layers.Embedding(
            len(self.vocab_processor.word_index),
            self.embedding_size,
            input_length=200)
        self.outlayer = tf.keras.layers.Dense(1)

        self.dropout = tf.keras.layers.Dropout(0.5)
    def read_csv(self,data_dir,csv_file):
        if not os.path.exists(data_dir):
            os.makedirs(data_dir)
```

```
        if os.path.isfile(os.path.join(data_dir, csv_file)):
            save_file_name = os.path.join(data_dir,csv_file)
            if os.path.isfile(save_file_name):
                with open(save_file_name, 'r',encoding='utf-8') as temp_output_file:
                    reader = csv.reader(temp_output_file)
                    for row in reader:
                        if len(row[0]) == 1 and len(row[1]) > 0:
                            self.text_data.append(row)

    def deal_with_data(self,input_text):
        if len(input_text) == 0:
            return None
        text_data_train = [''.join(c for c in x if c not in string.punctuation) for x in
input_text]
        text_data_train = [' '.join(jieba.cut(x)) for x in text_data_train]
        text_data_train = [' '.join(x.split()) for x in text_data_train]

        pad_word = tf.keras.preprocessing.sequence.pad_sequences(
self.vocab_processor.texts_to_sequences(text_data_train),maxlen=100)
        text_data_train = tf.convert_to_tensor(pad_word)

        return text_data_train

    def call(self, inputs, training = None):
        output_em = self.embedding(inputs)
        output_b = self.cell(output_em)
        output_f = self.dropout(output_b)
        out = self.outlayer(output_f)
        logits_out = tf.sigmoid(out)
        return logits_out

if __name__ == '__main__':
    epochs = 2
    learning_rate = 1e-2
    model = MyModel(60,100,'temp','cosmetic-food-medical-apparatus.csv')

    model.compile(optimizer=tf.keras.optimizers.RMSprop(learning_rate),
                  loss= tf.losses.BinaryCrossentropy(),     #二分类的 loss 函数
                  metrics=['accuracy'])
    model.fit(model.db_train,epochs=epochs,validation_data=model.db_test)
    model.evaluate(model.db_test)
    model.save("./RPC/server/check_rnn_interface_long_class.tf")
```

2. 词向量分词器

```
self.vocab_processor=tf.keras.preprocessing.text.Tokenizer(num_words=100,split=" ",
                                              filters='!@#$%^&*()1234567890.\n\t')
```

```
tf.keras.preprocessing.text.Tokenizer(
    num_words=None,
    filters='!"#$%&()*+,-./:;<=>?@[\\]^_`{|}~\t\n',
    lower=True, split=' ', char_level=False, oov_token=None,
    document_count=0, **kwargs
)
```

词向量分词器的作用是什么？它是如何生成词向量的？以上面通过 Jieba 空格分词后的序列为例来说明。

```
['我  爱 北京 秋天 风  扫落 叶  下 绿 青苔 我 爱 北方 清晨 瑟瑟冷  瑟瑟冷 拽着 我们 穿 暖衣']
```

检索到第一个没有被收录的词“我”，将其标记为 1；“爱”也没有被收录过，标记为 2，依此类推。当后面再检索到已经收录过的词时，就跳过它不将其收录到词典中。整个语料样本的词向量字典类型形式如下：

```
{'红曲米': 129479, 'ags': 129480, '遣回': 129481, '餐刀': 129482, 'agy': 129483, '油烟': 129484, '厨房': 129485, 'cryiabac': 129486, 'tnos': 129487, 'ahk': 129488, '哈士奇': 129489, '学期末': 129490, ' 第七项': 129491, '羽飞': 129492, '无匿身': 129493, '真容': 129494, '断难': 129495, '冷暖空气': 129496}
```

1）num_words：根据词汇出现频率做的最大限制，如“的”出现频率虽高但意义不大。

2）Filters：需要过滤的特殊字符。

3）Split：分隔词的字符。

3. 词向量嵌入层

```
self.embedding = tf.keras.layers.Embedding(
            len(self.vocab_processor.word_index),
            self.embedding_size,
            input_length=200)
```

词向量字典会给每个词进行编号，但编号为“1”和“2”的词并不具有相关性，或者说距离很近。所以，要先把这些词编号转成 one hot（独热）编码，然后根据词序号进行抽取。

例如，一组词的编号（向量）分别为 3、5、6、8，下面介绍它是如何抽取的。

从图 8.20 中可以看出，[3,5,6,8]转换成了如下的 one hot 编码，由此可见词向量字典有多长，该 one hot 编码就有多长。tf.keras.layers.Embedding 第一个参数由此设置为词向量字典的长度，否则部分词向量会因对应不上而被丢掉。

[[0,0,1,0,0,0,0,0,0,0],

[0,0,0,0,1,0,0,0,0,0],

[0,0,0,0,0,1,0,0,0,0],

[0,0,0,0,0,0,0,1,0,0]]

1	0	0	0	0	0	0	0	0	0	1
0	1	0	0	0	0	0	0	0	0	2
0	0	1	0	0	0	0	0	0	0	3
0	0	0	1	0	0	0	0	0	0	4
0	0	0	0	1	0	0	0	0	0	5
0	0	0	0	0	1	0	0	0	0	6
0	0	0	0	0	0	1	0	0	0	7
0	0	0	0	0	0	0	1	0	0	8
0	0	0	0	0	0	0	0	1	0	9
0	0	0	0	0	0	0	0	0	1	0

0	0	1	0	0	0	0	0	0	0	3
0	0	0	0	1	0	0	0	0	0	5
0	0	0	0	0	1	0	0	0	0	6
0	0	0	0	0	0	0	1	0	0	8

图 8.20

在 TensorFlow 1.X 中，实现 tf.keras.layers.Embedding 层的代码如下：

```
embedding_mat=tf.Variable(tf.random_uniform([len(self.vocab_save.vocabulary_),
                              self.embedding_size],-1.0,1.0),name='em')
embedding_output = tf.nn.embedding_lookup(embedding_mat,x_data)
```

在内置回调函数 call(self,inputs,training = None)中，参数 inputs 表示在训练时传入的样本词向量，当模型上线预测时传入的是待推测词向量。参数 training 表示当前是训练过程还是判断环境，该参数是系统回传的参数，一般不需要开发者设置。例如，在处理 DropOut 层时，会使用一个小于 1 的系数，但当模型推测时会调整回 1。读者可自行修改调整实验（在__init__()中再增加一个系数为 1 的 DropOut 层）。

保存模型 model.save("./RPC/server/check_rnn_interface_long_class.tf")采用了*.tf 格式，如果换成*.h5 格式，将会出现以下输出信息：

```
NotImplementedError: Saving the model to HDF5 format requires the model to be a Functional model or a Sequential model. It does not work for subclassed models, because such models are defined via the body of a Python method, which isn't safely serializable. Consider saving to the Tensorflow SavedModel format (by setting save_format="tf") or using `save_weights`.
```

将模型保存为 HDF5 格式，要求模型为函数模型或多层 Sequential 模型。HDF5 格式模型不适用于子类模型，因为这些模型是通过 Python 方法的主体定义的，该方法不能安全地可序列化。可以设置 save_format="tf"（保存为 TensorFlow 模型格式）或使用 save_weights 方式存储。

下面开始训练模型，经过两轮运行结果如下，精确度（accuracy）达到了 0.9944。

```
Epoch 1/2
156/156 [==============================] - 112s 696ms/step - loss: 0.1148 - accuracy:
```

```
0.9558 - val_loss: 0.0311 - val_accuracy: 0.9885
Epoch 2/2
156/156 [==============================] - 106s 681ms/step - loss: 0.0915 - accuracy:
0.9704 - val_loss: 0.0231 - val_accuracy: 0.9944
39/39 [==============================] - 8s 193ms/step - loss: 0.0231 - accuracy:
0.9944
```

期间会通过json.dump(self.vocab_processor.word_index, open('./vocab.dict', 'w'))对词向量字典进行序化保存。

8.2.3 gRPC 远程调用训练后模型

1. 编写协议声明文件

根据 gRPC 编写协议声明文件 data.proto，其中包含调用方法、调用参数及返回参数。注意，调用参数和返回参数都采用嵌套方式定义和声明，因为传入的语料是一个二维数组，所以返回值也要一一对应。

```
syntax = "proto3";

service Cal {
  rpc Predict_Corpus(CorpusVoc) returns (ResultFeature) {}
}

message CorpusVoc {
     message Voc{
     repeated int32 voc = 1;
     }
     repeated Voc values = 1;  //发送二维语料向量
}

message ResultFeature {
     message Result{
        repeated float bytes_result = 1;
     }
     repeated Result results = 1; //接收二维结果向量
}
```

协议声明文件写好后执行下面的语句：

```
python -m grpc_tools.protoc -I. --python_out=. --grpc_python_out=. ./data.proto
```

2. gRPC 服务端代码

```
import tensorflow as tf
from tensorflow.keras.models import load_model
```

```
from concurrent import futures
import grpc
import os
import sys

current_fonder_path = os.path.split(os.path.realpath(__file__))[0]
protocal_path = os.path.join(current_fonder_path,"..","example")
sys.path.append(protocal_path)
import  data_pb2,data_pb2_grpc

model = load_model('check_rnn_interface_long_class.tf')

class CalServicer(data_pb2_grpc.CalServicer):
    def Predict_Corpus(self, request, context):   # Multiply 函数的实现逻辑
        print("Predict_Corpus service called")
        predict_input = []
        for i in request.values:
            w = []
            for t in i.voc:
                w.append(t)
            predict_input.append(w)
        pad_word = tf.keras.preprocessing.sequence.pad_sequences(predict_input, maxlen=100)
        text_data_train = tf.convert_to_tensor(pad_word)
        data_list = model.predict(text_data_train)

        send_corpus = data_pb2.ResultFeature()
        for column in range(len(data_list)):
            s = send_corpus.results.add()
            s.bytes_result.extend(data_list[column])

        return data_pb2.ResultFeature(results=send_corpus.results)

    def serve():
        server = grpc.server(futures.ThreadPoolExecutor(max_workers=5))
        data_pb2_grpc.add_CalServicer_to_server(CalServicer(),server)
        server.add_insecure_port("[::]:50051")
        server.start()
        print("grpc tensorflow server start...")
        server.wait_for_termination()

if __name__ == '__main__':
    serve()
```

服务端代码重点看如何将二维数组组成二维参数变量进行发送和接收，返回参数也是一样类似。

3. gRPC 客户端代码

```
import os
import sys
import grpc
import jieba
import string
import json
current_fonder_path = os.path.split(os.path.realpath(__file__))[0]
protocal_path = os.path.join(current_fonder_path,"..","example")
sys.path.append(protocal_path)
import  data_pb2,data_pb2_grpc


voc_dict = json.load(open('./vocab.dict','r'))


text = ['我爱北京秋天风，扫落叶下绿青苔；我爱北方清晨瑟瑟冷，瑟瑟冷拽着我们穿暖衣。',
        '补充一个知识点，在 BasicLSTMCell 方法中有一个参数 reuse，用于描述是否在现有 scope 中重用
        共享变量，为布尔类型。如果 reuse 为 False，现有 scope 已有给定变量，则会引发错误。',
        '国家食品药品监督管理总局去年在全国范围内组织抽检了婴幼儿类化妆品 1011 批次，抽样检验项目合
        格样品 1010 批次']


text_data_train = [''.join(c for c in x if c not in string.punctuation) for x in text]
text_data_train = [' '.join(jieba.cut(x)) for x in text_data_train]

predict_input = []
for i in range(len(text_data_train)):
    predict_input_mem =[]
    for n in text_data_train[i].split(' '):
        predict_input_mem.append(int(voc_dict.get(n,'0')))
    predict_input.append(predict_input_mem)

send_corpus = data_pb2.CorpusVoc()
for column in range(len(predict_input)):
    s = send_corpus.values.add()
    s.voc.extend(predict_input[column])

def run(request_message):
    channel = grpc.insecure_channel('localhost:50051') # 连接上 gRPC 服务端
    stub = data_pb2_grpc.CalStub(channel)
    response = stub.Predict_Corpus(data_pb2.CorpusVoc(values=request_message))
    print(f"Predict_Corpus = {response}")
if __name__ == "__main__":
```

```
  run(send_corpus.values)
```

当客户端进行远程访问时，会加载与服务端相同的词向量字典，但每次训练会产生不同的词向量字典，这就造成了客户端与服务端词向量字典版本同步的突出矛盾。为了减轻网络负载，架构设计会尽可能在客户端解决部分逻辑，但客户端不能安装 TensorFlow 运行环境，这就要求客户端的运行环境尽可能单纯化。在实践中，用户应该认识到高并发负载是当今各种架构首当其冲的问题，而保证客户端与服务端词向量字典版本同步机制的技术含量并不高。实际上，在生产应用平台上，可以使用更加通用和便捷的 Django 或 Flask 框架，采用 RESTful API 协议进行访问，模型最终输出令我们满意的结果。

```
Predict_Corpus = results {
  bytes_result: 0.0111178457736969
}
results {
  bytes_result: 0.010149836540222168
}
results {
  bytes_result: 0.9020360708236694
}
```

有的读者可能会问，本书以 TensorFlow 为主旨，为什么不用 TensorFlow Serving 作为案例呢？作者的观点有三：第一，开放、自由是技术不落窠臼的根本；第二，套用形式的潜规则不利于后端的各种组织架构设计；第三，gPRC 的易用性和高效性已经被广大开发者所接受，没有必要再付出额外的成本。

做个孤夜独行的技术人

在开源技术拿来主义盛行的今天，我们能深刻感受到人工智能技术领域的博大精深，我们要依托这种博大而造就自己的精深。当前，人工智能和大数据已经成为信息技术产业的桥头堡。各种媒体渠道的技术社区和交流论坛中，有大量的技术革新和技术创作展现在眼前，我们信手拈来的“涓涓细流”可以汇聚成令人心生敬畏的“江河湖海”。他山之石，可以攻玉。借用王国维在《人间词话》中的三层精神境界，来浇灌我们技术人的职业魂魄。

昨夜西风凋碧树，独上高楼，望尽天涯路。

切勿眼高手低而哗众取宠浑水摸鱼。首先，少数高学历者乃无通识而不周知社会，我们不必蔓延此话题来佐证“科以人重科亦重，人以科传人可知”教育体制的弊端。曾经一位某高校的专家做了一个新闻辨识深度的项目。其理论在此不必刻意去刍论，但当看到其编写代码时，让人唏嘘不已，到处声明临时变量，模块之间的穿插都是将 Numpy 保存成文件以供备用。其运行之后的结果肯定也是似是而非。此人缺少软件工程认识和不能驾驭具体编程语言要义及工具框架的起承回转。其次，技术产业化落地缺少的是应用型人才，而非天天拜读论文的人。要想做好应用项目或者说胜任研发岗位，以 AI 技术为例：要熟练掌握一门编程语言，深谙 AI 技术框架 TensorFlow 或 PyTorch 核心和体系架构特点尤为重要。在 AI 框架 TensorFlow 2.0 以后，更多的 API 发生了很大变化，曾经非常实用 TensorFlow 1.X 的 tf.control 目录给予取消，但要在新的版本中去研究它去哪了。注意力更多放在 tf.keras.layer 和 tf.keras.Model 模块实践当中。最后，仅会在网上 Github 找代码，能运行起来就算交差，这也就是坊间盛传的码农和一个纯粹打代码形象，这样的工程师完全就要靠领导者的结果导向和审视态度来敬谨如命。

衣带渐宽终不悔，为伊消得人憔悴。

学习任何一项技术的秘籍其实很简单，就是“热爱”二字。在你经历了枯燥乏味的千万行代码的洗礼之后，就有心有阡陌、笔走风云之感。笔者非常感谢早年十年如一日的代码经历，专心地研究国外优秀开源代码结构巧妙和繁简灵活的神致。从模仿到自由地运用，经历了太多的苦闷和挫败。写了近几十万行的 C++代码，转过头来看 Python 代码时就像看小孩子的动画一样。记得有一次远行，找的小车司机年龄近五十，当我因体力和精力而对其技能有疑虑时，他对我说：“你知道我原来是开什么车的吗？我原来可是 A 本拉港口集装箱的，现在开 C 本车就是像开儿童的玩具一样”。事实证明了一切，倒车和超车每一个回头和侧视，没有任何多余动作，一气呵成。本书中食品和医药类语义识别案例原本在 TensorFlow 1.X 版本编写的，现在要迁移到 TensroFlow 2.X 版本上，就需要找到 tf.nn.rnn_cell.BasicRNNCell 相关核心代码。TensorFlow 1.X 与 TensorFlow 2.X 最大的区别是用命令模式代替静态模式实现 Eager execution 运行，对于初学者完全可用 Sequential 来组织各个层的衔接，但它有失于结构灵活和面向对象的封装性，在官网技术社区的示例中，Google 已经给出了高级开发者的 tf.keras.Model 的封装模式，这才是问题的终极方案。在理解 RNN、Embedding 嵌入层、DropOut 层和全连接层的工作原理及对应的 API 所需要的传入与传出的基础之上，TensorFlow 1.X 版本有的 TensorFlow 2.X 也必有和更丰富。当 TensorFlow 1.X 代码转换成 TensorFlow 2.X 代码，把 200 多行的代码变成不到 100 行代码时，就能感觉到 TensorFlow 2.X 聚合而简约封装所带来的独特魅力。TensorFlow 2.X 继续整合固有的功能模块的抽象单元，让开发者的精力更多放在逻辑设计上，而省略不必要的技术细节上的纠缠。

众里寻他千百度。蓦然回首，那人却在，灯火阑珊处。

经常会有人问我，国内的程序员与美国的程序员最大的区别在哪？用我的经历来回答这个问题。一方面，我曾去国内某名校参加了一期有关“数学、艺术和哲学”的研讨会，在我看来，数学和物理没有喜好的分切点，那文学、历史和艺术又怎能割裂而分而治之呢！这些理念是我参加工作后，特别是从事 IT 教育行业后才有了更深的领悟。另一方面，西方软件行业面试岗位的思想与国内有差别。国内的面试的内容往往是自己熟练的技能。例如，面试时间及求职者是否知道 Vim 如何快速嵌入第三方代码和实现关键字联想，就能了解对方写了多少年代码，更有实质意义，因为只有千锤百炼的程序员才会清晰地记得这些功能；通过 Git 的熟练程度就能知道对方是否在互联网技术公司优秀的技术团队奋斗过。过分依赖开源代码会让程序员忘记一个开发技术人的职业特质。在 OOP 所带来的复用化、结构化和持续迭代化已经成为软件开发技术潮流时，如果程序员还没有看过《设计模式》这本书或在程序开发中从来没有写过“生产-消费”模式代码，说明他就是一个代码抄手。请此类程序员千万不要自鸣得意，不要说自己是软件开发技术人，因为技术需要工匠精神去铸就和坚持。

参 考 文 献

[1] Krizhevsky A, Sutskever I, Hinton G. ImageNet Classification with Deep Convolutional Neural Networks[J]. Advances in neural information processing systems, 2012, 25(2).

[2] Szegedy C, Liu W, Jia Y, et al. Going Deeper with Convolutions[J]. IEEE Computer Society, 2014.

[3] He K, Zhang X, Ren S, et al. Deep Residual Learning for Image Recognition[C]// 2016 IEEE Conference on Computer Vision and Pattern Recognition (CVPR). IEEE, 2016.

[4] Redmon J, Farhadi A. YOLOv3: An Incremental Improvement[J]. arXiv e-prints, 2018.

[5] Redmon J, Divvala S, Girshick R, et al. You Only Look Once: Unified, Real-Time Object Detection[J]. IEEE, 2016.

[6] Redmon J, Farhadi A. YOLO9000: Better, Faster, Stronger[C]// IEEE Conference on Computer Vision & Pattern Recognition. IEEE, 2017:6517-6525.

[7] Zhang Z, Lu X, Cao G, et al. ViT-YOLO:Transformer-Based YOLO for Object Detection[C]// International Conference on Computer Vision. IEEE, 2021.

[8] Wang C Y, Liao H, Wu Y H , et al. CSPNet: A New Backbone that can Enhance Learning Capability of CNN[C]// 2020 IEEE/CVF Conference on Computer Vision and Pattern Recognition Workshops (CVPRW). IEEE, 2020.

[9] Howard A G, Zhu M, Chen B, et al. MobileNets: Efficient Convolutional Neural Networks for Mobile Vision Applications[J]. 2017.

[10] Sandler M, Howard A, Zhu M , et al. MobileNetV2: Inverted Residuals and Linear Bottlenecks[C]// 2018 IEEE/CVF Conference on Computer Vision and Pattern Recognition (CVPR). IEEE, 2018.

[11] Zhang X, Zhou X, Lin M, et al. ShuffleNet: An Extremely Efficient Convolutional Neural Network for Mobile Devices[J]. 2017.

[12] Ningning M, Xiangyu Zh, Hai-Tao Z and Jian S. "ShuffleNet V2: Practical Guidelines for Efficient CNN Architecture Design" ECCV european conference on computer vision [J], 2018.

[13] Han K, Wang Y, Tian Q, et al. GhostNet: More Features From Cheap Operations[C]// 2020 IEEE/CVF Conference on Computer Vision and Pattern Recognition (CVPR). IEEE, 2020.

[14] Dosovitskiy A, Beyer L, Kolesnikov A, et al. An Image is Worth 16x16 Words: Transformers for Image Recognition at Scale[J]. 2020.

[15] Liu Z, Lin Y, Cao Y, et al. Swin Transformer: Hierarchical Vision Transformer using Shifted Windows[J]. 2021.

[16] Mehta S, Rastegari M. MobileViT: Light-weight, General-purpose, and Mobile-friendly Vision Transformer[J]. 2021.

[17] Xin X, Jiashi L, Jie W, Xing W, Mingkai W and Xuefeng X. TRT-ViT: TensorRT-oriented Vision Transformer[J]. 2022.

[18] Berg A C, Fu C Y, Szegedy C, et al. SSD: Single Shot MultiBox Detector:, 10.1007/978-3-319-46448-0_2[P]. 2015.

[19] He K, Gkioxari G, Dollar P, et al. Mask R-CNN[C]// International Conference on Computer Vision. IEEE Computer Society, 2017.

[20] Ren S, He K, Girshick R, et al. Faster R-CNN: Towards Real-Time Object Detection with Region Proposal Networks[J]. IEEE Transactions on Pattern Analysis & Machine Intelligence, 2017, 39(6):1137-1149.

[21] Girshick R. Fast R-CNN[J]. Computer Science, 2015.

[22] Jia D, Wei D, Socher R, et al. ImageNet: A large-scale hierarchical image database[C]// 2009:248-255.

[23] Kaiming, He, Xiangyu, et al. Spatial Pyramid Pooling in Deep Convolutional Networks for Visual Recognition[J]. IEEE Transactions on Pattern Analysis & Machine Intelligence, 2015.

[24] Lin M, Chen Q, Yan S. Network In Network:, 10.48550/arXiv.1312.4400[P]. 2013.

[25] Sermanet P, Eigen D, Zhang X, et al. OverFeat: Integrated Recognition, Localization and Detection using Convolutional Networks[J]. Eprint Arxiv, 2013.

[26] Simonyan K, Zisserman A. Very Deep Convolutional Networks for Large-Scale Image Recognition[J]. Computer Science, 2014.

[27] Lin T Y, Goyal P, Girshick R, et al. Focal Loss for Dense Object Detection[J]. IEEE Transactions on Pattern Analysis & Machine Intelligence, 2017, PP(99):2999-3007.

[28] Girshick R, Donahue J, Darrell T, et al. Region-Based Convolutional Networks for Accurate Object Detection and Segmentation[J]. IEEE Transactions on Pattern Analysis & Machine Intelligence, 2015, 38(1):142-158.

[29] Ren S, He K, Girshick R, et al. Object Detection Networks on Convolutional Feature Maps[J]. IEEE Transactions on Pattern Analysis & Machine Intelligence, 2015, 39(7):1476-1481.

[30] Lin T Y, Maire M, Belongie S , et al. Microsoft COCO: Common Objects in Context[C]// European Conference on Computer Vision. Springer International Publishing, 2014.

[31] Wang J, Chen K, Yang S, et al. Region Proposal by Guided Anchoring[C]// 2019 IEEE/CVF Conference on Computer Vision and Pattern Recognition (CVPR). IEEE, 2019.

[32] Dai J, Li Y, He K, et al. R-FCN: Object Detection via Region-based Fully Convolutional Networks[J]. Curran Associates Inc. 2016.

[33] Qiao S, Chen L C, Yuille A. DetectoRS: Detecting Objects with Recursive Feature Pyramid and Switchable Atrous Convolution[C]// Computer Vision and Pattern Recognition. IEEE, 2021.

[34] Ge Z, Liu S, Wang F , et al. YOLOX: Exceeding YOLO Series in 2021[J]. 2021.

[35] Bochkovskiy A, Wang C Y, Liao H. YOLOv4: Optimal Speed and Accuracy of Object Detection[J]. 2020.

[36] Wang C Y, Bochkovskiy A, Liao H. YOLOv7: Trainable bag-of-freebies sets new state-of-the-art for real-time object detectors[J]. arXiv e-prints, 2022.

[37] Zhang S, Benenson R, Schiele B. CityPersons: A Diverse Dataset for Pedestrian Detection[J]. IEEE, 2017.

[38] Highmore B. Cityscapes: Cultural Readings in the Material and Symbolic City[J]. Textual Practice, 2005.

[39] Zhang S, Chi C, Yao Y, et al. Bridging the Gap Between Anchor-Based and Anchor-Free Detection via Adaptive Training Sample Selection[C]// 2020 IEEE/CVF Conference on Computer Vision and Pattern Recognition (CVPR). IEEE, 2020.

[40] Tian Z, Shen C, Chen H, et al. FCOS: Fully Convolutional One-Stage Object Detection[C]// 2019 IEEE/CVF International Conference on Computer Vision (ICCV). IEEE, 2020.

[41] Li X, Wang W, Hu X, et al. Generalized Focal Loss V2: Learning Reliable Localization Quality Estimation for Dense Object Detection[C]// Computer Vision and Pattern Recognition. IEEE, 2021.

[42] Lang A H, Vora S, Caesar H, et al. PointPillars: Fast Encoders for Object Detection From Point Clouds[C]// 2019 IEEE/CVF Conference on Computer Vision and Pattern Recognition (CVPR). IEEE, 2019.

[43] Li Z, Wang W, Li H, et al. BEVFormer: Learning Bird's-Eye-View Representation from Multi-Camera Images via Spatiotemporal Transformers[J]. 2022.

[44] Geiger A, Lenz P, Stiller C, et al. Vision meets robotics: The KITTI dataset[J]. International Journal of Robotics Research, 2013, 32(11):1231-1237.

[45] Fan M, Lai S, Huang J, et al. Rethinking BiSeNet For Real-time Semantic Segmentation:, 10.48550/arXiv. 2104.13188[P]. 2021.

[46] Zhang W, Huang Z, Luo G , et al. TopFormer: Token Pyramid Transformer for Mobile Semantic Segmentation[C]// 2022.

[47] Weng W, Zhu X. INet: Convolutional Networks for Biomedical Image Segmentation[J]. IEEE Access, 2021, PP(99):1-1.

[48] Tabelini L, Berriel R, Paixo T M , et al. Keep your Eyes on the Lane: Real-time Attention-guided Lane Detection[J]. 2020.

[49] Balaji V, Raymond J W, Pritam C. DeepSort: deep convolutional networks for sorting haploid maize seeds[J]. BMC Bioinformatics, 2018, 19(S9):85-93.

[50] Du Y, Song Y, Yang B , et al. StrongSORT: Make DeepSORT Great Again[J]. arXiv e-prints, 2022.

[51] Zhang Y, Sun P, Jiang Y , et al. ByteTrack: Multi-Object Tracking by Associating Every Detection Box[J]. 2021.

[52] Su V H, Nguyen N H, Nguyen N T, et al. A Strong Baseline for Vehicle Re-Identification:, 10.48550/arXiv.2104. 10850[P]. 2021.

[53] Deng J, Guo J, Zafeiriou S. ArcFace: Additive Angular Margin Loss for Deep Face Recognition[J]. 2018.